穗行圃（穗系）

株行圃

原种圃

稻瘟病

黄瓜霜霉病叶反面

黄瓜霜霉病叶正面

蝼蛄

金龟子

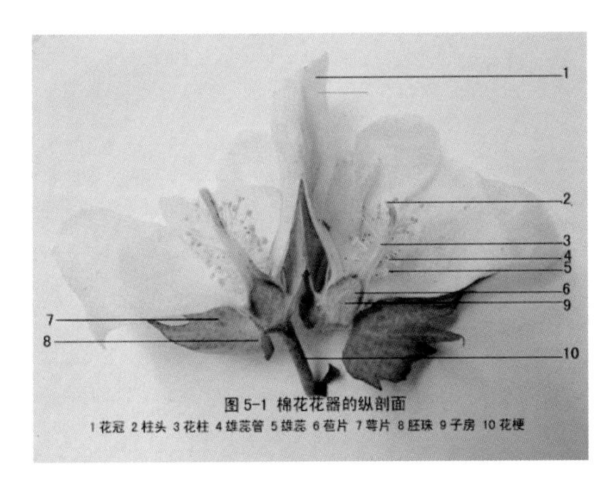

棉花

棉花枯黄萎病

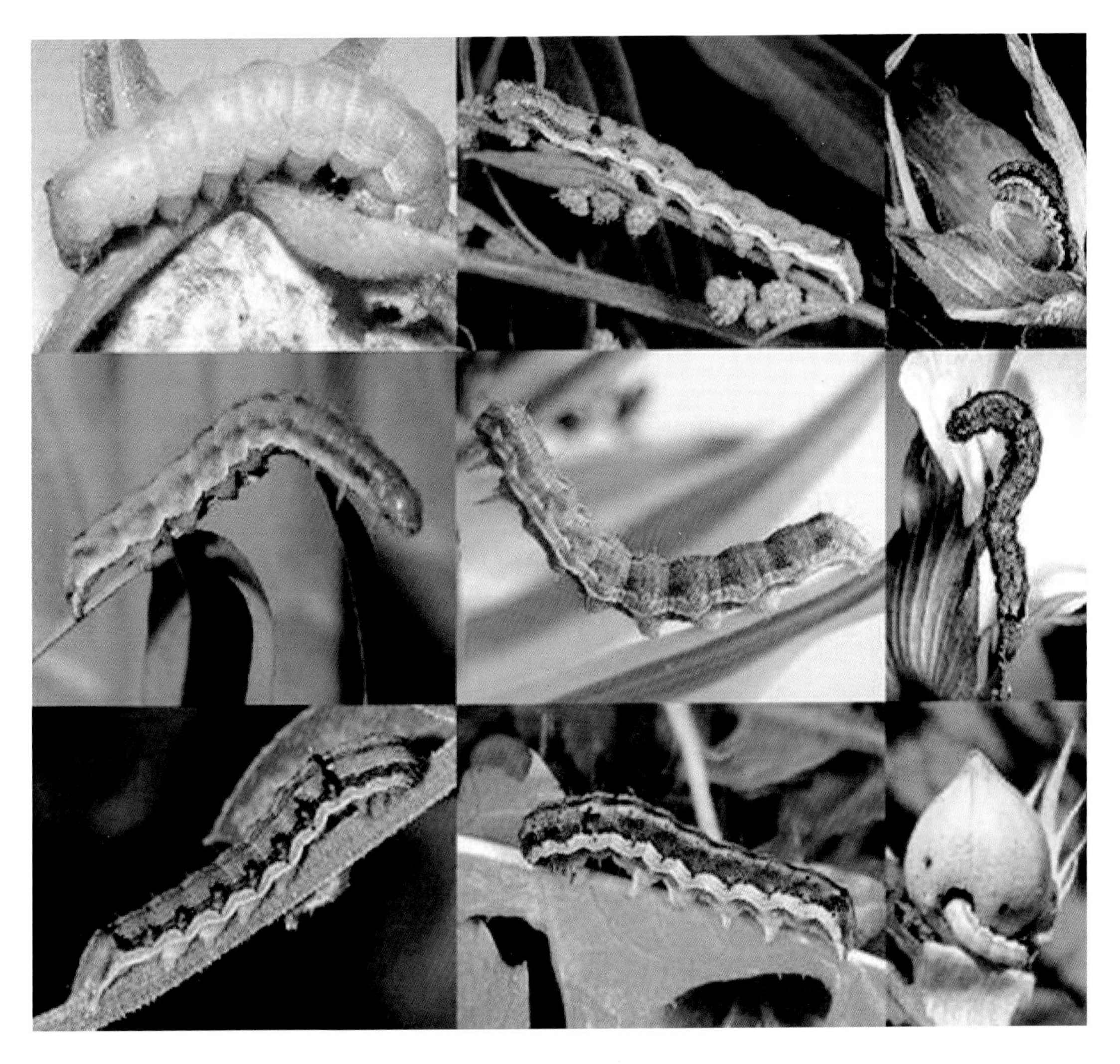

棉铃虫幼虫

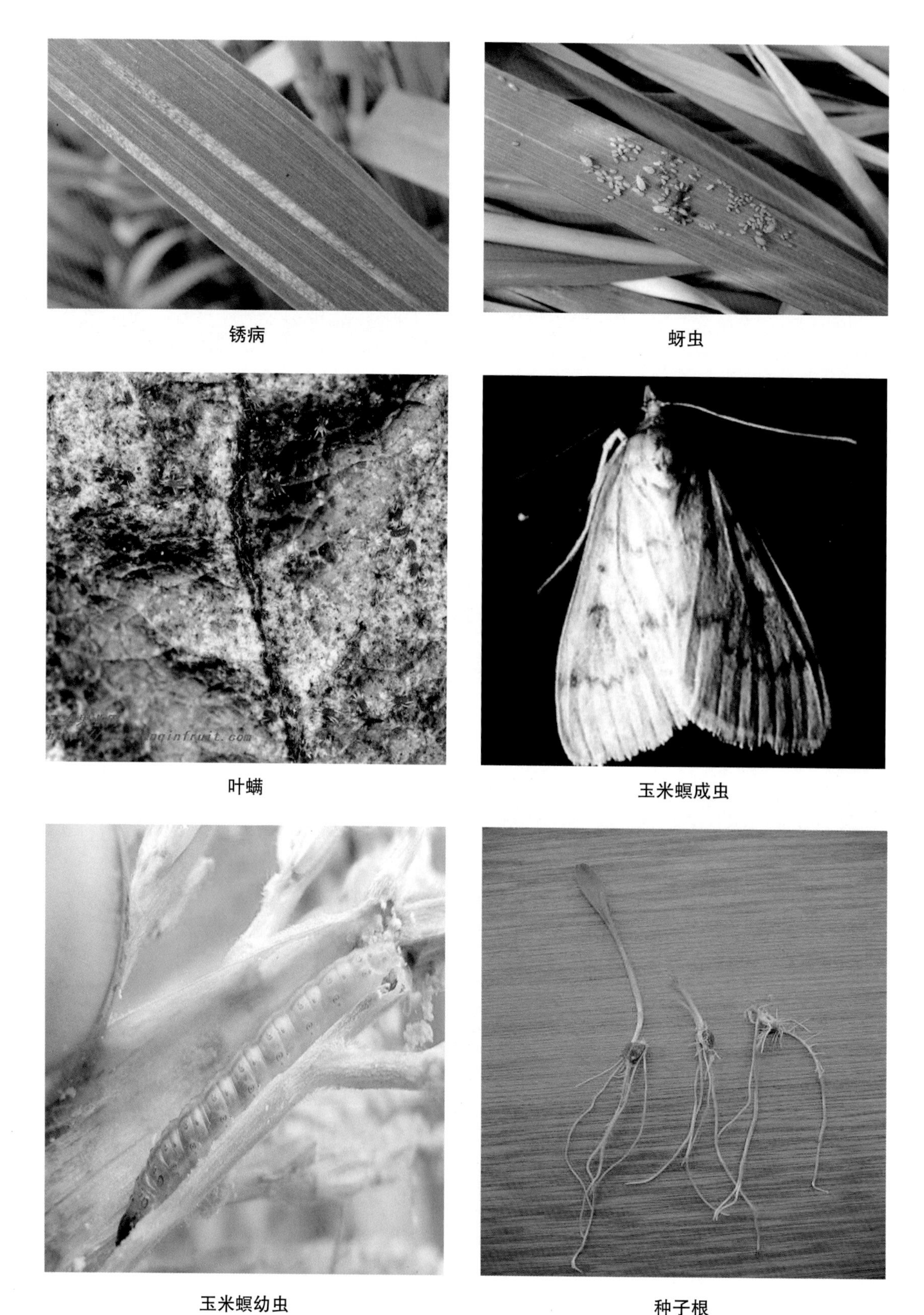

锈病

蚜虫

叶螨

玉米螟成虫

玉米螟幼虫

种子根

农业技术指导

◎ 朱涵珍　等 主编

中国农业科学技术出版社

图书在版编目（CIP）数据

农业技术指导 / 朱涵珍等主编 . — 北京：中国农业科学技术出版社，2015. 9
ISBN 978-7-5116-2213-6

Ⅰ . ①农…　Ⅱ . ①朱…　Ⅲ . ①农业技术　Ⅳ . ① F326.11

中国版本图书馆 CIP 数据核字（2015）第 174401 号

责任编辑　白姗姗
责任校对　贾海霞

出 版 者　中国农业科学技术出版社
北京市中关村南大街 12 号　邮编：100081
电　　话　（010）82106638（编辑室）（010）82109704（发行部）
（010）82109702（读者服务部）
传　　真　（010）82106650
网　　址　http://www.castp.cn
经 销 者　各地新华书店
印 刷 者　北京富泰印刷有限责任公司
开　　本　787mm × 1 092mm　1 /16
印　　张　23.75　彩插 4 面
字　　数　519 千字
版　　次　2015 年 9 月第 1 版　2015 年 9 月第 1 次印刷
定　　价　68. 00 元

《农业技术指导》编委会

前　　言

近几年来，中共中央、国务院每年的一号文件始终都把“三农”工作作为重中之重的战略方针，突出强调农业科技创新在农业生产中的作用，尤其对农业人才队伍建设提出了明确要求，高度重视新型职业农民、农业生产一线技术指导人员培育，让其充分发挥在现代农业中的核心作用。

中央农村工作会议中指出：未来谁来种地，关键是解决农业人才问题，通过富裕农业劳动者、政策扶持农业劳动者，让现代农业生产有效益，让农业劳动成为光鲜活力的职业，成为大家心目中向往的职业。要提高农业劳动者从业素质，培养农业青年从业者，确保农业可持续发展后继有人。

本教材定位农业从业者技术培训、突出针对性和实用性；选题结合当前现代农业特点，通用性广、覆盖面广，为农业生产一线从业者提供科技源泉；在内容上从作物生长基本环境条件、土壤、种子、施肥、病虫害防治、种子收获、贮藏加工、种子质量检验等，使其能掌握农业生产一线基本技术并指导现代农业生产，为现代农业生产提供科技支撑，确保现代农业生产多效增收；在形式上图文并茂，通俗易懂，利于激发农业从业者学习兴趣。

《农业技术指导》由朱涵珍、梅四卫等编写，共分16章，分别介绍了植物生长基本特性、土壤构相与配方施肥、植物生长环境条件、作物病虫害防治、作物遗传育种、种子生产概况、新品种的审定与推广、品种的保纯和原（良）种生产、主要作物种子生产技术、无性繁殖作物种子生产技术、蔬菜种子生产技术、牧草及草坪草种子生产技术、种子安全贮藏与加工、种子质量及检验、农业技术指导训练试题、职业标准等内容。本教材具有广泛适应性、操作规范性强等特点。可作为农业劳动者创业培训教材，也可作为农业技术指导员、农艺工、农作物植保员、种子繁育员、种子加工员、种子贮藏员、园艺蔬菜工、种子检验员等职业的培训教材，还可作为大学、高职高专农学、种子、园艺、植保等相关专业的选修课教材。

限于编者水平，加之编写时间仓促，教材中错误和疏漏之处在所难免，敬请广大读者予以指正。

编　者

2015年6月

目　录

植物基本生长特性

一、植物的细胞和组织

（一）植物细胞

植物体是由细胞所组成，植物的生命活动是通过细胞的生命活动体现出来的。细胞是植物体结构和功能的基本单位。细胞可分为原核细胞和真核细胞。原核细胞有细胞结构，但没有典型的细胞核；真核细胞具有被膜包围的典型细胞核和多种细胞器。支原体、细菌、放线菌与蓝细菌（旧称蓝藻）均由原核细胞构成，属于原核生物；其他的动、植物体均由真核细胞组成，属于真核生物。植物细胞的形状各异，大小差异悬殊。

1. 植物细胞形状和大小

（1）植物细胞的形状　植物细胞的形状是多种多样的。细胞的形状主要决定于它们的生理机能和所处的环境条件。例如，起输导和支持作用的细胞成长筒形或纤维形。生长在疏松组织中的细胞则呈球形、卵形等。细胞形状的多样性，反映了细胞形态与其功能相适应的规律。

（2）植物细胞的大小　植物细胞的大小差异悬殊。最小的支原体细胞直径为 0.1 微米；种子植物的分生组织细胞直径为 5~25 微米；分生成熟的组织细胞直径 16~65 微米；也有少数大型细胞，肉眼可见，西瓜成熟的果肉细胞，直径达 1 毫米，芝麻茎的纤维细胞长可达 550 毫米。绝大多数的细胞体积都很小。细胞体积小，表面积大，利于与外界进行物质、能量、信息的迅速交换，对细胞生活具有特殊的意义。

2. 细胞生命活动的物质基础

构成细胞的生活物质是原生质，它是细胞结构和生命活动的物质基础。它具有极其复杂而又多种多样的化学组成与结构。组成原生质的化合物可以分为无机物和有机物两类。

原生质体具有液体的某些性质，如有很大的表面张力；有一定的弹性和黏性；具有胶体的性质；原生质中的核仁、染色体、核糖核体具有液晶性质，与生命活动密切相关。

3. 植物细胞的基本结构

植物细胞的基本结构包括细胞壁、细胞膜、细胞质和细胞核等部分，其中细胞膜、细胞质和细胞核总称为原生质体。

（1）细胞壁　细胞壁是植物细胞所特有的结构，由原生质体分泌的物质所构成。细胞壁有保护原生质体的作用，并在很大程度上决定了细胞的形状和功能。细胞壁还与植物吸收、运输、蒸腾、分泌等生理活动有密切的关系。

细胞壁可分 3 层，由外而内依次为胞间层、初生壁和次生壁。胞间层和初生壁是所有植物细胞都具有的，次生壁则不一定都具有。

（2）细胞膜　植物细胞的细胞质外侧与细胞壁外侧相接的一层薄膜称为细胞膜或质膜。细胞膜主要由脂质和蛋白质组成，此外还有少量的糖类以及微量的核酸、金属离子和水。

真核细胞有一个复杂的膜系统，除细胞膜外，还包括细胞内膜，如核膜和各种细胞器的膜，这些膜统称为生物膜。

细胞膜起着屏障作用，维持稳定的细胞内环境，可调节和选择物质的通过，有选择地使物质通过或排除废物；细胞膜具有胞饮作用、吞噬作用和胞吐作用，即细胞膜能向细胞内凹陷，吞食外围的液体或固体颗粒。吞食液体的过程称为胞饮作用，吞食固体的过程称为吞噬作用，细胞膜还参与胞内物质向胞外排出，称为胞吐作用。此外，细胞膜还具有接受胞外信息和细胞识别的功能。

（3）细胞质　细胞膜以内、细胞核以外的原生质统称为细胞质。细胞质包括细胞器和胞基质。细胞器是细胞质中分化出来的、具有特定结构和功能的亚细胞单位；胞基质围绕于细胞器外围，没有特化成一定结构。

胞基质又称基质、透明质等。细胞核以及各种细胞器都包埋于胞基质中。胞基质不仅是细胞器之间物质运输和信息传递的介质，也是细胞代谢的主要场所。胞基质还不断为各类细胞器行使功能提供必要的营养和原料，并使各种细胞器与细胞核之间保持密切关系。

细胞质的基质内具有一定形态、结构和功能的小单位，称为细胞器。在光学显微镜下可看到液泡、质体和线粒体等细胞器，在电子显微镜下可以看到内质网、核糖体、高尔基体、溶酶体、圆球体、微体和微管等细胞器。

（4）细胞核　细胞核是细胞的重要组成部分。细胞内的组成物质 DNA 几乎全部存在于核内，它控制着蛋白质的合成，进而控制着细胞的生长发育。细胞核是细胞的控制中心。

在细胞的生活周期中，细胞核存在着两个不同的时期：间期和分裂期。细胞核埋藏在细胞质中，大部分时间处于间期，为卵圆形或球形。细胞核的结构可分为核膜、核仁和核质 3 部分。

4. 植物细胞的繁殖与分化

（1）植物细胞的繁殖　细胞繁殖是以分裂方式进行的。细胞分裂的方式有 3 种，即无丝分裂、有丝分裂和减数分裂。

① 无丝分裂：无丝分裂又称直接分裂。分裂时首先核仁一分为二，并向核的两极移动。此时，核伸长，核的中部变细，缢缩断裂，分成两个子核。子核之间形成新壁，便形成了两个细胞。

无丝分裂在低等植物中普遍存在，其分裂速度快，能量消耗少，分裂过程中细胞仍能执行正常的生理功能。由于分裂过程中无纺锤丝出现，故称无丝分裂。在高等植物中也较常见。如小麦茎的居间分生组织、甘薯块根的膨大、不定根的形成、胚乳的发育、愈伤组织的分化等均有这种分裂方式。

② 有丝分裂：有丝分裂又称间接分裂。主要表现在细胞核发生一系列可见的形态学变化，这些变化是连续的过程。为便于认识，依其变化特点划分为几个时期，即间期、前期、中期、后期和末期。

有丝分裂是细胞最普遍最常见的一种分裂方式。由于分裂过程中有纺锤丝的出现，故称为有丝分裂。植物的营养器官如根、茎的伸长和增粗都是靠这种分裂方式来增加细胞数量的。

③ 减数分裂：减数分裂又称成熟分裂，它是有丝分裂的一种独特的形式，是植物在有性生殖过程中形成性细胞前所进行的细胞分裂。例如，产生精子的花粉粒和产生卵细胞的胚囊形成时，都要经过减数分裂。减数分裂过程和有丝分裂基本相似。所不同的是，减数分裂包括两次连续的分裂，但染色体只复制一次，这样一个母细胞经过减数分裂可以形成四个子细胞，每个子细胞染色体数目只有母细胞的一半，故称为减数分裂。

（2）细胞的分化和脱分化　经细胞繁殖产生的子细胞，经过生长，有的可再行繁殖；有的不再繁殖分裂，朝着分化的方向发展。细胞分化之前的生长时期，代谢旺盛，合成大量的生活物质和非生命物质，使体积、重量剧烈地增加。接着便是细胞的分化，已经分化了的细胞，也可发生逆转——脱分化。

细胞的分化是指差别不大的幼嫩细胞，逐渐变得在形态、结构和功能上发生特化而互异的过程。例如，同样是来源于胚细胞，绿色细胞营光合作用，发育出大量的叶绿体；表皮细胞行保护功能，细胞内不发育出叶绿体，而在细胞壁的结构上有所特化，发育出角质层。

细胞的脱分化是指已分化的细胞又丢失其结构、功能的典型特征而逆转为幼态的过程。例如，已经充分分化的胡萝卜根细胞，若生长在合适的培养基上，可以失去其分化的结构，发生重复的分裂。然后，它的子代细胞开始分化，最后形成完整的胡萝卜植株。一般认为，成熟组织中，凡保持有原生质体的细胞，仍具有一定的分裂潜能，在一定条件下可通过脱分化恢复分裂活动。不过，分化程度愈高的细胞，愈难脱分化。

（二）植物的组织

植物组织是指在个体发育中，具有相同来源的同一类型或不同类型的细胞群组成的结构和功能单位，可分为分生组织和成熟组织两大类。植物的各种器官都是由许多组织组成的，在整个生命过程中，各组织既有严格的分工，又有密切的联系，构成一个完整的植物体。

1. 分生组织

分生组织是指具有持续分裂能力的细胞群，位于植物体的生长部位。它的细胞学特征是：细胞代谢活跃，有旺盛的分裂能力；细胞体积小，排列紧密，无细胞间隙；细胞壁薄，不特化；细胞质浓厚，无大液泡；细胞核较大并位于细胞中央。根据在植物体中的分布位置，分生组织可分为 3 种。

（1）顶端分生组织　位于根与茎主轴和侧枝的顶端。

（2）侧生分生组织　位于根与茎侧方的周围部分，靠近器官边缘与所在器官的长轴平行排列。

（3）居间分生组织　位于已经成熟组织之间分生组织，常见于禾本科植物的基部。

2. 成熟组织

成熟组织是由分生组织分裂所产生的细胞，经过生长和分化逐渐转变而成的具有特定形态结构和稳定生理功能的组织。多数成熟组织在一般情况下不再进行分裂，而有些分化程度不高的组织在一定条件下可进行脱分化重新恢复分裂能力。成熟组织包括营养组织、保护组织、机械组织、输导组织、分泌组织。

植物组织根据细胞结构可以分为简单组织和复合组织。前者如分生组织、薄壁组织；后者如表皮、周皮、木质部、韧皮部、维管束等。

植物有 3 种组织系统：皮组织系统（表皮和周皮）、维管组织系统（木质部和韧皮部）、基本系统（各类薄壁组织、厚角组织和厚壁组织）。

二、植物的营养器官

在植物体中，由多种组织组成，具有一定形态特征和特定生理功能，并易于区分的部分，称为器官。植物的器官各有各的功能，根、茎、叶的主要功能是维持植物的营养，它们是植物的营养器官。

（一）根

1. 根的形态

（1）根的外形和种类　正常的根外形呈圆柱体，由于生长在土壤中受土壤压力的影响而呈各种弯曲状态。

根据植物根的发生部位不同，可分为主根、侧根和不定根。由种子的胚根发育而成的根称为主根。主根在一定部位生出许多分支，称为侧根，侧根可再次分支，形成多级侧根。在茎、叶和胚轴上产生的根称为不定根。利用植物能产生不定根的特性，生产上常用扦插、压条等方法来进行繁殖。例如，葡萄、草莓等植物的茎上可以产生不定根。

（2）根系的类型　植株地下部所有根的总体，称为根系。根系分为直根系和须根系两种基本类型。

①直根系　主根发达粗壮，与侧根有明显的区别。大多数双子叶植物，如棉花、大豆以及果树和林木的实生苗等具有这种根系。

②须根系　主根不发达或早期停止生长，在茎基部生出许多条不定根，整个根系呈须状。一般说来，单子叶植物的根系都是须根系，如小麦、竹等的根系，但少数双子叶植物如毛茛、车前等也形成须根系。

2. 根的功能

根是植物体的地下营养器官。它的主要功能是吸收、输导水分和无机盐，并使植物固定在土壤中。根还能合成某些重要物质，如氨基酸、激素及植物碱等。此外，有些植物的根还具有贮藏营养物质和繁殖的功能。

3. 根瘤与菌根

（1）根瘤　在某些植物的根上（如豆科植物）常形成一些大小不等的瘤状突起，叫根瘤。根瘤的形成，是由于土壤中的根瘤菌自根毛侵入后，在皮层大量繁殖，刺激皮层细胞分裂，从而使皮层膨大，向外突出，形成根瘤。根瘤菌能固定空气中的游离氮，合成含氮化合物，除供本身需用外，还供给植物需要。由于根瘤菌的固氮作用，使具有根瘤的植物含有较多的氮素，故可作为绿肥使用。例如，一亩* 苜蓿如生长良好，一年可积累 20 千克氮素，相当 100 千克硫铵。

（2）菌根　自然界里有许多植物的根能与某些真菌形成一种共生体，称为菌根。菌根有两种类型：一种叫外生菌根，另一种叫内生菌根。与绿色植物共生的真菌，可从植物中取得所需要的有机营养，而真菌除供给植物水和无机盐外，还能促进细胞内贮藏物质的溶解，增强呼吸作用，可以产生维生素，促进根系的生长，有的菌根还有固氮作用。

（二）茎

1. 茎的形态

（1）茎的形态　茎是植物地上部分的枝干，分主茎和侧枝。茎上有节、节间、腋芽和枝条等。当年生具有叶和芽的茎，称为枝条。枝条上着生叶的部位叫节，相邻两节之间的部分叫节间。从外形看，大多数植物茎为圆柱形，如玉米、苹果等；也有三棱形的，如莎草；还有方柱形的，如薄荷等。

（2）茎的类型　根据生长习性可分为直立茎、缠绕茎、攀援茎和匍匐茎 4 种类型。根据质地可分为草质茎和木质茎两种。草本茎由于木质化细胞少，因此质地较柔软，如一年生植物的水稻、玉米，二年生植物油菜、萝卜和多年生植物苜蓿等，木本茎由于木质化细

*　1 亩≈667 平方米，1 公顷 =15 亩，全书同

胞多，故质地坚硬，并能生长多年。木本植物主干粗大而明显的，叫乔木，如松、梨等，没有主干，或主干很不明显，分枝几乎从地面开始的，叫灌木，如月季、茶等。

（3）芽　大部分植物茎的顶端和叶腋处都生有芽，芽开展后可形成枝条或花和花序。因此，芽实际上是未发育的枝或花和花序的原始体。

根据芽在茎、枝条上着生的位置，可分为定芽和不定芽，定芽又可分为顶芽和侧芽：根据其性质又可分为叶芽、花芽和混合芽，根据其生理状态可分为活动芽和休眠芽等。

（4）分枝和分蘖　分枝是植物茎生长时普遍存在的现象，而且分枝是有规律的，每种植物常常具有一定的分枝方式。常见的分枝方式有单轴分枝、合轴分枝和假二叉分枝。禾本科植物的分枝方式通常为分蘖。

2. 茎的功能

茎是植物的地上营养器官，主要功能是支持植物体和输导物质。此外，有些植物的茎还具有贮藏养料和繁殖等功能。

（三）叶

1. 叶的形态

一个完全的叶包括叶片、叶柄和托叶 3 部分，叶片是叶的主要部分，通常为绿色，外形多为宽大而扁平，是叶的功能的主要完成部位。叶柄是叶片与茎相接的中间部分，它能支持叶片，使叶片能更好地接受阳光，并执行叶与茎之间物质的运输。托叶是位于叶柄和茎相连接处的绿色小片，通常是成对分离而生，多数植物的托叶有早落现象。

禾本科植物的叶由叶鞘和叶片组成，并有叶舌和叶耳。叶鞘在叶片下方，包围着茎秆。有些植物在叶鞘和叶片之间的内方，有膜状突起物，叫做叶舌。有些植物在叶舌的两侧，有一对膜质状突起物，叫做叶耳。叶舌和叶耳的形状、大小以及有无可作为识别植物的依据之一。

2. 叶的类型

叶有单叶和复叶之分。若叶柄上只生一片叶的称单叶，生有两片以上的叶称为复叶。复叶根据小叶排列方式可分为 4 种类型：羽状复叶、三出复叶、掌状复叶和单身复叶。

3. 叶脉和叶序

在叶中形成的维管束称叶脉。叶脉的分布规律称叶序。根据叶脉在叶片上分布的方式，叶脉可分为网状脉、平行脉和叉状脉 3 种类型。

4. 叶的功能

叶的主要功能是进行光合作用，同时能进行蒸腾作用和气体交换。此外，有些植物的叶还有贮藏营养物质和繁殖的功能。

（四）营养器官的繁殖

营养繁殖是利用植物营养器官的再生能力繁殖新株。在自然界中有不少植物的根、茎、叶都具有再生能力，以根、茎、叶来繁殖新植株的现象是常见的。营养繁殖可分为自然营养繁殖和人工营养繁殖两种。

1. 自然营养繁殖

植物体的一部分，在自然条件下，不经人工帮助，能产生新的植株，这叫做自然营养繁殖。草莓、竹、芦苇等都有较强的自然繁殖能力。

2. 人工营养繁殖

人们在生产实践中应用植物能进行营养繁殖这一特性，采取一定措施，使植物体的一部分产生新植株的方法叫人工营养繁殖。人工营养繁殖常采用的措施有分离、扦插、压条、嫁接等。

三、植物的生殖器官

植物的花、果实和种子与植物有性生殖有关，故称生殖器官。植物借助于生殖，使它们的种族得以延续和发展。

（一）花的形态

1. 花的组成

花是被子植物所特有的有性生殖器官，由花芽发育而成。一朵典型的花由花柄、花托、花被（花萼、花冠）、雄蕊和雌蕊等部分组成。构成花萼、花冠、雄蕊群和雌蕊群的组成单位分别是萼片、花瓣、雄蕊和心皮，它们均为变态叶。通常把具有花萼、花冠、雄蕊和雌蕊的花称为完全花。如缺少其中任何一部分或几部分，则称为不完全花。

花柄是着生花的小枝，其顶端膨大的部分称花托；花萼是萼片的总称，位于花的最外面，其结构与叶相似，通常为绿色；花冠位于花萼的内面，由花瓣组成；雄蕊位于花冠之内，每枚雄蕊由花药和花丝组成；雌蕊位于花的中央，是由心皮卷合发育而成。

2. 禾本科植物的花

禾本科植物的花被变态为浆片，因此无花萼和花冠，花由2枚浆片、3或6枚雄蕊和1枚雌蕊组成；花及其外围的内稃和外稃组成小花；1至多朵小花、2枚颖片和它们着生的短轴组成小穗。禾本科植物以小穗为单位组成各种花序。

3. 花序

花在花轴上排列的状况称花序。根据花轴长短、分枝与否、有无花柄及开花顺序，将花序分为无限花序和有限花序。

（二）开花、传粉和受精

1. 开花

当花中花粉粒和胚囊（或二者之一）成熟时，花被展开，露出雄蕊和雌蕊，这种现象称为开花。各种植物的开花年龄、开花季节和花期的长短都各不相同，但都有一定的规律性。如一二年生植物，生长几个月后就开花，一生只开一次花，开花结实后整株植物枯死。多年生植物，在达到开花年龄后，每年到时都能开花。就开花季节来说，多数植物在早春至春夏之间开花，少数在其他季节开花。有些植物几乎一年四季都开花。

一株植物中，从第一朵花到最后一朵花开毕经历的时间，称为花期。各种植物的花期长短，决定于植物的特性，也与所处的环境密切相关，如早稻的花期为5~7天，小麦为3~6天，苹果为6~12天，棉花、花生和番茄的花期可持续一至几个月。至于一朵花开放的时间长短，也因植物的种类而异。如小麦只有5~30分钟，水稻为1~2小时，棉花为3天。大多数植物，开花都有昼夜周期性。在正常条件下，水稻在7~8时开花，11时左右最盛，午时减少；玉米在7~11时；小麦在9~11时和15~17时。研究掌握植物的开花习性，不仅有利于在栽培上采取相应的技术措施，以提高产品的数量和质量，而且对进行人工杂交，创造新品种，也是十分必要的。

2. 传粉

成熟的花粉粒借助外力传到雌蕊柱头上的过程，称为传粉。传粉的方式有自花传粉和异花传粉两种。

3. 受精作用

雌雄配子，即卵细胞和精子相互融合的过程，称为受精。受精的过程是：首先，落在柱头的花粉粒萌发，长出花粉管，精子也由花粉粒进入花粉管，随着花粉管的一步步伸长，精子沿花粉管进入胚囊，与胚囊中的卵细胞结合，完成受精作用，受精后的卵细胞称为合子。

（三）种子的形成、结构和类型

1. 种子的形成

种子是由受精后的胚珠发育而成的，它包括胚、胚乳和种皮3部分。各种植物的种子，在形状、大小和结构上差异甚大，但它们发育过程都是大同小异的。

（1）胚的发育　受精后的合子通常经过一段休眠期，然后进行一次横向分裂，产生两个大小差异的细胞，较大的叫基细胞，将来发育成胚柄；另一个较小的叫顶细胞，顶细胞经一系列的分裂、分化，最终形成种子的胚。

（2）胚乳的发育　被子植物的胚乳，由初生胚乳核发育而成，一般具有3倍染色体。极核受精后，初生胚乳核不经休眠或经短暂休眠，即开始分裂。因此，胚乳的发育早于胚的发育，为幼胚的发育创造条件。胚乳的发育，一般区分为核型和细胞型。

（3）种皮的发育　在胚和胚乳发育的同时，珠被发育成种皮，包在种子外面起保护作用。具有两层珠被的胚珠，常形成两层种皮。外珠被形成外种皮，内珠被形成内种皮，如棉花、油菜等。具有一层珠被的胚珠，则形成一层种皮，如向日葵、番茄等。

2. 种子的结构

虽然种子的形状、大小和颜色因植物种类不同差异较大，而其结构是相同的，都由胚、胚乳（或无）、种皮3部分组成。

3. 种子的类型

根据种子成熟时胚乳的有无，而把种子分为两种类型，即有胚乳种子和无胚乳种子。有胚乳种子是由种皮、胚和胚乳3部分组成，如番茄、辣椒、葡萄等的种子。无胚乳种子是由胚和种皮两部分组成，没有胚乳，如豆类、瓜类、白菜、桃、梨、苹果等的种子。

（四）果实的形成、结构和类型

1. 果实的形成与结构

当卵细胞受精后，花的各部发生显著变化。花萼、花冠一般枯萎，雄蕊以及雌蕊的柱头和花柱也都萎谢，剩下来的只有子房。这时，胚珠发育成种子，子房也随着长大，发育成果实。

通常情况下，植物结实一定要经过受精作用，受精是促成结实的重要条件之一。但植物界也有很多例外的情形。有的不经受精，子房也能发育为果实，这样形成的果实，里边不含种子，因此，叫无子结实或单性结实。

多数植物的果实，是由子房发育而来的，这叫真果。也有些植物的果实，除子房外尚有花的其他部分参与，最普遍的是子房和花被，花托形成果实，这样的果实叫假果。例如梨、苹果、向日葵以及瓜类作物的果实。

2. 果实的类型

被子植物的果实大体分为 3 类：单果、聚合果和聚花果。一朵花中仅有一枚雌蕊所形成的果实为单果，分为肉果和干果。聚合果是由一朵花中的离生单雌蕊发育而成的果实，许多小果聚生在花托上，如桑葚。有些植物的果实是由整个花序发育而成的称为聚花果，又称复果，如草莓。

四、植物的新陈代谢

（一）植物的光合作用

1. 光合作用的概念

绿色植物利用光能，将所吸收的二氧化碳和水合成有机物，并释放出氧气的过程叫做光合作用。其表达式如下。

$$CO_2+H_2O \rightarrow (CH_2O)+O_2$$

式中 CH_2O 代表碳水化合物，它和氧气是光合作用的产物。

2. 光合作用的意义

（1）蓄积太阳能　将光能转化为化学能。

（2）制造有机物　把无机物转化为有机物。

（3）净化空气　保护环境和维持生态平衡。

3. 光合作用的过程

光合作用从光照射到叶绿体开始，到氧气和有机物的形成，全过程包括以下 3 个阶段：第一步，光能的吸收、传递和转换成电能，主要由原初反应完成；第二步，电能转变为活跃的化学能，由电子传递和光合磷酸化完成；第三步，活跃的化学能转变为稳定的化学能，由碳同化进行。

4. 影响光合作用的因素

植物的光合作用和其他生命活动一样，也经常受到外界条件和内部因素的影响。影响光合作用的外界条件主要有：光照强度、二氧化碳、温度、水分、矿质元素。内部因素主要有：叶绿素含量、叶片的年龄、光合产物的积累、植物的生育期。

（二）植物的呼吸作用

1. 呼吸作用的概念

所谓呼吸作用，是指生活细胞里的有机物质在一系列酶的催化下，逐步氧化降解，同时释放出能量的过程。

2. 呼吸作用的类型

植物的呼吸作用可以分为有氧呼吸和无氧呼吸两种类型。

（1）有氧呼吸　有氧呼吸是指生活细胞在氧气的参与下，将有机物彻底氧化降解为二氧化碳和水，并放出大量能量的过程。一般所说的呼吸作用，是指有氧呼吸。以葡萄糖作为基质为例，其有氧呼吸的总反应式可表示如下。

$$C_6H_{12}O_6+6O_2 \rightarrow 6CO_2+6H_2O+2\,871\text{kJ}$$

（2）无氧呼吸　无氧呼吸是指在无氧条件下，生活细胞把某些有机物降解为不彻底的氧化产物，同时释放出能量的过程。无氧呼吸也叫发酵，并根据产生的物质相应地称为酒精发酵、乳酸发酵等。

3. 呼吸作用的一般过程

通常情况下，植物的呼吸作用主要以糖酵解——三羧酸循环途径进行，它可区分为糖酵解、三羧酸循环、电子传递和氧化磷酸化等阶段。

4. 影响呼吸作用的因素

影响呼吸作用的因素与光合作用相似，植物的呼吸作用也受到来自植物体内外因素的影响。

（1）内部因素影响　植物呼吸作用的内部因素有植物种类、器官、组织及生育期等。

（2）外部因素影响　植物呼吸作用的外部因素主要有温度、水分、氧气和二氧化碳、机械损伤和病虫害等。

（三）光合作用和呼吸作用的关系

光合作用和呼吸作用既相互对立，又相互依赖，二者共同存在于统一的有机体中。二者互为原料与产物，光合作用释放 O_2 可供呼吸作用利用，而呼吸作用释放 CO_2 也可被光合作用所同化。它们的许多中间产物是相同的，催化诸产物之间相互转化的酶也是类同的。在能量代谢方面，光合作用中供光合磷酸化产生 ATP 所需的 ADP 和供产生 NADPH 所需的 $NADP^+$，与呼吸所需的 ADP 和 $NADP^+$ 是相同的，它们可以通用。

五、植物生长的水分条件

（一）植物对水分的需要

1. 植物的含水量

水是植物的主要组成物质。一般植物的含水量占鲜重的 70%~90%，不同植物、不同生理状态、不同器官和部位含水量各不相同。水之所以是植物的主要组成成分，是因为水在植物生活中具有多种重要的生理作用。

2. 水在植物生活中的主要作用

水是生命的摇篮，没有水就没有生命，也就没有植物。水在植物生活中的主要作用表现在以下几个方面：①水是原生质的重要成分；②水是某些生理生化反应的原料；③水是植物体内代谢反应的介质；④水能调节植物的体温；⑤水使植物保持一定的姿态。因此，满足植物对水分的需要，是保证植物正常生长发育的重要条件。

（二）植物对水分的吸收

1. 植物细胞吸收

植物细胞吸水有 3 种方式：一是渗透吸水，是指含有液泡的细胞吸水，如根系吸水、气孔开闭时保卫细胞的吸水，主要是由于溶质势的下降而引起的细胞吸水过程。一般成熟细胞的吸水都是通过渗透吸水进行的。二是吸胀吸水，主要是由于细胞壁和原生质体内有很多亲水物质，如纤维素、蛋白质等，它们的分子结构中有亲水基，因而能够吸附水分子，从而使细胞吸水。干燥的种子细胞、根尖、茎尖细胞等都是通过吸胀作用进行的。三是降压吸水，主要是指因压力势的降低而引起的细胞吸水 。如蒸腾旺盛时，木质部导管和叶肉细胞的细胞壁都因失水而收缩，使压力势下降，从而引起这些细胞水势下降而吸水。

2. 根系吸水

植物吸水的主要器官是根。而根系吸水的主要区域是根毛区。植物根系吸收土壤水分后，便进行运输，其运输的途径为：土壤中的水→根毛→根的皮层→根的中柱鞘→根的导管或管包→茎的导管→叶柄导管→叶脉导管→叶肉导管→叶细胞间隙→气孔下腔→气孔→大气。

根吸水的动力主要有根压和蒸腾拉力两种。根压是指由于植物根系生理活动而促使液流从根部上升的压力。蒸腾拉力是指因叶片蒸腾作用而产生的使导管中水分上升的力量。蒸腾拉力是比根压更强的一种吸水动力，可达到根压的十几倍压力，是植物吸水的主要动力。植物根部吸水主要通过根毛、皮层、内皮层，再经中柱薄壁细胞进入导管。

3. 影响根吸水的环境因素

根从土壤中吸水，一方面受根本身活动的影响。另一方面土壤条件对根的吸水也有很大的影响。概括起来主要有以下几个方面。

①土壤温度：在一定范围内，随土壤温度的升高，根吸水的速度加快，土温过低或过

高都不利于根的吸水。

②土壤含水量：在干旱条件下，随着土壤含水量的下降，有效水逐渐减少，植物吸水趋于困难，甚至发生萎蔫。如果土壤干旱严重，植物的正常活动停止，时间稍长则会引起植物死亡。

③土壤氧气含量：土壤通气良好，氧气供应充足，呼吸作用正常进行，为根吸收水分提供了必要的条件，促进根对水分的吸收。当田间淹水或土壤板结，造成通气不良时，土壤含氧量减少，迫使根进行无氧呼吸，降低根的吸水能力。严重时会引起根的死亡以致整株植物的死亡。在大田生产中，通过施用有机肥使土壤形成团粒结构或通过中耕等农业措施，改善土壤物理状况，使之保持良好的通气条件和提高水分含量。

④土壤溶液浓度：土壤溶液是具有一定浓度的盐溶液。在一般情况下土壤溶液的浓度低于根细胞的浓度，利于根从土壤中吸水，但在盐碱土中，由于土壤溶液浓度过高，导致植物吸水困难，严重时还会使根系脱水而枯死。在生产上一次施肥过多，也会引起局部地段土壤溶液浓度过高，造成根系吸水困难，发生“烧苗”现象。

4. 植物的需水规律

在植物生活的全过程中，需要大量的水分，不同植物或 同一植物的不同品种，其需水量不同。如 1 公顷玉米需消耗 900 万千克的水；而 1 公顷小麦约需 400 万千克的水。植物每制造 1 千克干物质所消耗水分的量（克），称为需水量。

植物生活全过程中，往往有两个关键需水期：一是植物需水临界期，是指植物在生命周期中对水分缺乏最敏感，最易受害的时期。如小麦一生中有两个临界期：孕穗期和灌浆开始至乳熟末期。二是植物最大需水期，是指植物在生命周期中对水分需要量最多的时期。而植物最大需水期多在植物生长旺盛时期。

六、植物的矿质营养

（一）植物必需的矿质元素

目前，公认的植物必需元素共有 16 种：碳、氢、氧、氮、磷、硫、钾、钙、镁、铁、锌、铜、锰、钼、氯、硼。在这 16 种元素中，前 3 种是植物从水和二氧化碳中取得的，后 13 种是植物从土壤的矿物质中获得的，因此把后 13 种元素叫做矿质元素。在矿质元素中的氮、磷、硫、钾、镁、钙 6 种元素在植物体中含量较高，叫做大量元素。铁、锌、铜、锰、钼、氯、硼在植物体内的含量甚微，叫做微量元素。尽管植物对上述 16 种营养元素的需要量有多有少，但所有必需营养元素对植物营养和生理功能都是同等重要的，不可相互代替。

而据最新版《植物生理学》（高等教育出版社）资料，现已证明硅、钠、镍也列为植物必需的矿质元素，其中硅为大量元素，钠、镍为微量元素。

（二）矿质元素的一般生理作用

必需矿质元素在植物体内，总的说来，主要有两方面的作用。一是细胞结构物质的组成成分，如氮、硫、磷等参与组成了糖类、脂类、蛋白质和核酸等有机物。二是从多方面调节植物的生命活动。许多元素在植物体内是酶、维生素、植物碱等生理活性物质的组成成分，从多方面对植物的生命活动进行调节作用。一般说来，大量元素具有以上两方面的作用，而微量元素主要是具有第二方面的生理作用。

（三）植物对矿质元素的吸收

1. 植物的根部营养

根部营养是植物吸收养分的主要形式，根吸收矿质元素最多的部位在根的伸长区，根毛区也可吸收。植物根系可吸收离子态和分子态的养分，一般以离子态养分为主，其次为分子态养分。分子态养分主要是一些小分子有机化合物，如尿素、氨基酸、磷脂、生长素等。大部分有机态养分需要经过微生物分解转变为离子态养分后，才能被植物吸收利用。

影响根吸收矿质元素的因素有土壤的通气状况、土壤温度、土壤酸碱度、土壤溶液浓度以及土壤中的有毒物质等。因此在生产中，要为根系创造一个良好的吸收环境，促进根系从土壤中吸收矿质营养。

（1）土壤中养分向根表迁移　土壤中养分离子向根表迁移，一般有 3 种途径：截获、质流和扩散，其中，以质流和扩散是主要形式。截获是植物根系在土壤伸展过程中吸取直接接触到的养分过程，一般根系截获养分不到吸收总量的 10%；质流是由于植物蒸腾引起土壤溶液中的养分随土壤水分运动而迁移至根表的过程，一般土壤中移动性大的离子中 NO_3^-、Ca^{2+}、Mg^{2+} 主要通过质流迁移到根表；扩散是指土壤溶液中某些养分存在浓度差异时所引起的养分运动，一般土壤中移动性小的离子如 $H_2PO_4^-$、K^+、Zn^{2+}、Cu^{2+} 等以扩散迁移为主。

（2）植物根系对无机养分的吸收　土壤中离子态养分迁移到根表后，一般是通过被动吸收和主动吸收两种方式进行吸收的。其中，被动吸收是根依靠扩散作用，或其他不消耗代谢能的吸收方式从土壤中吸收的，它没有选择性。主动吸收则是植物利用呼吸作用释放的能量，逆浓度梯度吸收养分的过程，它具有选择性，主要取决于植物本身的营养和生理特点。

（3）植物根系对有机养分的吸收　有机养分究竟以什么方式进入根细胞，目前还不十分清楚。解释机理主要是胞饮学说。胞饮作用是指吸附在质膜上含大分子物质的液体微滴或微粒，通过质膜内陷形成小囊泡，逐渐向细胞内移动的主动转移过程。胞饮现象是一种需要能量的过程，也属于主动吸收。

2. 植物的根外营养

植物除通过根系吸收养分外，还可通过茎、叶来吸收养分，主要通过叶面吸收，因此根外营养又称叶部营养。叶部营养具有以下特点：一是直接供应养分，减少土壤固定；二是吸收速率快，能及时满足作物营养需要；三是叶部营养能影响植物代谢活动；四是叶部营养是经济有效施用微量元素肥料和补施大量元素肥料的手段。

3. 植物营养的特性

植物营养期是植物从土壤中吸收养分的整个时期。在植物营养期的每个阶段中，都在不间断的吸收养分，这就是植物吸收养分的连续性。在植物营养期中，植物对养分的吸收又有明显的阶段性。这主要表现在植物不同生育期中，对养分的种类、数量和比例的要求是有所不同的。在植物营养期中，植物对养分的需求，有两个及为关键的时期：一个是植物营养的临界期，另一个是植物营养的最大效率期。

（1）植物营养的临界期　在植物营养过程中，有一时期对某种养分的要求在绝对分量上不多，但很敏感、需要迫切，此时如缺乏这种养分，植物生长发育和产量都会受到影响，并且由此造成的损失，即使以后补施该种养分也很难纠正和弥补，这个时期称为植物的营养临界期。一般出现在植物生长的早期阶段。水稻、小麦磷素营养临界期在三叶期，棉花在二三叶期，油菜在五叶前；水稻氮素营养临界期在三叶期和幼穗分化期，棉花在现蕾初期，小麦和玉米一般在分蘖期、幼穗分化期；钾的营养临界期资料较少。

（2）植物营养最大效率期　在植物生长发育过程中还有一个时期，植物需要养分的绝对数量最多，吸收速率最快，肥料的作用最大，增产效率最高，这个时期称为植物营养最大效率期。植物营养最大效率期一般出现在植物生长的旺盛时期，或在营养生长与生殖生长时期。此时植物生长量大，需肥量多，对施肥反应最为明显。如玉米氮肥的最大效率期一般在喇叭口至抽穗初期，棉花的氮、磷最大效率期在盛花始铃期。

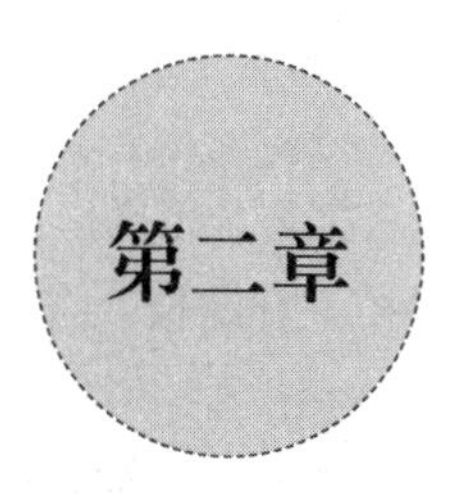

土壤构相与配方施肥

一、土壤构相

土壤的基本组成，土壤是地球陆地表面能够生长植物的疏松表层，由固相（矿物质、有机质）、液相（土壤水分）和气相（土壤空气）三相物质组成。土壤中三相物质的比例是土壤中各种性质产生和变化的基础，调节土壤三相物质的比例，是调节土壤肥力的主要依据。

（一）土壤矿物质

1. 土壤矿物质的组成

土壤矿物质是构成土壤的“骨骼”，一般占土壤固相部分重量 95%~98%。它是岩石矿物的风化产物，其颗粒差别很大。粒径 > 0.01mm 的土粒称为物理性砂粒，粒径 <0.01mm 的土粒称为物理性黏粒。即通常所说的“沙”和“泥”。砂粒对于改善通气性、透水性有益，而黏粒主要起着保蓄养分、水分的作用。

2. 土壤质地

土壤中各级土粒所占的百分含量称为土壤机械组成或土壤质地，即土壤砂黏程度。在农业生产中主要采用前苏联的卡庆斯基的质地分类。中国（1978）拟定的土壤质地分类是按沙粒、粉粒和黏粒的质量分数划分出砂土、壤土和黏土 3 类。

（1）砂土

① 性质：此类土壤砂粒多，故通气透水性强而保水保肥性差；含养分少，有机质分解快，易脱肥，肥效猛而不长，俗称“一烘头”；土温升降速度快，昼夜温差大，称“热性大”。

② 生产特性：种子出苗快、发小苗不发老苗；易于耕作，适耕期长：适宜种植生育期短，耐贫瘠，要求土壤疏松排水良好的作物如薯类、花生、芝麻、西瓜、果树等作物。

（2）黏土

① 性质：此类土壤黏粒含量较多，毛管作用强烈，通气透水性差，但保水保肥性强：矿质养分丰富，有机质分解慢，肥效稳长后劲足；土温升降速度慢，昼夜温差小，称“冷性土”。

② 生产特性：湿时泥泞，“天晴一把刀，落雨一团糟”，耕性差、适耕期短：土性冷，肥效稳长，发老苗不发小苗：适宜种植生育期长，需肥量大的作物，如稻、麦、玉米、高粱、豆类等作物。

（3）壤质土　此类土壤砂黏适中，兼有砂土和黏土的优点，水、肥、气、热状况比较协调，适宜种植各种作物，发小苗也发老苗，是农业生产上比较理想的土壤质地。

（二）土壤生物和有机质

1. 土壤生物

土壤生物包括土壤动物、植物和微生物。土壤动物主要是一些小动物，如蚯蚓、线虫、蚂蚁、蠕虫等。土壤微生物以细菌和放线菌较重要，其次是真菌和藻类。土壤植物主要指高等植物的地下部分，包括植物根系、地下块茎。

土壤生物主要功能有：影响土壤结构的形成；影响土壤无机物质的转化；固持土壤有机质，提高有机质含量；分解转化土壤中的有毒残留物质，净化土壤。

2. 土壤有机质

土壤有机质是指存在于土壤中的有机化合物的总称，包括土壤中各种动植物、微生物残体，土壤生物的分泌物与排泄物等。土壤有机质除保留原有的有机物成分，包括碳水化合物、蛋白质、树脂、蜡质等，还有一类特殊的高分子化合物即土壤腐殖质，占土壤有机质的85%~90%，是有机质的主体。

进入土壤中的生物残体发生两方面转化，一方面，在微生物作用下将有机质分解为简单的矿化物质，如无机盐类、CO_2、NH_3等，同时释放出大量的能量，这是有机质的矿化过程，是释放养分和消耗有机质的过程。另一方面是微生物作用于有机物质，使之转变为复杂的腐殖质，它是积累有机质、贮存养分的过程。

土壤有机质的作用是多方面的，主要体现在：提供作物需要的养分；增加土壤保水保肥能力，减少养分流失；形成良好的土壤结构，改善土壤理化性状；促进微生物活动，促进养分代谢，提高土壤供肥能力；其他用途，如腐殖质有助于消除土壤中的农药残毒和重金属污染，起到净化土壤作用。另外，腐殖质中的某些物质，如胡敏酸、维生素、激素等还可刺激植物生长。

农业生产上常通过施有机肥料、种植绿肥、秸秆还田、合理耕作排灌，调节土壤水、气、热等状况，来调控土壤有机质的转化。

（三）土壤水分和空气

土壤水分和空气存在于土壤孔隙中，二者彼此消长，即水多气少，水少气多。它们是土壤的重要组成物质，也是土壤肥力的重要因素，是植物赖以生存的生活条件。

1. 土壤水分

土壤水并不是纯水，而是含有多种无机盐与有机物的稀薄溶液，是植物吸水的最主要来源。一般把土壤水分为以下几种类型。

（1）吸湿水和膜状水　吸湿水是干燥的土壤颗粒借助于土粒表面的分子引力吸附空气中的气态水；膜状水是呈膜状吸附在土粒外表的液态水。作物不能吸收利用这部分水。

（2）毛管水　由于毛管水是指存在于土壤孔隙中，由毛管力所保持的水分，可上下左右移动，被植物吸收利用而成为土壤中最有效水分。毛管水按在土壤剖面中分布位置又可分为毛管上升水和毛管悬着水。一般将毛管悬着水达到最大时的土壤含水量称为田间持水量，它是判断耕作、播种、灌溉等的一个重要指标。

（3）重力水　因重力作用沿土壤缝隙向下渗漏的水称为重力水。它能够被植物利用，但通常随重力渗漏。土壤含水量的表示方法主要有以下几种。

①质量含水量：是指土壤中水分质量占烘干土质量的百分数，又称绝对含水量。计算公式为：

$$\text{质量含水量（\%）}=\frac{\text{湿土重}-\text{烘干土重（克）}}{\text{烘干土重（克）}}\times 100$$

②相对质量含水量：是指土壤实际含水量占田间持水量的百分数，又称相对含水量。计算公式为：

$$\text{相对含水量（\%）}=\frac{\text{土壤含水量}}{\text{田间持水量}}\times 100$$

农业生产上常通过增施有机肥料、耕作保墒、灌溉排水、兴修农田水利工程等措施来调节土壤水分。

2. 土壤空气

土壤空气主要来源于大气，其组成与大气相似但又有一定的差别：一般土壤空气中的 CO_2 含量比大气高，O_2 浓度比大气低，水分多呈饱和状态，并含有少量的还原性气体，如 CH_4、H_2S、NH_3 等。

土壤空气与大气之间常通过扩散作用和整体交换形式不断地进行气体交换，这种性能称为土壤通气性。如交换速度快，则土壤的通气性好；反之，则通气性差。土壤通气性对植物生长发育有着重要影响，主要体现在：影响种子萌发；影响植物根系的发育与吸收；影响土壤养分状况；影响作物的抗病性。

农业生产上常通过深耕结合施用有机肥料、合理排灌、适时中耕等措施来调节通气性。

二、土壤的基本性质

（一）土壤孔隙性与结构性

1. 土壤孔隙性

是指土壤孔隙总量及大小孔隙的分布，它对植物生长发育有重要影响。土壤孔隙通常有3种类型：毛管孔隙、空气孔隙和非活性孔隙。土壤孔隙性通常用孔隙度表示，孔隙度是指自然状态下单位体积土壤中孔隙体积占土壤总体积的百分数。适宜作物生长发育的土壤孔隙指标是：耕层的总孔隙度为50%~56%，通气孔隙度在8%~10%。土体内孔隙垂直分布为"上虚下实"，即耕层上部（土表下0~15厘米）的总孔隙度为55%左右，通气孔隙度为10%~15%：下部（土表下15~30厘米）的总孔隙度在50%左右，通气孔隙度在10%左右。"上虚"有利于通气透水和种子发芽、破土；"下实"则有利于保水和扎稳根系。

2. 土壤结构性

土壤结构的类型主要有：块状结构、核状结构、柱状和棱柱状结构、片状结构、团粒结构和微团粒结构等，其中团粒结构是农业生产上最理想的结构，俗称"米糁子""蚂蚁蛋"。

农业生产上常通过以下措施来促进土壤团粒结构的形成：深耕结合施用有机肥料，并适时适当采用耕、锄、耱、镇压等耕作措施；种植绿肥或牧草，实行合理轮作倒茬；采用沟灌、喷灌、滴灌和地下灌溉等节水灌溉技术，并结合深耕进行晒垡、冻垡，充分利用干湿交替作用和冻融交替作用；施用胡敏酸、树脂胶、纤维素黏胶等土壤结构改良剂。

（二）土壤耕性

土壤耕性是指耕作中土壤表现出的各种性质及耕作后土壤的生产性能。耕性好坏常用耕作难易、耕作质量和宜耕期的长短来衡量。 农业生产上群众是靠眼看、手摸和试耕来确定宜耕期的。方法如下：看土验墒，雨后或灌溉后地表呈"喜鹊斑"状态，外白（干）里灰（湿），外黄里黑，半干半湿，此时可耕；手摸验墒，用手抓起二指深处的土壤，手握能成团，稍有湿印但不粘手，在1米高处松开土团自由落地，能散开即宜耕；试耕，耕后土壤不黏农具，可为犁抛散，即可耕。

影响土壤耕性的因素主要有土壤的结构性、土壤质地和土壤水分等。改良耕性主要从改良土壤质地和控制土壤水分着手。

（三）土壤的保肥性和供肥性

土壤保肥性和供肥性是农业土壤重要的生产性能。保肥性是指土壤将一定种类和数量的有效养分保留在土壤耕作层的能力；供肥性是指土壤供应作物生长发育所需要有效养分种类和数量的能力。土壤保肥性和供肥性主要通过离子交换吸收作用来实现。

1. 土壤阳离子交换吸收作用

带负电荷的土壤胶体吸附的阳离子与土壤溶液中的阳离子之间的交换，称为阳离子交换吸收作用。例如碳酸氢铵施入土壤中可发生下面的反应。

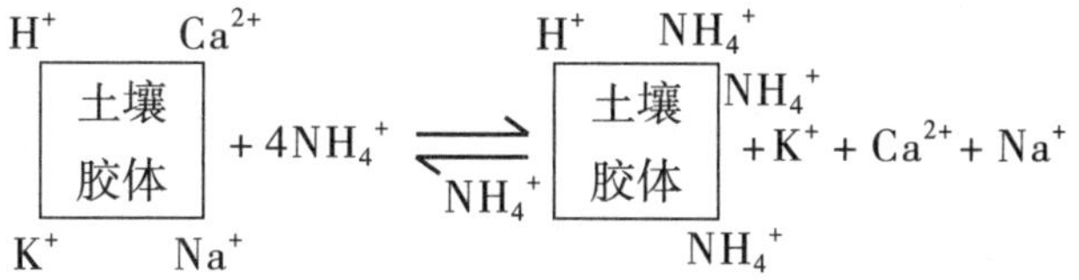

$$\underset{K^+\quad Na^+}{\overset{H^+\quad Ca^{2+}}{\boxed{\text{土壤胶体}}}} + 4NH_4^+ \underset{NH_4^+}{\rightleftharpoons} \underset{NH_4^+}{\overset{H^+\quad NH_4^+}{\boxed{\text{土壤胶体}}}}\,NH_4^+ + K^+ + Ca^{2+} + Na^+$$

上面反应中，NH_4^+ 通过交换而吸附到土壤胶体上，是保肥过程；当土壤溶液中 NH_4^+ 由于被植物吸收而逐渐减少，土壤溶液中 K^+、Na^+、Ca^{2+} 则与胶体上的 NH_4^+ 发生交换使其进入土壤溶液中，供植物吸收利用，是供肥过程。

2. 土壤阴离子交换吸收作用

由于土壤某些部位带正电荷吸附着阴离子（如 OH^- 等）它们可与土壤溶液中的阴离子（如 $H_2PO_4^-$、SO_4^{2-} 等）发生交换，从而对阴离子也有保肥、供肥作用。

土壤供肥性与保肥性的调节措施：增施有机肥，调节土壤胶体状况；科学耕作，合理灌溉；调节交换性阳离子的组成，改善养分供应状况。

（四）土壤酸碱性与缓冲性

1. 土壤酸碱性

土壤酸碱性是指土壤溶液中 H^+ 和 OH^- 比例不同所表现的酸碱性，常用 pH 值表示。通常把 pH 值 5.5 以下称为强酸性，pH 值 5.5~6.5 为微酸性，pH 值 6.5~7.5 为中性，pH 值 7.5~8.5 为微碱性，pH 值 8.5 以上为强酸性。北方石灰性土壤 pH 值多在 7.5~8.5。

土壤过酸或过碱均不宜植物生长，必须采取相应的农业技术措施加以调节，使其适宜于作物高产需求。因土选种适宜作物。南方酸性强的山地黄壤，无需改良可发展茶树；而向日葵、紫苜蓿、棉花在盐碱地上也能正常生长。北方石灰性土壤一般不需要治理就可利用，只是要因地种植而已。化学改良。酸性土壤通常通过施用石灰质肥料，碱性土壤一般通过施用石膏、磷石膏、明矾等进行改良。

2. 土壤缓冲性

土壤具有抵抗外来物质引起酸碱反应剧烈变化的性质，称为土壤缓冲性。土壤缓冲性大小取决于黏粒含量、无机胶体类型和有机质含量等。在农业生产上通过砂土掺淤、增施有机肥料、种植绿肥等措施，提高有机质含量，增强土壤缓冲性能。

三、土壤资源的开发和保护

（一）我国的土壤资源特点

我国的土壤资源特点：土壤类型多、山地面积大；人均占有量低，低产土壤面积大；土壤资源的不合理利用。

（二）高产稳产农田培肥

1. 高产稳产农田的特征

土层深厚，良好的质地层次构造；土壤养分适量协调；土壤性质稳定、良好；地面平坦、有适当的田间防护措施。

2. 高产稳产农田的培肥措施

增施有机肥料、合理施用化肥，提高土壤肥力；合理轮作倒茬，用地养地相结合；合理耕作改土，加速土壤熟化；发展旱作农业，建设灌溉农业；防治土壤侵蚀，保护土壤资源。

（三）低产土壤的改良和利用

1. 盐碱地改良和利用

改良盐碱地需要采取综合治理措施，以水利为基础，改土培肥为中心，改良与利用相结合，实行农、林、水、牧综合治理。

（1）水利措施　主要有排水降盐、灌水压盐、引洪放淤、种稻改良、蓄淡养鱼等措施。

（2）农业措施　主要有平整土地、深耕深翻：增施有机肥料、种植绿肥、合理施用化肥等培肥改土：选种耐盐作物（如棉花等）、躲盐巧种：植树造林、营造防护林网。

（3）化学改良　通过施用石膏、硫酸亚铁、硫磺等化学改良剂也能起到改良盐碱地效果。

2. 坡耕地改良

主要措施有：修水平梯田、谷坊等；荒坡地挖鱼鳞坑、水平沟；植树造林、种草、绿化荒山；等高种植，带状间作；沟种或坑种（埯子田）；深翻结合施用有机肥料。

3. 低产水稻田改良和利用

（1）冷浸田　水温和土温低，有效养分缺失，土粒分散，烂泥层厚的水稻田。根治途径：排除水害，在坡脚开环山沟以拦截山洪黄泥水，田外开排水沟，降低地下水位；在排水基础上结合犁冬晒白、熏田、掺沙入泥、施用热性肥和磷肥等进行改良培肥。

（2）沤田　质地黏重、土体发僵的水稻田。主要改良措施有：掺沙改良质地，掺沙后土壤的物理性黏粒含量控制在40%~60% 为好；增施有机肥料、种植绿肥；适时晒垡和冻垡；适时耕作，并配施速效化肥。

（3）沙土田　质地过沙或粉粒过多，易淀浆板结，保蓄养分能力差。主要改良措施为：沙土掺黏；加深耕层厚度，增施有机肥料和种植绿肥；搞好农田基本建设，改善农业生态基本条件。

4. 风沙土改良

基本途径：封沙育草，造林固沙；林果结合，发展果树生产；调整作物布局，发挥沙区优势，如种植花生、西瓜、油菜等；增施有机肥料，种植绿肥，秸秆还田，提高土壤肥力；引洪灌淤，客土压砂。

（四）土壤污染及其防治

土壤中污染物的来源具有多样性，主要是工业的“三废”，即废水、废气、废渣，以及化肥、农药、城市污泥、垃圾等。

土壤一旦污染，很难治理，因此应采取“先防后治，防重于治”的防治方针。对于已污染的土壤要根据实际情况进行治理。

1. 重金属污染土壤的治理措施

通过农田的水分调节、土壤中的氧化还原反应调节，控制土壤金属的毒性；施用石灰、有机质等改良剂；换土法；生物修复。

2. 有机物（农药）污染土壤的治理措施

增施有机肥，提高土壤对农药的吸附量，减轻污染；调节土壤的 pH 值、金属氧化还原反应和水分排灌，加速农药降解。

四、植物营养与施肥原理

（一）植物生长发育必需的营养元素

植物生长发育必需的营养元素有 16 种，其中，碳、氢、氧、氮、磷、钾等为大量元素；钙、镁、硫为中量元素；铁、硼、锰、铜、锌、钼、氯等则为微量元素。在植物必需营养元素中，氮、磷、钾 3 种元素，植物需要量多，但土壤中含量少，常需通过施肥补充才能满足要求，故称为“肥料三要素”。

（二）营养元素的生理作用

1. 氮的生理作用

氮在植物生命活动中占据首要的位置：氮是构成蛋白质、核酸的主要成分，而蛋白质和核酸是一切植物生命活动和遗传变异的基础；氮是叶绿素的组成成分，能增强植物光合作用的能力；氮是植物体内许多酶的组成成分，参与植物体内各种代谢活动；氮是某些维生素、激素等的组成成分，调控植物生命活动。

2. 磷的生理作用

磷是核酸、核蛋白、磷脂、植物激素和许多酶等重要物质的组成成分，影响植物生长发育和新陈代谢；磷素在淀粉、蛋白质、脂肪和糖的转化与积累过程中有重要作用；磷能提高植物抗旱、抗寒等抗逆性。

3. 钾的生理作用

钾是许多酶的活化剂，参与植物代谢过程；钾能促进叶绿素合成，促进光合作用；钾还能促进叶片对 CO_2 的同化，从而促进植物体内碳水化合物、蛋白质等物质的合成与运转；钾能增强植物抗寒、抗旱、抗高温、抗病、抗盐、抗倒伏等能力，提高植物抗逆性。

4. 微量元素的生理功能

主要体现在：微量元素是许多酶的成分和活化剂；影响叶绿素的形成；影响植物体

内的氧化还原过程。

（三）营养元素缺素症的诊断

1. 氮

植物缺氮主要表现为植株生长缓慢、矮小、叶片薄而小，新叶出得慢；叶片变淡呈黄绿色，且从下部老叶开始，逐渐向上发展，严重时下部叶片呈黄色，甚至干枯死亡。

2. 磷

植物缺磷表现为植株生长迟缓、矮小、瘦弱、直立、根系不发达、成熟延迟、果实小、结实不良；叶色暗绿或灰绿无光泽，严重时变为紫红色斑点或条纹。症状一般从基部老叶开始，逐步向上发展。

3. 钾

植物缺钾的主要症状多是从老叶的尖端和边缘开始发黄并逐渐焦枯，叶片出现褐色斑点、斑块；节间缩短、严重时顶芽死亡；根系生长停滞，细根和根毛生长不良，根短而少，易出现根腐病；植物抗逆性下降，易感染病虫害。

4. 微量元素缺乏症状（表 2-1）

表 2-1 作物缺乏微量元素的主要症状

缺素名称	缺 素 症 状
硼	顶端停止生长并逐渐死亡，根系不发达，叶色暗绿，叶片肥厚，皱缩，植株矮化，茎及叶柄易开裂，花发育不全，果穗不实，蕾花易脱落，块根、浆果心腐或坏死。如油菜“花而不实”、棉花“蕾而不花”、甜菜萝卜的“心腐病”、烟草的“顶腐病”等
锌	叶小簇生，中下部叶片失绿，主脉两侧出现不规则的棕色斑点，植株矮化，生长缓慢。玉米早期出现“白苗病”，生长后期果穗缺粒秃尖。水稻基部叶片沿主脉出现失绿条纹，继而出现棕色斑点，植株萎缩，造成“矮缩病”。果树顶端叶片呈“莲座”状或簇状，叶片变小、称“小叶病”
钼	生长不良，植株矮小，叶片凋萎或焦枯，叶缘卷曲，叶色褪淡发灰。大豆叶片上出现许多细小的灰褐色斑点，叶片向下卷曲，根瘤发育不良。柑橘呈点状失绿，出现“黄斑病”。番茄叶片的边缘向上卷曲，老叶上出现明显黄斑
锰	症状从新叶开始，叶片脉间失绿，叶脉仍为绿色，叶片上出现褐色或灰色斑点，逐渐连成条状，严重时叶色失绿并坏死。如烟草“花叶病”、燕麦“灰斑病”、甜菜“黄斑病”等
铁	引起“失绿病”，幼叶叶脉间失绿黄化，叶脉仍为绿色，以后完全失绿，有时整个叶片呈黄白色。因铁在体内移动性小，新叶失绿，而老叶仍保持绿色。如果树新梢顶端的叶片变为黄白色，新梢顶叶脱落后，形成“梢枯”现象
铜	多数植物顶端生长停止和顶枯。果树缺铜常产生“顶枯病”，顶部枝条弯曲，顶梢枯死，枝条上形成斑块和瘤状物；树皮变粗出现裂纹，分泌出棕色胶液。在新开垦的土地上种植禾本科作物，常出现“开垦病”，表现为叶片尖端失绿，干枯和叶尖卷曲，分蘖很多但不抽穗或抽穗很少，不能形成饱满籽粒

（四）植物对养分的吸收

1. 根部营养

它是植物吸收养分的主要形式，根吸收养分最多的部位是根尖的伸长区，根毛区也可吸收。植物根系吸收养分的途径主要先通过截获、质流、扩散等形式向根尖迁移，然后通过被动吸收和主动吸收进入根系。根系吸收养分的形态主要是离子态养分，如 NH^{4+}、NO_3^-、$H_2PO_4^{2-}$、K^+、Fe^{2+}、Cu^{2+}、$2n^{2+}$、MoO_4^{2-}、Bo_3^{3-}、Mn^{2+} 等，此外还能吸收少量分子态有机养分，如氨基酸、尿素、生长素等。

2. 叶部营养

是植物吸收养分的辅助形式，是施用微量元素肥料和作物后期补充大量元素肥料的重要手段。为了提高叶部营养的施用效果，一般应注意：溶液中可加适量“湿润剂”或适当加大浓度，并尽量喷施叶的背面，双子叶植物效果更好；应最好在 16 时以后无风晴天喷施；对于磷、铜、铁、钙等移动性差的元素要喷在新叶上，并适当增加喷施次数；喷施阳离子养分，溶液应调至微碱性，喷施阴离子则调至微酸性：尽量选择植物吸收快的物质（如尿素）进行叶面喷施。

（五）肥料的施用方式和方法

1. 肥料的使用方式

按施肥时期分为基肥、种肥和追肥。基肥又称底肥，是在播种前或定植前施入的肥料，种肥是在播种或定植时与种子（或苗）同时混播或撒入的肥料。追肥是在作物生育期间施用的肥料。

2. 合理的施肥方法

施肥方法有土壤施肥和植株施肥两种。

（1）土壤施肥方法

① 撒施法：是施用基肥和追肥的一种方法，即将肥料均匀撒施于地表，然后把肥料翻入土中。

② 条施法：也是施用基肥和追肥的一种方法，即开沟条施肥料后覆土。

③ 穴施法：播种前或定植前开沟或挖穴将肥料施于种子（或苗）旁 1~3 厘米处，以防烧种（或苗）。

④ 撒施结合灌水：对于密植作物追肥时，先将肥料均匀撒施，然后再灌水，使肥料渗入土中。

⑤ 分层施肥：将肥料按不同比例施入土壤的不同层次内。

⑥环状施肥和放射状施肥：常用于果园施肥，环状施肥是在树冠外围垂直的地面上，挖一环状沟，施肥后覆土踏实。放射状施肥是在距树干一定距离外，以树干为中心，向树冠外挖 4~8 条放射状直沟，沟长与树冠相齐，施肥后覆土。

（2）植株施肥方法

① 叶面喷洒：将肥料配制成一定浓度的水溶液，然后在作物生育关键时期进行叶面

喷洒。

② 蘸秧根：定植前将秧苗在配制好的肥料溶液中蘸 2~3 分钟，再定植。

③ 种子施肥：包括拌种、浸种。拌种：一般将微量元素肥料或菌肥用少量水溶液溶解或稀释后，按比例与种子拌均匀，稍阴干后再进行播种。浸种 ：用一定浓度肥料溶液浸种子 12~24 小时，捞出后晾干再播种。

④ 注射施肥：在树体、根、茎部打孔，在一定的压力下，将营养液通过树体的导管，输送到植株的各个部位。

五、配方施肥及应用

（一）配方施肥的概念与作用

配方施肥是根据作物需肥规律，土壤供肥性能与肥料效应，在有机肥为基础条件下，产前提出氮、磷、钾和微肥的适宜用量和比例以及相应的施肥技术的一项综合性科学施肥技术。它包含“配方”和“施肥”两个程序。

（二）配方施肥的依据

配方施肥是根据植物营养吸收利用的基本原理提出的。其主要理论依据如下。

1. 养分归还学说

作物从土壤中吸收矿质养分，为保持土壤肥力就必须把作物取走的矿质养分以肥料形式归还土壤，使土壤养分保持一定的平衡。

2. 最小养分律

土壤中缺少某种营养元素时其他养分再多，作物也不能获得高产。

3. 报酬递减律

在土壤生产力水平较低的情况下，施肥量与作物产量的关系往往呈正相关，但随着施肥量的提高，作物的增产幅度随施肥量的增加而逐渐递减，因而并不是施肥量越大产量和效益就越高。

4. 因子综合作用律

作物生长发育取决于全部生活因素的适当配合和综合作用，如果其中任何一个因素供应不足、过量或与其他因素不协调，就会阻碍植物的正常生长，即施肥还要考虑土壤、气候、水文及农业技术条件等因素。

（三）配方施肥的作用

配方施肥在农业生产中有重要的作用，具体体现在以下几点。

1. 增产增收效益明显

2. 增肥地力保护生态

3. 协调养分提高品质

4. 调控营养防治病害

5. 有限肥源合理分配

（四）配方施肥的基本方法

配方施肥的基本方法有地力分区（级）配方法、养分平衡法、地力差减法、肥料效应函数法、养分丰缺指标法、氮磷钾比例法等，这里重点介绍国内常用的养分平衡法。

养分平衡法，又称平衡施肥法，其施肥量计算公式为：

$$肥料施用量=\frac{作物目标产量需肥量-土壤供肥量}{肥料利用率（\%）\times 肥料中养分含量（\%）}$$

1. 确定目标产量

可采用当地前3年的平均产量为基数，再增加10%~15%的产量作为目标产量。

2. 计算目标产量需肥量

$$目标产量需肥量（千克）=\frac{目标产量}{100}\times 形成100千克经济产量所需养分量$$

各种作物每100千克经济产量所需养分量可参考表2-2。

表2-2　主要作物形成100千克经济产量所需养分量　　单位：千克

作物	水稻	小麦	玉米	甘薯	大豆	花生	棉花	烟草	黄瓜	茄子	番茄	萝卜	苹果	梨
收获物	稻谷	籽粒	籽粒	块根	种子	荚果	籽棉	鲜叶	果实	果实	果实	块根	果实	果实
N	2.25	3.00	2.57	0.35	7.20	6.80	5.00	4.10	0.40	0.30	0.45	0.60	0.30	0.47
P_2O_5	1.25	1.25	0.86	0.18	1.80	1.30	1.80	0.70	0.35	0.10	0.50	0.31	0.08	0.23
K_2O	2.13	2.50	2.14	0.55	4.00	3.80	4.00	1.10	0.55	0.40	0.50	0.50	0.32	0.48

例如，计划亩产量小麦400千克，则其需N量为：

$$小麦需N量=\frac{400}{100}\times 3=12（千克）$$

3. 计算土壤供肥量

可用空白产量求出，也可用土壤养分测试值来计算，计算公式为：

土壤供肥量（千克）= 土壤测试值（毫克/千克）× 0.15 × 校正系数

校正系数是作物实际吸收养分数量占土壤养分测试值的比值，可通过田间试验获得，若无资料，一般可将其视为1来计算。

例如某块地的土壤速效N为50毫克/千克，则土壤供水N量为：

土壤供N量 =50 × 0.15 × 1=7.5（千克）

4. 确定肥料中养分含量和肥料利用率

肥料中养分含量可通过前面资料中获得或从肥料袋中获得。肥料利用率一般为：农家肥当年利用率为10%~30%；氮肥利用率为30%~50%，深施按50%计算；磷肥利用率为15%~25%;钾肥利用率为30%~40%。

5. 确定施肥量

例如，上述资料已计算出作物需肥量和土壤供肥量，若已知氮肥为尿素，含N46%，利用率为40%，则尿素施用量为：

$$尿素用量=\frac{12-7.5}{46\%\times40\%}=24.5（千克）$$

同样，利用此法还可计算出磷、钾肥用量，需要说明的是，若施用有机肥料，应将有机肥料供肥量考虑在内。

六、化学肥料的性质与施用

化学肥料是指用化学和（或）物理方法制成的含有一种或几种农作物生长需要的营养元素的肥料，其种类很多，按其所含的营养元素的多少可分为：单质肥料（氮肥、磷肥、钾肥）、复合肥料、微量元素肥料等。

（一）主要化学肥料的性质、特点与施用

常见的化学肥料主要品种：氮肥有碳酸氢铵、硫酸铵、氯化铵、硝酸铵、尿素等；磷肥有过磷酸钙、重过磷酸钙、钙镁磷肥等；钾肥有硫酸钾、氯化钾草木灰等；微量元素肥料有硼肥、锌肥、铁肥、锰肥、钼肥、铜肥等；复合肥料有磷酸铵、磷酸二氢铵、硝酸磷肥等。各类肥料的性质、特点与施用见表2–3、表2–4、表2–5、表2–6、表2–7、表2–8。

表2–3 主要氮肥的特性和施用要点

肥料名称	化学成分	含氮量（N%）	酸碱性	主要性质和特点	施肥技术要点
碳酸氢铵	NH_4HCO_3	16.8~17.5	弱碱性	化学性质极不稳定，白色细结晶，易吸湿结块易分解挥发，刺激性氨味，易溶于水，施入土壤无残存物，生理中性肥料	储存时要防潮、密闭，一般作基肥或追肥，不宜作种肥，施入7~10厘米深，及时覆土，避免高温施肥，防止NH_3挥发，适合于各种土壤和作物
硫酸铵	$(NH_4)_2SO_4$	20~21	弱酸性	白色结晶，因含有杂质有时呈淡灰、淡绿或淡棕色，吸湿性弱，热反应稳定，是生理酸性肥，易溶于水	宜作种肥、基肥和追肥；在酸性土壤中长期施用，应配施石灰和钙镁磷肥，以防土壤酸化。水田不宜长期大量施用，以防H_2S中毒；适于各种作物尤其是油菜、马铃薯、葱、蒜等喜硫作物

（续表）

肥料名称	化学成分	含氮量（N%）	酸碱性	主要性质和特点	施肥技术要点
氯化铵	NH_4Cl	24~25	弱酸性	白色或淡黄色结晶，吸湿性小，热反应稳定，生理酸性肥料，易溶于水	一般作基肥或追肥，不宜作种肥，一些忌氯作物如烟草、葡萄、柑橘、茶叶、马铃薯等和盐碱地不宜施用
硝酸铵	NH_4NO_3	34~35	弱酸性	白色或浅黄色结晶，易结块，易溶于水，易燃烧和爆炸，生理中性肥。施后土壤中无残留	贮存时要防燃烧、爆炸、防潮，适于作追肥，不宜作种肥和基肥，在水田中施用效果差，不宜与未腐熟的有机肥混合施用

表 2-4 尿素叶面施用的适宜浓度

单位：%

作物	浓度	作物	浓度
稻、麦、禾本科牧草	1.5~2.0	西瓜、茄子、甘薯、花生	0.4~0.8
黄瓜	1.0~ 1.5	桑、茶、苹果、梨	0.5
白菜、萝卜、菠菜、甘蓝	1.0	番茄、柿子、花卉	0.2~0.3

表 2-5 常用磷肥的性质及施用特点

肥料名称	主要成分	磷含量（P_2O_5%）	性质与特点	施用技术要点
过磷酸钙	$Ca(HPO_4)_2$	12~18	灰白色粉末或颗粒状，含硫酸钙 4~50%、游离硫酸和磷酸 3.5%~5%，肥料呈酸性，有腐蚀性，易吸湿结块	贮存过程中应防潮，作基肥、追肥和种肥及根外追肥，集中施于根层，适用于碱性及中性土壤，酸性土壤应先施石灰，隔几天再施过磷酸钙
重过磷酸钙	$Ca(H_2PO_4)_2$	36 ~42	深灰色颗粒或粉状物，吸湿性强，含游离磷酸 4%~8%，呈酸性，腐蚀性强，含 P_2O_5 约是普通过磷酸钙的两倍或三倍，又简称双料或三料磷肥	适用于各种土壤和作物，宜作基肥、追肥和种肥，施用量比过磷酸钙减少一半以上
钙镁磷肥	$Ca_3(PO_4)_2$ $CaO \cdot MgO \cdot SiO_2$	14~18	灰绿色粉末，不溶于水，溶于弱酸，呈碱性反应	一般作基肥，与生理酸性肥料混施，以促进肥料的溶解，在酸性土壤上也可作种肥或蘸秧根
钢渣磷肥	$Ca_4P_2O_5CaSiO_3$	8~14	黑色或棕色粉末，不溶于水，溶于弱酸，碱性	一般作基肥，不宜作种肥及追肥，与有机肥堆沤后施用，效果更好

（续表）

肥料名称	主要成分	磷含量（P_2O_5%）	性质与特点	施用技术要点
磷矿粉	$Ca_3(PO_4)_2$或$Ca_5F(PO_4)_3$	>14	褐灰色粉末，其中1%~5%为弱酸性磷，大部分是难溶性磷	磷矿粉是迟效肥，宜于作基肥，一般为每亩100~250千克，施在缺磷的酸性土壤上，可与硫铵、氯化铵等生理酸性肥混施
骨粉	$Ca_3(PO_4)_2$	22~23	灰白色粉末，含有3%~5%的氮素，不溶于水	酸性土壤上作基肥

表 2-6 常用微量元素肥料的种类、性质和施用特点

肥料名称	主要成分	含钾量（K_2O%）	性质与特点	施用要点
氯化钾	KCl	50~60	白色或粉红色结晶，易溶于水，不易吸湿结块，生理酸性肥料	适于大多数作物和土壤，但忌氯作物不宜施用；宜作基肥深施，作追肥要早施，不宜作种肥。盐碱地不宜施用
硫酸钾	K_2SO_4	48~52	白色或淡黄色结晶，易溶于水，物理性状好，生理酸性肥料	与氯化钾基本相同，但对忌氯作物有好效果。适于一切作物和土壤
草木灰	K_2CO_3	5~10	主要成分能溶于水，碱性反应，还含有钙、磷等元素	适宜于各种作物和土壤，可作基肥、追肥，宜沟施或条施，也作盖种肥或根外追肥

表 2-7 常用微量元素肥料的种类、性质和施用特点

种类	肥料名称	主要成分	微量元素含量（%）	主要性质	施用要点
硼肥	硼砂	$Na_2B_4O_7 \cdot 10H_2O$	11	白色结晶或粉末，40℃热水中易溶，不吸湿	作基肥、追肥，每亩用量0.25~1千克，浸种，蘸秧根
	硼酸	H_3BO_3	17.5	性质同硼砂灰色粉末，主要成分溶于水，是制取硼酸的残渣，含MgO0~30%	
	硼镁肥	$H_3BO_3 \cdot MgSO_4$	1.5		
锌肥	硫酸锌	$ZnSO_4 \cdot 7H_2O$	23~24	白色或浅橘红色结晶，易溶于水，不吸湿白色结晶，易溶于水	拌种，浸种，根外追肥
	氯化锌	$ZnCl_2$	40~48		

（续表）

种类	肥料名称	主要成分	微量元素含量（%）	主要性质	施用要点
锰肥	硫酸锰	$MnSO_4 \cdot 3H_2O$	26~28	粉红色结晶，易溶于水	拌种，浸种，根外追肥，基肥
	氯化锰	$MnCl_2 \cdot 4H_2O$	27	粉红色结晶，易溶于水	
铜肥	硫酸铜	$CuSO_4 \cdot 5H_2O$	24~26	蓝色结晶，易溶于水	基肥，拌种，浸种
钼肥	钼酸铵	$(NH_4)_6Mo_7O_{24} \cdot 4H_2O$	50~54	青白或黄白结晶，易溶于水，青白色晶体，易溶于水	浸种，拌种，根外追肥
	钼酸钠	$Na_2MoO_4 \cdot 2H_2O$	35~39		
铁肥	硫酸亚铁	$FeSO_4 \cdot 7H_2O$	19~20	淡绿色结晶，易溶于水	根外喷施

表 2-8　复合肥料及其性质

肥料名称		组成和含量	性质	施用
二元复合肥	磷酸铵	磷酸一铵和二铵 N 16%~18%，P_2O_5 46%~48%	速溶，多为颗粒状	基肥或种肥，适当配合施用氮肥
	硝酸磷肥	NH_4NO_3，$(NH_4)_2HPO_4$ 和 $CaHPO_4$N 12%~20%，P 10%~20%	小粒状，吸湿性强，易结块	基肥或追肥，不适宜于水田，豆科作物效果差
	磷酸二氢钾	KH_2PO_4，$P_2O_5$2%，K_2O 34%	水溶，速效吸湿性小，水溶液呈酸性	多用于根外喷施和浸种
氮磷钾三元复合肥	硝磷钾肥	$NH_4NO_3 \cdot (NH_4)_2HPO_4KNO_3$，N11%~17%，$P_2O_5$6%~17%，$K_2O$12%~17%	其中，N、K 为水溶性，P 为水溶性和弱酸溶性	基肥或拌种，目前已成为烟草专用肥
	硝铵磷肥	N，P_2O_5，K_2O 均为 17.5%	高效、水溶性	基肥、追肥
	磷酸钾铵	$(NH_4)_2HPO_4$ 和 K_2HPO_4 N，P_2O_5，K_2O 总含量达 70%	高效、水溶性	基肥、追肥

（二）化学肥料的合理施用

1. 合理分配化学肥料

依据当地土壤、作物、肥料等条件来合理分配。

（1）根据土壤条件　碱性、石灰性土壤宜施酸性或生理酸性肥料，如过磷酸钙、硫酸铵等；酸性土壤宜施碱性及生理碱性肥料（如钙镁磷肥）或施用难溶性肥料如磷矿粉。盐碱地、低洼地不宜施用含氯化肥。砂质土施氮、钾要少量多次。水田宜用铵态氮肥，不宜施用硝态氮肥。

（2）根据作物特性　含氯化肥不宜施在忌氯作物上，而用在棉、麻纤维类作物上效果较好。硫酸铵、硫酸钾还可分配施用到喜硫作物上，如烟草、大蒜等。硝酸铵最适于烟草和蔬菜。钾肥在薯类、棉花、烟草、油料作物上增产效果明显。如条件许可，经济作物应优先施用优质复合肥。

在作物轮作制度中，磷肥具有后效，应重点施在最能发挥磷肥效果的茬口上，如水旱轮作应施在旱作物上、旱地轮作应施在越冬作物、水田稻稻连作则应本着“早多晚少”原则。钾肥在轮作中，如绿肥—稻—稻轮作应施在绿肥上；麦稻轮作应施在小麦上，麦—棉（玉米、花生）轮作中，应施在夏季作物上。

（3）根据肥料特性　如硫酸铵、过磷酸钙、微肥、二铵、磷酸二氢钾宜作种肥，尿素作追肥要提前4~8天，但适宜作叶面追肥；磷肥、钾肥移动性小，宜作基肥或种肥。弱酸溶性、难溶性磷肥最好施在酸性土壤上。铵态氮肥要深施覆土。

2. 肥料要配合施用

氮、磷、钾肥配合施用，可平衡营养有利于作物吸收利用；有机肥料与化肥配合施用，可做到缓急相济，提高肥料利用率；微量元素肥料要与大量元素肥料配合施用才能发挥效果；土壤施肥与叶面追肥相结合能全面满足作物对养分的需要；复合肥料与单质肥料配合可相互补充，平衡营养。

3. 采取合理的施用技术

氮肥要深施覆土，减少损失，提高施用效果。磷肥可采用条施、穴施、蘸秧根、作种肥等方式集中施用并要早施。钾肥宜深施、早施和相对集中施用。微量元素肥料因用量少可通过拌种、浸种、叶面喷施等方法，并严格控制用量。复合肥料一般应作基肥，并配单质肥料追施效果较好。

七、有机肥料的类型与施用

（一）有机肥料的类型

有机肥料按来源、特性和积制方法一般分为4类：一是粪尿肥类，主要是动物的排泄物，包括人粪尿、家畜粪尿、家禽粪等。二是堆沤肥类，主要是有机物料经过微生物发酵的产物，包括堆肥（普通堆肥、高温堆肥）、沤肥、沼气肥、秸秆直接还田等。三是绿肥，指直接翻压到土中作为肥料使用的植物整体和植物残体。四是杂肥类，包括能用作肥料的有机废弃物，如泥炭、饼肥、食用菌的培养基、塘泥及含有有机物质的工农业废弃物等。

（二）有机肥料的作用

有机肥料是农村中利用各种有机废弃物，就地取材、就地积制施用的一类自然肥料，又称农家肥。它对土壤和作物有许多良好作用：提供多种养分，改善土壤中养分供应状况。施用有机肥料可增加土壤速效养分肥料，提高土壤供肥能力，而且肥效稳长。改善土壤物理性状。有利于团粒结构形成，增加土壤通气透水性，改善土壤水、气、热状况。促进土壤微生物活动，活化土壤潜在养分。有机肥料中的胡敏酸、维生素、激素等可刺激植物生长。有机肥料可提高土壤肥力，防止土壤退化，还具有改善农产品品质及节省能源等方面作用。

（三）有机肥料的施用

1. 人粪尿的施用

人粪尿适用于各种土壤和作物，尤其对叶菜类蔬菜有良好肥效，忌氯作物少用，也不宜盐碱地施用。人粪尿主要用作追肥，菜田可作基肥，北方习惯随水灌施，效果较好。人尿也可用来浸种。

2. 厩肥的施用

厩肥常作基肥深施，每亩用量 1 500~3 000 千克。用量大时可全田耕翻入土；用量小时可开沟集中施于播种行间或栽植垄上。厩肥作基肥应配施化学氮、磷肥，效果更好。在施用时可根据当地的土壤、气候和作物等条件选择不同腐熟程度的厩肥。

3. 堆肥的施用

堆肥适于各种作物和土壤，施用技术与厩肥相似，一般多用作基肥，撒施后立即翻入土中，条施、穴施也应深施覆土。一般每公顷 15~30 吨，适量配施速效肥料较好。

4. 秸秆直接还田

其技术要点如下。

（1）还田时期与方法　秸秆还田应切碎后翻入土中，旱地争取边收边耕埋；水田宜在插秧前 7~15 天施用。林、桑、果园则可利用冬闲季节在株行间铺草或翻埋入土。

（2）还田数量　一般秸秆全部还田，一般每公顷 4.5~6.0 吨为宜。

（3）配施氮磷化肥　北方玉米秸秆还田每公顷应施 150~225 千克碳铵和 225~300 千克过磷酸钙；南方稻田每公顷应施 150~225 千克碳铵，并配施 375 千克过磷酸钙。

（4）水分管理　旱地土壤要及时灌溉，保持土壤相对含水量 60%~80%。水田则要浅水勤灌，干湿交替。

5. 绿肥的翻压利用

（1）翻压时期　一般稻田绿肥在插秧前 10~15 天翻压，北方麦田绿肥应在种麦前 30 天左右翻压，棉花、玉米一般在播种前 10~15 天翻压。翻压深度一般以耕翻入土 10~20 厘米为宜。

（2）翻压技术　绿肥翻压应做到植株不外露，随后耙碎镇压，并及时灌水保墒，做到压严、压实。此外翻压时可适量施用磷肥，有利于氮磷养分平衡供应。

（四）生物肥料

生物肥料是人们利用土壤中一些有益微生物制成的肥料。目前主要有根瘤菌肥、生物钾肥及抗生菌肥等。

1. 根瘤菌肥

主要应用于大豆、花生等豆科作物上，其施用方法主要是拌种，每公顷可用菌剂225~450克，加水3.75千克均匀拌种，稍风干后播种。施用时应注意：菌剂的有效期，一般为半年；不宜与杀菌剂混用；要注意创造适宜环境条件，要求土壤通气良好，土温25℃左右，水分适宜，土壤呈中性至微碱性，并配施适当氮素，充足磷素和微量元素。

2. 生物钾肥

适宜于喜钾作物和缺钾土壤，其用量：固体型每公顷7.5~11.25千克液体型每公顷30~60千克。施用时要注意“早”（最好作基肥和种肥），拌种、拌土或拌有机肥要“匀”，离根要“近”。

植物生长环境条件

一、太阳辐射

（一）太阳辐射的概念

太阳以电磁波的形式向外放射能量的过程称为太阳辐射。地球主要以光波的形式接受太阳辐射。太阳光可分为紫外光区、可见光区和红外光区，其中，可见光区占总能量的50%，又分为红、橙、黄、绿、青、蓝、紫7种光色；红外光区占总能量的43%;紫外光区占7%。

太阳辐射的光效应强弱用光照强度来描述，简称为照度，单位是勒克斯（lx），1勒克斯就是以一个国际点光源为球心，以1米为半径的球面上被点光源照亮的程度。

太阳辐射的能量效应强弱，用太阳辐照度来描述，它是指单位时间内垂直投射到单位面积上的太阳能量，其单位是焦耳／米^2·分，经测定，在大气的上界太阳辐照度接近1 367焦耳／米^2·分，这一数值称为太阳常数，常用K表示。

（二）到达地面的太阳辐射

1. 太阳辐射在大气中的减弱

太阳辐射通过大气到达地面的过程中，由于大气对太阳辐射的吸收、散射和反射作用，使到达地面的太阳辐射被削弱了。

（1）吸收作用　大气中各组成成分的选择性吸收，大气中的氧和臭氧强烈吸收紫外线；水汽和二氧化碳强烈吸收红外线，但吸收量很少，仅占大气上界太阳能的6%；大气中云层对太阳辐射的吸收量较大可占大气上界的14%。

（2）散射作用　大气中各种气体成分和尘埃等极小的质点能把太阳辐射向四面八方散开，这种现象称为散射，经过散射后，原来沿入射方向的太阳辐射有9%的返回宇宙空间，有16%的能量到达地面。

（3）反射作用 大气中较大的尘埃和云层能将部分太阳辐射反射到宇宙空间，全年统计大约有 27% 的能量被反射回宇宙空间。

总之，太阳辐射通过大气时由于大气的吸收、散射和反射作用的削弱，仍有 43% 的太阳能到达地面，其中，直接辐射占 27%，散射辐射占 16%。

2. 到达地面的太阳辐射

（1）太阳直接辐射 以平行光的形式直接到达地面的太阳辐射称为太阳直接辐射，它受很多因子的影响，其中，最主要的有两个，即太阳高度角和大气透明情况。太阳高度角是指太阳光线和地平面的夹角，用 h 表示，它直接影响太阳直接辐射大小，太阳高度角愈大，地面上的太阳直接辐射强度愈大，反之则愈小；另一方面太阳高度角决定着太阳辐射通过的大气厚度，太阳高度角愈小，太阳辐射通过的大气厚度愈厚，太阳辐射被大气削弱的愈多，反之则愈少。在任何地方，一天内随着太阳的东升西落，太阳高度角由 0°逐渐增加到正午最大，以后又逐渐减小为 0°，所以，太阳直接辐射也由最小增加到中午最大，午后又由最大逐渐减小。一年内，每天中午的太阳高度角亦不尽相同，冬至最小，冬至以后逐渐增大，夏至达到最大，而后又逐渐减小，所以，太阳直接辐射也是冬至最小，夏至时最大。大气的透明情况随天气的变化而变化，很显然，阴雨天大气的透明状况差，到达地面的太阳辐射就弱，反之晴天就强。

（2）散射辐射 由于大气对太阳辐射的散射作用，自大气散射质点到达地面的太阳辐射称为散射辐射。散射辐射和直接辐射共同构成白天的太阳总辐射，在特殊情况下散射辐射是投射到地面上的主要能源，如日出前的曙光和日落后的暮光。

（三）太阳辐射与作物

1. 太阳辐射的光谱成分与作物

在太阳辐射中，可见光对作物的光合作用有重要意义，植物在进行光合作用时叶绿素吸收最多的是红橙光，其次是蓝紫光，而对绿光则几乎不吸收，因为叶片反射和透射的绿光最多。

2. 光照强度与作物

据测定，光照强度直接影响着作物的光合作用强度，在一定的光照强度范围内，随着光照强度的增加，作物的光合作用强度也逐渐增强，但当光照强度增加到一定程度时，尽管其光照强度继续增强，作物的光合作用强度也不再增强，这一光照强度的临界点称为光饱和点；反之当光照强度逐渐减弱时作物的光合作用强度也逐渐减弱，光合作用制造的有机物质减少，当光照强度减弱到一定程度时，作物通过光合作用所制造的有机物质刚好满足作物的呼吸消耗，此时的光照强度称为光补偿点，若光照强度低于光补偿点，消耗就多于制造，则不利于作物生长。表 3-1 是常见作物的光饱和点和光补偿点。

表 3-1　几种常见作物的单叶光饱点、光补偿点　　单位：勒克斯

光能＼作物	小麦	棉花	水稻	烟草	玉米
光饱和点	2.4 万 ~3 万	5 万 ~8 万	4 万 ~5 万	2.8 万 ~4 万	2.5 万
光补偿点	200~400	750	600~700	500~1 000	500

对群体来说，尤其在生长盛期，上部叶片和向阳叶片光照已饱和，下部叶片和背阴叶片光照不足，因此群体光饱和点自然就会大大超过单叶光饱和点。小麦和水稻拔节、抽穗后，棉花现蕾开花后可能没有光饱点，光照越强群体光合量越大。

据研究，短周期的闪光比连续光照的光对光合作用更有效，例如，每秒闪光 50 次比连续光照的光合效率高 4 倍，因此通风透光是增产的好措施。据测，在自然状况下，华北地区夏季晴天中午的光照强度可达 10 万勒克斯，春季晴天中午也可达 8 万 ~9 万勒克斯，阴天仅为 1 万 ~3 万勒克斯，光照强度随云层的厚薄有很大差别。

3. 光照时间与作物

从日出到日落为可照时间，日出前为曙光，日落后为暮光，可照时间和曙暮光时间之和为光照时间。

北半球，夏半年（3 月 21 日至 9 月 23 日）昼长夜短，而且纬度越高白昼越长，原产在低纬度和高纬度的各种作物通过长期自然选择形成对昼夜长短的要求不同。根据植物的这一要求可将植物分为短日照植物、长日照植物和中间性植物。短日照植物要求日照时间较短，否则不能开花结实，如棉花、玉米、高粱、大豆等；长日照植物则要求日照时间较长，否则也不能开花结实，如小麦、大麦、豌豆等；中性植物对日照时间的长短反映不敏感，如荞麦、蕃茄、黄瓜、四季豆等。长短日照植物的界限很难界定，一般认为，日照要求长于 12~14 小时以上的为长日照植物，低于此界限的为短日照植物。

（四）提高光能利用率的措施

作物通过光合作用，把光能转变成化学能而贮存在有机物中的能量，占投射到作物体表面上总能量的百分比，称为光能利用率。

光能利用率的理论值为 5.3%，而目前其实际值仅为 1% 左右，远远低于其理论值。据计算，长江流域一季水稻（4~8 月）光能利用率以 1% 计，则亩产 470.5 千克，若光能利用率提高到 2.6%，则水稻亩产可达 1 250 千克，可见，通过各种手段和措施最大限度地提高光能利用率是有潜力可挖的。

1. 选育优良品种

选育合理株型、叶型、适合高密度种植而抗倒伏的品种，是提高光能利用率的重要措施。从叶型上看，近直立型叶片比接近水平面的叶片能较好地将接受的阳光分配于全部光合器官，在阳光较强的地区和季节，选育优良品种更具有重要意义。

2. 提高叶面积系数

叶面积系数（即绿叶面积与土地面积的比值）是作物在单位面积、单位时间内，光合作用产生多少有机物的一个重要因素，应尽量采用各种措施，如合理密植、育苗移栽、间作套种、选用早发叶的品种等，增加田间叶片总面积，使它有利于光合产物的积累，有效地增加产品的收获量。

3. 提高光合效率

采用抑制光呼吸、增施二氧化碳肥料，利用人造光源补充光照等措施，可提高光合效率，另外，还可通过调整播期、改变光照周期、影响作物开花和延迟衰老等方法以充分利用生长季光照条件。

4. 改革种植制度

合理的间作套种可提高光能利用率，间作套种安排恰当，可使地面在较长时间内有绿色覆盖物，以进行光合作用，同时也可达到合理用光，增加边行优势。

二、土壤和空气温度

（一）土壤和空气的增温和冷却

土壤和空气温度的变化主要决定于地表温度的变化。土壤和空气的增热和冷却主要决定于土壤和地表、空气和地表之间的热交换。白天，地表吸收太阳辐射能而增温，不仅升高了本身温度而且把热量向上传给空气，向下传给土壤，使空气和土壤增热升温。夜间，地表散热降温，空气和土壤又把热量传给地表而冷却降温。显然，白天地表吸收太阳辐射愈多，并且夜间地表散热也愈多时，则土壤和空气温度变化愈大，但对于不同的地表来说，即使白天吸收太阳辐射能和夜间散热相同，土壤和空气的温度变化也不相同，这主要决定于它们的热特性。

1. 土壤的热特性

（1）热容量　土壤的热容量有两种，一种是重量热容量，一种是容积热容量。重量热容量是指 1 克的土壤温度变化 1℃时所吸收或放出的热量，单位是卡 / 克 · 度。容积热容量是指 1 立方厘米的土壤温度变化 1℃所吸收或放出的热量，单位是卡 / 厘米 ^{3} · 度。在同样热量收支情况下，热容量大的土壤吸热后不易升温，散热后不易降温，热容量小的土壤则相反。

土壤的热容量大小取决于土壤各组成成分的热容量。在土壤各组成成分中固体成分热容量相差不大，而在土壤孔隙中还充满着很多水分和空气，水的热容量为 1 卡 / 厘米 ^{3} · 度，空气的热容量为 0.0003 卡 / 厘米 ^{3} · 度，水比空气的热容量大 3 300 倍，当土壤中的水分增加时，土壤热容量也随之增大，反之水分减少时热容量也随之减小。因此，当土壤得到或失去相同的热量时，潮湿的土壤增降温比干燥的土壤缓漫，昼夜温差小，例如，沙土因含空气多，热容量小，春季沙土地表温度比黏土回升快。

（2）导热率　导热率是表示物质导热能力大小的物理量。土壤的导热率是土层厚度为1厘米，温差为1℃时，在1平方厘米土壤中每秒钟通过的热量，单位是卡／厘米·秒·度。土壤的导热率越大，则热量交换愈强，也就是进入土壤或从土壤中传出的热量越多，土壤固体部分的导热率相差不大，一般为0.002~0.006卡／厘米·秒·度，但是，在土壤中还存在大量的空气和水分，水的导热率0.001 3卡／厘米·秒·度，空气的导热率为0.000 05卡／厘米·秒·度，水的导热率是空气的导热率的26倍，显而易见，土壤中水分增加时，其导热率随之增加。例如，表层潮湿土壤比干燥的土壤增温和冷却都较缓慢。

2. 空气的热特性

空气间的热量交换主要靠它的流动输送热量，热量从甲地传到乙地，从地表输送到高空，从而影响某地空气温度，如当冷空气南下时，河南省普遍降温，当吹东南风时，河南省普遍升温。

大气内部能量转换，一团空气作垂直上升运动时，由于外界压力逐渐减小，而使空气膨胀对外做功，做功是靠消耗内部能量来完成的，所以空气上升时，空气就会降温。相反，当一团空气下沉到较低气层时，由于外界对气团做功，因而使其增加了内部能量，所以空气下沉时温度就会升高，此外水分在蒸发时吸收了空气中大量的热量储存于水汽中，当水分凝结时，释放出热量给空气，因此这种变化也会引起空气温度的变化。

（二）土壤和空气温度的周期性变化

由于太阳辐射存在着周期性的日变化和年变化，引起地面温度的日变化和年变化，这种变化一方面向土壤中传递引起不同深度土壤温度的日变化和年变化，另一方面也向上传给空气，引起空气温度的日变化和年变化。

1. 土壤和空气温度的日变化

在一天之中，地面最低温度出现在日出之前，地面最高温度出现在13时左右，最高温度和最低温度之差称为日较差。地面出现这种变化，伴随着热量传递给土壤和空气，所以土壤和空气的最高温度和最低温度出现的时间，随其深度和高度的增加而后延，对土壤而言平均深度每增加10厘米要后延2.5~3.5小时，对空气而言，1.5米高处最高温度出现在14~15时，最低温度出现在日出前后。此外，由于在地面向土壤和空气传递热量的过程中，热量被层层吸收，所以土壤和空气温度的日较差，也随其深度和高度的增加而减小。

2. 土壤和空气温度的年变化

一年中地面最热月和最冷月大陆性气候和季风性气候分别出现在7月和1月，海洋性气候落后1个月左右，分别在8月和2月。对土壤和空气而言，最热月平均温度与最冷月平均温度出现的时间也是随其深度和高度的增加而后延。如土壤深度每增加1米要延迟20~30天，最热月平均温度和最冷月平均温度之差称为年较差，年较差也是随其深度和高度的增加而减小，因此利用下层土壤温度变化小的特点，冬季将红薯、蔬菜、水果等贮藏在地窖内可避免冻坏。

（三）农业上常用温度指标

农业上常用温度指标有：平均值（日、旬、月、年）和极端值（最高和最低），作物三基点温度、界限温度和积温。

界限温度：是反映农事活动或农作物生长发育与温度之间的关系的。主要有0℃、5℃、10℃等。0℃是表示土壤冻结和解冻，农事活动的开始和终止，从早春日平均温度通过0℃到初冬达到0℃期间为“农耕期”，低于0℃为“农闲期”。5℃是表示多数作物开始生长，10℃是表示玉米、高粱、谷子等喜温作物开始播种，喜凉作物开始迅速生长等。

三基点温度：对植物每一生命活动来说，都具有三个基点温度，即最低温度（下限温度）、最适温度和最高温度（上限温度）。在最适温度下，植物生长发育最迅速，在最低温度和最高温度时植物停止生长，但仍可维持生命；温度继续下降或上升，就发生不同程度的危害甚至死亡，表3-2是几种常见作物的三基点温度。

表3-2　几种常见作物的三基点温度　　单位：℃

作物	最低温度	最适温度	最高温度
小麦	3~5	20~22	30~32
玉米	8~10	30~32	40~44
水稻	10~12	30~32	36~38
棉花	12~15	25~32	42~45
烟草	13~14	28	35

还必须注意，同一作物不同品种、同品种不同生育期对温度的要求也不同，如表3-3是小麦不同发育期对温度的要求。

表3-3　小麦不同发育期对温度的要求　　单位：℃

播种		拔节		抽穗		灌浆至成熟	
最低	最适	最低	最适	最低	最适	最低	最适
3~5	16~18	10	12~15	10~12	16~21	12~15	18~32

积温：农作物生长发育不仅要求一定的温度，而且在完成某个生育时期或全部生育时期的过程中，还需要一定的温度积累，这一温度的积累称为积温。如小麦从拔节到抽穗需要450℃积温，若此期间日平均温度为15℃时，则拔节到抽穗30天。积温有两种，活动积温和有效积温。高于生物学最低温度的日平均温度称为活动温度，作物在某个生育期或全部生育期内活动温度的总和称为活动积温。活动温度与生物学最低温度之差称为有效温度，作物在某个生育期或全部生育期内有效温度的总和称为有效积温。如玉米生物学最低温度为10.0℃，4月1日的日平均温度为10.8℃，则10.8℃为活动温度，玉米整个生育期内高于10.0℃的日平均温度的总和，就是整个生育期的活动积温。4月1日的有效温度

为 10.8℃ -10.0℃ = 0.8℃，玉米整个生育期内有效温度的总和为其有效积温。各种作物所需积温是不同的，而且还因作物不同类型而不同，如表 3-4。

表 3-4　几种主要作物所需≥ 10℃的积温　　单位：℃

类型 作物	早熟	中熟	晚熟
玉米	2 000~2 300	2 400~2 700	
谷子	1 700~1 800	2 200~2 400	2 400~2 600
水稻	2 800~3 00C	3 200~3 400	
棉花	2 800~3 000	3 200~3 400	
大豆		2 400~2 600	2 700~2 900

积温作为一个重要的热量指标，在植物生产中有着广泛的用途主要体现在：一是用来分析农业气候资源；二是作为植物引种的科学依据；三是为农业气象预报服务；四是作为农业气候专题分析与区划的重要依据之一。

三、湿度和降水

（一）空气湿度

1. 湿度的表示方法

湿度是指空气的干湿程度。湿度的表示方法在农业上常用：水汽压、相对湿度和露点等。

（1）水汽压　空气中水汽所产生的压强称为水汽压，其单位是帕（Pa）。大气中水汽越多，水汽压越大。在一定温度条件下，水汽压最大值是确定的，这个确定值称为该温度下的饱和水汽压。温度不同时，饱和水汽压也不同，从表 3-5 可以看出，饱和水汽压随温度升高而显著地增大。

表 3-5　饱和水汽压和温度的关系

温度（℃）	-30	-20	-10	0	10	20	30
饱和水汽压（Pa）	50	120	290	610	1 230	2 340	4 220

（2）相对湿度　空气中的实际水汽压与同温度下的饱和水汽压的百分比称为相对湿度。如气温为 22℃时，测得水汽压为 1 520 帕，饱和水汽压为 2 650 帕，则相对湿度为 57%，相对湿度越大，说明空气愈潮湿；相对湿度越小则空气愈干燥。

（3）露点温度　在空气中的水汽含量及气压不变的情况下，通过降温使水汽达到饱和时的温度称为露点温度，简称露点，单位是℃。露点温度的高低也能说明空气的潮湿程度，露点与实际气温差值愈小，空气则越潮湿，反之则越干燥。

2. 相对湿度的日变化和年变化

（1）相对湿度的日变化　由相对湿度的概念可知，相对湿度的日变化与气温的日变化相反。相对湿度的大小决定于水汽压的大小和气温的高低，当温度升高时，水汽压和饱和水汽压都随之增大，但水汽压增大比饱和水汽压增大得慢，因而相对湿度减小，反之，气温降低时，相对湿度增大。所以，一天中相对湿度的最大值出现在气温最低的清晨，最小值出现在气温最高的中午。

（2）相对湿度的年变化　一般情况下，相对湿度的年变化也与气温的年变化相反，最大值出现在夏季。我国大部分地区属于季风区，相对湿度受气温和水汽压的双重影响，最大值与最小值出现的时间与一般情况不同。如河南省夏季多雨，相对湿度最大，冬季受北方冷气团影响，相对湿度最小。

3. 湿度与作物

空气湿度直接制约植物体内的水分平衡。当空气湿度较低时，农田蒸腾速率较大，这时，如土壤水分不足，植物根系吸收的水分就难以补偿蒸腾作用的消耗，从而破坏了植物体内的水分平衡，植物的正常生长受到阻碍。

当相对湿度小于 60%，土壤蒸发和作物蒸腾作用显著增强，此时，若长期无雨或缺乏灌溉就会发生干旱，影响作物的生长发育和产量形成；在作物开花期，日平均相对湿度小于 60% 就会影响开花授粉，结实率低，引起落花落果现象；在灌浆期，空气过于干燥就会影响灌浆，使籽粒不饱满、产量下降；但到成熟期，空气干燥则可以使作物早熟提高产品质量；在收获期空气干燥，有利于收割、翻晒、贮藏和加工等。

相对湿度大于 90% 时，空气过湿，作物茎叶嫩弱易倒伏。在开花期，空气湿度过大对开花授粉不利。病虫害的发生与空气湿度有密切关系，如水稻稻瘟病、小麦的赤霉病、稻麦的黏虫病等，都是在空气湿度较大的情况下发生和产生危害的。此外空气湿度过大也不利于农业机械使用。

在作物的生长季节，通常以日平均相对湿度在 70%~80% 为宜，高于 90% 或低于 60% 都不利，高于 95% 或低于 40% 更为有害。

（二）降水

1. 云雨的形成

由水汽变为液态水的过程称为凝结。大气中水汽的凝结条件是水汽必须达到饱和状态，其途径有二：一是增加水汽，二是降低温度使饱和水汽压降低。夜间，因地面温度降低到露点温度以下，水汽在地面物体上凝结，若此时露点温度高于 0℃，则形成露，若露点低于 0℃，则形成霜。当近地面的空气温度降低到露点温度以下时，空气中的水滴或冰晶，弥漫于空中，使人看不清远处物体，则称为雾。云和雾相同，只是云产生于更高的空气中而已。高空中的水汽如果继续凝结，水滴就继续增大，直到空气托不住时就降落到地面形成降水。空气在上升运动中不断降温，使空中水汽达到饱和状态。观测证明，空气的上升运动是发生凝结成云致雨的主要途径。

2. 降水

从大气降落到地面的各种形态的水分统称为降水。降水的种类根据降水的形态将降水分为雨、雪、雹等。这种不同形态的降水，主要是由于云层和空气温度不同所致。

（1）降水的类型　根据降水的成因，可分为地形雨、对流雨、锋面雨和台风雨。地形雨是暖湿空气在运行过程中遇到地形的阻挡（如高山），被迫沿山坡上升而形成的降雨，这种雨多发生在山的迎风坡。对流雨是地面空气强烈受热上升而形成的雨，下雨时常伴随有雷电，因而有时也称热雷雨，其特点是持续时间短，雨势猛，范围小。锋面雨是大块性质不同的空气相遇时，暖空气滑升到冷空气上面而形成的雨，这种雨在我国很重要，一般占各地降雨的60%以上。台风雨是由于台风过境时产生的雨对我国东南沿海、华南影响较大。

根据降水的强度可把降水分为小雨、中雨、大雨、暴雨等及小雪、中雪和大雪等。

（2）降水的表示方法　降水的特性常用降水量、降水强度、降水变率来描述。降水量是指降落到地面未经蒸发、渗透、径流而积聚在水平面上的水层厚度，单位是毫米。降水量能表示降水的多少，但不能反映降水的分配和年际间的变化。

降水强度是指单位时间内的降水量，可以是小时降水量、日降水量、年降水量。降水强度是反映降水急缓的物理量，降水强度过大时，雨势猛，雨水不易被土壤和植物吸收利用，可被利用的降水量少，多数降水沿地表流入江河。降水强度过小时，也不能满足农业生产对水分的需求。

降水变率是反映降水变化程度的物理量。在农业生产上常用相对降水变率，即某地某年（旬、月或季）降水量和多年同期平均降水量之差与多年同期平均降水量的百分比。

（3）降水与作物　降水是作物水分供应与土壤水分的主要来源，适时适量的降水有利于作物的正常生长发育。在无灌溉条件的地区，降水是决定产量高低的主要因子，降水量与产量成正相关，降水愈多产量愈高；在湿润地区，降水量低于常年则作物出现高产。降水对作物产量的影响，不仅取决于整个生育期的降水量，还取决于不同发育时期降水量的分配，因为作物不同生育期对水分的需求和敏感性不同，作物一生中对水分最敏感的时期，也就是水分过多或过少对作物产量影响最大的时期称为作物水分临界期，不同作物水分临界期不同，如表3-6。

表3-6　几种作物水分临界期

作物	临界期	作物	临界期
冬小麦	孕穗到抽穗	大豆花生	开花
春小麦	孕穗到抽穗	马铃薯	开花到块茎形成
玉米	孕穗到开花	向日葵	花盘形成到开花
水稻	“大喇叭”口到乳熟期	甜菜	抽穗到花始终
高粱谷子	孕穗到灌浆	西红柿	结实到果实成熟
棉花	开花到成铃	瓜类	开花到成熟

有时会出现这样的情况，即在某作物水分临界期内降水量较适宜，但此时期并不是影响当地产量的关键期。另一种情况则为，处于当地水分条件影响产量和关键期中时，当地降水条件不适宜。这一关键期称为作物对水分的农业气候临界期，它综合考虑了作物的生物学特性与当地气候条件两个因素。一个地区某种作物的关键期与临界期可能一致也可能不一致。

四、农业气候资源

（一）农业气候资源的概念

农业气候资源是指一个地区的气候条件对农业生产所提供的自然物质和能源，是当地农业生产的潜在能力。农业气候资源包括光资源、热资源、水资源、气资源等。

（二）农业气候资源的特点

1. 有限性

2. 波动性

3. 空间差异性

4. 整体性

5. 脆弱性

（三）农业气候资源的合理利用

① 充分利用水、热资源，发展多熟种植。根据当地高于 10℃的日数、积温和年降水量等，积极发展多熟种植，并合理间作套种，提高复种指数。

② 合理布局，趋利避害，充分发挥农业气候资源。

③ 采取有效措施防御灾害，提高农业生产潜力。

④ 发展立体生态农业、设施农业，推广节水农业。

（四）二十四节气及农业意义

1. 二十四节气的划分

二十四节气起源于我国黄河流域，它根据天文学原理将地球绕太阳公转一周 360° 的轨道分为 24 等分，出现 24 弧段，每弧段 15° 为一节，每节大约为 15 天。二十四节气的名称是根据当时的天文、气候状况和物候反应等确定的。在我国广泛流传的二十四节气歌谣：

春雨惊春清谷天，夏满芒夏暑相连；

秋处露秋寒霜降，冬雪雪冬小大寒；

上半年来六二一，下半年来八二三；

每月两节日期定，最多相差一二天。

2. 二十四节气的农业意义

二十四节气反映了一年中季节、气候、物候等自然现象的特征和变化。立春、立夏、立秋、立冬，这“四立”表示农历四季的开始；春分、夏至、秋分、冬至，这“两分、两至”表示昼夜长短的更换；雨水、谷雨、小雪、大雪，表示降水；小暑、大暑、处暑、小寒、大寒，反映温度；白露、寒露、霜降，既反映降水又反映温度；而惊蛰、清明、芒种和小满，则反映物候。

作物病虫害防治

第一节　昆虫学基础知识

一、什么是昆虫

谈到昆虫，也许我们已经很熟悉了。蝴蝶、蜜蜂、萤火虫、螳螂、苍蝇、蚊子、蟑螂等。那么，蜘蛛、蝎子、马陆、蜈蚣是昆虫吗？

昆虫在动物界中属于节肢动物门中的昆虫纲。昆虫的基本特征可以概括为："体躯3段头、胸、腹，2对翅膀6只足；1对触角头上生，骨骼包在体外部；一生形态多变化，遍布全球旺家族"。而蜘蛛、蝎子的身体分为头胸部和腹部两段，还长着8条腿，所以，不是昆虫。蜈蚣、马陆的腿就更多了，几乎每一环节（体节）上都有1~2对足，当然就更不是昆虫了。

二、昆虫的外部形态

昆虫的体躯分为头、胸、腹3个体段；头部有口器、1对触角、复眼及单眼，是昆虫感觉和取食中心；胸部有3节组成，生有3对足，一般还有2对翅，是昆虫的运动中心；腹部一般由9~11节组成，包含着生殖器和大部分内脏，是昆虫生殖与代谢中心。

（一）昆虫的头部

头部外壳坚硬，一般圆形、椭圆形，上具复眼、单眼、触角和口器，是昆虫感觉和取食中心。

1. 触角

触角一般着生于两复眼之间，起嗅觉和触觉的作用，可觅食和寻找配偶。触角由3节构成，最基部的一节称为柄节，第二节为梗节，梗节以后的统称鞭节，通常由许多亚节组成。鞭节的节数和形状在各类昆虫中变化很大，在同一种昆虫的不同性别中也常有差异。一般来说，雄性昆虫触角较雌性发达。

触角的类型很多，常见的有丝状或线状，如蝗虫、蟋蟀、蟒象等；刚毛状，如蜻蜓、叶蝉、飞虱等；念珠状，如白蚁；锯齿状，如叩头甲；球杆状或棒状，如蝶类；锤状，如瓢虫；膝状或肘状，如蜜蜂、蚂蚁等；羽毛状或双栉齿状，如多数雄性蛾类；具芒状，如蝇类；鳃片状，如金龟子类；环毛状，如雄蚊。

2. 口器

口器是昆虫的取食器官，又称取食器。各种昆虫因食性和取食方式的不同，形成了不同的口器类型。为害农作物的害虫多属于咀嚼式口器和刺吸式口器。

咀嚼式口器能把植物的叶片咬成缺刻、孔洞、甚至吃光全叶，如黏虫、蝗虫、豆天蛾等；有的钻蛀茎秆或果实，如二化螟、玉米螟等；也有的咬断地下根、茎使整株枯死，如地下害虫。各类害虫取食植物种类和危害部位、方式不同，造成各种各样的被害状，这些被害状常作为识别害虫种类的依据。防治咀嚼式口器的害虫，可用胃毒剂喷洒在植物上或做成毒饵，使其和食物一起被昆虫食入消化道，即可使昆虫中毒死亡。

刺吸式口器的害虫，是以植物汁液为食料，在取食后，植物表面无明显的破损情况下，但在被害处常造成失绿、卷曲、枯萎、畸形或形成虫瘿等症状；同时，蚜虫、叶蝉、飞虱等还是传播植物病害的媒介，特别是病毒病的主要媒介昆虫。对于刺吸式口器的害虫，可以用内吸剂或触杀剂和熏蒸剂防治效果较好，而用胃毒剂则无效。

昆虫的口器，还有蓟马的锉吸式口器、蛾、蝶类成虫的虹吸式口器、蝇类成虫的舐吸式口器、幼虫（蛆）的刮吸式口器、蜜蜂的嚼吸式口器等。

3. 复眼和单眼

复眼位于头部的两侧，是昆虫主要的视觉器官，由许多小眼组成，小眼数量越多，复眼成像越清晰。例如蜻蜓，每个复眼的小眼可达30 000个。另外，复眼对光的强度、波长、颜色等也有较强的分辨能力。

单眼2~3个，又分为背单眼和侧单眼。只能感受光的强弱与方向，不能分辨物体，也不能分辨颜色。

（二）昆虫的胸部

胸部是昆虫的第二体段，位于头部之后。胸部由前胸、中胸和后胸3节组成。每一胸节各具1对足，分别称为前足、中足和后足。大多数昆虫在中、后胸上还各具翅1对，分别称为前翅和后翅。足和翅是昆虫的行动器官，所以胸部是昆虫的运动中心。

1. 胸足的基本构造和类型

成虫的胸足一般分为6节，由基部向端部依次分为基节、转节、腿节、胫节、跗节和前跗节，前跗节一般包括1对爪和中垫。胸足的原始功能是运动，但由于适应不同的生活环境，足的形态和功能发生了相应的变化，形成了各种类型的足。如步行足（步行虫）、跳跃足（蝗虫、蟋蟀的后足）、捕捉足（螳螂的前足）、开掘足（蝼蛄的前足）、游泳足（龙虱）、携粉足（蜜蜂的后足）等。

2. 翅的基本构造及类型

昆虫是无脊椎动物中唯一能飞翔的动物，翅的获得使昆虫在分布、求偶、觅食、避敌等方面具备了优势和竞争能力。翅一般呈三角形，有3条边和3个角。翅展开时，靠近头部的边缘称前缘，靠近腹部的边缘称为后缘或内缘，在前缘与后缘之间的边缘称外缘。前缘与后缘之间的夹角称肩角，前缘与外缘之间的夹角称顶角，外缘与后缘之间的夹角臀角。翅一般为膜质，薄而透明，其中，有纵横交错的翅脉，翅脉的分布形式是昆虫分类的主要依据之一。

昆虫的翅有多种类型，如膜翅：翅质地为膜质，薄而透明，翅脉明显可见，是昆虫中最常见的翅类型，如蜂类、蝇类的翅。鳞翅：翅质地为膜质，翅面上密被鳞片，如蛾、蝶类的翅。缨翅：翅狭长，翅质地为膜质，翅脉退化，翅缘有长缨毛，如蓟马的翅。覆翅：前翅质地坚韧似皮革，翅脉明显可见，如蝗虫的前翅。半翅：前翅的基半部革质，端半部膜质，如蝽类的前翅。鞘翅：前翅质地坚硬，角质化，翅脉一般不可见，如甲虫类的前翅。

（三）昆虫的腹部

1. 腹部的基本构造

昆虫的腹部一般由9~11节组成，部分双翅目和膜翅目青蜂科的可见腹节只有3~5节。腹部除末端有外生殖器和尾须外，一般无附肢，第1~8腹节两侧常有气门1对。腹部各节之间有节间膜，不仅本身可以作伸缩运动，而且整个腹部也有很大的伸缩性，有助于昆虫的呼吸、交配、产卵等活动。

2. 外生殖器

是雌性昆虫用以产卵和雄性昆虫用于交配的器官。雌性的外生殖器称为产卵器。产卵器一般为管状构造，通常由3对产卵瓣组成，着生在第8腹节和第9腹节上。雄性的外生殖器称为交配器，其构造比产卵器复杂，主要包括将精子输入雌性的阳茎及交配时挟持雌体的抱握器。多数有翅亚纲昆虫的交配器构造复杂，在不同类群间差异十分明显，在同一类群内又比较稳定，常作为昆虫分类鉴定的重要依据。

（四）昆虫体壁

体壁是昆虫体躯最外层比较坚硬的组织，具有高等动物的皮肤和骨骼的作用。

1. 体壁的构造

昆虫的体壁由里向外可分为底膜、皮细胞层和表皮层3部分。底膜是紧贴在皮细胞层下的一层薄膜，使皮细胞层与血腔隔开。皮细胞层是紧贴于底膜之上，排列整齐的单层活细胞层，具有再生能力，向上分泌形成新的表皮，向下分泌形成底膜。皮细胞可特化形成刚毛、鳞片和各种腺体。表皮层是由皮细胞向外分泌形成的，表皮层由里向外又分为内表皮、外表皮和上表皮3层。内表皮主要含几丁质和蛋白质，一般柔软、透明，具有延展性。外表皮是由内表皮的外层硬化而成，坚硬，主要成分是鞣化蛋白和几丁质。上表皮为表皮层最外一层，主要组成是脂类和蛋白质，具有亲脂拒水的特性。

2. 体壁与药剂接触杀虫的关系

由于表皮层具有蜡质和其他酯类化合物，对药水无亲和性。在药剂中加入有机溶剂和油类以及在高温下施用，都可以提高杀虫效力。在仓库害虫的防治中，在粮堆里加入硅粉等，使害虫行动时磨损其蜡质；应用电离辐射也是破坏虫体蜡层，使害虫脱水致死；近年来合成了抑制几丁质合成的新药剂——灭幼脲类，可使害虫体内几丁质的合成受阻，不能生出新的表皮，因而使幼虫蜕皮受阻而致死。

三、昆虫的生物学

昆虫的生物学是研究昆虫个体发育史。包括繁殖、发育、变态以及生活史等方面的生物特性。

（一）昆虫的生殖方式

1. 两性生殖又称两性卵生

是昆虫最常见的一种生殖方式。其特点是要经过两性交配，雌虫的卵子与雄虫的精子结合之后才能发育成新个体。如蛾、蝶类、天牛等昆虫。

2. 孤雌生殖又称为单性生殖

其特点是卵不经受精也能发育成新个体。如一些蚜虫、介壳虫等。

3. 卵胎生有些胚胎发育在母体内完成，自母体所产出的不是卵而是小幼体

如多种蚜虫。

4. 多胚生殖是指一个成熟的卵可以发育成两个或两个以上个体的生殖方式

这种生殖方式常见于膜翅目的一些寄生蜂类，如小蜂科、茧蜂科、姬蜂科等昆虫。

昆虫的繁殖力很强，如小地老虎，一头雌蛾一生可产卵800~1 000粒，最多可达2 000余粒，蚜虫一般5~7d即可发育1代，1年可完成20~30代。因而在环境恶劣、天敌众多的条件下，即使自然死亡率高达90%以上，也能保持一定的种群数量水平。

（二）昆虫的个体发育和变态

1. 昆虫的个体发育

昆虫的个体发育可分为胚胎发育和胚后发育两个阶段。胚胎发育是在卵内完成的，从受精卵开始至孵化为止。胚后发育是从幼虫孵化开始直到成虫性成熟为止。

2. 变态类型

昆虫的在个体发育过程中，尤其是胚后发育过程中所经历的一系列内部结构和外部形态的阶段性变化称变态。昆虫的变态常见的是不全变态和完全变态两种类型。

不全变态个体发育过程中，只经过卵、若虫和成虫3个虫态，翅在若虫的体外发育，

成虫的特征随着若虫的生长逐步显现。如蝗虫、蚜虫、叶蝉等。

完全变态个体发育过程中，只经过卵、幼虫、蛹和成虫4个虫态；翅在幼虫体内发育；幼虫与成虫不仅在形态上各异，而且在生活习性方面也有显著的不同，而且幼虫发育到成虫要经过一个不食不动的叫做蛹的阶段，蜕皮后才能羽化为成虫。如玉米螟、棉铃虫、黏虫、金龟子等。

（三）各虫期的生命活动的特点

1. 卵期

对卵生昆虫而言，卵是个体发育的第1个虫态，又是一个表面不活动的虫态。大多数昆虫完成胚胎发育后破卵壳而出的过程或现象称为孵化。卵从母体产出到孵化所经历的时间称为卵期。

2. 幼虫期

幼虫期是昆虫个体发育的第2个阶段。其特点是大量取食获得营养，满足生长发育的需要。大多数害虫以幼虫期为害农作物，因而是防治的重点时期。幼虫生长到一定程度后，必须将旧表皮蜕去，重新形成新的表皮，才能继续生长，这种现象称为蜕皮。脱下的旧皮称为蜕。昆虫在蜕皮前常不食不动。每蜕皮一次，虫体的重量、体积都显著增大，食量也增加，在形态上发生相应的变化。从卵孵化至第1次蜕皮前称为第1龄幼虫，以后每蜕皮1次增加1龄。所以，虫龄就是蜕皮次数加1。两次蜕皮之间所经历的时间，称为龄期。昆虫蜕皮的次数和龄期的长短，因种类及环境条件而不同。

在害虫的调查研究和防治中，由于有些害虫不同龄期的取食、活动以及抵抗外界不良环境能力等情况有所差异，因此要正确地识别虫龄，以便掌握防治的有利时机，如大多数食叶害虫在3龄以前防治效果较好。

3. 蛹期

蛹是全变态昆虫在胚后发育过程中，由幼虫转变为成虫必须经历的一个虫态。末龄幼虫老熟后，停止取食，寻找适当场所，身体缩短，不再活动，准备化蛹，此时称为前蛹。前蛹脱皮变为蛹的过程称为化蛹。蛹在发育过程中，根据各时期的颜色及其外部特征的变化，将蛹分级，常可进行成虫期预测。

4. 成虫期

成虫是昆虫个体发育的最后一个阶段。成虫一般不再生长，主要任务是交配产卵、繁殖后代。因此，成虫期本质上是昆虫的生殖期。另外，成虫形态固定，特征高度发展，所以成虫又是分类的主要依据。

成虫从它的前一虫态脱皮而出的过程称为羽化。有些昆虫在羽化后，性器官已经成熟，不需要取食即可交配、产卵。这类成虫口器往往退化，寿命很短，对植物为害不大。大多数昆虫羽化为成虫时，性器官还未完全成熟，需要继续取食，才能达到性成熟，如蝗虫、蝽类、叶蝉、叶甲等。这类昆虫成虫阶段对植物仍能造成为害。为了达到性成熟，成虫阶段必须继续取食。这种对性腺发育不可缺少的成虫期营养称为补充营养。

从羽化到第 1 次产卵的间隔期称为产卵前期；由第 1 次产卵到产卵终止的时间称为产卵期。

（四）昆虫的习性

在长期演化过程中，昆虫为适应在各种复杂的环境条件下生活，形成了特殊的行为和习性。了解昆虫的习性，有助于进一步认识昆虫，对害虫治理亦具重要的实践意义。

1. 食性

昆虫在自然情况下的取食习性，包括食物的种类、性质、来源和获取食物的方式等。

根据昆虫所取食的食物性质，可分为植食性、肉食性、腐食性和杂食性 4 类。植食性是以活体植物为食的，多数是农作物上的害虫，如蝗虫、黏虫、玉米螟等；肉食性是以其他动物为食的，如螳螂、瓢虫、草蛉、寄生蜂类、寄生蝇类等；腐食性是以动植物残体或粪便为食的，它们在生态系统中起着重要作用。如埋葬虫、果蝇、蜣螂等。杂食性是以各种植物或动物为食的，如蚂蚁、蟋蟀、蜚蠊等。

根据昆虫取食范围的广狭，可分为单食性、寡食性、多食性。单食性仅以一种植物为食的，如三化螟只取食水稻；豌豆象只取食豌豆。寡食性能取食 1 个科（或个别近缘科）的若干种植物，如菜粉蝶取食十字花科的植物。多食性以多种亲缘关系疏远的植物为食，如玉米螟能为害 40 科 181 属 200 多种植物；棉铃虫可取食禾本科、豆科、十字花科、锦葵科等植物。

2. 趋性

趋性是指昆虫对外界刺激（如光、热、化学物质等）产生的定向活动行为。根据刺激源可将趋性分为趋光性、趋化性、趋热性、趋湿性、趋声性等，其中在防治上广泛应用的是趋光性和趋化性。趋光性指昆虫通过视觉器官，趋向光源的反应行为。夜间活动昆虫对灯光表现为正趋性，特别是对 330~400 纳米的紫外光最敏感，所以农业生产中常用的黑光灯来诱杀害虫；蚜虫对 550~600 纳米的黄色光反应强烈，常用黄盘诱蚜或银灰色塑料薄膜驱蚜。趋化性是指昆虫通过嗅觉器官对化学物质的刺激产生的反应行为，如酸甜气味、性外激素等。根据这一习性，常采用糖醋液、性诱剂、杨柳枝把等用于害虫的测报和防治。

3. 假死性

假死性是指昆虫受到外界某种刺激时，身体蜷缩，静止不动或从停留处跌落下来呈“死亡”之状，稍停片刻即恢复常态而离去的现象。如金龟子、叶甲等鞘翅目的成虫和鳞翅目的幼虫。假死性是昆虫逃避敌害的一种有效方式。利用某些昆虫的假死性，可采用振落法捕杀害虫或采集昆虫标本。

四、常见农业昆虫及螨类重要目概述

昆虫和其他动物一样，采用一系列的分类阶元，主要包括界、门、纲、目、科、属、种 7 个基本阶元。种为分类的基本阶元，集合亲疏相近的种为属，集合亲疏相近的属为科，集合亲疏相近的科为目等。为详尽起见，在纲、目、科、属下还设“亚”级的，如亚纲、亚目、亚科、亚属。

昆虫纲的分目系统，分类学家依据翅的有无及其特征、变态类型、口器构造、触角类型和化石昆虫等提出了不同的系统，本书采用昆虫纲分为 34 目。与农业生产关系密切的有 9 个目。

（一）直翅目

包括蝗虫，蚂蚱、螽斯、蝼蛄和蟋蟀等。体中至大型。咀嚼式口器，触角丝状。前翅革质为覆翅，后翅为膜质透明，后足跳跃足或前足开掘足。雌虫产卵器发达，锥状、矛状、刀状等，雄虫大多数能发音。不全变态，两性卵生，多数植食性，其中不少是农作物上的重要害虫。

（二）半翅目

半翅目昆虫通称“蝽”或椿象。体小至中型，刺吸式口器。触角 3~5 节，多为丝状。前胸背板发达，中胸小盾片三角形。前翅为半鞘翅，后翅膜质。多数有臭腺，能发出使人恶心的气味。渐变态，多数为植食性，如稻绿蝽、菜蝽、斑须蝽、绿盲蝽、三点盲蝽等，但猎蝽、花蝽等为捕食性。

（三）同翅目

包括蝉、叶蝉、飞虱、木虱、粉虱、蚜虫和介壳虫。口器刺吸式，复眼发达，触角线状、刚毛状等。前翅质地相同革质或膜质，故称同翅目。植食性，多数为渐变态。但粉虱和介壳虫雄虫为过渐变态。繁殖方式多样，常有转主和世代交替现象。

（四）缨翅目

通称蓟马。体微小，口器锉吸式。翅狭长，边缘具有长的缨毛，翅脉最多只有 2 条。过渐变态。主要是两性卵生，少数卵胎生。大多为植食性，如烟蓟马（棉蓟马、葱蓟马）、稻管蓟马；少数肉食性，如塔六点蓟马。

（五）脉翅目

主要包括草蛉、粉蛉、蚁蛉、褐蛉等昆虫。体小至大型，复眼大，触角有各种类型；咀嚼式口器。蛹为裸蛹，完全变态，绝大多数种类的成虫和幼虫均为肉食性，捕食蚜虫、叶蝉、粉虱、介壳虫、鳞翅目的幼虫等。

（六）鞘翅目

是昆虫纲的第一大目，统称甲虫。体小至大型，复眼发达，常无单眼。触角形状多变。前翅角质化，坚硬，无翅脉，称为“鞘翅”。全变态，幼虫为寡足或无足型，幼虫体型有金针虫型（叩头甲科）、蛃型（步甲）、蛴螬型（金龟子科）和无足型（象甲、天牛）等。蛹为离蛹。很多种类的成虫具假死性。植食性种类主要有沟金针虫、华北大黑鳃金龟、星天牛、叶甲、铜绿金龟子、绿豆象、二十八星瓢虫等。捕食性的种类主要有步甲、虎甲、七星瓢虫等。

（七）鳞翅目

包括蛾、蝶类，是昆虫纲中第 2 个大目。成虫体翅密被鳞片，组成不同形状的色斑。触角形状各异，口器虹吸式，完全变态。幼虫为多足型，腹足 2~5 对。蛹为被蛹。以幼虫为害为主，成虫一般不为害，幼虫可食叶、卷叶、潜叶、蛀茎、蛀果和种子等。常见的有桃小食心虫、棉铃虫、黏虫、棉铃虫、玉米螟、大豆食心虫、稻纵卷叶螟、稻苞虫、甜菜夜蛾、豆天蛾等。

（八）双翅目

包括蚊、蝇、虻类。口器为刺吸式口器、舐吸式；成虫前翅 1 对，膜质，后翅退化成“平衡棒”。全变态类，幼虫为无足型，蛹为离蛹、围蛹或被蛹。食性复杂，植食性的种类如美洲斑潜叶蝇、小麦吸浆虫、种蝇；捕食性的种类如大灰食蚜蝇等，可以捕食蚜虫、介壳虫等；还有腐食性、寄生性等。

（九）膜翅目

包括各类蜂和蚁，是昆虫纲中第 3 个大目。翅膜质、透明，两对翅的质地相似，翅脉较特化；口器咀嚼式或嚼吸式，腹部第一节并入胸部，第二节常细缩成柄形，雌虫常具针状产卵器，有的变成螯刺状，用于自卫。完全变态，幼虫通常为无足型，但广腰亚目的叶蜂类为多足型，胸足 3 对，腹足 6~8 对，与鳞翅目幼虫相似。蛹为离蛹。本目昆虫有植食性和寄生性种类，植食性的有小麦叶蜂、芜菁叶蜂、梨茎蜂、小麦茎蜂等，寄生性种类主要有黑点瘤姬蜂、黏虫白星姬蜂、玉米螟赤眼蜂、松毛虫赤眼蜂等。

（十）蜱螨目

与农作物有关的害虫或益虫属于昆虫纲，但还有一部分属于蛛形纲，蜱螨目，如棉叶螨、小麦害螨等。由于危害农作物的螨类体多为红色，因此，群众称为红蜘蛛。

螨类与昆虫的主要区别在于：体不分头、胸、腹 3 段；无翅；无复眼，或只有 1~2 对单眼；有足 4 对（少数有足 2 对或 3 对）；变态经过卵—幼螨—若螨—成螨。与蛛形纲其他动物的区别在于：体躯通常不分节，腹部宽阔地与头胸相连接。

体通常为圆形或卵圆形，一般由 4 个体段构成：颚体段、前肢体段、后肢体段、末体段。颚体段即头部，生有口器，口器为刺吸式。前肢体段着生前面两对足，后肢体段着生后面两对足，合称肢体段。末体段即腹部，肛门和生殖孔一般开口于末体段腹面。

多两性卵生，有些种类进行孤雌生殖。螨类一般有 4 个虫态：卵、幼螨、若螨、成螨。幼螨 3 对足，若螨和成螨 4 对足。繁殖迅速，一年最少 2~3 代，最多 20~30 代。

五、环境因素对昆虫的影响

环境因素按自然特征可分为 3 类：气候因素、生物因素和土壤因素。各种生态因素之间有着密切的联系，它们共同构成昆虫的生活环境，综合地作用于昆虫。

（一）气候因素

气候不仅直接影响昆虫本身，而且对其他环境因素也有很大的影响。气候因子包括温度、湿度、降水、光等，其中对昆虫影响较大的是温度和湿度。

1. 温度

昆虫是变温动物，体温随周围环境的变化而变动。昆虫正常的代谢过程要求在一定温度范围内进行，温度的变化可以加速或抑制代谢过程。昆虫的生长发育、繁殖等生命活动在一定的温度范围内进行。这个范围称为昆虫的适宜温区或有效温区，一般为 8~40℃，其中 22~30℃对昆虫生长发育、繁殖最有利，称为最适温区。昆虫能够生长发育的最低温度称为发育低点温度，一般在 8~15℃，低于此温度，昆虫发育停止，称低温致死温区。如果温度再低，低于 –10℃，昆虫就不能忍受而死亡，这个温区称为致死低温区。同样，如果超过了昆虫发育的最高温度，昆虫因过热而停止发育，称为高温临界，一般 40~45℃，超过 45℃昆虫短期兴奋后即行死亡，称为致死高温。在一定温度范围内，昆虫的发育速率和温度成正比，温度增高则发育速率加快，而发育所需时间缩短，即发育时间和温度成反比。在适温范围内，温度越高，性成熟期和产卵前期越短，但过高的温度，常引起不孕，尤其是雄性不育。在低温下，昆虫的寿命虽然长，但因影响性腺的发育而成虫产卵少。

2. 湿度和降水

湿度问题就是水的问题，水是生物有机体的基本组成成分，是代谢作用不可缺少的介质。降水和湿度的影响一般主要不在于加速或延缓昆虫的发育，而在于制约昆虫种群的数量。一般虫体的含水量为体重的 46%~92%。降水除了可改变大气或土壤的湿度而影响昆虫外，还对昆虫有直接的机械杀伤作用，尤其是对个体小的一些昆虫，如蚜虫、螨类等。毛毛细雨通常有利于昆虫的活动，而大雨常阻止昆虫的活动。

湿度的主要作用是影响虫体水分的蒸发和虫体的含水量，其次是影响虫体的体温和代谢速度，从而影响昆虫的成活率、生殖力和发育速度。昆虫在孵化、蜕皮、化蛹和羽化时，如果湿度过低，往往会大量死亡；干旱会影响昆虫的性腺发育，也影响交尾和雌虫的产卵量。

3. 光

光对昆虫的作用主要决定于光的辐射热、波长和光周期。光可以直接影响昆虫的生长、发育、生殖、存在、活动、取食和迁飞等。其中，最主要的是影响昆虫的活动和行为，从而影响昆虫的生活周期。光是一种电磁波，因为波长不同，显示出不同的性质。昆虫对 330~400 纳米之间的紫外光有强趋性，因此，在测报和防治方面常用黑光灯。不同昆虫对光波各有特殊的反应，如蚜虫，对黄色光波有趋光性，对银灰色光波有背光性，故可用黄板诱蚜或用银灰色塑料薄膜驱蚜。

（二）生物因素

影响昆虫种群数量动态的生物因素很多，但主要有食物和天敌两大类。

1. 食物

食物是影响昆虫最为重要的生物因素，没有食物昆虫就不能生存。每种昆虫都有它喜食的植物种类。在取食喜食植物时，昆虫生长发育快，自然死亡率低，生殖力高。同种植物不同的发育阶段对昆虫影响也不同。取食同一植物的不同器官，影响也不相同。农作物的不同品种、布局、播期、栽培管理措施等都能在很大程度上影响昆虫的发生程度。如播种早的玉米受玉米螟的为害就重。

2. 天敌

在自然界中，每种昆虫都有大量的捕食者和寄生物，昆虫的这些敌害称为天敌。主要有以下几类。

① 病原生物主要有三大类群，即真菌、细菌和病毒。此外，还包括原生动物、病原线虫和立克次体。能使害虫生病，引起昆虫病害大流行而死亡。

② 捕食性天敌在其发育过程中要捕食许多寄主，而且通常情况下，一种捕食天敌昆虫在其幼虫和成虫阶段都是肉食性，独立自由生活，都以同样的寄主为食，如螳螂、蜻蜓、瓢虫、草蛉、猎蝽等。

③ 寄生性天敌几乎都是以其幼虫体寄生，其幼虫不能脱离寄主而独立生存，并且在单一寄主体内或体表发育，随着寄生性天敌昆虫幼体的完成发育，寄主则缓慢地死亡和毁灭。而绝大多数寄生性天敌昆虫的成虫则是自由生活的，以花蜜、蜜露为食，如膜翅目的寄生蜂和双翅目的寄生蝇类。

④ 食虫动物包括鸟类、两栖类动物、蜘蛛等。

（三）土壤因子

土壤是昆虫的一个特殊生态环境，大约有98%以上的昆虫种类都与土壤发生或多或少的联系。有些昆虫终生生活在土壤中，有些昆虫以一个虫期或几个虫期生活在土壤中。土壤温度、湿度、理化性质、机械组成和土壤生物都会对昆虫产生影响。

第二节　植物病害基础

一、植物病害的概念

在植物生长过程中，当环境条件不适宜植物生长或植物遭受其他生物侵染时，正常的生长发育受到影响，发生反常变化，造成产量下降、品质变劣，经济价值降低，这种现象称为植物病害。

引起植物病害的病原分为两大类：生物因素和非生物因素。不适合的环境条件引起的植物病害是由非生物因素引起的即非传染性病害。由生物因素引起的病害称为传染性（或侵染性）病害。

植物感病后所表现出来的不正常状态称为症状。症状分为病状和病征两部分。病状是植物本身外部或内部表现的异常状态。病征是病原物在发病部位表现的特征。

真菌和细菌引起的病害既有病状又有病征，而病征往往在植物体表呈现，但有些病害如病毒病，只有病状而无病征。

症状是对植物病害进行田间诊断的重要依据。常见的病状类型有：变色、坏死、萎蔫、腐烂、畸形等。常见病征的类型有：霉状物、锈状物、粉状物、点状物、脓状物等。

二、植物病原物

植物病原物主要有真菌、细菌、病毒、线虫和寄生性种子植物等。其中以真菌最多，细菌和病毒次之。

（一）植物病原真菌

1. 基本形态

真菌一般具有维持生存的营养体和起到繁殖作用的各种类型的孢子。典型的真菌营养体为菌丝体，单个丝状体称为菌丝，菌丝纠结在一起构成菌丝体，菌丝体具有分枝结构，包括有隔菌丝和无隔菌丝两种。菌丝体在一定的环境条件下或生长发育后期可形成一些特殊菌组织，如菌核、子座、菌索等。

2. 真菌的生活史

真菌的繁殖方式有无性繁殖和有性繁殖两种。真菌繁殖的基本单位为孢子，其功能相当于高等植物的种子。无性繁殖产生各种类型的无性孢子，常见的无性孢子有：芽孢子、粉孢子、孢囊孢子、游动孢子、厚垣孢子以及各种分生孢子等。有性繁殖所产生的孢子统称为有性孢子，常见的有性孢子有休眠孢子囊、卵孢子、接合孢子、子囊孢子和担孢子等。

真菌的生活史是指从一种孢子开始，经萌发、生长和发育，最后又产生同一种孢子的过程。一般包括无性阶段和有性阶段。

3. 真菌的主要类群

真菌的类群丰富多样，真菌属菌物界真菌门，门下分为鞭毛菌亚门、接合菌亚门、子囊菌亚门、担子菌亚门和半知菌亚门 5 个亚门。

（1）鞭毛菌亚门　多数为水生或两栖，水域或潮湿环境条件有利于其生长发育。无性繁殖产生游动孢子。有性生殖大多产生卵孢子。主要类群及所致代表性病害如下：根肿菌属引起十字花科蔬菜根肿病；腐霉属引起园艺植物幼苗的根腐、猝倒以及果腐等；疫霉属引起黄瓜疫霉病等；霜霉菌可引起多种植物的霜霉病；绵霉菌引起水稻烂秧等。

（2）接合菌亚门　绝大多数腐生。无性繁殖产生孢囊孢子，有性生殖产生接合孢子。引起贮藏期的瓜、果腐烂，如根霉菌引起瓜、果软腐病，毛霉菌引起葡萄、苹果毛霉病等。

（3）子囊菌亚门　属高等真菌，大多陆生，多数腐生于朽木、土壤、粪肥及动植物残体，少数寄生。无性繁殖产生分生孢子。有性生殖产生子囊孢子。子囊孢子着生于子囊内，子囊着生于各种子囊果内，子囊果常见的类型有 3 种：闭囊壳、子囊壳和子囊盘。主要类群及所致代表性病害如下：闭囊壳菌引起瓜类、豆类、麦类白粉病，子囊壳菌引起麦类赤霉病、甘薯黑斑病，子囊盘菌引起油菜菌核病等。

（4）担子菌亚门　全部为陆生。寄生或腐生，少数担子菌为专性寄生菌如锈菌。多数担子菌没有无性繁殖，有性生殖产生担子和担孢子。主要类群及所致代表性病害如下：黑粉菌引起多种植物黑粉病，典型症状是在病部出现大量黑色粉状物，如麦类黑穗病、玉米丝黑穗病；锈菌引起多种植物锈病，典型症状是在病部产生黄色或褐色锈状物，如小麦、玉米、豆类锈病。

（5）半知菌亚门　因其生活史中只有无性阶段而无有性阶段或虽有有性阶段但尚未发现有性阶段，所以称为半知菌或不完全真菌，以陆生为主，多数腐生，少数寄生。营养体发达，无性繁殖产生分生孢子，有性生殖或缺或尚未了解，或虽已发现，由于无性阶段已被人们熟悉并广泛应用，仍沿用原半知菌的名称。主要类群及所致代表性病害如下：无孢类引起小麦、水稻纹枯病等；丛梗孢类引起水稻稻瘟病，玉米大、小斑病，棉花枯、黄萎病；黑盘孢类引起棉花、麻类、烟草、豆类炭疽病等；球壳孢类引起苹果、梨轮纹病，茄子褐纹病，苹果干腐病等。

（二）植物病原细菌

细菌是单细胞生物，细菌个体的基本形态有球状、杆状和螺旋状，植物病原细菌一般为杆状。为了适应水生生活，大多数细菌具有鞭毛，以便在水中游动和传播。大多数植物病原细菌属于革兰氏阴性细菌，少数为阳性，能耐低温，但对高温敏感，怕光，在阳光照射下，容易死亡。细菌繁殖方式一般为无性繁殖，主要为二分裂殖。

与植物病害有关的属主要有：假单胞菌属、黄单胞菌属、土壤杆菌属、欧文氏菌属、棒形杆菌属 5 个属。

细菌所致病害主要有坏死、萎蔫、腐烂、畸形等症状，当植物受细菌侵染后腐烂时常伴有臭味。在潮湿条件下，病部有黄褐色或乳白色菌脓溢出。诊断细菌病害时，最常用的方法是根据溢菌现象，即：切取小块病健交界处的菌组织置于载玻片上，加一滴清水，盖上盖玻片立即置于显微镜下观察。若为细菌病害时，可见从病组织切口有大量细菌呈云雾状流出。

植物病原细菌病害的防治要点是选用抗病品种、清理病残体、土壤处理、轮作、使用抗生素防治等方法。

（三）植物病原病毒

病毒结构简单，病毒粒体由核酸和蛋白质组成。基本形态有球状、杆状和线状 3 种。病毒增加新个体的方式称为增殖。病毒只能通过微伤口侵入植株，主要依靠媒介通过伤口侵入来传病，病毒在植物体内扩展多为系统性，少数为局部性。

病毒的传播方式有摩擦传播、嫁接传播、花粉、种子及无性繁殖传播、介体传播，传播介体包括昆虫介体、螨类介体、线虫介体、菌类介体、菟丝子介体等。

植物病毒病的症状是花叶、矮缩、畸形、坏死、黄化、丛枝等，一般无病症。

（四）其他病原物

1. 线虫

线虫是一种低等动物，属于动物界线虫门。线虫分布很广，多数为腐生，少数寄生。线虫口腔内有一吻针，用于穿刺寄主，吸取汁液。寄生植物的线虫可引起许多重要的植物病害，如大豆胞囊线虫病、花生根结线虫病、甘薯茎线虫病和水稻干尖线虫病等。

线虫病害的症状有植株矮小、叶片黄化、局部畸形、根部腐烂、根结等。具体诊断时可分离后镜检。

线虫大多生活在土壤里，温暖湿润的砂性土壤有利于线虫活动。线虫病一般不会在短期内大面积发生流行，远距离传播主要靠种苗、肥料、农具及流水等。

防治线虫病主要通过轮作、深翻改土、清洁田园和药剂处理等措施杀死土壤中的病原线虫。

2. 寄生性种子植物

根据寄生性种子植物对寄主依赖程度可分为半寄生和全寄生两种。半寄生种类有叶绿素，能进行光合作用，但缺乏根系，无机盐及水分须从寄主体内获取。全寄生种类无叶片和根系，所需营养要从寄主植物获得。

按寄生部位可分为寄生于植物根部的根寄生和寄生于植物地上部分的茎寄生。常见的种类有菟丝子、列当、桑寄生等。

第三节　农药基础知识

农药是指用于预防、消灭或者控制危害农业、林业的病虫草和其他有害生物以及有目的地调节植物、昆虫生长的化学合成或者来源于生物、其他天然物质的一种物质或者几种物质的混合物及其制剂。

一、农药的分类

1. 根据原料来源分类

① 无机农药由天然矿物原料加工、配制而成的农药，又称矿物性农药。如波尔多液、石硫合剂、砷酸钙等。

② 植物性农药是用天然植物加工制造的，所含有效成分是天然有机化合物。如除虫

菊、烟草、印楝等。

③ 微生物农药是用微生物及其代谢产物制造而成的，如 Bt 乳剂、农抗 120 等。

④ 有机合成农药即人工合成的有机农化合物，是当今农药的主体，其特点是快速、高效、用量少、使用方便、不受地域限制、适于大规模机械化操作。如辛硫磷、抗蚜威、吡虫啉、敌百虫等。

2. 根据防治对象分类

根据防治对象分类可分为杀虫剂、杀菌剂、杀螨剂、杀线虫剂、除草剂等。

3. 根据农药的作用方式分类

（1）杀虫、杀螨剂

①触杀剂药剂：通过昆虫体壁及跗节进入害虫（螨）体内，使之中毒死亡。如大多数拟除虫菊酯类、有机磷、氨基甲酸酯类杀虫剂。

②胃毒剂药剂：通过昆虫取食后经肠道吸收进入体内，使害虫中毒死亡。如敌百虫、杀螟松、除虫菊等。

③内吸剂药剂：施用到植物体上后，先被植物体吸收，然后传导至植物体的各部，害虫吸食植物的汁液后即可中毒，如氧化乐果、吡虫啉等。

④薰蒸剂药剂：以气体形式通过昆虫的呼吸系统进入虫体内，而发挥中毒作用，如磷化铝、溴甲烷等。

另外，还有拒食剂、驱避剂、引诱剂、生长调节剂等。

（2）杀菌剂

①保护剂：在植物发病前，将药剂均匀喷洒在植物体表面，以预防病原菌的入侵与传播。如波尔多液，石硫合剂和代森锰锌等。

②治疗剂：在植物发病后施用，以抑制病菌生长发育或致病过程，缓解植株受害程度甚至恢复健康的一类杀菌剂。如多菌灵、托布津、粉锈宁等。

③铲除剂：杀菌剂直接接触植物病源并杀伤病菌使它们不能侵染植株。铲除剂因作用强烈，故一般多用于播前土壤处理、植物休眠期或种苗处理。

（3）除草剂

根据作用方式分为以下几种。

①选择性除草剂：可以杀死某些杂草，而对作物无害的一类除草剂。如盖草能、氟乐灵、扑草净、西玛津等。

②灭生性除草剂：除草剂对所有植物都有毒性，只要接触绿色部分，不分作物和杂草，都会受害或被杀死。主要在播种前、播种后出苗前使用，如百草枯、草甘膦等。

二、农药的剂型

① 乳油又称乳剂，是目前使用最多的一种剂型。由原药、有机溶剂、助溶剂和乳化

剂等按一定的比例互溶而成。如氧化乐果、吡虫啉乳油等。

②可湿性粉剂由原药、惰性填料和一定量的助剂，按比例经过粉碎加工而成的剂型。从形状上看，与粉剂无区别，但是由于加入了湿润剂、分散剂等助剂，加到水中后能被水湿润、分散、形成悬浮液，可喷洒施用。

③粉剂由原药和惰性粉按一定比例混合，经机械粉碎，研磨、混匀而成。细度为95%的粉粒能通过200目标准筛，不能加水喷雾，只能用于喷粉、拌种、配制毒饵和土壤处理。

④颗粒剂由原药、载体、助剂加工成粒状制剂。颗粒剂使用方便，省工节时。沉降性好，飘逸性小，对环境的污染轻，对农作物和有益生物无害；能使高毒农药低毒化，对施药人员安全；可控制农药释放速度，持效期长。

此外，农药剂型还有悬浮剂、烟剂、超低容量喷雾（油）剂、片剂、气雾剂等。

三、农药的使用方法

① 喷雾法是借助于喷雾器械将药液均匀地喷布于防治对象及被保护的寄主植物上。适合于喷雾的剂型有乳油、可湿性粉剂、胶悬剂等。

② 喷粉法是用喷粉器械产生的风力，将粉剂均匀地喷布在目标植物上的施药方法。此法最适于干旱缺水地区使用。适于喷粉的剂型为粉剂。

③ 土壤处理法是将药粉用细土、细砂、炉灰等混合均匀，撒施于地面，然后进行耧耙翻耕等，主要用于防治地下害虫或某一时期在地面活动的昆虫。

④ 拌种、浸种或浸苗、闷种拌种是指在播种前用一定量的药粉或药液与种子搅拌均匀，用以防治种子传染的病害和地下害虫。浸种和浸苗是指将种子或幼苗浸泡在一定浓度的药液里，用以消灭种子幼苗所带的病菌或虫体。闷种是把种子摊在地上，把稀释好的药液均匀地喷洒在种子上，并搅拌均匀，然后堆起熏闷并用麻袋等物覆盖，经一昼夜后，晾干即可。

⑤ 毒谷、毒饵利用害虫喜食的饵料与农药混合制成，引诱害虫前来取食，产生胃毒作用将害虫毒杀而死。

⑥ 熏蒸是利用有毒气体来杀死害虫或病菌的方法。一般应在密闭条件下进行。

四、农药的合理使用

使用农药必须考虑对农作物无药害，对人、畜、天敌安全，不会产生抗药性，不污染环境，经济、安全、有效。为此，要注意以下几个问题。

（1）正确选用农药　根据病虫草害发生种类和特性，选用最有效的农药品种和适宜的剂型，又无其他副作用。

（2）适时用药　选择合适时间施用农药，是控制病虫草害、保护有益生物、防止药害和避免农药残留的有效途径。要掌握所要防治的病虫草害的发生规律，掌握田间实际发生动态，达到防治指标才可用药。

（3）准确掌握用药量　使用农药时，要准确地控制药液浓度、用药次数，若高于防治需要的浓度或用量，不仅造成浪费，还易产生药害和发生人畜中毒事故。若低于防治需要的浓度和用量，就达不到应有的防治效果。

（4）准确掌握使用方法，保证施药质量　采用正确的使用农药方法，不仅可以充分发挥农药的防治效果，而且能避免或减少杀伤有益生物、作物药害和农药残留。农药种类和剂型不同，使用方法也不同。如可湿性粉剂不能用于喷粉，粉剂不可用于喷雾，胃毒剂不能用于涂抹，内吸剂一般不宜制毒饵。

（5）据天气情况，科学、正确施用农药　一般应在无风或微风天气施用农药，同时注意气温变化。气温低时，多数有机磷农药效果较差；温度太高，容易出现药害。多数药剂应避免中午施用。

（6）合理混用农药　每种农药各优缺点，两种以上农药混用，往往可以互补缺点，发挥所长，起到增效作用或兼治两种以上病、虫害，并可节省劳力。农药混用也是克服病虫害抗药性的有效途径。但是，并非所有药剂都可互相混用，混用不当往往也会降低药效，甚至产生药害。

（7）交替轮换用药　长期使用一种药剂，会引起病虫害产生抗药性，降低防治效果，甚至无效，浪费药剂，加重环境污染。为了防止、延缓病虫害产生抗药性，要交替使用不同种类的农药。

五、农药中毒

人们在使用接触农药的过程中，农药进入人体内超过了正常人的忍受量，使人的正常生理功能受到了影响，就会使人出现农药中毒现象，常见的中毒症状为恶心呕吐、呼吸障碍、休克、昏迷、痉挛、激动、烦躁不安、疼痛、肺水肿、脑水肿等。

以农药中毒后引起人体所受损害程度的不同，可将农药中毒的类型分为轻度、中度、重度。以中毒快慢可分为急性中毒、亚急性中毒和慢性中毒。

农药进入人体（或其他动物体）的主要途径有 4 个：皮肤、口、肺（通过呼吸）和破损的伤口。不同的农药，可能有不同的进入人体的途径，也可能有相同的途径；一种农药也可能有多种进入人体的途径。

为防止农药的毒害，在生产、运输、贮存、使用过程中，必须遵守有关农药法律规定，防止农药中毒事故的发生。

六、农药药械使用基本知识

植保机械（施药机械）的种类很多，由于农药的剂型和作物种类多种多样，以及喷洒方式方法不同，决定了植保机具也是多种多样的。从手持式小型喷雾器到拖拉机机引或自走式大型喷雾机；从地面喷洒机具到装在飞机上的航空喷洒装置，型式多种多样。

植保机具的早期分类方法，通常是按喷施农药的剂型种类、用途、动力配套、操作、携带和运载方式等进行分类。

（1）按喷施农药的剂型和用途分类　分为喷雾机、喷粉机、喷烟（烟雾）机、撒粒机、拌种机、土壤消毒机等。

（2）按配套动力进行分类　分为人力植保机具、畜力植保机具、小型动力植保机具、大型机引或自走式植保机具、航空喷洒装置等。

（3）按操作、携带、运载方式分类　人力植保机具可分为手持式、手摇式、肩挂式、背负式、胸挂式、踏板式等；小型动力植保机具可分为担架式、背负式、手提式、手推车式等；大型动力植保机具可分为牵引式、悬挂式、自走式等。

此外，对于喷雾器来说，还可以按对药液的加压方式及机具的结构特点进行分类。例如，对药液喷前进行一次性加压、喷洒时药液压力在变化（逐渐减小）的喷雾器称为压缩喷雾器，有的国家把这类喷雾器称为自动喷雾器。单管喷雾器实际上是按其结构特点，有一根很细的管状唧筒而定名的。

（4）按施液量多少分类　可分为常量喷雾、低量喷雾、微量（超低量）喷雾。但施液量的划分尚无统一标准。

（5）按雾化方式分类　可分为液力喷雾机、气力喷雾机、热力喷雾（热力雾化的烟雾）机、离心喷雾机、静电喷雾机等。

第四节　农作物病虫害的调查统计及预测预报

一、病虫害的田间调查目的

为了搞好病虫害预测预报工作和制定正确的综合防治方案，必须对病虫害的种类、发生发展规律及危害程度等基本情况进行了解。要进行病虫害的研究，必须进行田间调查与统计，掌握必要的数据和有关的资料，做到心中有数。因此，田间调查是进行病虫害研究所常用的基本方法。

二、昆虫调查的主要内容和方法

根据调查目的，确定调查的内容，采取相应的调查方法，才有可能得到比较正确的调查结果。

（一）调查类型

一般分为普查和专题调查两种。普查只了解病虫害的基本情况，专题调查是具有针对性的病虫害重点调查。

（二）田间调查方法

根据调查目的、任务、内容和对象的不同，采用不同的调查方法。

1. 病虫害田间分布型

（1）随机分布型也称泊松分布　病虫在田间的分布呈比较均匀的状态，调查取样时每个个体出现的概率相等。玉米螟的卵块、稻瘟病流行期多属于此类型。

（2）核心分布型　病虫在田间分布呈很多小集团，形成核心，并自核心作放射状蔓延。核心之间是随机的，核心内常是较浓密的。如玉米螟幼虫及为害株在玉米田内的分布、三化螟幼虫及其为害株在稻田内的分布、水稻白叶枯由中心病株向外蔓延的初期均属于此类。

（3）嵌纹分布型　病虫在田间呈不规则的疏密互间状态，通常是浓密的分布。如棉叶螨由大豆、豌豆等作物向棉田转移，造成田块分布较多，并不规则地向田内蔓延呈嵌纹分布。棉蚜、棉铃虫卵、棉盲蝽若虫在棉田虫口密度较高时，也属于此分布。

2. 调查取样

田间调查取样必须有充分的代表性，以尽可能反映整体情况，最大限度地缩小误差。常用的有 5 点取样法、棋盘式取样法、对角线取样法、平行线取样法、“Z” 字形取样法等，一般来说五点式、棋盘式、对角线式适用于随机分布型；平行线式、棋盘式适用于核心分布型；“Z” 字形则适用于嵌纹分布型。

总之，随机取样的方法有 5 点式、棋盘式、对角线、“Z” 字形、平行线等，究竟用哪种方式才能正确做出估计，主要根据该种病虫及被其危害植物的分布型来确定。

（三）病虫害调查的记载方法

记载是田间调查的重要工作。通过认真记载，得到大量数据和资料，为分析总结调查结果作依据。记载要求准确、简明、有统一标准。田间调查记载的内容，根据调查目的和对象而定，一般采用表格方式。

三、病虫害的预测预报

把病虫的预报结果编写成情报报送到达有关单位，叫做病虫测报。预报的内容大体包括3部分：采用的预报手段和技术方法、报告预测结果、概述预测依据。

病虫预报的种类，按内容和期限分为发生期预报、发生程度预报、短期预报、中期预报、长期预报和超长期预测。

第五节 农作物病虫害综合防治原理及方法

一、农作物病虫害综合防治策略

（一）农业生态系统的整体观念

农作物病虫害综合防治要从农业的整体观念出发，综合考虑植物、病虫害、天敌和它们所处的环境条件，有目的、有针对性地调节和操纵农业生态系统中的某些组成成分，创造一个有利于植物生长和天敌生长、发育，而不利于病虫害发生发展的环境条件，进而实现长期可持续控制病虫害发生发展，达到治本的目的。

（二）充分发挥自然的控制作用

农作物病虫害在综合治理过程中，要充分发挥自然控制因素（如天敌、气候等）的作用，以预防为主，充分保护和利用天敌，调节田间小气候，逐步加强自然控制的各种因素，增添自然控制力，减少病虫害的发生。

（三）协调运用各种防治措施

农作物病虫害综合防治往往通过一种方法很难达到目的，需要协调运用多种防治方法。以植物检疫为前提，农业防治为基础，综合应用化学防治、生物防治、物理机械防治等措施。针对不同的病虫害，采取不同对策。灵活、协调应用几项措施，取长补短，因地制宜，实现“经济、安全、有效”地控制病虫害的发生和危害。

二、农作物病虫害综合防治方法

（一）植物检疫

植物检疫又称法规防治。它是国家或地方政府，为防止危险性病、虫、草等有害生物随植物及其产品的人为引入和传播，以法律手段和行政措施实施的保护性植物保护措施。

植物检疫的主要措施有：开展危险性的病、虫、草的调查；确定检疫对象；划分疫区和保护区，采取检疫措施；进行检疫和处理。

（二）农业防治

栽培防治又称农业防治，是利用一系列栽培管理技术，创造有利于作物生长的环境条件，培育健壮植物，增加植物抗害、耐害和自身补偿能力，同时创造不利于病虫害发生的环境条件，达到控制病虫害危害的目的。农业防治是综合防治的基础，因此，在病虫害防治中占有重要的地位。其主要措施有：轮作换茬、合理安排作物布局、实行水旱轮作与间作、培育无病虫种子和苗木、设置诱虫植物、合理施肥、选育抗病虫品种等。

（三）生物防治

生物防治是利用有益生物及其产物控制病虫害。生物防治的方法和途径主要有以下几种。

（1）合理利用天敌昆虫　可通过保护和利用本地天敌和人工大量繁殖天敌昆虫来进行。

（2）以菌治虫利用微生物来防治害虫　目前，利用的有益微生物主要有细菌、真菌、病毒。如Bt乳剂、白僵菌、绿僵菌等。

（3）以菌治病利用微生物及其代谢产物来防治病害　如利用“5460”防治棉花苗期病害，春雷霉素防治稻瘟病，井冈霉素防治纹枯病等。

（四）物理机械防治

物理机械防治是采用物理因素（如温度、光、水、放射线和超声波等）或机械设备来防治病虫害的一种防治方法。具体方法如下。

（1）汰选法　如手选、器械选和水选等。

（2）热力处理法　常用的有日光晒种、温汤浸种、冷浸日晒等方法。

（3）诱杀害虫　如灯光诱杀、食饵诱杀、潜所诱杀。

（4）利用辐射杀虫。

（五）化学防治

化学防治是利用化学农药来防治农林作物病虫害的一种方法。化学防治的优点是高效、速效、特效、方法简便，因此它是综合防治的主要手段之一。化学防治要与其他防治方法相协调、配合使用，同时注意科学用药，安全用药，充分发挥化学防治的优点，克服其缺点。

第六节　农作物害虫及其防治

一、小麦害虫

（一）麦蚜

麦蚜属于同翅目蚜科，俗称腻虫、油汗、蜜虫等。麦田发生的蚜虫主要有麦长管蚜、麦二叉蚜、麦缢管蚜3种。都是以成、若蚜刺吸麦株的茎、叶和穗汁液为害。苗期受害，轻的叶片枯萎发黄，生长停滞，分蘖减少，重的枯萎死亡；穗期受害，麦粒瘪缩，千粒重下降，严重时不能结实。

1. 形态特征

麦二叉蚜头胸部灰褐色，腹部淡绿色，腹背中央有深绿色纵线，腹管圆锥形，中等长度，黄绿色。前翅中脉二分叉。

麦长管蚜头胸部暗绿色或暗褐色，腹部黄绿色至浓绿色，背腹两侧有褐斑4~5个。腹管管状，极长，黑色。前翅中脉三分叉。

2. 发生规律

在河南省每年发生10~20代，以成、若蚜在冬小麦田或禾本科杂草上越冬。翌年春活动取食，到小麦拔节期，以麦二叉蚜为主的发生区进入猖獗为害期。小麦抽穗后，麦二叉蚜开始消退，麦长管蚜数量上升。小麦灌浆至乳熟期麦长管蚜达猖獗为害期。小麦接近成熟期，由于营养条件的恶化，麦田蚜量下降，产生有翅蚜陆续迁往高粱、玉米、谷子及禾本科杂草上。秋苗出土后，麦蚜又迁回麦田繁殖危害并越冬。

麦二叉蚜喜干旱，怕光照，多分部在植株的下部、叶片背面；最喜幼嫩组织或生长衰弱、叶色发黄的叶片。刺吸汁液时分泌毒素，对小麦致害能力强，是传播小麦黄矮病的主要种类。由于危害时间短，发生量小，在非黄矮病区对产量影响小。麦长管蚜适应能力强，喜光照，较耐潮湿，常集中在穗部危害，发生数量大，危害时间长，对小麦产量影响最大。

3. 防治方法

（1）农业防治　清除田内外杂草，早春耙磨镇压，适时冬灌可以杀死越冬蚜。冬麦区适时迟播，春麦区适时早播可以减轻为害；控制和改变麦田适蚜生境；选用抗蚜品种，加强田间管理，提高小麦抗蚜能力。

（2）药剂防治　可用24.7%阿立卡微胶囊悬浮—悬浮剂每亩8~10毫升，或50%抗蚜威可湿性粉剂3 000倍液；或50%辛硫磷乳油1 000倍液；或2%高渗吡虫啉乳油每亩35~55毫升。

（二）小麦害螨

俗称红蜘蛛，危害小麦的叶螨有麦圆叶爪螨（麦圆蜘蛛）和麦岩螨（麦长腿蜘蛛）两种。两种叶螨都是春季麦田的主要害虫，受害的麦叶先呈白斑，然后变黄，受害严重的麦苗枯黄而死，对产量影响很大。

1. 形态特征

麦圆叶爪螨椭圆形，深红褐色。4对足，几乎等长，体背后部有淡红色隆起的肛门。

麦岩螨卵圆形，深红色，第1、第4对足特长，其长度超过2、3对足的两倍。

2. 发生规律

麦圆叶爪螨一年发生2~3代，以成螨和卵在麦株根际及杂草丛越冬，翌年春季2月下旬开始活动，3月下旬至4月上中旬达为害盛期，与小麦拔节期相吻合。进入5月成螨逐渐消退，以卵越夏。10月中旬越夏卵孵化，为害秋播麦苗。11月上旬出现成螨，最后以成螨和卵越冬。

麦岩螨一年发生3~4代，以成螨和卵在麦株根际土缝中越冬，翌年春季2月中下旬至3月上旬成虫开始活动危害，越冬卵开始孵化，4月中旬至5月上旬虫量最多，达为害高峰，与小麦孕穗和抽穗相吻合。5月中下旬后成虫产卵越夏，10月越夏卵陆续孵化并转入麦田为害秋苗。

麦圆叶爪螨喜阴湿，怕高温干旱，春季多阴雨发生重。一天中6~8时和18~22时活动最盛。有群集性和假死性。麦岩螨喜温暖干燥，春季干旱少雨发生重。一天中9~16时活动最盛。20时后爬至麦株基部及土缝中潜伏，有群集性和假死性。

3. 防治方法

（1）农业防治　因地制宜进行轮作倒茬，麦收后及时浅耕灭茬；冬春进行灌溉，可破坏其适生环境，减轻为害。

（2）播种前用50%辛硫磷乳油拌种，用药量为种子量的0.2%~0.3%，用种子量7%左右的水稀释后均匀喷拌于种子上，堆闷12h后播种。

（3）田间喷药　春季小麦害螨达防治指标时，可喷洒15%哒螨灵乳油2 000~3 000倍液；或20%绿保素（螨虫素十辛硫磷）乳油3 000~4 000倍液；或73%克螨特乳油2 000~3 000倍液。

（三）小麦吸浆虫

俗称麦蛆，属双翅目、瘿蚊科。寄主以小麦为主，其次为麦红、青稞、黑麦、大麦等。主要有麦红吸浆虫和麦黄吸浆虫两种。以幼虫为害花器和籽粒，造成秕粒，减产。麦红吸浆虫以为害籽粒为主，麦黄吸浆虫以为害花器为主。

1. 形态特征

小麦吸浆虫成虫状如小蚊子，触角长，轮生细毛。幼虫形似小蛆，前胸腹面有一“Y”形剑骨片。

麦红吸浆虫成虫橘红色，雌产卵管远比身体短，末端呈圆瓣状。卵长卵形，末端无附属物。幼虫橙红色，体表有突起，剑骨片前端缺刻较深，呈锐角，蛹深红色。

麦黄吸浆虫成虫姜黄色，雌产卵管远比身体长，末端针状。卵呈香蕉形，末端有卵柄。幼虫姜黄色，体表光滑，剑骨片前端缺刻较浅，呈钝角，蛹淡黄色。

2. 发生规律

一年发生1代，以老熟的幼虫在土中结圆茧越夏越冬。翌年3月，小麦拔节期间，10厘米土温达10℃时开始活动，上升表土准备化蛹。小麦孕穗期开始化蛹，小麦抽穗期羽化为成虫。吸浆虫产卵有严格的选择性，已抽穗未扬花的麦穗为产卵选择对象。小麦已经扬花，成虫即不在其上产卵。卵多产于护颖内侧和外颖背上方。幼虫孵化后从内外颖缝隙侵入，附在麦粒外，搓破粒皮吸食麦浆。小麦将近成熟，幼虫老熟，弹落或随雨水滚落地表，钻入土中结茧休眠。

一般小穗排列疏松、芒短、颖壳扣合不紧密的品种，有利于产卵和幼虫为害。春季4~5月多雨潮湿，利于越冬幼虫上升表土层化蛹及成虫羽化出土。

3. 防治方法

（1）种植抗虫品种　不同小麦品种，小麦吸浆虫的为害程度不同，一般芒长多刺，口紧小穗密集，扬花期短而整齐，果皮厚的品种，对吸浆虫成虫的产卵、幼虫入侵和为害均不利。因此要选用穗形紧密，内外颖毛长而密，麦粒皮厚，浆液不易外流的小麦品种。

（2）轮作倒茬　麦田连年深翻，小麦与油菜、豆类、棉花和水稻等作物轮作，对压低虫口数量有明显的作用。在小麦吸浆虫严重田块及其周围，可实行棉麦间作或改种油菜、大蒜等作物，待两年后再种小麦，就会减轻为害。

（3）出土化蛹期　撒毒土（最有效的方法）时间为3月中旬至4月中旬，药剂为：每亩2%甲基异柳磷粉2~3千克，3%甲基异柳磷颗粒剂1.5~2千克，5%林丹粉1.5~2.5千克，拌细土25千克，顺麦垄撒，撒后及时浇水。

（4）穗期防治　在小麦抽穗至开花前，每亩用80%敌敌畏150毫升，加水4千克稀释，喷洒在25千克麦糠上拌匀，隔行每亩撒一堆，此法残效期长，防治效果好。或用2.5%溴氰菊酯乳油2 000倍液喷雾。

（四）黏虫

又名剃枝虫、五色虫、夜盗虫等，鳞翅目，夜蛾科。黏虫是一种典型的“暴食性”昆虫，食性杂，寄主可达100多种，主要危害麦类、水稻、谷子、玉米等作物。以幼虫取食叶片、嫩茎、穗，严重时叶片吃光，造成严重的减产，甚至绝收。

1. 形态特征

成虫前翅中央中室内有淡黄色近圆形的斑纹两个；中室下角有明显小白点一个，其两侧各有一个小黑点；翅顶角有黑纹一条，斜伸至内缘末端1/3处。卵扁圆形，灰黄色。幼虫体色变化大，老熟幼虫约38毫米，头部有一条八字形的黑色网状纹，胸腹部背侧有5条明显的纵线。蛹红褐色，腹部末端有刺6根。

2. 发生规律

在生长发育过程中无滞育现象，只要条件适合，可终年繁殖。越冬的北界为北纬33度，以北不能越冬，从北到南，一年发生2~8代。在河南一年发生3~4代。春季迁来的成虫于2月中旬至3月上旬开始出现，3月下旬至4月中旬盛发。产卵盛期在3月下旬至4月上旬，4月下旬至5月上中旬是第1代黏虫幼虫在河南为害小麦的盛期。第1代成虫羽化后，因6、7月温度较高，不利于黏虫发育、繁殖，故迁往北方为害，因此，从第2代起田间很难找到黏虫。有些年份豫北地区7月中下旬至8月上旬，由于东北向南迁来的蛾量大，如果气候适宜，也会严重危害谷子、玉米。

成虫昼伏，夜出取食、交配、交卵。成虫取食各种植物的花蜜，也吸食蚜虫、介壳虫的蜜露、腐果汁液。对糖、酒、醋有趋性。具有迁飞的特性。卵一般产在半枯萎、枯萎的器官上（谷子上部3~4叶尖，枯心苗；玉米高粱包叶，小麦下部叶片、叶鞘、叶尖），故用谷草把、稻草把、青枯麦苗诱集成虫产卵。幼虫有假死性和迁移性，对农药的抵抗力随虫龄的增加而增加。

气候条件对黏虫的发生数量影响很大。特别是温湿度及风的影响，黏虫对温湿度要求较严格，成虫产卵适温为15~30℃，高于30℃或低于15℃，成虫产卵数量减少或不能产卵。风也是影响黏虫数量的重要因素，迁飞的成虫遇风雨，迫其降落，则当地黏虫发生为害就重。

3. 防治方法

（1）诱杀成虫　利用成虫产卵前需补充营养，用糖醋液诱杀（糖3份、酒1份、醋4份、水2份，调匀即可），夜晚诱杀。诱液应保持3~5厘米深，每5~10亩放一盆，盆高出作物30厘米，连续进行16~20天，可杀死成虫，减少产卵。

（2）草把诱卵　利用成虫多在禾谷类作物叶上产卵习性，自成虫开始产卵起至产卵盛末期止，用谷草3根扎成小谷草把或用稻草把（每把十余根）插在麦田诱卵。每亩插10把，草把顶高出麦株15厘米左右，每5天更换新草把，把换下的草把集中烧毁。

（3）药剂防治　90%晶体敌百虫1 000~1 500倍液；或50%辛硫磷乳油1 000倍；或20%灭幼脲1号悬浮剂500~1 000倍液；或25%灭幼脲3号悬浮剂500~1 000倍液。

二、水稻害虫

（一）稻螟虫

俗称钻心虫、蛀心虫、白穗虫，主要是指蛀入稻株叶鞘或茎秆造成水稻枯心和白穗的螟蛾科、夜蛾科害虫。黄淮地区发生的种类有二化螟、大螟、三化螟。除为害水稻外，还为害玉米、谷子、高粱等禾本科作物。以幼虫蛀入稻茎取食，致使苗期、分蘖期出现“枯心苗”，孕穗期成为“枯孕穗”，抽穗期出现“白穗”，黄熟期成为“虫伤株”。

1. 形态特征

二化螟成虫黄褐色或灰褐色，前翅近长方形。雄蛾翅面散布黑色小点，中央有紫褐色斑点1个，其下方另有呈斜形排列的3个同色斑点。雌蛾前翅翅面褐色小点很少，没有紫黑色斑点。卵块鱼鳞状，覆盖胶质物，卵粒由乳白变成紫黑色。幼虫淡褐色，体背有5条紫褐色纵线。蛹圆筒形，初乳白色，后变棕色。

三化螟成虫雌蛾体黄白色；前翅淡黄色，三角形，中央具有一个明显黑点。雄蛾灰白色，前翅淡灰褐色，中央具有一个小黑点，由翅顶角至内缘有一褐色斜带。卵块椭圆形，上盖棕黄色绒毛，似半粒发霉黄豆。幼虫淡黄色，背线绿色，气门淡褐色。蛹圆筒形，黄绿色。

2. 发生规律

二化螟北方稻区一年发生1~2代，以幼虫在稻茬中越冬，少量在稻草中越冬。越冬幼虫发生在3月下旬至4月中旬，1代幼虫发生在6月上旬至7月上旬，第2代幼虫发生在8月中上旬至9月上旬。全年以第1代发生数量多，危害重，形成一代多发型。

成虫昼伏夜出，趋光性强。产卵有选择性，喜在叶色浓绿、植株高大茂盛的稻株上产卵。就水稻生育期而言，生长旺盛的分蘖期和孕穗期卵多，第1代多产于秧苗叶片正面，2~3代产于本田水稻叶鞘上。

初孵幼虫蛀入水面以上的叶鞘，取食鞘壁组织，形成枯鞘，一个叶鞘内几头到几十头群集一起为害。2龄后蛀入稻茎，形成枯心苗、枯孕穗、白穗、虫伤株。低龄幼虫期群集为害，3龄后就分散转移为害，一般可转移2~5次。

三化螟北方稻区一年发生2~3代。以幼虫在稻茬中越冬。越冬代成虫盛发期5月中下旬，第1代幼虫盛期在5月下旬；第1代成虫盛发期7月初，第2代幼虫盛期在7月中旬；第2代成虫盛发期8月上中旬，第3代幼虫盛期8下旬；9月中下旬越冬。

成虫昼伏夜出，趋光性强。喜欢选择叶片浓绿、生长茂密、植株高大，叶鞘抱合不紧密的稻株上产卵。幼虫孵化后可吐丝下垂随风飘散至附近稻株或沿茎叶向下爬行，分散蛀茎为害。

3. 防治方法

（1）农业防治　水稻收割后及时翻耕灌水淹没稻桩，杀死稻桩内幼虫；清除冬季干作稻田内的稻桩；春前处理完玉米、高粱等稻螟虫的寄主茎秆；次春及早翻耕灌水灭蛹，铲除田边杂草。搞好稻田布局，推广抗螟品种等栽培治螟措施。

（2）化学防治　防治分蘖期二化螟，当枯鞘株率达3%时用药防治；防治穗期二化螟，当上代亩均残留虫量500条，当代卵孵盛期与水稻破口期相吻合时，在卵孵高峰期用药防治。防治三化螟应掌握在卵孵高峰期用第一次药；防治三化螟枯心，凡亩均有卵块40块以上均应列为防治对象田；在三化螟重发区，水稻破口期与卵块孵化期吻合的稻田，均需用药防治一次。

在药剂防治上，应推广与合理使用安全、高效、低毒、持效期长的治螟对口农药。防治二化螟推广Bt乳剂、氟虫腈与三唑磷微乳剂、敌百虫、阿维菌素等药剂现混现用，争取大面积一代一次用药防治过关。防治三化螟可选用氟虫腈加敌百虫、毒死蜱、三唑磷混配，并及时做好后续防治。提倡不同药剂合理轮用，避免长期、单一使用同一药剂，氟虫腈在使用中要确保一季水稻上最多使用一次。

（二）稻纵卷叶螟

俗称卷叶虫、刮青虫等，属于鳞翅目、螟蛾科。寄主植物以水稻为主，也为害小麦、大麦、粟、甘蔗等作物及稗、狗尾草等。以幼虫将稻叶纵卷成筒状虫苞，在苞内食去稻叶上表皮和叶肉，留下下表皮形成白色条斑。大发生时全田虫霉累累，白叶连片，严重影响水稻生长发育。

1. 形态特征

成虫黄褐色，前后翅外缘有黑褐色端带，前翅前缘暗褐色，有3条黑褐色横线，中横线短，不伸达后缘。雄蛾体较小，前翅前缘与中横线相交处有一黑色毛簇组成的眼状纹。卵扁平椭圆形，初产白色，后变黄褐色。老熟幼虫头褐色，体绿色，前胸背面中央有两个螺旋状纹。蛹红棕色。

2. 发生规律

此虫有随季节南北往返迁飞的习性。北方地区第 1 代虫源，一般于 6~7 月，由南方迁飞而来。第 1 代成虫 7 月中上旬盛发，7 月中旬至 9 月中旬是第 2 代、第 3 代幼虫为害盛期。秋季又随北方冷空气入侵逐步南返。

成虫昼伏夜出，有趋光性，卵多产于中上部叶片，喜在生长嫩绿、旺盛、茂密的稻田。幼虫有转苞为害的习性，一生可卷叶 5~6 片，多者达 9~10 片，随着虫龄增大，食量加大。

3. 防治方法

选用抗病耐虫品种，合理施肥，降低田间湿度等农业措施。抽穗期是防治的关键，生长嫩绿的稻苗是防治的重点对象。幼虫孵化盛期至低龄幼虫期为防治最佳时期。

药剂可用：每亩用 1%灭虫清悬浮剂 40~50 毫升，或 0.36%苦参碱水剂 60~70 毫升，或 46%特杀螟可湿性粉剂 50~60 毫升，或 5%锐劲特悬浮剂 40~50 毫升，对水 37.5 千克喷雾。一般傍晚及早晨露水未干时施药效果较好，晚间施药效果更好，阴雨天全天均可施用。在施药前先用竹帚猛扫虫苞，使虫苞散开，促使幼虫受惊外出，然后施药，可提高防治效果。施药期间应灌浅水 3~6 厘米，保持 3~4 天。

（三）稻飞虱

又称稻虱，俗称火旋、化秆虫等。主要有褐飞虱、白背飞虱、灰飞虱三种，属于同翅目，飞虱科。寄主植物除水稻外，还有大麦、小麦及玉米等。以成、若虫在稻株下部吸食汁液，消耗稻株养分，并以唾液分泌有毒物质，引起稻株中毒萎缩。成虫产卵时，其产卵器刺破水稻茎秆和叶片组织，使稻株水分丧失。

1. 形态特征

白背飞虱淡黄白色或黄白色，头顶极明显，突出在复眼前方，翅灰色，雄虫小盾片中央黄白色，雌虫黑褐色。

褐飞虱体色褐色或暗褐色，头顶稍突出，翅褐色，翅端浓褐色，胸背有 3 条纵隆起线。小盾片暗黑色，两侧无黑褐色斑纹。

灰飞虱淡黄或黑褐色，头顶突出在复眼前方，翅灰白色，雌虫小盾片中央淡黄色，两侧各有一半月形黄褐色斑。

2. 发生规律

在华北地区，褐飞虱每年发生 1~2 代，白背飞虱一年发生 2~4 代，灰飞虱一年发生 4~5 代。其中灰飞虱以若虫在田边杂草丛和麦田中越冬，4~5 月羽化为成虫，在麦田繁殖为害，5~6 月在小麦成熟至收割时大量迁向水稻秧田，入秋转至麦田、杂草上越冬。褐飞虱和白背飞虱有随大气环流由南向北远距离迁飞习性。一般 7 月下旬至 9 月上旬达为害盛期，能在短期内暴发成灾。秋后又随季风陆续由北向南回迁。

成虫将卵产于叶鞘基部中脉内，少数产在叶片基部组织及茎秆组织中。成虫有趋光性，长翅型趋光性强。有明显的趋绿性，喜在生长嫩绿茂密的田块为害。喜阴湿，成、若虫多聚集于稻丛基部栖息和取食，以清晨和傍晚活动最盛。成虫翅型分化与温湿度、营养有关，温暖高湿、食料丰富，短翅型成虫多，高温干燥、营养条件差，长翅型成虫多。短翅型成虫雌性多，繁殖力较强，寿命也长。如短翅型成虫大量出现，说明环境对其有利，是大发生的预兆。

3. 防治方法

（1）农业防治　合理布局；选用抗虫品种；冬春清除田边杂草；适时排水晒田，防止长期淹水；合理施肥，防止贪青晚熟。

（2）药剂防治　可选用25% 扑虱灵可湿性粉剂1 500倍液，或10% 吡虫啉可湿性粉剂2 000~2 500倍液，或25% 灭幼酮可湿性粉剂每亩20~30克，加水50~60千克常规喷雾。

（3）油砂防治　选晴天中午前后，田中保持4~5厘米深水，每亩用柴油0.5千克，掺细沙15千克撒入田内，用竹竿拍苗，使虫跳进水里，触油而死，1天后将油水排出，放进清水避免油害。

（四）稻苞虫

俗称搭棚虫、结苞虫。北方发生较多的是直纹稻苞虫，属于鳞翅目，弄蝶科。主要寄主有水稻和茭白。以幼虫缀合多个叶片成苞，在苞内取食叶片，轻者将叶片吃成缺刻，影响水稻的生长发育，大发生时，叶片几乎被吃光。稻株枯死，颗粒无收。

1. 形态特征

成虫体翅黑褐色，有黄绿色毛。头大，复眼左右远离。触角末端膨大，弯成钩状。前翅具长方形大小不等的白斑8个，排成半环；后翅正面有4个白斑，排成直线。卵半球形，初产时淡绿色，后变褐色。幼虫两端细小，中间肥大，呈纺锤形，头部中央有“W”形褐纹。蛹黄褐色，第5~6腹节腹面各有一倒八字形褐纹。

2. 发生规律

在黄淮平原及陕西一年发生3~4代，多以老熟幼虫在田边的杂草上越冬。越冬代成虫5月中旬出现。第1代幼虫多集中在杂草上为害，第2、第3代幼虫于7~8月间发生，对水稻为害严重。

成虫白天活动，飞翔力强，卵产在稻叶背面中脉两侧，多选择浓绿茂密的田块。幼虫共5龄。1、2龄在靠近叶尖的边缘咬一缺刻，再吐丝将叶缘卷成小苞，自3龄起所缀叶片增多，一般为2~8张叶片缀成一苞。一头可吃去10多片稻叶，4龄后食量大增，取食量为一生的93% 以上，故应在3龄盛期前防治。

3. 防治方法

（1）农业防治　冬春季成虫羽化前，结合积肥，铲除田间杂草，以消灭越冬虫源。

（2）药剂防治　稻苞虫在田间的发生分布很不平衡，应做好测报，掌握在幼虫3龄以前，抓住重点田块进行药剂防治。一般防治螟虫、稻纵卷叶螟的农药，对此虫也有效，故常可兼治。若发生量较大，需单独防治时，每亩可用18% 杀虫双水剂100~150克喷雾，或50%杀螟松乳油100克，或50%辛硫磷100克加水50~60升喷雾。也可用Bt乳剂每亩200克加水50升喷雾防治。由于稻苞虫晚上取食或换苞，故在16时以后施药效果较好。

（3）保护利用天敌。

（4）人工捕杀　幼虫发生密度不高时或虫龄较大时，可人工剥虫苞或用拍板拍杀幼虫。

三、杂粮害虫

玉米螟

又称玉米钻心虫，属鳞翅目，螟蛾科。寄主植物多达200多种，主要有玉米、高粱、棉花、向日葵、多种蔬菜。为害玉米时幼虫集中到心叶中取食嫩叶，心叶展开后，呈明显的孔洞、或成排的圆孔。抽雄后，幼虫蛀入雌穗着生节，影响雌穗的发育和籽粒的灌浆，有时引起茎秆折断，损失更大。穗期发生的幼虫，绝大多数集中到雌穗顶端花丝基部取食危害。

1. 形态特征

成虫体黄色，前翅内横线暗褐色波状纹，外横线暗褐色锯齿状纹，两线之间有2个褐色斑，后翅淡褐色。雌蛾体色较浅。卵粒椭圆形，扁平。卵块呈鱼鳞状排列。幼虫头部褐色，背中线明显；腹部第1~8节背面各有2列横排的圆形毛片，前方4个毛片较大，后方2个毛片较小。蛹纺锤形，黄褐色至赤褐色。

2. 发生规律

在河南省每年发生3代。以老熟幼虫在玉米、高粱的茎秆里或在玉米穗轴里越冬。越冬幼虫于4月下旬开始化蛹，成虫于4月底5月上旬开始羽化。第1代卵盛期在5月底至6月上旬。5月下旬至6月中下旬孵化，此时正是春玉米心叶期，为害最重。2代卵盛期在7月中旬，2代幼虫于7月中下旬大量孵化。此时正是春玉米穗期，夏玉米心叶期，为害轻。3代卵盛期在8月中旬至9月上旬，此时正是夏玉米穗期，产卵多、为害重、难防治。

成虫昼伏夜出，有趋光性，飞行能力强。块产，排列成鱼鳞状。产卵有严格的选择性，很少在低于50厘米的植株上产卵，喜产卵于植株高大、生长嫩绿茂密的玉米田。幼虫共5龄，3龄前潜藏，4龄开始钻蛀。初孵幼虫先群集在卵壳附近，1小时后爬行分散或吐丝下垂随风转移到邻近植株上为害。幼虫有趋糖、趋湿、趋触、背光等习性，趋性决定了为害部位，如心叶、穗苞、花丝、茎秆等。

3. 防治方法

（1）农业防治　玉米螟以老熟幼虫在玉米秸秆或玉米根茬里越冬，在冬春季成虫羽化前采用铡、轧、沤、泥封等方法处理越冬寄主，消灭越冬虫源。避免混种、扩大夏播面积；种植抗螟品种。

（2）化学防治　在玉米心叶期，当花叶率达 10% 以上时，在抽雄前心叶末期（大喇叭口期）以颗粒剂防治效果最佳。可用 0.3% 辛硫磷颗粒剂或 2.5% 西维因和 3% 呋喃丹颗粒剂撒到玉米大喇叭口内，每株 2g。也可用药液灌心，如 50% 辛硫磷乳油 2 000 倍液或 90% 敌百虫晶体 2 000 倍液或 20% 的除虫脲悬浮剂 1 000 倍液，每株 10~15 毫米。如心叶期中期花叶率已达 30% 以上时，应先防治一次，到心叶末期再治一次。穗期发生时，可用 50% 敌敌畏乳油 800~1 000 倍液滴灌雌穗花丝心。

（3）生物防治　在卵初盛期放赤眼蜂，每公顷 75~150 个放蜂点，放蜂 15 万 ~45 万头。每克含 70 亿活孢子白僵菌：沙子 =1 ：10 制成颗粒剂，投放于心叶，每株 2g；或稀释 2 000 倍灌心；或稀释 200 倍滴灌于花丝上。

四、棉花害虫

（一）棉蚜

棉蚜又叫瓜蚜、腻虫等，属同翅目，蚜科。棉蚜的寄主植物多，越冬寄主有花椒、石榴、木槿等，夏季寄主有棉花、瓜类、大豆、马铃薯等，其中，以棉花和瓜类受害较重。棉蚜以成、若蚜为害，群集于棉花嫩叶背面和嫩茎及幼蕾、嫩头等幼嫩部位刺吸汁液。被害叶片向背面卷曲皱缩，使棉株生长缓慢，植株矮小，生育期推迟。蕾铃期被害，还可造成大量落蕾。棉蚜取食时排出的大量蜜露，落在下面叶片上，招致霉菌寄生，影响光合作用。

1. 形态特征

干母全体暗绿色或茶褐色；复眼红色，触角 5 节。

无翅胎生雌蚜夏季多为黄绿色，伏天有鲜黄色，春秋为深绿色或棕色；腹部末端有 1 对短的暗色腹管。

有翅胎生雌蚜体黄色、浅绿或深绿色；有透明翅 2 对，前翅中脉分三叉；腹部背面两侧有 3~4 对黑斑。

2. 发生规律

一年发生 20~30 代，以受精卵在木槿、花椒、石榴上越冬。翌年春季越冬寄主发芽后，越冬卵孵化为干母，孤雌生殖 2~4 代后，产生有翅胎生雌蚜，4~5 月迁入棉田，为害刚出土的棉苗。棉蚜在棉田按季节可分为苗蚜和伏蚜。苗蚜发生在出苗到 6 月底，5 月中旬至 6 月中下旬至现蕾以前，进入为害盛期。伏蚜发生在 7 月中下旬至 8 月，9~10 月间棉株逐渐衰老，10 月中下旬产生有翅的性母，迁回越冬寄主，产生无翅有性雌蚜和有翅雄蚜。雌雄蚜交配后，在越冬寄主枝条缝隙或芽腋处产卵越冬。

棉蚜繁殖力很强，一生可胎生 60~70 头若蚜。棉蚜的发生受虫口密度、营养条件、气候及世代周期性的影响，到一定时期产生大量有翅蚜进行迁飞扩散。在河南省约有四次较大的迁飞活动：第一次是由越冬寄主向棉田等夏季寄主上迁飞，形成棉蚜点片发生；第二次是约在5月上中旬，棉蚜在棉田内扩散，形成苗蚜严重为害；第三次约在7月上旬，棉蚜再次扩散，形成伏蚜猖獗为害；第四次是秋后棉蚜向越冬寄主上迁飞。苗蚜适应偏低的温度，气温高于27℃繁殖受抑制，虫口迅速降低。伏蚜适应偏高的温度，27~28℃大量繁殖。有翅蚜对黄色有趋性。

3. 防治方法

（1）农业防治　实行棉麦套种，棉田中播种或地边点种春玉米、高粱、油菜等，招引天敌控制棉田蚜虫。一年两熟棉区，采用麦棉、油菜棉、蚕豆棉等间作套种，结合间苗、定苗、整枝打杈，把拔除的有虫苗、剪掉的虫枝带至田外，集中烧毁。

（2）化学防治

① 药剂拌种：70%吡虫啉可湿性粉剂500克拌棉种100千克。

② 涂茎：棉田的点片防治可用氧化乐果、久效磷涂茎，将原液配成1∶5的药液，涂于棉茎一侧红绿交接处，长度3厘米。也可采用药液滴心，即用200倍液在棉花生长点滴2~3滴。

③ 喷雾：可用10%吡虫啉乳油2 000倍液；或27.5%蚝蚜丁乳油1 000倍液等喷雾。

④ 熏蒸：棉花封垄后，每亩用80%敌敌畏乳油50~75克，对水5千克，喷在7.5千克麦糠上，边喷边搅拌，于16时后撒于棉田。

（二）棉叶螨

俗称火龙、红蜘蛛，属蛛形纲、蜱螨目、叶螨科。寄主除为害棉花外，还危害玉米、豆类、瓜类等。成、若螨聚集在棉叶背面吸食汁液，叶正面出现失绿的斑点，进而连成斑块，棉株衰弱，生长停滞，轻则出现红叶，重则落叶垮秆，状如火烧，减产很大。

1. 形态特征

成螨椭圆形，体色多变，有绿色、淡黄色、橙色、红色等；体背面两侧各有黑斑一个，斑的外侧三裂。卵球形，初产为白色。幼螨圆形，眼红色，足3对。

2. 发生规律

一年发生12~15代。以雌螨群集在背风向阳的枯枝落叶、杂草根际或土块缝隙中越冬。翌年2月下旬至3月上旬越冬雌螨开始取食活动，先在小麦田、春播作物田及杂草上为害1~2代。棉花出苗后，即4月下旬至5月初，开始向棉田转移扩散。棉叶螨在棉田转移主要靠风、水、人体、昆虫等，被害棉田地边发生早而且严重，逐渐向田内蔓延。一年内在棉田的为害盛期在6、7、8 3个月，一般为害高峰在7月。8月中下旬后种群数量急剧下降，并陆续向越冬场所转移。

雌螨以两性生殖为主，偶有孤雌生殖。卵散产于棉叶背面或所吐的丝网上，雌成螨一生可产卵200粒，卵单粒散产。棉叶螨在食料不足时有迁移扩散习性，有时成群个体结网为球，借风力扩散。高温干旱的年份，棉叶螨常猖獗成灾。

3. 防治方法

（1）越冬防治　合理布局、轮作倒茬；棉田要深翻冬灌；晚秋和早春结合积肥，铲除沟边、路边、坟边的杂草，减少虫源。

（2）药剂拌种　方法同棉蚜。

（3）棉田施药　涂茎（方法同棉蚜）。喷雾可用10% 天王星乳油2 000 倍液；或15% 哒螨酮乳油2 500 倍液；或50% 克螨特乳油2 000 倍液；或10% 浏阳霉素乳油1 000 倍液等喷雾。

（三）棉铃虫

棉铃虫是世界大害虫，属鳞翅目，夜蛾科。寄主植物多达30 多科200 余种植物，以棉花、小麦、玉米、高粱、番茄、豆类、花生等受害较重。主要以幼虫为害，可为害棉花的嫩叶，叶片被食成孔洞和缺刻。但主要为害棉花的蕾花和青铃，幼蕾被蛀食后苞叶张开变黄，2~3 天后随即脱落；为害花时，食害柱头和花药，不能受粉结铃，为害青铃时不仅直接蛀食为害，而且虫孔易遭病菌入侵，形成僵瓣烂铃。

1. 形态特征

成虫全体灰褐色。前翅外缘和亚外缘线之间呈深褐色，形成一深褐色横带。中横线和肾状纹不明显，环状纹为一黑斑，而翅的反面有明显的肾形纹和环状纹。卵半球形，初产时乳白色，后变黄白色至灰褐色。老熟幼虫体长35~45 毫米，体色可分为淡红色、黄白色、淡绿色、绿色等类型，气门线多为白色，前胸气门前两根刚毛基部连线的延长线通过气门或至少与气门下缘相切。蛹纺锤形。

2. 发生规律

一年发生4~5 代，以蛹在寄主作物田的土中越冬。越冬代成虫盛发期为5 月上旬，产卵于麦田、春播田，幼虫5 月中下旬为害小麦、番茄等。第1 代成虫盛发于6 月中旬至7 月中旬，此时棉花现蕾，大量成虫迁入棉田产卵。6 月底为第2 代幼虫为害盛期。第2 代成虫盛发于7 月中旬至8 月中旬，产卵于棉田、玉米。8 月上中旬为第3 代幼虫为害盛期，第3 代成虫盛发于8 月中旬至9 月中下旬，主要发生在贪青晚熟田。第4 代幼虫为害至9 月下旬开始陆续化蛹，个别发生早的发生局部5 代。

成虫昼伏夜出，对黑光灯和杨树枝把趋性较强；卵单产于生长旺盛、组织幼嫩的植株上；一般每头雌蛾可产卵1 000 粒左右，最多达3 000 多粒。幼虫有转移为害的习性，转移时间多在早上和傍晚。

3. 防治方法

（1）农业防治　大力推广抗虫棉；深翻冬灌，减少虫源；合理调整作物布局。

（2）诱杀成虫　可用黑光灯、性诱剂、杨柳枝把等，在发蛾高峰期诱杀成虫。

（3）生物防治　释放赤眼蜂：从卵的始盛期开始，每隔3~5d，连续释放2~3 次，一次每亩放蜂1.5 万头。或使用棉铃虫核型多角体病毒可湿性粉剂1 000 倍液。

（4）化学防治　防治适期应掌握在卵期和初孵幼虫期，常用药剂有：5% 的抑太保乳油 1 000~2 000 倍液；或 5% 的氟虫脲乳油 1 000~2 000 倍液；或 25% 的杀铃脲可湿性粉剂 2 000~3 000 倍液等。

五、油料作物害虫

（一）大豆食心虫

俗称豆荚虫、小红虫等，属鳞翅目，小卷叶蛾科。大豆食心虫食性较单一，主要为害大豆、豇豆等，以幼虫蛀入豆荚咬食豆粒，被害豆粒咬成沟道或残破状，影响大豆的产量和品质。

1. 形态特征

成虫体长 5~6 毫米，前翅近长方形，黄褐至暗褐色。前翅前缘有 10 条左右黑紫色短斜纹。后翅前缘银灰色，其余部分深褐色。卵扁椭圆形，长约 0.5 毫米，橘黄色。幼虫体长 8~10 毫米，初孵时乳黄色，老熟时变为橙红色。蛹长纺锤形，红褐色。腹末有 8~10 根锯齿状尾刺。

2. 发生规律

大豆食心虫一年发生一代，以老熟幼虫在土中越冬。翌年 7 月中下旬越冬幼虫化蛹，7 月下旬至 8 月初为化蛹盛期，蛹期对环境抵抗力弱。8 月上中旬为羽化盛期。豆田成虫出现期为 7 月末到 9 月初。成虫于 15 时后在豆田活动，有成团飞翔现象。雌蛾喜产卵在有毛豆荚上，散产，一般一荚上产一粒。幼虫孵化后多从豆荚边缘合缝处蛀入，8 月下旬为入荚盛期。9 月中下旬脱荚入土越冬。冬季低温越冬死亡率增大。成虫及其产卵适温为 20~25℃，相对湿度为 90%。在适温条件下，如化蛹期雨量较多，土壤湿度较大，有利于化蛹和成虫出土。土壤含水量低于 5% 时成虫不能羽化。

3. 防治方法

（1）农业防治　选用豆荚毛少、早熟的大豆品种。合理轮作，尽量避免连作。豆田翻耕，尤其是秋季翻耕，增加越冬死亡率，减少越冬虫源基数。

（2）生物防治　赤眼蜂对大豆食心虫的寄生率较高。可以成虫产卵盛期释放赤眼蜂防治，每亩设置一个放蜂点，放蜂 2 万 ~3 万头，可降低虫食率 43% 左右。

（3）药剂防治　每亩用 10% 多来悬浮剂 65~130 毫升，或 10% 氯氰菊酯乳油 35~45 毫升，对水喷雾；或 2.5% 溴氰菊酯乳剂 3 000 倍液；或 25% 快杀灵乳油 1 500 倍液进行喷雾。7 天防治一次，防治两次可以控制成虫和幼虫。两种药剂交替使用效果更好。

（二）豆荚螟

俗称豆蛀虫、豆荚蛀虫等，属于鳞翅目、螟蛾科。主要为害大豆、豇豆、菜豆等。以幼虫在豆荚内蛀食豆粒，被害籽粒重则蛀空，仅剩种子柄；轻则蛀成缺刻，被害籽粒还充满虫粪，变褐以致霉烂，不能用作种子。

1. 形态特征

成虫体长10~12毫米，体灰褐色。前翅狭长，沿前缘有一条白色纵带，近翅基1/3处有一条金黄色宽横带。后翅黄白色，沿外缘褐色。卵椭圆形，初孵幼虫淡黄色，老熟幼虫绿色，背面紫红色。蛹体黄褐色。

2. 发生规律

河南每年发生3~4代，以老熟幼虫或少数蛹在寄主植物附近土表下5~6厘米深处结茧越冬。成虫昼伏夜出，趋光性弱。卵常产在嫩芽、花蕾和叶柄上，卵期为2~3天，幼虫共5龄，3龄前蛀入嫩荚或花蕾取食，造成蕾荚脱落，3龄后才蛀入荚内取食豆粒。每荚一头幼虫，多有2~3头，被害荚在雨后常会腐烂，2~3龄幼虫有转荚为害习性，老熟幼虫离荚入土，结茧化蛹。

3. 防治方法

（1）农业防治　选种抗虫品种。种植大豆时，选早熟丰产，结荚期短，豆荚毛少或无毛的品种种植，可减少豆荚螟的产卵。合理轮作，避免豆科植物连作，可采用大豆与水稻等轮作，或玉米与大豆间作的方式，减轻豆荚螟的为害。有条件的地方可以进行水旱轮作。翻耕灭虫：豆类作物收获后及时进行翻耕，可消灭潜伏在土中的幼虫和蛹，减少虫源。

（2）生物防治　于产卵始盛期释放赤眼蜂，对豆荚螟的防治效果可达80%以上；老熟幼虫入土前，田间湿度高时，可施用白僵菌粉剂，减少化蛹幼虫的数量。

（3）药剂防治　在成虫盛发期和卵孵化盛期前喷药于豆荚上，可杀死成虫及初孵幼虫。可喷药1~3次，每次间隔5~7天。可选用90%敌百虫1 000倍液；2.5%溴氰菊酯3 000倍液；10%氯氰菊酯1 000倍液；5%锐劲特胶悬剂2 000倍液。

六、地下害虫

（一）蛴螬类

蛴螬是鞘翅目金龟子总科幼虫的总称，为地下害虫中种类最多、分布最广、为害最重的一个类群。河南主要有铜绿丽金龟、暗黑鳃金龟、华北大黑鳃金龟等。主要以幼虫为害麦类、马铃薯、花生、玉米、蔬菜、棉花等作物的根下部分，造成地上部分枯黄死亡。成虫主要为害农作物、果树和林木的叶片、嫩芽、花蕾等。

1. 形态特征

华北大黑鳃金龟成虫长椭圆形，黑褐色，有光泽。前胸背板有点刻，鞘翅每侧有4条明显纵肋。前足胫节外侧3齿，中后足胫节末端2距。幼虫头部前顶毛每侧3根，肛门孔3裂，肛腹片只有钩状刚毛，无刺毛列。

暗黑金龟成虫体被黑色或褐色绒毛，无光泽。鞘翅每侧4条纵肋不明显。幼虫头部前顶毛每侧1根，肛门孔3裂，肛腹片只有钩状刚毛，无刺毛列。

铜绿金龟子成虫铜绿色，有光泽。前胸背板侧缘黄色。幼虫头部前顶毛每侧6~8根。肛腹片具刺毛列，由长针状刺毛组成，每侧多为15~18根，肛门孔横裂。

2. 发生规律

华北大黑鳃金龟在河南1~2年1代，以成虫和幼虫越冬。越冬成虫约于5月中旬至7月下旬发生，产卵于土中，幼虫孵化后为害夏播大豆和花生幼果，10月以后随着气温下降，逐渐向深土层移动越冬。越冬幼虫翌年春季上升，为害谷类、大豆、花生、薯类、蔬菜、果树、林木等幼苗根部，并能蛀入花生嫩果及薯类的块根块茎内为害。

暗黑金龟东北2年发生1代，多以3龄幼虫越冬。越冬幼虫一般不为害，成虫6月中旬至7月中旬发生。成虫昼伏夜出，有假死性，有较强的趋光性和飞行力。

铜绿金龟1年发生1代，以幼虫越冬。翌年5月化蛹，5月下旬成虫开始出土为害，为害盛期在6~8月。成虫高峰期开始见卵，幼虫8月出现，11月进入越冬。成虫白天在土中潜伏，夜间活动；有强烈的趋光性和假死性。

（二）蝼蛄类

蝼蛄俗称拉拉蛄、地拉蛄等，属于直翅目蝼蛄科。为害较重的是华北蝼蛄和东方蝼蛄两种。主要寄主有麦类、玉米、棉花、高粱、谷子、甘薯等。以成虫和若虫在土中咬食刚播下的种子和幼芽，或将幼苗根、茎部咬断，使幼苗枯死，受害的根部呈乱麻状。蝼蛄在地下活动，将表土穿成许多隧道，使幼苗根部和土壤分离，造成幼苗因失水干枯致死，缺苗断垄，严重的甚至毁种。

1. 形态特征

华北蝼蛄成虫近圆桶形，黄褐色，前翅短，前足腿节下缘弯曲，后足胫节背面内侧有距1~2个或消失。

东方蝼蛄成虫近纺锤形，黑褐色。前足腿节下缘平直，后足胫节背面内侧有距3~4个。

2. 发生规律

华北蝼蛄3年发生1代，成虫6月上中旬开始产卵，当年秋季以8~9龄若虫越冬；翌年4月上中旬越冬若虫开始活动，当年可蜕皮3~4次，以12~13龄若虫越冬；第3年春季越冬高龄若虫开始活动，8~9月蜕最后1次皮后以成虫越冬；第4年春天越冬成虫开始活动，于6月上中旬产卵，至此完成1个世代。

东方蝼蛄1~2年完成1代。以成虫或若虫在冻土层以下越冬。翌年春上升到地面为害，4~5月是春季为害盛期，在保护地内2~3月即可活动为害。9~10月是秋季为害盛期。

蝼蛄具有较强的趋光性。对香甜物质和炒香的豆饼、麦麸及马粪等有强烈趋性。

（三）田间调查

1. 种类和虫口密度调查最常见的是挖土调查法

调查面积为33.3厘米 × 33.3厘米，深度根据调查时间而定，越冬期土表下50~60

厘米深，活动期土表下 20 厘米深。取样方式决定于地下害虫的田间分布型，如蛴螬多属于聚集分布，一般采用“Z”或“棋盘式”为宜。样点数随面积而定，一般 15 亩以内取 5 点，15 亩以上每增加 10 亩，样点增加 1~2 个。

2. 为害情况调查掌握地下害虫的为害情况，是施行田间补救的依据

调查因作物而异，一般春播作物应在出苗后和定苗前各 1 次，冬小麦在越冬前和返青、拔节期各 1~2 次。一般作物从受害开始，每隔 3~5 天调查一次，直到停止为害为止。

具体方法：根据主要害虫的分布型，每次调查 10~20 个点，条播小麦每点调查 1 米行长，撒播小麦每点 33.3 厘米 ×33.3 厘米。株距较大的作物如玉米，可每点调查 20 株。

3. 防治指标

每亩蝼蛄 80 头、蛴螬 2 000 头、金针虫 3 000 头。

（四）防治方法

1. 农业防治垦荒造田

精耕细作，深耕多耙；改革栽培制度；施用腐熟的有机肥，适时浇水。

2. 化学防治

（1）土壤处理　2% 甲基异柳磷粉每亩（2~3）千克 +（20~30）千克细土撒施，施后浅耕或浅锄。

（2）种子处理　播种前，用 50% 辛硫磷乳油或 20% 甲基异柳磷乳油，按种子重量 0.1%~0.2% 拌种，用水量为种子量的 5%~10%，堆闷 6~12 小时后播种。

（3）毒饵　是诱杀蝼蛄的理想方法之一。常用的是敌百虫毒饵，先将麦麸、豆饼、秕谷、棉籽饼或玉米碎粒等炒香，按饵料重量 0.5%~1% 的比例加入 90% 晶体敌百虫制成毒饵。每亩施毒饵 3~5 千克，于傍晚时撒在田间，随配随用。

（4）药液灌根　可用 50% 辛硫磷乳油或 40% 甲基异柳磷乳油 800~1 000 倍液灌根，杀虫率达 90% 以上。

3. 诱杀成虫

在成虫羽化期间用黑光灯诱杀金龟子和蝼蛄，利用假死性诱杀金龟子。

第七节　农作物病害及其防治

一、小麦病害

（一）小麦锈病

1. 症状识别

（1）小麦条锈病　发病部位主要是叶片，叶鞘、茎秆和穗部均可发病。初期在病部出现褪绿小斑，后逐渐形成黄色的粉疱，即小麦条锈病的夏孢子堆。夏孢子堆较小，长椭圆

形，与叶脉平行排列成条状。后期长出黑色、狭长形、埋伏于表皮下的条状疱斑，即冬孢子堆。

（2）小麦叶锈病　发病初期出现褪绿斑，以后出现红褐色粉疱即病菌的夏孢子堆。夏孢子堆较小，橙褐色，在叶片上不规则散生。后期在叶片背面和茎秆上长出黑色椭圆形至长椭圆形、埋生于表皮下的冬孢子堆。

（3）小麦秆锈病　为害部位以茎秆和叶鞘为主，也为害叶片和穗部。夏孢子堆较大，长椭圆形至狭长形，红褐色，不规则散生，常连成大斑，孢子堆周围表皮开裂翻起，夏孢子可穿透叶片。后期病部长出黑色椭圆形至狭长形、散生、突破表皮、呈粉疱状的冬孢子堆。

3种锈病症状可根据其夏孢子堆和各孢子堆的形状、大小、颜色、着生部位和排列来区分。群众用“条锈成行，叶锈乱，秆锈是个大红斑”来区分3种锈病。

2. 病原

小麦条锈病、叶锈病、秆锈病的病原物均属于半知菌亚门、锈菌属。

3. 发病规律

小麦锈病是典型的气传病害。以夏孢子堆随季风往复传播侵染，当外界条件适宜时可造成病害的大流行。

（1）小麦条锈病　小麦条锈菌在我国西北和西南高海拔地区越夏。越夏区产生的夏孢子经风吹到其他麦区，成为秋苗的初侵染源。病菌可在发病麦苗上越冬。春季在越冬麦苗上产生夏孢子，扩散后造成再次侵染。条锈病能否流行，取决于小麦品种的抗病性、菌源、菌量以及气候条件。感病品种的大面积种植是条锈病流行的必要条件。在种植感病品种的前提下，秋苗发病重，冬季温暖，利于条锈病发生。冬季温暖，病菌越冬率高；早春气温偏高，春雨早，之后多雨，则病害在早期即可普遍并持续发生，造成病害大流行。

（2）小麦叶锈病　小麦叶锈菌越夏地区很广，在我国各麦区均可越夏，越夏后成为当地秋苗的主要侵染源。病菌可在病麦苗上越冬，春季产生夏孢子，随风扩散，条件适宜时造成病害流行。造成叶锈病流行的主要因素是当地越冬菌量、春季气温和降雨量以及小麦品种的抗病性。温度回升早且有雨露，叶锈病则提早发生，发病重。小麦生长中后期，如遇降雨次数多，病害发生重，易造成病害流行。此外，外来菌源数量大也可造成流行。

（3）小麦秆锈病　南方麦区是小麦秆锈病的主要越冬区，小麦秆锈病可在南方麦区不间断发生。在种植感病品种的前提下，秆锈病能否流行以及流行程度与小麦抽穗前后的气候条件及菌量有密切关系。大面积种植感病品种、气温偏高和多雨是造成病害流行的因素。同时外来菌源数量大，且来得早，病害可能造成流行。

4. 防治方法

采用以种植抗病品种为主，药剂及栽培防治为辅的综合防治措施。

（1）农业防治　一是选用抗病品种。抗病品种的选育和利用是条锈病最经济有效的防治措施。各地要根据病菌生理小种的种类及数量分布，进行抗病品种的合理布局，避免品种单一化。二是适期播种。根据当地锈病发生情况调整播种时间。三是合理施肥。避免偏施或迟施氮肥，在小麦分蘖拔节期追施磷、钾肥，提高植株抗病力。四是及时排灌。多雨高湿地区要开沟排水，春季干旱地区对发病地块要及时灌水，努力做到有病保丰收。五是麦收后及时翻耕，铲除自生苗。

（2）药剂防治　药剂防治是减轻病害的重要辅助措施，其主要目的是控制秋苗菌源和春季流行。药剂拌种。秋苗发病重的地区，用20%粉锈宁（三唑酮）乳油按种子种量的0.03%（有效成分）拌种。喷雾防治。秋苗发病早的地区或田块，用20%三唑酮乳油1 000倍液或40%福星乳油8 000倍液扑灭发病中心，或进行全面防治。

此外，粉锈宁还可兼治白粉病、腥黑穗病、散黑穗病等。

（二）小麦白粉病

在小麦整个生育期地上各部位均可发生，以叶片受害为主，严重时在茎秆、叶鞘、穗上也有发生。

1. 症状识别

叶片发病，病斑多出现于叶片正面，发病初期病部出现黄色小斑，上生圆形或椭圆形白色网状霉层，此为病菌菌丝体及分生孢子梗和分生孢子，后霉层逐渐转变成灰褐色粉状物，其上生有许多黑色小颗粒，此为病菌闭囊壳。

2. 病原

小麦白粉病菌有性世代属子囊菌亚门，白粉菌属；无性世代属半知菌亚门，粉孢属。

3. 发病规律

病菌主要以分生孢子阶段在夏季凉爽地区反复侵染自生麦苗或在夏播小麦上不断侵染繁殖进行越夏或在寄主组织内以潜育状态越夏，也可在干燥和低温条件下通过病残体上产生的闭囊壳越夏。病菌以分生孢子形态或以菌丝体潜伏在寄主组织内越冬。越冬病菌先侵染底部叶片呈水平方向扩展，后向中上部叶片发展，发病早期发病中心明显。

一般肥水过剩，生长茂密或通透性差的麦田发病较重。但湿度过大，降雨过多却不利于分生孢子的繁殖和传播。在干旱年份，植株生长不良，抗病力减弱时，发病也较重。小麦播种过早，秋苗发病往往早而重。品种间抗病力有差异。

4. 防治方法

（1）农业防治　一是选用抗病品种。二是消灭菌源。春麦区要彻底清理病残体，施用充分腐熟的有机肥。在自生麦苗越夏区，冬小麦秋播前要及时清除掉自生小麦，可减少菌源。三是适时播种，避免早播，合理密植。四是加强肥水管理。提倡施用酵素菌沤肥或腐熟有机肥，采用配方施肥技术，适当增施磷、钾肥。

（2）化学防治　用种子重量0.03%（有效成分）的25%三唑酮（粉锈宁）可湿性粉剂拌种，也可用15%三唑酮可湿性粉剂20~25克拌种防治白粉病。在小麦抗病品种少或病菌变异大，抗病品种抗性丧失快的地区，当小麦白粉病病情指数达到1或病叶率达到10%以上时，开始喷洒药剂防治。防治所用药剂为：20%三唑酮乳油1 000倍液或40%

福星乳油 8 000 倍液，也可根据田间情况采用杀虫杀菌剂混配做到关键期一次用药，兼治小麦白粉病、锈病等主要病虫害。小麦生长中后期，条锈病、白粉病、穗蚜混发时，用粉锈宁有效成分 7 克加抗蚜威有效成分 3 克加磷酸二氢钾 150 克；条锈病、白粉病、吸浆虫、黏虫混发区或田块，用粉锈宁有效成分 7 克加 40% 氧化乐果 2 000 倍液加磷酸二氢钾 150 克。赤霉病、白粉病、穗蚜混发区，用多菌灵有效成分 40 克加粉锈宁有效成分 7 克加抗蚜威有效成分 3 克加磷酸二氢钾 150 克。

（三）小麦纹枯病

小麦纹枯病是一种世界性病害，近年来该病已成为我国麦区的主要常发病害。

1. 症状识别

小麦纹枯病主要为害叶鞘和茎秆。发病初期，在近地表的叶鞘上产生黄褐色椭圆形或梭形病斑，以后病部逐渐扩大，颜色变深，叶片逐渐失水枯黄，并向内侧发展为害茎部，重病株基部一、二节变黑甚至腐烂，常早期死亡。在小麦生长中期至后期，叶鞘上的病斑呈云纹状花纹。病斑无规则，严重时包围叶鞘，使叶鞘及叶片早枯。重病株不能抽穗而形成枯孕穗，有些已抽出的麦穗，形成枯白穗。在田间湿度大、通风不良时，病鞘与茎秆之间或病斑表面，常产生白色霉状物。霉状物上初期散生土黄色或黄褐色的霉状小团，为病菌的担孢子。

2. 病原

无性世代属半知菌亚门，丝核菌属，有性世代为担子菌。除小麦外，病菌还可侵染其他多种麦类及高粱、玉米、谷子、水稻、甜菜、棉花、马铃薯、大豆等作物及多种禾本科杂草。

3. 发病规律

病菌以菌丝或菌核在土壤和病残体上越冬或越夏，可随土壤及流水等传播，病原可随流水漂浮到田边，所以田边小麦植株受害较重。小麦发芽后，接触土壤的叶鞘被纹枯菌侵染，症状发生在土表处或略高于土面处，冬前病情发展缓慢，小麦返青后随气温升高病害开始发展蔓延，灌浆后期达到发病高峰，严重时病株率可达 50% 左右。凡冬季偏暖，早春气温回升快，光照不足小麦发病重，反之则轻。冬小麦播种过早、秋苗期病菌侵染机会多、病害越冬基数高，返青后病势扩展快，发病重。适当晚播则发病轻。

目前我国小麦的种植品种大多不抗病，这是小麦纹枯病日趋严重的原因之一。冬春气温偏高，雨水偏多，利于纹枯病的发生流行。播种早、密度大、氮肥多、湿度高则发病重。小麦—玉米连作会加重小麦纹枯病发病。

4. 防治方法

农业措施与化学防治相结合才能有效地控制小麦纹枯病的发生为害。

（1）农业防治　一是选用抗病、耐病品种。二是实行轮作。重病田实行与非禾本科作物轮作，避免小麦和玉米轮作，小麦和甘薯或小麦和花生轮作，可减轻病菌为害。三是加强栽培管理。适期播种，避免早播，适当降低播种量，及时除草，增强田间通风透光性能，防止大水漫灌，避免偏施氮肥，增施有机肥及磷、钾肥，小麦拔节期追施钾肥，或发病初期喷施磷酸二氢钾、喷施宝等叶面肥，以增强植株抗病力。四是施用酵素菌沤制的堆肥或增施有机肥，采用配方施肥技术配合施用氮、磷、钾肥。不要偏施、迟施氮肥，可改善土壤理化性状和小麦根际微生物生态环境，促进根系发育，增强抗病力。

（2）药剂防治　播种前用药剂拌种（同小麦锈病），或用按种子重量0.2%（有效成分）的33%纹霉净可湿性粉剂拌种，或用0.2%戊唑醇悬浮种衣剂按种子重量的1.5%~2%拌种，或0.03%的15%三唑酮（粉锈宁）可湿性粉剂或0.0125%的12.5%烯唑醇（速保利）可湿性粉剂拌种。播种时土壤相对含水量较低则易发生药害。喷雾防治。翌年春季，在小麦拔节期病株率达15%以上时，用33%纹霉净可湿性粉剂800倍液，或5%井冈霉素水剂600倍液，或50%甲基立枯灵（利克菌）可湿性粉剂400倍液喷雾。重病田间隔15~20天再喷第2次。施药的重点为小麦茎基部。

（四）小麦赤霉病

小麦赤霉病别名麦穗枯、烂麦头、红麦头，是小麦的主要病害之一。小麦赤霉病在全世界普遍发生，主要分布于潮湿和半潮湿区域，尤其气候湿润多雨的温带地区受害严重。

1. 症状识别

小麦从幼苗期到抽穗期均可受害，主要引起苗腐、茎基腐、秆腐和穗腐，从幼苗到抽穗都可受害，其中，以穗腐发生最为普遍和严重。

苗腐是由种子带菌或土壤中病残体带菌侵染所致。首先是病苗芽鞘变褐腐烂，根冠随之腐烂，致使病苗黄弱干枯，重者死亡。

基腐病菌从苗期至成株期均可为害。受侵染病株茎基部组织变褐腐烂，严重时全株枯死。

穗腐小麦扬花后病菌开始侵染穗部，发病初期，在小穗基部出现水渍状褐色病斑，扩大后小穗枯黄，并可传染邻近小穗，甚至会传遍全穗。在湿度较大时，在颖壳上或小穗基部出现粉红色霉层，即病菌的分生孢子，后期在霉层上产生黑褐色小颗粒状物，为病菌的子囊壳。

2. 病原

无性阶段属半知菌亚门，镰孢属；有性世代属子囊菌亚门，赤霉属。病菌主要以无性世代多种镰刀菌侵染小麦引起赤霉病。病菌除侵染小麦外，还可侵染大麦、水稻、玉米、高粱、棉花及稗草等。

3. 发病规律

小麦收获后，病菌可在病残体上越夏，也可继续侵染其他作物，如玉米、水稻、高粱、棉花等作物及杂草。病菌在北方麦区主要在玉米、稻桩等病残体上越冬。翌年在这些病残体上形成的子囊壳是主要侵染源。小麦抽穗至扬花期，越冬后成熟的子囊壳在条件适宜时萌发产生大量子囊孢子，借气流、风雨传播。落到花药上的子囊孢子萌发，营腐生生活，在适宜条件下，可引起小穗发病，湿度大时，病部还可产生大量粉红色霉层即病菌的分生孢子进行再侵染。

小麦赤霉病是典型的气候型病害。小麦抽穗杨花至灌浆期，如气温偏高、连续阴雨、麦田湿度大；地势低洼、排水不良、黏重土壤，偏施氮肥、密度大，田间郁闭都有利于赤霉病的发生流行。

4. 防治方法

（1）农业防治　一是选用抗耐病品种，这是控制小麦赤霉病为害的最经济有效的措施。到目前为止尚未找到免疫或高抗品种，因此，各地可因地制宜地选用耐病品种来防治小麦赤霉病。二是减少菌源。寄主作物收获后，及时深耕灭茬，避免秸秆还田。小麦扬花前，彻底处理小麦、玉米、棉壳等植株残体。三是加强栽培管理。精量播种，合理密植。施足基肥，早施追肥，增施磷、钾肥，提高植株抗病力。合理排灌，湿地要开沟排水，降低田间湿度。

（2）化学防治　用增产菌拌种。用固体菌剂6.7~10克/亩或液体菌剂50毫升对水喷洒种子拌匀，晾干后播种。北方麦区应重点防治穗腐，施药的关键时期在小麦扬花至盛花期，在始花期喷洒50%多菌灵可湿性粉剂800倍液或60%多菌灵盐酸盐可湿性粉剂1000倍液，或60%甲霉灵可湿性粉剂1 000倍液，或25%咪鲜胺乳油53~60毫升/亩喷雾防治。在小麦抽穗扬花期若出现连续阴雨，必须抢在雨前或雨停间隙露水干后抢时喷药，雨日天数长时，隔5~7天防治1次即可，以提高防治效果。喷药时要重点对准小麦穗部，均匀喷雾。

（五）小麦散黑穗病

1. 症状识别

小麦散黑穗病俗称“乌麦”“灰包”，主要在穗部发病，最初病小穗外面被一层灰色薄膜包被，成熟后破裂，散出黑粉即病菌的厚垣孢子，黑粉吹散后，只残留裸露的弯曲穗轴。病穗上的小穗全部被毁或部分被毁，仅上部残留少数健穗。

2. 病原

小麦散黑穗病病菌属担子菌亚门，黑粉菌属。

3. 发病规律

散黑穗病是花器侵染型病害，一年只侵染一次。带菌种子是病害传播的唯一途径。在上一年种子收割时病菌侵入到种胚内，外表无异常现象。当带菌种子萌发时，潜伏的菌丝也开始萌发，随小麦生长发育经生长点向上发展，侵入穗原基。孕穗时，菌丝体迅速发展，使麦穗变为黑粉。病穗散出大量黑粉时，正值小麦扬花期，冬孢子随气流传播至花器后直接萌发侵入，受侵花器当年可产生外观正常的种子。种子收获后，病菌再次以菌丝体潜伏在种胚内进行休眠，并可随种子远距离传播。

小麦散黑穗病发生轻重与上年小麦扬花期天气情况密切相关。小麦扬花期遇小雨或大雾天气，则种子带菌率高。反之，扬花期干旱，种子带菌率就低。另外，一般颖片张开大的品种较感病。

4. 防治方法

（1）农业防治　一是选用抗病品种。二是建立无病留种田，培育和使用无病种子，这是消灭小麦散黑穗病的有效方法。留种田要播无病种子或播前进行种子处理，并与生产田间隔 100 米以上，发现病株后，要在黑粉散出前及时拔除。三是变温浸种。先将麦种用冷水预浸 4~6 小时，涝出后用 52~55℃温水浸 1~2 分钟，使种子温度升到 50℃，再捞出放入 56℃温水中，使水温降至 55℃浸 5 分钟，随即迅速捞出经冷水冷却后晾干播种；恒温浸种：把麦种置于 50~55℃热水中，立刻搅拌，使水温迅速稳定至 45℃，浸 3 小时后捞出，移入冷水中冷却，晾干后播种。

（2）药剂拌种　用 2% 戊唑醇干粉种衣剂按种子重量的 0.1%~0.15% 拌种，用种子重量 63% 的 75% 萎锈灵可湿性粉剂拌种，或用种子重量 0.08%~0.1% 的 20% 三唑酮乳油拌种。也可用 40% 拌种双可湿性粉剂 0.1 千克，拌麦种 50 千克或用 50% 多菌灵可湿性粉剂 0.1 千克，对水 5 千克，拌麦种 50 千克，拌后堆闷 6 小时，可兼治腥黑穗病。

二、水稻病害

（一）水稻稻瘟病

稻瘟病是水稻上最重要的病害之一，分布广，危害大，可引起大幅度减产，严重时减产 40%~50%，甚至颗粒无收。世界各稻区均匀发生。

1. 症状识别

水稻整个生育期都能发生稻瘟病，根据发病时期和部位不同，可分为苗瘟、叶瘟、节瘟、穗颈瘟和谷粒瘟。以叶部、节部发生为多，发生后可造成不同程度减产，尤其穗颈瘟或节瘟发生早而重，可造成白穗以致绝产。

苗瘟：由种子带菌所致，在三叶前发生，发病部位为幼苗基部。病苗基部颜色变灰黑色，上部呈黄褐色卷缩，严重时枯死，湿度较大时病部产生大量灰黑色霉层。

叶瘟：分蘖至拔节期为害较重。分为慢性型、急性型、白点型和褐点型病斑 4 种。

慢性型病斑：开始在叶上产生暗绿色小斑，逐渐扩大成梭形病斑，病斑中央灰白色，边缘褐色，外围有黄色晕圈，两端有延伸的褐色坏死线。湿度较大时在叶背出现灰色霉层。

急性型病斑：发生在感病品种的叶片上。病斑暗绿色近圆形或椭圆形，病斑正反两面均产生褐色霉层。

白点型病斑：发生在感病品种的幼嫩叶片上。嫩叶发病后，病斑呈近圆形白色小点，不产生分生孢子。

褐点型病斑：发生在抗病品种的下部叶片上。病斑呈黄褐色小点，局限于叶脉间发展，不产生分生孢子。对病害的发展基本不起作用。

节瘟：常在抽穗后发生，发病初期在稻节上产生褐色小点，后绕节扩展，病部凹陷缢缩，呈黑褐色，易折断。

穗颈瘟：初期出现浅褐色小斑，逐渐向上、下扩展成黑褐色长斑，也可造成枯白穗。

谷粒瘟：产生褐色椭圆形或不规则斑，可使稻谷变黑。有的颖壳无症状，护颖受害变褐，使种子带菌。

2. 病原

稻瘟病菌属半知菌亚门，梨孢属。

3. 发生规律

病菌以菌丝体或分生孢子在病稻草、病谷上越冬。播种病谷可引起苗瘟。翌年6~7月，当气温回升到20℃左右时，若遇降雨，病稻草上可产生大量分生孢子，分生孢子随气流或雨水传播至稻田，引起叶瘟。病稻草和病谷是稻瘟病的初侵染源。病叶上的病菌可进行再侵染，相继引起其他器官发病，甚至造成稻瘟病流行。

水稻品种的抗病性表现常具有地区性。同一品种，分蘖前期和乳熟后抗病力强，分蘖盛期易感叶瘟，抽穗初期易感穗颈瘟。

水稻生长期间阴雨多雾，长期深灌，利于稻瘟病的发生。偏施、迟施氮肥以及稻田郁蔽、光照不足，能使水稻组织柔弱、硅质化细胞减少，稻株抗病力降低。肥水管理的好坏是影响稻株抗病力的重要因素，气候条件是影响病害发生流行的必要条件。

4. 防治方法

（1）农业防治　一是选用抗病品种。因地制宜选用2~3个适合当地抗病品种，并要做到合理布局。二是减少菌源。育秧前彻底处理病稻草、病谷壳，禁止把旧稻草带进田内，消灭菌源。使用土壤消毒剂处理。三是加强肥水管理。施足钾肥，早施追肥，不偏施、迟施氮肥，适当施用硅酸肥料，增施磷、钾肥。以水调肥，促控结合。苗期浅灌，分蘖期够苗晒田，后期保持干湿交替，促进水稻健壮生长，提高抗病力，能较大幅度地降低发病率。

（2）化学防治　一是种子消毒。可用2%福尔马林浸种，即先将种子用清水浸泡1~2天（至吸足水分而未露白为度），取出稍晾干，随后放入药液中浸种3小时，再捞出用清水冲洗后催芽播种，可预防水稻多种病害。二是喷雾防治。防治叶瘟要在发病初期用药；防治穗瘟可在抽穗前和齐穗期各喷一次药。可用40%富士1号乳油57~72毫升/亩，或40%稻瘟净乳油57~150毫升/亩，或20%三环唑可湿性粉剂75~100克/亩，或20%三环·酮可湿性粉剂100~150克/亩。喷雾防治时，一般隔一周再喷第二次。要预防穗颈瘟可在水稻始穗期、齐穗期各喷一次，预防效果明显。

（二）水稻纹枯病

水稻纹枯病又称云纹病。在高温、高湿条件下易发生。在南方水稻种植区为害最为严重，是当前水稻生产上的主要病害之一。该病使水稻不能抽穗，或抽穗的秕谷较多，导致千粒重下降。

1. 症状识别

苗期至穗期都可发病，抽穗前后为害最为严重。主要为害叶鞘和叶片。

叶鞘发病，在近水面处产生暗绿色、水渍状小斑，后逐渐扩大成中央淡黄或灰白色、边缘褐色的椭圆形大斑，严重时病斑数量多连接成片呈不规则状云纹斑。

叶片发病与叶鞘病斑相似，病斑也呈云纹状，边缘褪黄，发病快时病斑呈污绿色，叶片很快腐烂。

穗部发病，病穗初期为呈墨绿色，后期变为灰褐色，常不能抽穗，抽穗的秕谷较多，造成结实不良，千粒重下降，甚至全穗枯死。

以上各发病器官，在湿度大时病部均长出白色网状菌丝体，并逐渐集结成白色絮状菌丝团，最后变成深褐色、菜籽状菌核，菌核易脱落。有时在病部表面可形成白色粉状物的担子及担孢子。

2. 病原

有性世代属担子菌亚门，亡革菌属。无性世代属半知菌亚门，丝核菌属。

3. 发病规律

病菌主要以菌核在土壤中越冬，也能以菌核和菌丝体在病残体、田间杂草或其他寄主上越冬。水稻收割后落入田中的菌核是翌年或下季的主要初侵染源。翌年春天当春灌时土壤中的菌核上浮露出水面与其他杂物混合在一起，插秧后菌核黏附在近水面的稻株叶鞘上，条件适宜时即萌发长出菌丝侵入叶鞘。病斑上的病菌通过接触侵染邻近稻株而在稻丛间蔓延。水稻拔节期病情开始激增，病害向横向、纵向扩展，抽穗前以叶鞘为害为主，抽穗后向叶片、穗颈部扩展。早期落入水中菌核也可引发稻株再侵染。早稻菌核是晚稻的主要病源。

稻田郁蔽，高温高湿有利于发病。北方稻区 7~8 月是发病高峰。水稻连作，田间残留菌核量大，发病重。

水稻品种间抗病性虽有一定差异，但目前尚无免疫和高抗纹枯病的品种。

4. 防治方法

（1）农业防治　一是选用抗（耐）病品种。二是打捞菌核，减少菌源。插秧前先打捞菌核，连年坚持大面积打捞并带出田外深埋对减少菌源能起到一定的作用。三是加强栽培管理。施足基肥，增施有机肥和磷、钾肥，不可偏施氮肥，使水稻前期不披叶，中期不徒长，后期不贪青。灌水要做到“前浅、中晒、后湿润”的原则，分蘖期浅灌，够苗露田，晒田促根、肥田重晒，瘦田轻晒，以根壮苗，穗期保持湿润，防止早衰。水稻纹枯病发生的程度与水稻群体的大小关系密切；群体越大，发病越重。因此，适当降低水稻田间群体密度，提高植株间的通透性、降低田间湿度，可有效减轻病害发生。

（2）化学防治　防治适期为分蘖至抽穗期。分蘖末期当丛发病率达 5%~10%，孕穗期丛发病率达 10%~15% 时，要及时进行防治。可选用的药剂有井冈霉素、粉锈宁乳油、甲基硫菌灵、多菌灵、纹枯利、甲基立枯灵等。

（三）水稻烂秧

水稻烂秧是烂种、烂芽、幼苗在秧田死亡的总称。有生理性烂秧和病菌侵染后烂秧两类。生理性烂秧主要有烂种、漂秧、黑根和死苗等，生理性烂秧在低温阴雨，或冷后暴晴，造成水分供不应求时呈现急性的青枯，或长期低温，根系吸收能力差，久之造成黄枯。侵染性烂秧有绵霉型和立枯型等。

1. 症状识别

（1）绵霉型　低温高湿条件下易发生，初期在根、茎基部的颖壳破口处产生乳白色胶状物，后逐渐向四周扩散长出放射状的白色棉絮状物，常因周围物质的附着而呈土色、褐色或绿褐色，最后幼芽变黄褐色枯死。

（2）立枯型　多在潮湿育秧田、旱育秧田成片发生。开始零星发生，后成簇、成片死亡。初期在根芽基部有水浸状淡褐色斑，随后长出绵毛状白色菌丝，也有的长出白色或淡粉色霉状物，幼芽基部缢缩，易拔断，幼根变褐腐烂。

2. 病原

（1）绵霉病病菌　属鞭毛菌亚门，绵霉属。

（2）立枯病病菌　分别属于半知菌亚门镰孢属、丝核菌属以及鞭毛菌亚门腐霉属。

3. 发病规律

引致水稻烂秧的病菌均属土壤真菌。能在土壤中长期腐生。绵霉菌、腐霉菌还普遍存在于污水中。镰刀菌多以菌丝和厚垣孢子在多种寄主的残体或土壤中越冬，当条件适宜时产生分生孢子，借气流传播。丝核菌以菌丝和菌核在寄主病残体或土壤中越冬，靠菌丝在幼苗间蔓延传播。至于腐霉菌普遍存在，以菌丝或卵孢子在土壤中越冬，条件适宜时产生游动孢子囊，游动孢子借水流传播。

低温阴雨、稻种质量差、催芽不当、播量过大、肥水管理不当等都利于烂秧的发生。遇低温侵袭或阴雨后骤晴，则加快秧苗死亡。

生产上防治水稻烂秧，应同时考虑外界环境条件和病原菌侵染两种因素，才能有明显防效。烂种多由贮藏期受潮、浸种不透、换水不勤、催芽温度过高或长时间过低所致。烂芽多由于秧田水深缺氧或暴热、高温烫芽等因素引起的。

4. 防治方法

防治水稻烂秧的关键技术是改进育秧技术，改善环境条件，增强小秧抗病力，必要时辅以药剂防治。

（1）农业防治　一是因地制宜采用旱育稀植、塑盘育秧、温室育秧等新技术。培育壮苗。精选种子，适量播种。二是加强肥水管理。施用充分腐熟的有机肥，齐苗后施“破口”扎根肥，第二叶展开后早施“断奶肥”。寒潮到来前灌“拦腰水”护苗。三是采取地膜覆盖栽培水稻新技术。适时盖膜揭膜，调控秧池（苗床）温度，防冻保温；小水勤灌，薄肥多施，促使秧苗稳健生长，提高抗病力。

（2）化学防治　播种前，用移栽灵混剂 700~1 200 毫升 / 亩，对水 1 000 千克泼浇，通常秧田用原药 1~2 毫升 / 平方米，对水 3 千克，抛秧盘每盘 0.2~0.5 毫升，对水 0.5 千克，泼浇可与底肥混用，平整后床面施药，然后播种盖土。在一叶一心期，用 15% 立枯灵水剂 100 毫升 / 亩，或广灭灵水剂 50~100 毫升 / 亩，对水 50 千克喷雾。

出现中心病株后，不同的病害采用不同的药剂防治。

对绵霉病、立枯病并发的秧田，可通过种子处理预防。可用 40% 灭枯散可溶性粉剂 1 500 克 / 亩，秧苗一叶一心期泼浇。

防治绵霉病，可用 25% 甲霜灵可湿性粉剂 75 克 / 亩喷雾防治。若绵霉病发生严重，则秧田应换水冲洗 2~3 次后再施药。

三、杂粮病害

（一）玉米大、小斑病

两种病害均主要为害叶片，也可侵染叶鞘和苞叶。病斑多从下部叶片开始侵染并逐渐向上蔓延，严重时病斑连接成片，叶片早枯，影响灌浆。

1. 症状识别

（1）玉米大斑病　发病初期为水渍状青灰色小点，后变灰绿色至黄褐色，沿叶脉向两边发展，形成中央黄褐色，边缘暗褐色，长梭形，长 5~15 厘米，宽约 1.2 厘米的大病斑。湿度大时病斑愈合成大片，表面密生黑色霉层。叶鞘、苞叶和籽粒发病，病斑为灰褐色或黄褐色、梭形。枯死株根部腐烂，果穗松软倒挂，籽粒干瘪。

（2）玉米小斑病　病斑小而多，初为黄褐色小斑点，后逐渐扩大成不同形状的黄褐色病斑。因作物品种不同有 3 种病斑类型：高抗型病斑：病斑为黄褐色坏死小斑，且有黄绿色晕圈。低抗型病斑：病斑黄褐色、椭圆形或长方形，具有明显的深褐色边缘。感病型病斑：病斑灰色或黄褐色、椭圆形或纺锤形，病斑不受叶脉限制，无明显边缘。潮湿时，病斑表面密生灰黑色霉层。

2. 病原

玉米大斑病菌、玉米小斑病菌均属半知菌亚门，长蠕孢属。

3. 发病规律

玉米大、小斑病菌均随病残体越冬。翌年越冬病菌在适宜条件下随气流传播扩散。玉米大、小斑病适宜于中等温度发生，温度 18~22℃，高湿，尤以多雨多雾或连阴雨天气，玉米大斑病发病重。温度高于 25℃和雨日多的条件下，一般玉米小斑病发病重。

不同玉米品种对大、小斑病的抗性有明显差异，可根据当地病害种类，选用与当地病情相适合的抗病品种。大面积种植感病杂交种是导致部分地区病害流行的主要原因。玉米连作、晚播、田间高湿及植株生长不良时，玉米大、小斑病发生重。玉米孕穗、出穗期间氮肥不足发病较重。低洼地、密度过大、连作地易发病。

4. 防治方法

以农业防治为主，必要时辅以化学防治。

（1）农业防治　一是选用抗病品种。这是防治玉米大、小斑的主要措施，尽量避免品种单一化。二是消灭菌源。实行大面积轮作倒茬。在玉米收获后彻底清理田间病残体，秋季深翻，通过高温堆肥等措施处理秸秆。三是加强栽培管理。适期早播，增施氮、磷、钾肥，尤其在拔节期要避免脱肥，中耕松土，合理密植，保持田间通风透光。四是摘除底叶。在玉米抽雄前病株率达 70% 以上，病叶率到 20% 左右时，可摘除下部 2~3 个叶片并及时处理，消灭初期菌源。

（2）化学防治　主要用于育种田或试验田自交系的保护。施药关键期是玉米抽雄灌浆期。病发前用品润 500~600 倍液，每隔 15~20 天喷 1 次，连喷 3 次；阿米西达 1 500~2 000 倍液可达预防、治疗和铲除的效果；治疗可用 40% 菌核净可湿性粉剂、50% 多菌灵可湿性粉剂、70% 甲基托布津可湿性粉剂 100~150 克 / 亩。一般在抽雄前喷施第 1 次，间隔 7~10 天，共喷 2~3 次。

（二）玉米丝黑穗病

玉米丝黑穗病是玉米生产上的主要病害之一。该病是玉米发芽期侵入的系统侵染性病害，一经发病，给玉米生产造成极大损失，严重威胁着玉米的生产。

1. 症状识别

玉米丝黑穗病的典型症状是病株的雄穗全部或部分分枝形成病瘤，病瘤内为一包黑粉，瘤外包有一层薄膜，破裂后散出块状黑粉，不能形成雄穗；因病穗内部混有丝状寄主组织，故名丝黑穗病。雌穗受害果穗变短，基部粗大，除苞叶外，整个果穗为一包黑粉和散乱的丝状物，严重影响玉米产量。

（1）玉米丝黑穗病的苗期症状　玉米丝黑穗病菌从苗期进行侵入，到穗期表现出典型症状，主要为害雌穗和雄穗。受害严重的植株，症状种类各异：幼苗分蘖增多，植株矮化，节间缩短，叶片变色，民间俗称此病为：“个头矮、叶子密、下边粗、上边细、叶子暗、颜色绿、身子还是带弯的。”有的品种叶片上出现与叶脉平行的黄白色条斑，有的幼苗心叶紧紧卷在一起弯曲呈鞭状。

（2）玉米丝黑穗病的成株期症状　玉米成株期病穗上的症状有两类：黑穗和畸形穗。

黑穗病穗除苞叶外，整个果穗变成一个黑包，其内混有丝状寄主组织，受害果穗较短，基部粗，顶端尖，近似球形，不吐花丝。

畸形穗雄穗花器颖片因受病菌刺激呈多叶状，不形成雄蕊，雌穗颖片受病菌刺激而过度生长成管状长刺，呈刺猬头状，基部略粗，顶端稍细，长短不一，中央空松，由穗基部向上丛生，整个果穗呈畸形。

2. 病原

玉米丝黑穗病属担子菌亚门，轴黑粉菌属。

3. 发病规律

带菌土壤、粪肥是病菌的越冬场所也是病害最重要的初侵染源，带菌种子远距离调运是病菌传播的主要途径。病菌先从幼芽鞘侵入，随同植株生长进入花器，破坏穗部，引起系统侵染。病菌在苗期的侵染时间多达 50 天，故一般拌种剂对该病防病效果差，只有选用内吸、长效拌种剂，才可达到防病目的。

玉米播种至出苗期间的土壤温、湿度与发病关系极为密切。土壤温度在15~30℃范围病菌均能侵入，最适宜温度为25℃。土壤湿度过高、过低均不利于病菌侵入，病菌最适宜侵染湿度为20%左右。另外，海拔越高、播种过深、种子生活力弱的情况下发病较重。在春玉米产区，若感病品种种植面积大，遇春旱年份，此病易盛发流行。

4. 防治方法

玉米丝黑穗病的防治应采取以选育和应用抗病品种为主，结合种子药剂处理以及加强栽培管理的综合防治措施。

（1）农业防治　一是选用优良抗病品种。这是防治玉米丝黑穗病的根本措施。二是消灭菌源。彻底清理田间病残体，深翻土壤，重病地实行轮作，不从病区调运种子，高温堆沤有机肥，发现病株及时拔除。三是提高播种质量。精选种子，整地保墒。播种覆土深浅适宜，也可通过地膜覆盖，促进种子快发芽、快出土、快生长。

（2）种子处理　用药剂处理种子是综合防治中不可忽视的重要环节。用50%多菌灵可湿性粉剂按种子重量的0.5%拌种，或用20%萎锈灵乳油0.5千克，加水3千克混匀后拌种30千克，并进行4小时闷种。以25%三唑酮可湿性粉剂按种子重量的0.5%拌种防治效果好，选用包衣种子也具有很好的防治效果。

（三）玉米瘤黑粉病

玉米瘤黑粉病广泛分布在各玉米栽培地区，常为害玉米叶、秆、雄穗和果穗等部位幼嫩组织，产生大小不等的病瘤。

1. 症状识别

瘤黑粉病的主要诊断特征是在病株上形成膨大的肿瘤。植株地上部的幼嫩组织均可发病，抽雄以后发生最为普遍。受害组织均出现肿瘤，肿瘤近球形、椭球形、角形、棒形或不规则形，有的单生，有的串生或叠生。最初瘤内为白色，瘤外包有灰白色膜，以后瘤内逐渐充满黑粉，即病菌的冬孢子堆，内含大量冬孢子，待外膜破裂后冬孢子分散传播。病瘤的大小和形状因发病部位不同而异，雌穗和茎上的病瘤大如拳头，叶片、叶鞘发病，则出现小而多、成串着生的小瘤，雄穗的部分小花也可受害，形成长形的袋状瘤。但也有的全穗受害，变成为一个大肿瘤。

2. 病原

玉米瘤黑粉病菌属担子菌亚门，黑粉菌属。

3. 发病规律

玉米瘤黑粉病菌的冬孢子没有明显的休眠现象，成熟后遇到适宜的温、湿度条件即能萌发。冬孢子萌发的适温为26~30℃，在水滴中或在相对湿度为98%~100%时孢子均可萌发，从幼嫩组织的表皮或伤口侵入，受病菌的刺激，玉米侵染点周围的寄主组织增生，形成病瘤。病瘤散出的黑色粉状冬孢子经风雨传播后，可进行再侵染。

在干旱少雨地区，或贫瘠的砂性土壤中，田间残留的冬孢子易保存其活力，翌年的初侵染源数量大，玉米瘤黑粉病发生普遍。所以玉米瘤黑粉病在北方玉米产区比南方发病重。玉米抽雄前后肥水供应不足易发病，遭受暴风雨或冰雹袭击及各种农事操作造成的伤口，都利于病害发生，玉米连作发病重。

4. 防治方法

对玉米瘤黑粉病的防治应以种植抗病品种为主，配合采用减少菌源的栽培措施，坚持早期摘除病瘤的综合防治措施。

（1）农业防治 一是选用抗病品种。这是防治玉米瘤黑粉病的根本措施，目前尚无免疫品种，各地应因地制宜，选用抗病增产品种。二是消灭菌源。彻底清理田间病残体，深翻土壤，重病地实行轮作，施用充分腐熟的堆肥、厩肥，防止病原菌冬孢子随粪肥传病。三是加强管理。合理密植，及时灌溉，不要过多施用氮肥。四是割除病瘤。在病瘤产生黑粉前，及时清除并深埋病瘤。五是治虫防病。彻底防治玉米螟，并要注意减少机械损伤。

（2）种子处理 对带菌种子，可用杀菌剂处理。用 50% 福美双可湿性粉剂，按种子重量 0.2% 的用药量拌种；或 25% 三唑酮可湿性粉剂，按种子重量 0.3% 的用药量拌种；或 2% 戊唑醇湿拌种剂用 10 克，对少量水成糊状，拌玉米种子 3~3.5 千克。

（四）粟（谷子）白发病

粟（谷子）白发病是谷子上的主要病害，分布广泛，发病率一般为 1%~10%，严重地块可达 50% 以上，造成大面积为害。

1. 症状识别

粟（谷子）白发病的症状复杂，在不同生育期有不同的表现。有灰背、白尖、枪杆、白发和“看谷老”等症状。引发“看谷老”症状的多数病株不能抽穗而是直接逐渐枯死，仅有少数病株能抽穗，但病穗多呈畸形，短肥粗大，上着生许多小短叶，直立挺直，严重时全穗膨松，如扫帚或刺猬状，俗称“看谷老”或“刺猬头”。在组织内的病菌初为红色或绿色，后变褐色，组织破裂，散出大量粉末状的卵孢子。

2. 病原

粟（谷子）白发病菌属鞭毛菌亚门，指梗霉属。

3. 发病规律

卵孢子在土壤、粪肥中或黏附在种子表面越冬。卵孢子在土壤中可存活 2~3 年，是白发病主要初侵染源。谷子播种后，发芽时土壤中卵孢子也随之萌发，病菌即可萌发从幼芽鞘侵入，引起系统侵染，并在不同生育期形成不同类型的散发性症状，陆续出现灰背、白尖、白发等。低温潮湿时土壤中种子萌发和幼苗出土速度慢，容易发病。大气温湿度影响再侵染。20~25℃气温对孢子囊生长有利。

4. 防治方法

（1）农业防治 同玉米丝黑穗病。另外，在灰背、白尖期拔除病株，可减少第 2 年的侵染源，拔下的病株要烧毁或深埋。

（2）种子处理 用 35% 甲霜灵拌种剂按种子重量的 0.2%~0.3% 拌种，或 50% 多菌灵可湿性粉剂按种子重量的0.5%拌种，或用种子重量0.7%的萎锈灵乳油拌种。加药拌匀后，应立即播种。

四、棉花病害

（一）棉花苗期病害

棉花苗期病害种类较多，我国以立枯病、炭疽病、红腐病等为害最重。棉苗受害后，轻者影响植株生长，重者造成缺苗断垄，甚至成片枯死。

1. 症状识别

（1）立枯病　病苗茎基部出现黄褐色病斑，后变为黑褐色。地上部直立、干枯甚至死亡，拔起时呈毛刷状，病部及附近土壤有蛛丝状菌丝体。子叶被害形成不规则黄褐色病斑。

（2）炭疽病　幼苗茎基部出现红褐色梭形病斑，稍下陷，干缩后成紫黑色，表皮纵裂，地上部失水萎蔫。子叶及真叶边缘有褐色近圆形病斑，病斑脱落后叶片边缘残缺不全。潮湿时，病部表面散生许多小黑点及橘红色黏质团，即病菌的分生孢子盘和分生孢子团。

（3）红腐病　幼芽、嫩茎基部黄褐色、腐烂，后变黑褐色，幼苗稍大时形成水浸状条斑。潮湿时，病斑表面产生粉红色霉层。

2. 病原

棉苗立枯病菌属半知菌亚门，丝核菌属；棉苗炭疽病菌属半知菌亚门，刺盘孢属；棉苗红腐病菌属半知菌亚门，镰孢属。

3. 发病规律

棉苗立枯病、炭疽病、红腐病这3种病原菌均可随病残体越冬。

棉苗立枯病是典型的土传性病害，病菌主要以菌丝、菌核在土壤中越冬，并可在土壤中长期存活。

棉苗炭疽病、红腐病主要为种传病害。

播种过深或播种时土温较低，棉苗出土缓慢，容易烂籽、烂芽。棉田地势低洼、排水不良、土壤黏重或苗期低温多雨不利于棉苗生长，利于病害流行。

4. 防治方法

（1）农业防治　一是合理轮作，精细整地。与禾本科作物轮作或水旱轮作。实行秋耕冬灌，早春整地，施足底肥。二是精选棉种、播前曝晒。三是适期播种，提高播种质量。一般在表层土温稳定在12℃以上播种为宜，采用地膜覆盖或进行育苗移栽，选好育种苗床以减轻发病。四是加强苗期管理。出苗后应及时中耕、疏苗，并清理病苗。增施磷、钾肥，提高植株抗病力。

（2）化学防治　药剂拌种。可用50%多菌灵可湿性粉剂按种子重量的0.5%~0.8%拌种，或40%拌种双可湿性粉剂按种子重量的0.5%拌种。药液浸种。可用0.3%多菌灵胶悬剂浸种14小时，或用70%乙蒜素乳油2 000倍液，在55~60℃下浸闷30分钟，晾干后播种。温汤浸种。将棉籽在55~60℃的温水中浸泡30分钟后，立即转入冷水中，捞出后晾至绒毛发白，再将适量的拌种剂和草木灰混匀搓种，搓后直接播种。喷雾防治。病害发生初期，遇低温降雨，抢在雨前喷药。可用50%多菌灵可湿性粉剂，或50%甲基硫菌灵可湿性粉剂50~75克/亩，或50%甲基硫菌灵可湿性粉剂50~75克/亩加0.5%施特灵水剂5.7~8.3克/亩，或用1∶1∶200波尔多液防治。

（二）棉花枯萎病和黄萎病

棉花枯、黄萎病是棉花成株期为害最为严重的病害，二者常混发。一旦发生难以根除，常造成棉花严重减产。

1. 症状识别

两种病害在不同的生育期及气候条件下，常表现出不同的症状类型，尤以枯萎病的症状最复杂。

（1）枯萎病　子叶期开始发病，定苗以后至现蕾期达到发病高峰。常表现为萎蔫、畸形、叶片呈黄色网纹状，有时植株出现急性青枯、节间缩短、植株矮小，严重时全株枯死。枯萎病症状受环境影响较大，有时同一田块同时出现几种症状，但成株期表现相同均为矮化，导管呈深褐色。各类型病株的共同特点是：根、茎、叶柄导管变为黑褐色或墨绿色，纵剖面呈黑褐色条纹状。潮湿时，枯死茎秆的节部可见有粉红色霉层即病菌孢子。

（2）黄萎病　4片真叶开始发病，在花铃期达到发病高峰。病叶从下向上开始发展。初在病叶的边缘和主侧脉之间的叶面出现不规则淡黄色病斑，以后病斑逐渐扩大，整个叶片呈手掌状枯斑，叶片边缘稍向上卷曲，变褐，焦枯脱落，严重时，仅剩顶端嫩叶，全株萎蔫。剖开根茎部，导管变黄色条纹，有时条纹呈断续状。潮湿时，病部可生出白色霉层。

2. 病原

棉花枯萎病菌属半知菌亚门，镰孢属；棉花黄萎病菌属半知菌亚门，轮枝孢属。

3. 发病规律

棉花枯、黄萎病菌可在土壤、棉籽、棉籽壳、病残体及粪肥上越冬，并可随之传播。病菌一旦传入棉田，不易根除，而且还可借人畜、农具和流水等途径进行近距离扩散，使病情逐年加重。异地种子调运，可造成病菌远距离传播。

棉花枯萎病有两个发病高峰：第1次高峰在棉花定苗后至现蕾期，9月又出现第2个发病高峰。棉株在花铃盛期易感染黄萎病，而苗期很少发病，所以7~8月为发病盛期。

凡棉田连作、地势低洼、排水不良或偏施氮肥的田块发病率高。棉花生长期多雨利于发病，棉花不同品种对病害的抵抗力有显著差异。

4. 防治方法

（1）保护无病区　各地应建立无病留种田，生产无病棉种，对从外地引进的种子，要进行严格处理。棉花短绒极易携带病菌，种子本身即为病原。而棉花种子加工过程的硫酸脱绒能够有效地杀死棉种短绒携带的病菌，减轻病害。另外，包衣种子时由于包衣剂中含有多种杀菌药剂及农药，也可有效地杀死病原菌，预防病害发生。

（2）消灭零星病区　零星病区是向重病区发展的过渡阶段，要及早铲除病株，使之恢复为无病区。

（3）采取以选用抗病品种为中心的综合防治措施，控制轻、重病田　一是选用抗病品种。各地根据具体情况选用抗病品种。二是轮作倒茬，减少菌源。棉花与禾本科作物实行3年以上轮作，或实行水旱轮作至少2年以上，可明显降低发病率。三是加强栽培管理。及时清理病残体，实行无病土育苗，施用净肥，增施磷、钾肥，避免大水漫灌，及时排水。四是药剂灌根。对轻病株及时用70%甲基硫菌灵可湿性粉剂500~1 500倍液，或50%多菌灵可湿性粉剂1 000倍液，或3%广枯灵水剂500倍液，每株500毫升灌根。另外，喷洒缩节胺对棉花黄萎病也有一定的控制作用。

（三）棉铃病害

常见的棉铃病害有棉铃炭疽病、红腐病、疫病等。

1. 症状识别

（1）炭疽病　病斑初为暗红色或红褐色小点，随后变成绿褐色或黑褐色，表面稍皱缩，微凹陷，高湿条件下病斑扩展迅速，并在铃壳表面形成黏质物。

（2）红腐病　多从铃尖、铃缝或铃基部发生，病斑初为墨绿色水渍状，逐渐变为黑褐色，病斑扩大后可使整铃腐烂，病部有粉红色霉层。

（3）棉铃疫病　多发生在棉铃基部及尖端，初期病斑呈墨绿色水渍状，迅速扩展后使全铃为黄褐色至青褐色，铃内棉籽也为青褐色，病铃表面生有黄白色疏松霉层。

（4）黑果病　病铃黑硬僵缩，表面密生小黑点，并布满一层煤烟状物。

2. 病原

棉铃炭疽病、红腐病病原分别与棉苗炭疽病、红腐病病原相同。棉铃疫病病原属鞭毛菌亚门，疫霉属。

3. 发病规律

棉铃病害多是由黏附在种子表面或潜伏在种子内越冬的病菌引起的，也可随病残体在土壤中越冬。翌春，越冬病菌侵染棉苗或其他作物，在病部产生病菌并借风雨、流水及昆虫等进行传播，至棉花铃期又传至棉铃上扩大危害。

高温高湿条件适宜棉铃病害发生，大水漫灌，棉田郁蔽，地势低洼及偏施、迟施氮肥造成植株徒长，发病重。地膜覆盖棉比露地棉发病重，植株下部1~5果枝上的棉铃易感病。

4. 防治方法

（1）农业防治　一是加强肥水管理。施足基肥，巧施追肥，重施花铃肥；及时排灌，避免棉田积水。二是改进栽培技术。合理密植，及时整枝、打顶、摘除老叶，对旺长棉田可喷施缩节胺、矮壮素及乙烯利催熟。三是抢摘病铃。在铃病流行的雨季，要抢在雨前及时摘除病铃、开口铃，以减少损失。

（2）化学防治　在铃病发生初期，用40%甲霜灵锰锌100克/亩，或70%代森锰锌可湿性粉剂75~100克/亩，或58%甲霜灵锰锌50~60克/亩喷雾防治。一般在8月上中旬开始防治，间隔7~10天喷1次，视病情及天气情况确定喷施次数。

五、油料作物病害

（一）花生褐斑病和黑斑病

两种病害在花生产区普遍发生，二者常常同时发生在同一病株上甚至同一叶片上。都可引起植株生长衰弱，造成早期落叶，一般减产10%~20%，并使花生品质下降。

1.症状识别

两种病害主要为害叶片，从植株下部老叶开始发病，逐渐向上蔓延。严重时茎秆、叶柄和果针等都能受害。

（1）褐斑病　初期为失绿的灰色小点，后中央组织坏死，病斑为圆形或近圆形，叶片正面黄褐色至暗褐色，周围有清晰的黄色晕圈。病斑背面颜色较浅，无明显晕圈，湿度大时正面出现灰褐色的霉层，即病菌的分生孢子梗和分生孢子。叶柄、茎秆及果针上的病斑为暗褐色、长椭圆形。

（2）黑斑病　初期为锈褐色小斑点，扩大后为圆形或近圆形，暗褐色至黑色，边缘无明显晕圈，病斑正反面颜色相近。潮湿时，病斑背面有排列成轮纹状的黑色小粒点及霉状物，即病菌的子座及分生孢子梗和分生孢子。叶柄、茎秆及果针上的病斑椭圆形、黑褐色。

2.病原

花生褐斑病菌和黑斑病菌均属半知菌亚门，尾孢属。

3.发病规律

两种病菌均可在病残体中越冬，也可在种壳上越冬。病菌分生孢子可借风雨或昆虫传播，进行再侵染。夏、秋季高温多雨利于病菌的繁殖和传播，特别是7~8月多雨则发病重。花生连作或生长后期潮湿多雨，土壤肥力差，花生生长不良，抗病力差，病害发生重。

4.防治方法

（1）农业防治　选用抗病品种；及时清理病残体，进行土壤深翻；与禾谷类或薯类作物轮作2年以上；适期早播，合理密植，施足基肥，增施磷、钾肥。

（2）化学防治　发病初期用70%代森锰锌可湿性粉剂100克/亩，或50%多菌灵可湿性粉剂100克/亩，或12.5%烯唑醇可湿性粉剂20~45克/亩喷雾防治。每隔7~10天喷1次，共喷2~3次。

（二）花生根结线虫病

花生根结线虫病又名花生线虫病，俗称地黄病、地落病、矮黄病、黄秧病等。花生根结线虫病是花生的一种毁灭性病害，其分布广，危害大。

1. 症状识别

根结线虫病主要侵染花生根系，其次侵染花生荚果、果柄等植株地下部位。从根部侵入，破坏根的输导组织。受害部位膨大，形成纺锤状，即虫瘿，初呈乳白色，后变淡黄色至深褐色，从虫瘿上可长出许多不定毛根，线虫再次侵染，又形成虫瘿。使花生整个根系形成乱头发状的“须根团”。果壳、果柄受害，也可产生大量虫瘿。

根结线虫病地上部分也表现出明显症状，多表现为植株矮小、叶片黄化，严重时底叶叶缘焦枯，提早落叶。

虫瘿和根瘤的区别是：虫瘿多长在根端，表面粗糙，呈不规则形，并长有毛根，剖开可见乳白色沙粒状颗粒（即线虫的雌虫）；根瘤着生在根的一侧，圆形或椭圆形，表面光滑，无毛根，剖开可见紫色浆液。

2. 病原

引起花生根结线虫病的线虫有两种：花生根结线虫和北方根结线虫。我国发生的主要是北方根结线虫。

3. 发病规律

病原线虫在土壤中的病根、病果壳虫瘤内外越冬。翌年气温回升，卵孵化变成 1 龄幼虫，后长成为 2 龄幼虫，出壳后从花生根尖侵入，在细胞间隙和组织内移动，刺激细胞过度增长形成巨细胞。病害在田间主要随人畜、农具、粪肥及流水等传播扩散。病害在干旱年份发生重，土质疏松的砂壤土和砂土地发病重，连作田发病重，春花生比麦茬花生发病重，早播比晚播发病重，花生田寄主杂草多或花生早播病害发生重。

4. 防治方法

（1）农业防治　一是清理田园，消灭病源。花生收获时深刨病根，清理病残体和杂草并集中销毁。二是合理轮作。与甘薯或禾本科作物实行 2~3 年轮作，可降低虫口密度，轮作年限愈长，虫口密度愈小。三是加强田间管理。铲除杂草，合理施肥，增施腐熟有机肥，深翻改土，合理灌水，精细耕作，能有效减轻线虫病的为害。

（2）化学防治　可用 10% 硫线磷颗粒剂 1.5~3 千克 / 亩，或 3% 氯唑磷颗粒剂 4~6 千克 / 亩播种时沟施，或 10% 苯线磷颗粒剂 2~4 千克 / 亩，可沟施、穴施、撒施，也可施在灌溉水中，随水流入花生田。

另外，也可用生物制剂线虫清（淡紫拟青霉）高浓缩吸附粉 45 千克 / 亩与有机肥混合沟施。

（三）大豆病毒病

1. 症状识别

发病初期叶片上出现淡黄绿相间的斑驳，后表现明显的花叶症状。叶片畸形，叶肉突起，叶缘下卷，植株生长明显矮化，结荚数减少，豆荚扁平、弯曲等。病株种子常表现为褐斑粒，即病粒上出现云纹状或放射状斑驳。因受气候或品种的影响，有时无斑驳或很少有斑驳。

2. 病原

大豆花叶病毒粒体线状，寄主范围较窄，不侵染其他豆类。

3. 发病规律

大豆病毒病的初侵染源为带毒种子。播种带毒种子，当条件适宜时即可发病，成为田间毒源，调运带毒种子可远距离传播，蚜虫是大豆病毒病的主要传播媒介。田间早期毒源多，后期病害发生重。干旱少雨，蚜虫数量大，大豆病毒病发生重。

4. 防治方法

（1）农业防治　一是选用抗病品种。结合当地实际情况及病毒种类，选用抗病品种。二是播种无病种子。建立无病留种田或在无病株上采种。选用无褐斑、饱满的豆粒作种子。三是加强栽培管理。培育健壮植株，增强抗病能力。加强肥水管理，及早拔除田间病株。

（2）化学防治　春大豆病毒病应从苗期开始，这样才能提高防效。可结合苗期蚜虫的防治施药。药剂可选用20%病毒A500倍液或1.5%植病灵乳油1 000倍液，或者5%菌毒清400倍液，连续使用2~3次，隔10天喷1次。

作物遗传育种

一、生物的遗传和变异

（一）遗传

亲代与子代以及子代个体之间相似的现象叫做遗传。子代能表现和亲代一样的特征特性，主要是由遗传物质决定的。

（二）变异

亲代与子代之间，以及子代个体之间存在差异的现象叫做变异。变异是普遍存在的，有时表现不明显，是变异幅度较小而已。

变异分为可遗传的变异和不遗传的变异两类。变异性状能反复在后代中出现的称为可遗传的变异，它是由于遗传物质的改变引起的。如红色菊花变异成粉色菊花，并在后代中继续保持粉色性状，这是粉色基因取代了红色基因的缘故。不遗传的变异是由于环境条件的影响，引起性状的暂时性变异，这种变异仅在当代表现，并不遗传给后代，如肥水条件对植株高矮和长势的影响。

（三）遗传、变异和环境

遗传和变异是生物界普遍存在的生命现象。生物性状能够遗传，保证了物种的相对稳定，使生物一代一代相延续；生物不断地出现变异，促进了生物的进化。

通常把生物个体的基因组成称为基因型；生物体所表现的性状称为表现型。基因型是性状发育的基础，一般肉眼看不到；表现型是生物体表现出来的性状，是遗传物质和环境共同作用的结果。

（四）遗传、变异和选择

选择包括自然选择和人工选择。自然选择是指在自然条件下，能够适应环境的生物类型生存下来，而不适者被淘汰的过程。人工选择是人类按自身的需要，利用各种遗传的变异，从中选择人类所需要的品种的过程。现代农业生产过程中，人们利用生物进化这一自然规律，利用人工选择来代替自然选择，强化生物的进化过程，这就是新品种选育的过程。所以，在生物进化和新品种选育中，遗传、变异和选择是3个基本因素，其中遗传与变异是内因，而选择是外因。

二、植物遗传的细胞学基础

（一）真核细胞的主要结构与遗传物质的分布

真核细胞的遗传物质主要在细胞核内的染色体上，细胞质中的线粒体、叶绿体也具有遗传功能。

在尚未进行分裂的细胞中，可以见到许多因碱性染料染色较深，纤细的网状物，称为染色质或染色线。在细胞分裂时，染色线卷曲、收缩，成为在光学显微镜下可识别的具有一定形态特征的染色体，它由DNA、蛋白质和少量RNA构成。

各种生物的染色体数目是恒定的，它们在体细胞中一般是成双的，在性细胞中一般是成单的，体细胞染色体数是性细胞的两倍，分别以2n和n表示。例如，水稻体细胞染色体数为2n=24，性细胞染色体数为n=12；普通小麦2n=42，n=21；茶树2n=30，n=15；人类2n=46，n=23。

在体细胞的染色体中，形态和结构相同的一对染色体称为同源染色体；形态和结构不同的染色体称为非同源染色体。

（二）遗传物质的分子基础——DNA

1953年，沃森（J.D.Watson）和克里克（F.H.C.Crick）提出了著名的DNA双螺旋结构模型。

1. DNA的化学组成

DNA又称脱氧核糖核酸，由四种脱氧核苷酸聚合而成。每种脱氧核苷酸由一分子磷酸，一分子脱氧核糖和一分子含氮碱基组成。4种脱氧核苷酸的差异在于含氮碱基的不同，分别是腺嘌呤（A）、鸟嘌呤（G）、胞嘧啶（C）和胸腺嘧啶（T）。

2. DNA的双螺旋结构

DNA分子是由两条多核苷酸链构成的。两条链彼此反向平行，围绕同一轴盘旋，形成一个规则的双螺旋结构。DNA分子中的脱氧核糖和磷酸交替联结，排列在外侧，构成基本骨架；碱基排列在内侧。两条多核苷酸链上的碱基通过氢键连结起来，形成碱基对。碱基对的组成遵从碱基互补配对原则，即腺嘌呤（A）与胸腺嘧啶（T）配对，形成两个氢键；鸟嘌呤（G）与胞嘧啶（C）配对，形成3个氢键。对于某个物种特定的DNA分子来说，都具有其特定的碱基排列顺序，这种特定的碱基排列顺序构成了DNA分子的特异性。

3. 基因

基因是DNA分子上的一个片段，包含有成百上千对的核苷酸，其中，极少数核苷酸的变化，都可能导致遗传性状的改变。

（三）细胞分裂与染色体行为

生物的生长与繁殖离不开细胞分裂。高等生物的细胞分裂主要是以有丝分裂方式进行的（分裂过程中出现纺锤丝），分为有丝分裂与减数分裂。

1. 有丝分裂

有丝分裂是生物生长的基础。连续分裂的细胞，从前一次分裂结束到下一次分裂开始为止所经历的时间称细胞周期。细胞周期包括：间期和分裂期。间期又分为DNA复制前期（G_1期）、DNA复制期（S期）和DNA复制后期（G_2期）；分裂期（M），分别称为前期、中期、后期和末期。

（1）间期　是细胞连续两次分裂之间的时期，这时看不到染色体的变化。实际上，间期的核处于高度活跃的生理、生化的代谢阶段，正进行染色体的复制，为下一次细胞分裂做准备。

（2）前期　核内出现细长而卷曲的染色体，逐渐缩短变粗，每个染色体含有两条染色单体。但染色体的着丝粒还没有分裂。这时核仁和核膜逐渐模糊不清。在动物细胞中，此时两个中心体向两极分开，出现星状射线，形成纺锤丝。但在高等植物细胞中，没有中心体，只是从两极形成纺锤丝。

（3）中期　核仁和核膜消失，各染色体均排列在细胞中央赤道板上，两极伸出的纺锤丝附着在染色体的着丝粒上，形成一个纺锤体。此时所有染色体的着丝粒都分散在一个平面上，所以，最适于染色体的计数和观察。

（4）后期　每个染色体的着丝粒分裂为二，此时每条染色单体成为一个染色体。随着纺锤丝的收缩分别向两极移动，使两极各具有与母细胞相同数目的染色体。

（5）末期　在两极围绕染色体出现新的核膜，染色体又变得松散细长，核仁又重新出现。接着细胞质分裂，在赤道板区域形成细胞板，分裂为两个子细胞。细胞又进入间期状态。

有丝分裂顺口溜

有丝分裂分5段，间前中后末相连，
间期首先作准备，染体复制在其间，
膜仁消失现两体，赤道板上排整齐，
均分牵引到两极，两消两现新壁建。
有丝分裂并不难，间前中后末相连，
间期复制DNA，蛋白合成在其间，
前期两消和两现，中期着丝列在板，
后期丝牵染体分两组，末期两消两现壁重建。

有丝分裂遗传学意义

通过有丝分裂，核内每条染色体准确复制后，均匀地分配到两个子细胞中去，使两个子细胞具有与母细胞相同的染色体，在遗传组成上完全一样。这种分裂方式保证了物种的连续性和稳定性。

2. 减数分裂

减数分裂，是生物有性繁殖的基础。它是在性母细胞成熟时，配子形成过程中发生的一种特殊的有丝分裂。

（1）第一次分裂

前期Ⅰ：可分为以下 5 个时期。

① 细线期：核内出现细长如线的染色体。

② 偶线期：各同源染色体分别配对，出现联会现象；2n 个染色体联会成 n 对染色体，联会成对的染色体称为二价体。

③ 粗线期：二价体逐渐缩短变粗。这时每个染色体含有两条染色单体，二价体本身含有四条染色单体，故称为四分体。由一个着丝粒连接着的两条染色单体，互称为姊妹染色单体；而不同染色体的染色单体，互称为非姊妹染色单体。联会在一起的非姊妹染色单体之间可能会部分发生交换。

④ 双线期：四分体继续缩短变粗，各对同源染色体开始分开，但在相邻的非姊妹染色单体之间常相互扭曲，出现交叉现象。这是非姊妹染色单体之间发生交换的结果。

⑤ 终变期：染色体变得更粗，核仁、核膜消失，纺锤体出现，各个二价体分散在整个核内，可以一一区分开，是鉴定染色体数目的最好时期。

中期Ⅰ：各染色体的着丝粒与纺锤丝连接，二价体分散在赤道板上。此时也是鉴定染色体数目的最好时期。

后期Ⅰ：由于纺锤丝的牵引，各个二价体相互分开，两条同源染色体彼此分离分别移向两极，每极只得到同源染色体中的一条，实现了染色体数目的减半。但每一条染色体仍包含两条染色单体，由一个着丝粒连接。

末期Ⅰ：染色体到达细胞的两极，逐步由粗变细，形成两个子核。同时细胞质分裂为两部分，形成两个子细胞。很快进入第二次分裂。

（2）第二次分裂

前期Ⅱ：各染色体含有两条染色单体，着丝粒连在一起，染色体收缩、螺旋化，纺锤体出现。

中期Ⅱ：每个染色体的着丝粒整齐地排列在赤道板上。

后期Ⅱ：着丝粒分裂一分为二，姊妹染色单体分别被拉向两极。

末期Ⅱ：分到两极的染色体形成新的子核，核仁、核膜重新出现。

经过两次细胞分裂，使 1 个母细胞产生了 4 个子细胞，统称为四分孢子。每个子细胞的核内染色体数目减少了一半。

① 减数分裂的基本特点：各对同源染色体在细胞分裂的前期配对，或称联会。后期Ⅰ同源染色体彼此分开，分别移向两极，非同源染色体之间可自由组合。

染色体复制一次，细胞分裂两次，第一次减数，第二次等数，因而产生的4个子细胞染色体数为其母细胞的一半。

粗线期少量母细胞会发生相邻的非姊妹染色单体间的片段交换。

减数分裂顺口溜

性原细胞作准备，　　初母细胞先联会，
排板以后同源分，　　从此染色不成对，
次母似与有丝同，　　排板接着点裂匆，
姐妹道别分极去，　　再次质缢各西东，
染色一复胞二裂，　　数目减半同源别，
精质平分卵相异，　　往后把题迎刃解。

② 减数分裂的遗传学意义：经过减数分裂所形成的雌雄性细胞，具有半数的染色体，通过受精作用结合成合子，又恢复为原来的体细胞染色体数目，保证了亲代和子代之间染色体数目的恒定性，保持了遗传的稳定性。

减数分裂过程中，同源染色体的非姊妹染色单体之间还可能发生片段的交换，因而可以形成各种不同染色体组成的子细胞。所以，杂合基因型的个体，经有性繁殖的后代会出现性状的分离，产生各种各样的变异类型，有利于生物的进化和人工选择。

3. 植物雌雄配子的形成

（1）被子植物的雄性配子的形成过程　雄蕊的花药中分化出孢原细胞，然后分化为花粉母细胞（2n），经减数分裂形成四分孢子，再进一步发育成4个单核花粉粒。单核花粉粒经过一次有丝分裂，形成营养细胞和生殖细胞；生殖细胞再经一次有丝分裂，才形成为一个成熟的花粉粒，其中包括：两个精细胞和一个营养核。这样一个成熟花粉粒在植物学上称为雄配子体。

（2）被子植物雌性配子的形成过程　雌蕊子房里着生胚珠，在胚珠的珠心里分化出大孢子母细胞（2n），由一个大孢子母细胞经减数分裂，形成直线排列的4个大孢子，靠近珠孔方向的3个退化解体，只有远离珠孔的那一个继续发育，成为胚囊。发育的方式是细胞核经过连续的3次有丝分裂，每次核分裂以后并不接着进行细胞质分裂，形成雌配子体。胚囊继续发育，体积逐渐增大，侵蚀四周的珠心细胞，直到占据胚珠中央的大部分。8核胚囊，每端4个核，以后两端各有一个核移向中央，叫做极核。在有的物种中，这两个核融合成中央细胞。近珠孔的3个核形成3个细胞，一个卵细胞和两个助细胞。近合点端的3个核形成3个反足细胞。

（3）受精　雄配子（精子）和雌配子（卵细胞）融合为一个合子，称为受精。

① 植物在受精前有一个授粉的过程：成熟的花粉粒落在雌蕊柱头上的过程叫做授粉。花粉落在柱头上以后，吸收珠心上的水分，花粉内壁自萌发孔处突出，形成花粉管。花粉

管穿过珠心沿着花柱向子房伸展。在伸长过程中，花粉粒中的内含物全部移入花粉管，且集中于花粉管的顶部。

② 被子植物的双受精：花粉管通过花柱，进入子房直达胚珠，然后穿过珠孔进入珠心，最后到达胚囊。花粉管进入胚囊一旦接触助细胞，其末端就破裂，管内的内含物，包括营养核和两个精子一起进入胚囊，接着营养核解体，一个精核（n）与卵细胞融合为合子（2n），将来发育成胚；另一个精核与两个极核融合形成胚乳核（3n），将来发育成胚乳。这一过程称为双受精。这是被子植物特有的现象。

（4）受精以后，整个胚珠发育为种子　种子的主要组成部分是胚、胚乳和种皮。胚和胚乳是双受精的产物，种皮不是受精的产物，而是母体组织的一部分。双子叶植物的种皮由胚珠的珠被发育而来，单子叶植物中禾本科的种子称为颖果，颖果上的种皮常与果皮合生而不易区分。总之，不论是种皮还是果皮都是母本花朵的营养组织，与双受精无关。

胚、胚乳和种皮的染色体数分别为 2n、3n 和 2n。胚和胚乳的遗传组成是雌雄配子结合的产物，而种皮或是果皮是母体组织的一部分，在遗传学上，种皮与胚、胚乳不属于同一个世代。其实种子是不同世代组织的嵌合体。

三、遗传的基本规律

（一）分离规律

性状的概念

性状，是生物体所表现的形态特征和生理特性的总称。

每一个具体性状称为单位性状。

同一单位性状在不同个体间所表现出来的相对差异，称为相对性状。

如：兔子毛色是单位性状，而灰色与白色是相对性状。豌豆的花色是单位性状，而红花与白花是相对性状。

遗传实验中相关符号解释

在植物有性杂交中，把接受花粉的植株叫做母本，用符号“♀”表示；供给花粉的植株称为父本，用“♂”表示。父母本统称为亲本，用“P”表示，杂交符号用“×”表示，自交符号用“⊗”表示，杂种一代用“F_1”表示，杂种二代用“F_2”表示，依此类推。

1. 一对相对性状的遗传试验及分离现象

孟德尔选择了 7 对区别明显的相对性状进行研究，无论正反交得到了同样的结果。以豌豆植株花的颜色为研究对象，说明杂交试验结果（图 5-1）。

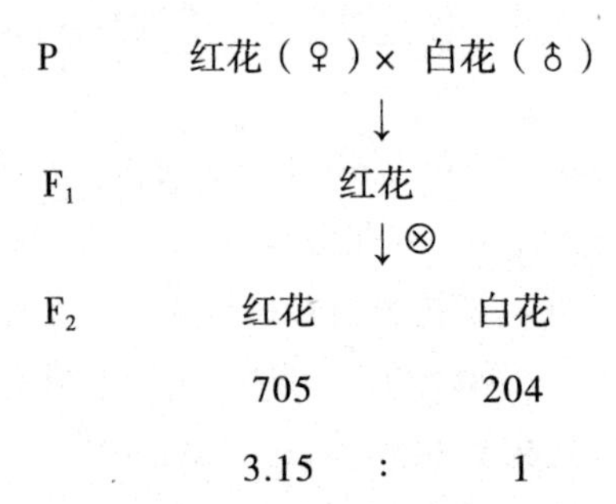

图 5-1 豌豆的杂交结果

表 5-1 孟德尔豌豆杂交试验结果

性 状	杂交组合	F_1 表现性状	F_2 性状表现		
			显性性状个体数	隐性性状个体数	显隐性个体比例
种子形状	圆形 × 皱缩	圆形	圆形 5 474	皱缩 1 850	2. 96 ∶ 1
子叶颜色	黄色 × 绿色	黄色	黄色 6 022	绿色 2 001	3. 01 ∶ 1
花色	红色 × 白色	红色	红色 705	白色 224	3. 15 ∶ 1
豆荚形状	饱满 × 不饱满	饱满	饱满 822	不饱满 299	2. 75 ∶ 1
未成熟豆荚颜色	绿色 × 黄色	绿色	绿色 428	黄色 152	2. 82 ∶ 1
花的位置	腋生 × 顶生	腋生	腋生 651	顶生 207	3. 14 ∶ 1
茎的高度	高茎 × 矮茎	高茎	高茎 787	矮茎 277	2. 84 ∶ 1

可以看出一对一对相对性状的遗传试验的主要特点：

① F_1 只表现出一个亲本的性状，即显性性状（孟德尔把在杂种一代中表现出来的亲本性状叫显性性状，未表现出来的另一个亲本的性状叫隐性性状）。

② F_2 出现性状分离现象，并且显性性状与隐性性状的数量比接近于 3∶1，具有规律性。

2. 分离现象的解释

孟德尔认为（图 5-2 和图 5-3）：

① 每对相对性状由相对的遗传因子（后改称为基因）控制，遗传因子在体细胞中成对存在，一个来自父本，一个来自母本。

② 在生物的体细胞中，每对相对性状由相对的遗传因子控制，遗传因子在体细胞中成对存在，一个来自父本，一个来自母本。

③ 每一生殖细胞只含有每对遗传因子中的一个。

④ 减数分裂形成配子时，成对的遗传因子彼此分开，分到不同的配子中去，每个配子中只有成对遗传因子中的一个，即在每对遗传因子中，其中，一个遗传因子来自母本的

雌性生殖细胞，另一个来自父本的雄性生殖细胞。

⑤ 在 F_1 遗传因子是杂合的（Cc）。F_1 的 Cc 形成配子时，雌雄配子各含 C、c 两种遗传因子，而且数目相等，同时雌雄配子的结合又是随机的，因此，到 F_2 隐性性状重新表现出来，显隐性个体之间呈现一定的比例。

孟德尔的解释：

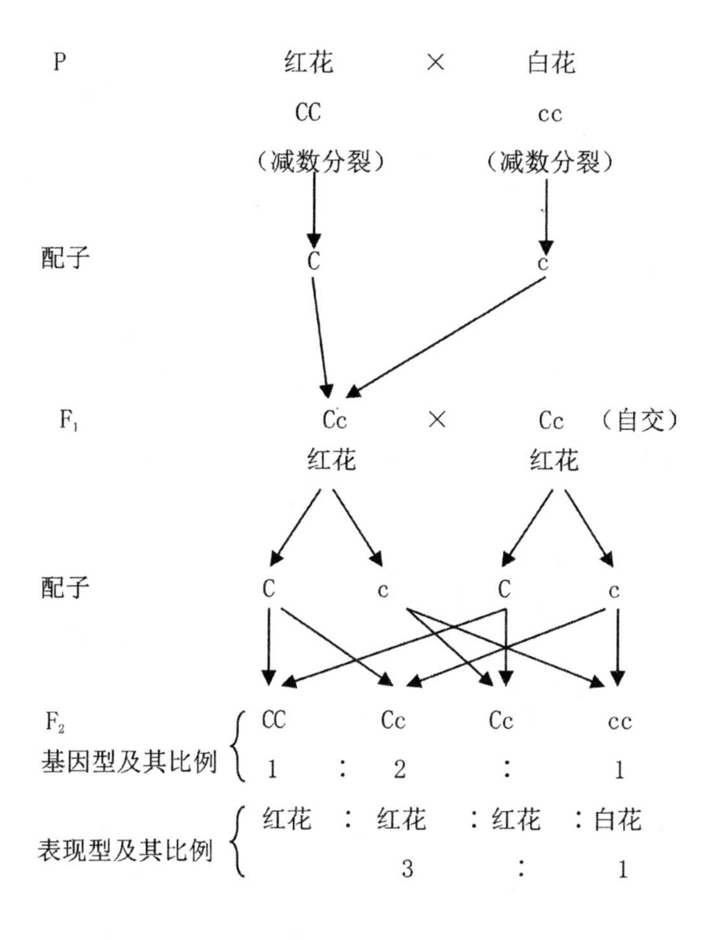

图 5-2 分离规律

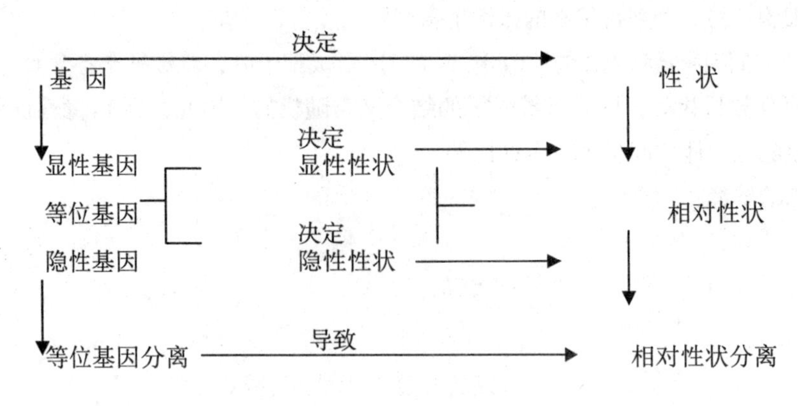

图 5-3　基因与性状的关系

在同源染色体相同位点处的一对基因称为等位基因。

同源染色体上不同位点处或非同源源染色体上的基因互称非等位基因。

等位基因相同的基因型叫纯合基因型，该个体叫纯合体，如红花（CC）、白花（cc）。等位基因不同的基因型叫杂合基因型，该个体叫杂合体，如红花（Cc）。纯合体自交可以保持性状稳定遗传，后代不分离；杂合体自交后代会出现性状分离，表现出各种性状。

3. 分离规律的验证

孟德尔利用测交法（图 5-4），验证 F_1 的遗传因子在形成配子时彼此分离。

把被测基因型的个体与相应的隐性纯合体进行杂交，叫测交。

（1）测交的理论分析　由于隐性纯合体只产生一种含隐性基因的配子，它和含有任何基因的配子结合时，都表现对方基因控制的性状。所以，测交子代（F_t）中出现的表型种类和比例，反映了被测个体所产生的配子种类和比例。

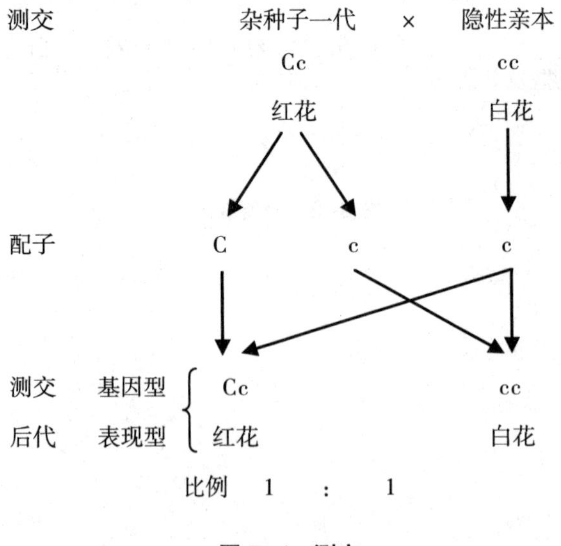

图 5-4　测交

（2）测交过程与结果　把 F_1（红花）与隐性纯合体（白花）进行测交，测交一代得到红花和白花两种表型，其比例为 1∶1，证明 F_1 的遗传因子（C，c）在形成配子时发生了分离，从而造成了（红花和白花）性状的分离。

（3）分离定律的实质如下

① 在杂合子的细胞中，位于一对同源染色体上的等位基因，具有一定的独立性。

② 生物体在进行减数分裂形成配子时，等位基因会随着同源染色体的分开而分离，分别进入到两个配子中，独立地随着配子遗传给后代。

（4）基因分离定律在育种中的应用　杂交育种就是人们按照育种目标，选配亲本杂交，对杂交后代再进行选育，最终培养出具有稳定遗传性状的品种。

① 培育显性性状：如培育纯合的抗晚疫病番茄，由于抗晚疫病是显性性状，所以子代出现抗晚疫病可能是纯合子，也可能是杂合子，只有让子代连续自交至后代不发生性状分离，才是我们所要的稳定遗传的抗晚疫病品种。

②培育隐性性状：后代中一旦出现此性状，便可推广。

（二）自由组合规律

1. 两对相对性状的遗传实验

孟德尔选用一个黄色子叶和圆粒种子的豌豆与另一个绿色子叶和皱粒种子的豌豆杂交，将 F_1 种子种下去，长成植株自交得到 F_2 种子 556 粒，出现了 4 种表型：黄圆、绿圆、黄皱、绿皱，表现 9∶3∶3∶1 的比例（图 5-5）。

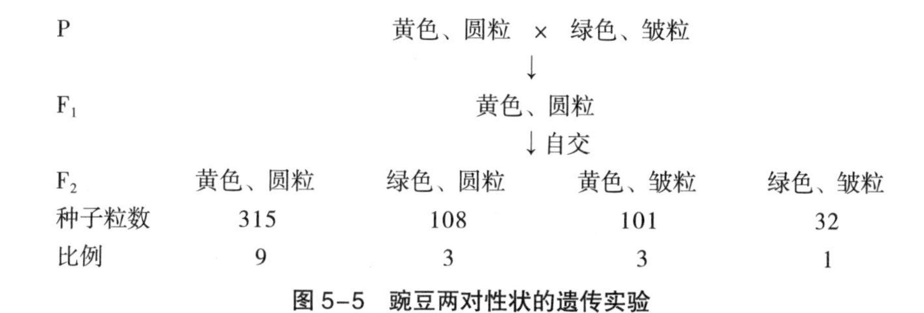

图 5-5　豌豆两对性状的遗传实验

2. 自由组合现象的解释

黄色子叶基因 Y 对绿色子叶基因 y 显性，圆粒基因 R 对皱粒基因 r 显性。用纯合的黄色、圆粒豌豆（YYRR）和绿色、皱粒豌豆（yyrr）杂交，产生 F_1 的基因型为 YyRr，表现黄色、圆粒；F_1 植株产生配子时，等位基因彼此分开，即 Y 与 y、R 与 r 都要分开，各自独立地分配到配子中去，自由组合产生雌雄配子为 YR、Yr、yR、yr 四种，且比例相等。F_1 自花授粉，雌雄配子完全随机结合可以产生 16 种组合，9 种基因型、4 种表现型，黄圆占 9/16、绿圆占 3/16、黄皱占 3/16、绿皱占 1/16。

3. 自由组合规律的验证

测交法进行验证。

（1）测交的实际结果　F_1 产生了 4 种类型的配子，且比例接近 1∶1∶1∶1，与预期的结果相符，表明上述对两对相对性状遗传规律的解释是正确的。

（2）自由组合规律的实质　杂种中控制不同性状的遗传因子，在配子形成时的分离互不干扰、彼此独立；它们之间的组合又是自由的、随机的。这是因为两对或两对以上的基因处在非同源染色体上，在减数分裂形成配子时，随着同源染色体分开，等位基因彼此分离，随着非同源染色体的随机结合非等位基因自由组合，即自由组合规律。

（3）自由组合规律在育种中的应用　人们根据自由组合规律，可以有目的地把不同的优良性状的两个亲本杂交，使两个亲本的优良性状结合在一起，培育出人们需要的稳定的品种，同时也可以估算出种植规模。

（三）连锁遗传规律

1. 连锁遗传现象

1906 年，贝特生用香豌豆做了一个两对性状的杂交研究。发现 F_2 中也出现 4 种表现型，但不符合两对性状独立遗传的 9∶3∶3∶1 的分离比例。其中，亲本型的性状组合的实际数明显多于理论数，而重组类型（红长和紫圆）却明显少于理论数。很难用独立分配规律来解释（图 5-6、图 5-7）。

P　　紫花、长花粉粒 × 红花、圆花粉粒

PPLL ↓ ppll

F_1　　紫花、长花粉粒

PpLl

↓自交

F2	紫长	紫圆	红长	红圆	总数
	P_L_	P_ll	ppL_	ppll	
实际个体数	4831	390	393	1338	6952
按 9:3:3:1 推算	3910.5	1303.5	1303.5	434.5	6952

图 5-6　香豌豆杂交试验（1）

于是，贝特生又改换了性状不同的亲本进行杂交，选用紫花、圆花粉粒的亲本和红花、长花粉粒亲本杂交。发现试验的结果与前一试验基本相似，与 9∶3∶3∶1 的独立遗传比例相比，F_2 群体中仍然是亲本型（紫圆、红长）的实际数多于理论数，重组型（紫长、红圆）的实际数少于理论数。这个结果也不符合自由组合规律。

P　紫花、圆花粉粒 × 红花、长花粉粒

PPll ↓ ppLL

F_1　紫花、长花粉粒

PpLl

↓自交

F_2	紫长	紫圆	红长	红圆	总数
实际个体数	226	95	97	1	419
按 9:3:3:1 推算	235.8	78.5	78.5	26.2	419

图 5-7　香豌豆杂交试验（2）

两个试验都表明，原来为同一亲本所具有的两个性状，在 F_2 中常常有联系在一起遗传的倾向，这种现象称为连锁遗传。

2. 连锁遗传的解释和验证

就每对相对性状的遗传而言都符合分离规律，但在两对性状上却表现为连锁遗传，其原因在于 F_1 形成 4 种配子的数目不等。在独立遗传情况下，F_1 通过减数分裂形成相同数目的四种配子，才保证在 F_2 中出现 9∶3∶3∶1 的性状分离比例。

用测交法验证上述推论。玉米种子的有色（C）对无色（c）为显性，饱满（Sh）对凹陷（sh）为显性，用纯种的双亲杂交得 F_1，再用双隐性（无色、凹陷）纯合亲本与 F_1 进行测交（图 5-8）。

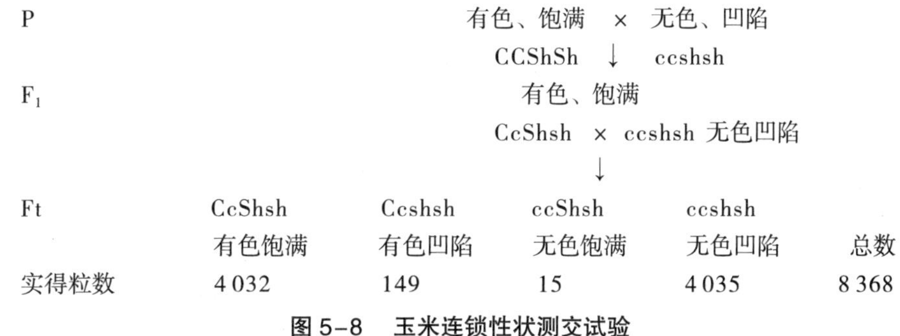

图 5-8　玉米连锁性状测交试验

亲本型个体=（4 032 + 4 035）/8 368 × 100% = 96.4%

组合型个体=（149 + 152）/8 368 × 100% = 3.6%

测交结果说明，F_1 形成的 4 种配子比例是不相等的；同一亲本的两个基因 C 和 Sh 或 c 和 sh 是经常连锁遗传的。所以，测交后代表现亲本型的个体数多，而新组合的个体数目少。

3. 连锁和交换的遗传机制

基因连锁和交换的机制已经获得了细胞学上的证明。在减数分裂前期的双线期，在显微镜下能直接观察到同源染色体两两分开所出现的交叉现象。双线期交叉的出现，是同源染色体非姊妹染色体在粗线期发生了交换的结果。

① 基因在染色体上呈直线排列，各有其一定的位置。相对基因 C 和 c，位于一对同源染色体的相等位置上，故称为等位基因。

② 两对不同的基因，C 和 Sh，c 和 sh，分别位于一对同源染色体不相等的位置上，故称为非等位基因。

③ 在减数分裂前期，随着同源染色体的配对，等位基因也相互配对，因各个染色体已经通过复制而含有两条染色单体，在染色体上的基因也随之复制了。

④ 非姊妹染色单体之间某些片段在粗线期发生交换。首先，在两基因之间的某一部位发生断裂，然后重新接合起来，这种交换只涉及同源染色体的非姊妹染色单体之间，而且在同一水平上只发生一个交换。

⑤ 由于基因交换而产生 4 种基因组合不同的染色单体，其中包括两种亲本组合（C Sh，c sh）和两种新组合（c Sh，C sh），经过减数分裂，形成四种不同基因组合的配子。

⑥ 在减数分裂过程中，并不是所有性母细胞都发生同源染色体非姊妹染色单体的交换，因此，F_1 形成亲本类型的配子数总是多于新组合的配子数。

⑦ 连锁遗传在育种实践中的应用：

一是育种工作中，可根据交换值的大小预测杂交后代中理想类型出现的概率，便于确定育种规模。

二是利用基因连锁造成性状相关，根据某一性状间接选择相关的另一性状。

四、植物品种的概念与育种目标

（一）品种的概念

品种是人类在一定的环境条件和经济条件下，根据生产和生活的需要经过人工选择和培育获得的，具有一定经济价值和共同遗传特点的一群生物体。

优良品种能充分适应当地自然条件，抵抗和克服不利因素，能解决生产上的一些特殊问题，并具有较大的增产潜力。

（二）育种目标

开展育种工作时，首先必须制订育种目标。育种目标是对所选育新品种的具体要求，即具有哪些优良性状。现代农业对新品种提出了不同的要求。

1. 高产稳产

2. 优质

3. 抗逆性强

4. 适应机械化操作

5. 早熟

五、种质资源

（一）种质资源的概念

种质资源又称遗传资源或基因资源。植物学上的种质资源是指植物材料中能将其特定的遗传信息传递给后代并能表达的遗传物质的总称，携带种质的载体，可以是群体、个体，也可以是器官、组织、细胞、个别染色体乃至DNA片段，如古老的地方品种、新培育的推广品种、野生近缘植物、重要的遗传材料、染色体以及基因等，都属于种质资源的范围。

（二）种质资源的作用

没有好的种质资源，就不可能育成好的品种。种质资源是育种工作的物质基础，是不断发展和创新新品种的基础。育种工作者掌握的种质资源越丰富，对它们的研究越深透，利用它们选育新品种的成效就越大。

（三）种质资源的类别

1. 本地种质资源

包括古老的地方品种和当地推广的改良品种。

特点：本地种质资源是在当地自然和栽培条件下长期形成的，反映本地的风土特点，对当地生态条件具有高度的适应性；同时地方品种往往是一个复杂的群体，包含丰富的基因型，是重要的育种原始材料。

2. 外地种质资源

指从外地区和国外引入的品种或材料。

特点：它们反映了各自原产地区的生态和栽培特点，具有不同的遗传性状，其中有些是本地种质资源所不具备的，是改良本地品种宝贵的种质资源。

3. 野生种质资源

包括栽培植物的近缘野生种和有潜在利用价值的植物野生种。

特点：这些种质材料是在自然条件下经过长期的适应进化和自然选择形成的，具有很强的适应性和抗逆性，或者具备栽培植物所欠缺的某些重要特性，是培育新品种的重要材料。

4. 人工创造的种质资源

包括人工诱变产生的各种突变体或中间材料、远缘杂交创造的新类型、基因工程创造的新种质。

特点：这些都是丰富的种质资源，也是培育新品种的重要资源。

（四）种质资源的收集及保存

1. 种质资源收集的范围

种质资源收集的原则是尽可能地广泛收集，收集对象包括以下几种。

①目前正在栽培的品种，尤其是那些濒临灭绝的优稀地方品种。

② 过去栽培但现在生产上已淘汰的品种。

③ 栽培物种的近缘野生种。

④ 特殊遗传物质，如突变体、自交系等。

⑤ 对人类可能有利用价值的野生种。

2. 种质资源的收集及登记

种质资源收集的方法，一般有考察收集、赠予、购买和交换4种途径。但是，在收集种质资源前，首先要有一个明确的计划，包括目的、要求、方法和步骤。

收集到的种质资源在入库贮藏之前，必须进行资料的全面记录和编号登记。记录内容主要包括：采种日期、地点、采集人、产地环境、植株性状、入库时间、入库编号、发芽率、净度、种子数、含水量等。

3. 种质资源的保存

搜集到的种质资源，经整理、归类后，必须妥善保存，以供研究和长期利用。种质资源保存是种质资源工作的关键，如果保存不妥，就会使费了很大力量收集来的资源毁于一旦，深入研究和充分利用也就成为一句空话。

植物种质资源是有生命的资源，种质资源保存必须保持其继续繁殖所需要的生活力。种质资源保存的具体方法，可分为种植保存、贮藏保存和离体试管保存等。

（1）种植保存　就是将种质资源的种子在田间种植，进行繁殖。

（2）贮藏保存　贮藏保存就是用控制贮藏时的温度和湿度、氧气、种子含水量等的方法，长期保持种质资源生活力的一种方法。

贮藏保存种质资源采用种质库保存。种质库分为3种。

长期库：温度控制在-20~-10℃，相对湿度控制在30%，入库种子含水量5%~6%，种子存放在真空包装的铝盒中。可保持种子寿命30~50年，甚至百年以上。

中期库：温度控制在0~5℃，相对湿度45%，入库种子含水量8%~9%，种子放在密闭的铝盒或玻璃容器中，可保持种子寿命达25年。

短期库　温度为15~20℃，相对湿度50%左右，种子含水量低于12%，种子存入纸带或布袋中，可保持种子寿命2~5年。

（3）离体试管保存　又称植物组织培养保存。

（4）超低温冷冻保存　在-196~-40℃的冷冻条件下对培养物实现长期保存。

种质资源的保存除资源材料本身外，还应包括种质资源的各种资料。每一份种质资源材料应有一份档案。档案中记录有编号、名称、来源、研究鉴定年度和结果。档案按材料的永久编号顺序排列存放，并随时将有关各材料的试验结果及文献资料登记在档案中。根据档案记录可以整理出系统的资料和报告。档案资料输入电子计算机贮存，建立数据库，便于资料检索和进行有关的分类和遗传研究。

4. 种质资源的研究及利用

种质资源的研究内容主要包括性状、生理生化特性的研究，细胞学的研究，遗传性状的评价等。

种质资源鉴定一般包括农艺性状，如生育期、形态特征或产量因素等，抗逆性如抗旱、抗寒、抗涝、抗病性、抗虫性等；产品品质，如营养品质、观赏品质等。

种质资源的收集、保存和研究，最终目的是为了有效利用。对种质资源的利用方式一般可以分为以下几种。

（1）直接利用　对于搜集到的能适应当地生态环境条件的或引进的品种、品系等，通过试验，如有利用价值，即可在生产上直接利用，往往会收到可观的效益。

（2）间接利用　对于在当地表现不很理想或不能直接用于生产，但具有明显优良性状的材料，可以作为育种原始材料。

（3）继续研究　对于一些暂时不能直接或间接利用的材料，也不能忽视。其潜在的基因资源有待进一步深入研究认识、利用。

六、引种

（一）引种的作用及其基本原理

引种概念

引种是指从外地区或国外引进新植物、新作物、新品种以及进行育种和有关理论研究所需要的各种种质资源材料。

引种既包括简单引种，也包括驯化引种；既包括栽培植物的引种与驯化，也包括野生植物的驯化。

1. 引种的作用

① 引种是栽培植物起源与演化的基础。

② 引种是丰富并改变品种结构，提高生活质量的快速而有效的途径。

③ 引种可为各种育种途径提供丰富多彩的种质资源。

2. 引种的基本原理

（1）气候相似论　为了减少引种的盲目性，提高引种的预见性和成功率，引种地区间的气候条件必须相似，即气候相似理论。

基本要点是：地区之间在影响植物生产的主要气候因素方面，应该足以保证植物品种相互引用成功。

（2）生态条件和生态型相似原理　任何植物的正常生长发育，都需要适宜的生态条件。一般来讲，生态条件相似的地区引种容易成功。生态条件中各组成因子，如水分、温度、光照等组成的气候生态因子对生物体的影响至关重要。植物由于起源的不同，形成了对生态条件的相应要求和反应。

（二）引种的一般规律

1. 低温长日照植物的引种规律

低温长日照植物从高纬度地区引种至低纬度地区种植，由于低纬度地区冬季温度高于高纬度地区，春季日照短于高纬度地区，往往不能满足其发育对低温和长日照的要求，表现生育期延长，甚至不能进行花芽分化，但营养器官生长旺盛。

低温长日照植物从低纬度地区的植物向高纬度地区引种，由于植物发育过程中对低温的要求能较早得到满足，过快通过由营养生长向生殖生长的转化，表现生育期缩短，植株矮小，产量低，也易遭受冷害。

2. 高温短日照植物的引种规律

高温短日照植物从低纬度地区引种到高纬度地区，由于高纬度地区不能满足植物生长发育对温度和日照的要求，往往表现生育期延迟，植株增高，穗、粒可能增大但易遭霜冻。

高温短日照植物从高纬度地区引种到低纬度地区，则表现生育期缩短，提早成熟，植株、穗、粒变小，产量下降，特别是引种到低纬度地区又延迟播种。因此，高温短日照植物南种北引，引早熟品种类型；北种南引，引晚熟品种类型，一般较易成功。

引种时还必须考虑海拔高度。一般海拔每升高 100 米，相当于纬度增加 1 度，温度降低 0.6℃。

以水稻为例，南方水稻品种引到北方，遇低温长日，生育期都要延长，出穗推迟。要选引早熟或中熟早稻品种才能成功也称南种北引。北种南引后遇到短日高温，生育期缩短，出穗早，植株变矮，穗短粒少，粒重降低。如采用早播种、早追肥、合理密植等措施，也可获得高产。

（三）引种的原则与程序方法

1. 明确引种的目的和要求

引种前要针对本地生态条件、生产条件及生产上种植品种所存在的问题，确定引进品种的类型和引种的地区。要根据品种的温光反应特性，两地生态条件和生产条件的差异程度研究引种的可行性，根据需要和可能进行引种，切不可盲目乱引，以免造成不应有的损失。

2. 做好引种试验

引种有其一般规律，但品种之间的适应性有一定的差异。所以，在大量引种前，一定要进行引种试验。

（1）试验　对初引进的品种，必须先在小面积上进行试种观察，用当地主栽品种作对照，初步鉴定其对本地区生态条件的适应性和直接在生产上的利用价值。对于符合要求的、优于对照的品种材料，则选留足够的种子，以供进一步的比较试验。

（2）品种比较试验和区域试验　通过观察鉴定表现优良的品种，参加品种比较试验，进一步作更精确的比较鉴定。经二年品比试验后，表现优异的品种参加区域试验，以测定其适应的地区和范围。通过区域试验的品种，将进行生产示范、繁殖、推广。

（3）栽培试验　对于通过试验初步肯定的引进品种，还要进行栽培试验，对影响品种产量的主要栽培因素，如播期、密度、施肥量等，进行试验研究。做到良种良法配套推广。

3. 加强检疫工作

引种常是病虫害和杂草传播的重要途径。新引进的品种材料还必须通过特设的检疫圃，隔离种植，若在鉴定过程中发现有危险性的病虫害，就要采取根除的措施，通过这样的途径繁殖而得的种子，才能用于试验。

4. 严格进行种子检验

经过引种试验确定了引入品种的推广价值后，最好在本地扩大繁殖。如需从原产地大量调种，必须在调运前对种子水分、发芽率、净度和品种纯度等，按国家标准进行检验，符合规定标准方可调运。

七、选择育种

（一）选择育种的概念

选择育种是对现有品种群体中出现的自然变异进行性状鉴定、选择并通过品种比较试验、区域试验和生产试验培育新品种的育种途径。

选择育种是植物育种中最基本、简易、快速而又有效的途径。

选择指从自然变异群体中选优汰劣。选择是选择育种的中心环节，是育种和良种繁育中不可缺少的手段。

选择的实质是差别选择，要点是优中选优和连续选优。

选择不能创造变异，但选择可对变异产生创造性的影响。选择具有创造性作用。

（二）选择的基本方法

选择的基本方法有单株选择法和混合选择法两种。两种方法都可以用于对自然变异和人工变异材料进行选择。

1. 单株选择法

单株选择法是将当选的优良个体分别脱粒、保存，翌年分别种成一行（或小区），根据后代株行的表现来鉴定上年当选单株的优劣，淘汰不良株行。

单株选择法可分为一次单株选择法和多次单株选择法。

（1）一次单株选择法　单株选择只进行一次，在株系圃内不再进行单株选择，叫做一次单株选择法。通常隔一定株系种植一个小区的对照品种。株系圃通常设二次重复。根据各株系的表现淘汰不良株系，从当选株系内选择优良植株混合采种，然后参加品种预备试验。

（2）多次单株选择法　在第一次株系圃选留的株系内，继续选择优株分别编号、采种，播种成第二次株系圃，比较株系的优劣。如此反复进行。实践中究竟进行几次单株选择，主要根据株系内株间的一致性程度而定。

优点：选择效果好，株系内基因型纯合程度大，繁殖的后代不易分离。

缺点：多次单株选择法费工费时，占地面积大，工作程序也比较复杂，成本高。

单株选择法适用于自花授粉植物及常异花授粉植物群体中自然变异和人工变异个体的选择。玉米为利用杂种优势，选育自交系也可以采用单株选择法。

2. 混合选择法

混合选择法是从供选群体中，选择性状优良、相似的个体（单株、单穗、或单铃），混合脱粒，下年播种成小区，与原品种进行比较、鉴定。

混合选择法可分为一次混合选择法和多次混合选择法。

（1）一次混合选择法　对原始群体进行一次混合选择，当选择的群体表现优于原群体或对照品种时即进入品种预备试验圃。

（2）多次混合选择法　在第一次混合选择的群体中继续进行第二次混合选择，或在以后几代连续进行混合选择，直至产量比较稳定、性状表现比较一致并胜过对照品种为止。

优点：方法简便易行、成本低可以结合生产过程进行，推广的速度快，繁殖材料多。

缺点：一次混合选择的选择效果差，多次混合选择的选择速度慢。

混合选择法用于自花授粉植物的品种改良效果较小，但在自花授粉植物的良种繁育工作中经常采用。混合选择法比较适用于对异花授粉植物进行改良和提纯。

（三）性状鉴定技术

性状鉴定是进行有效选择的依据。运用正确的鉴定方法，对育种材料做出客观的科学评价，才能准确的鉴别优劣，做出取舍，从而提高育种效率，加速育种进程。

1. 直接鉴定和间接鉴定

直接鉴定是根据被鉴定性状本身的表现进行鉴定。间接鉴定是根据被鉴定性状与另外一些性状的相关关系进行对比鉴定。

2. 自然鉴定和诱发鉴定

自然鉴定是在田间自然条件下对育种材料进行的一种较直观的鉴定方法。但鉴定抗逆性时，不良的条件不是每年都发生，需要人工创造逆境条件进行诱发鉴定。

3. 当地鉴定和异地鉴定

育种工作中主要是在当地条件下进行鉴定，有时为了鉴定抗病虫性、光温反应特性、适应性等，需要到异地进行鉴定。异地鉴定对个别灾害的抗耐性是有效的，不宜同时鉴定其他目标性状。所以，需要在当地生产条件下表现出的性状，必须在有代表性的地块上进行田间直接鉴定，结果才可靠。

对性状的鉴定往往需要田间、室内及多种方法同时进行。对品质性状和生理生化性状需要在实验室内，利用仪器设备才能进行鉴定。

（四）选择育种的一般程序

选择育种从搜集材料、选优良单株开始，到育成新品种的过程由一系列的选择、淘汰和鉴定工作组成，这些工作的先后顺序称之为选种程序。

1. 系统育种程序

系统育种是根据育种目标的要求，在现有品种群体中，通过连续单株选择的方法，选出优良的变异个体（单株、单穗或单铃），经过后裔鉴定，进而育成新品种的方法。因为所育成的品种由自然变异中的一个个体发展而来，故称系统育种。当它应用于自花授粉植物时，经常称为纯系育种。

（1）选择优良变异植株（穗、铃）　在田间或原始材料圃中选择符合育种目标的优良单株，田间选株要挂牌标记，以便识别。再经室内复选，淘汰性状表现不好的单株（穗、铃），当选的单株（穗、铃）分别脱粒（轧花）保存，留作下年试验播种之用。

（2）株（穗、铃）系试验　将上年入选的单株分别种植成株行（穗行或铃行）也可称系统。每隔几个株行种上原品种作为对照，后代鉴定是系统育种的关键。在选择的关键时期，如各个生育期，发病严重期、成熟前期，观察鉴定各个单株后代（株系）的一致性和各种性状表现，严格选优。入选的优系再经室内复选，保留几个、十几个、最多几十个优良株（穗、铃）系。如果入选的株系在主要性状上表现整齐一致则可称为品系，下年参加品系比较试验。个别表现优异但尚有分离的株系可继续选株，下年仍参加株系试验，即采用多次单株选择，直到选出主要性状符合育种要求，且表现整齐一致的品系。

（3）品系鉴定试验　以较大的小区面积鉴定品系的生产能力和适应性。各入选品系相邻种植，并设置 2~3 次重复以提高试验结果的准确性。试验条件应与大田生产接近，保证试验的代表性。品系比较试验，进行 2~3 年。根据田间观察评定和室内较全面的考种以及品质鉴定，选出比对照显著优越的品系 1~2 个参加品种比较试验。表现优异的品系，在第二年品系比较试验的同时，应加速繁殖种子，以便进行生产试验。

（4）品种比较试验　对品系鉴定试验选出的优良品系进行最后的筛选和全面评价。在连续 2~3 年的品种比较试验中，均比对照品种显著增产或质优的为当选品种，即可申请参加由各省或国家组织的区域性试验，审定合格后，定名推广。

（5）区域化试验　是对各单位选送的品种，根据品种特性划分自然区进行鉴定，以便客观地鉴定新品种的推广价值和最适宜的推广区域，对品系鉴定、品比试验和区域化试验中表现优异的品系、品种可在各地接近大田生产条件下，同时进行大面积生产试验鉴定和栽培试验。

2. 混合选择育种程序

混合选择育种是按照育种目标从原始群体中，选择一批单株，混合留种，所留种子下季与原始品种进行种植比较，如果混选群体比原品种优越，就取代原品种，作为改良品种加以繁殖和推广。

（1）从原始群体中进行混合选择　按育种目标，选择一批优良而一致的个体，经鉴定淘汰其中的非典型单株，将入选各株混合脱粒。

（2）比较试验　下一季节，将混合脱粒的种子与原品种相邻种植在同一试验小区内，进行比较，如证明其确比原品种优越，则将其收获、脱粒以供繁殖。

（3）繁殖和推广　经混合选择而改良的群体，加以繁殖，以供大面积推广。

八、杂交育种

杂交育种的概念：杂交育种是指通过不同品种间杂交获得杂种，再对杂种后代进行选择、鉴定和培育，产生新品种的方法。

（一）杂交育种的亲本选择与选配

选择选配亲本是杂交育种成败的关键，如果亲本选择选配不当，即使在杂种后代中精心选择多年，也会徒劳无功。

亲本的选择与选配应遵循的原则。

① 双亲应优点多、缺点少，亲本之间的优、缺点能互补。

② 至少应选择当地的推广品种作亲本之一。

③ 注意选用遗传差异性大的亲本。

④ 选用遗传力强且一般配合力好的品种做亲本。

一般配合力是指某一亲本材料与其他若干亲本材料杂交后，杂种后代在某个性状上表现的平均值。平均值高，一般配合力就好。

（二）杂交育种技术

1. 杂交技术

（1）制定杂交计划　包括杂交组合数、具体杂交组合、每个杂交组合的花数等。

（2）选择杂交种株及花朵　选具有该亲本典型性状、健壮无病、发育良好的植株作为杂交种株。在入选种株上选健壮的花枝和花蕾进行杂交，疏去过多的、没有进行杂交的花枝或花蕾，以保证杂交种子生长充实饱满。如果杂交亲本的花期不能相遇，可采用调节播期、人工控制温度、光照处理、植株调整、肥水管理和使用生长调节剂等措施来调整花期。

（3）隔离和去雄　防止自花授粉和天然异花授粉，需在母本雌蕊成熟前进行人工去雄或隔离。去雄方法较多，最常用的方法是人工夹除雄蕊法。去雄的花朵要套以玻璃纸袋或硫酸纸袋等进行隔离。

（4）花粉收集　杂交时在父本植株上采集正在散粉的花朵，直接授于母本柱头上，也可在授粉前一天，摘取次日将开花的花蕾，带回室内取出花药，干燥条件下使花药开裂，将散出花粉收集到容器中，放在低温（0~5℃）、黑暗和干燥条件下贮藏备用。

（5）授粉　授粉最适时间一般是在该植物每天开花最盛的时候。授粉时一般可采用橡皮头、海绵头、毛笔、棉花球等作为授粉工具。为保证授粉成功率，可连续授 2~3 次。

（6）授粉后的管理　杂交后在穗或花序下挂上小纸牌，标明父母本名称，去雄、授粉日期，书写要工整。授粉后一二日及时检查各花朵状态，对授粉未成功的花可补充授粉，以提高结实率，保证杂种种子数量。

2. 杂交方式

（1）单交（成对杂交） 用两个亲本进行一次杂交称为成对杂交，以符号 A × B 或 A/B 表示。单交的方法简便，变异较易控制，在常规杂交育种中普遍采用。

（2）复交 在两个以上亲本间进行一次以上的杂交称为复交。一般先配单交组合，再将这些组合相互杂交，或与其他亲本杂交。

三交：（A × B）× C，或表示为 A/B//C，A、B 两个亲本的核遗传组成在这个杂交组合的 F_1 中各占 1/4，而 C 为 1/2。

四交：[（A × B）× C] × D，或表示为 A/B//C/3/D；其中，A、B 各占 1/8，C 占 1/4，D 占 1/2。

双交：双交是指两个单交的 F_1 再次杂交，参加杂交的亲本可以是 3 个或 4 个。（A × B）×（C × D）、（A × B）×（A × C）或表示为 A/B//C/D、A/B//A/C。

复交的特点是：要进行两次或两次以上的杂交，杂交工作量大，F_1 出现性状分离，杂种遗传基础比较复杂，其后代群体分离更广泛，分离时间长，群体规模要比单交大，经多代选择有可能获得综合多个亲本性状的优良类型。

应用复交时，一般遵循的原则是，综合性状较好、适应性较强并有一定丰产性的亲本应放在最后一次杂交和占有较大的比重，以便保证杂种后代的优良性状。

（3）回交 指两个亲本杂交后，杂交后代再与亲本之一进行重复杂交。回交可表示为 A/2 × B 或 A/3 × B（× 表示回交，2、3 表示包括第一次杂交在内的回交系数），用于重复杂交的亲本称轮回亲本，只参加一次杂交的亲本称非轮回亲本。回交一般用 A × B → F，F × B → BC_1（或 BC_1F_1），BC_1 × B → BC_2（或 BC_2F_1）…依次类推。回交一次的第一代用 BC_1（或 BC_1F_1）表示，其自交后代用 BC_1F_2 表示；回交二次的第一代用 BC_2（或 BC_2F_1）表示，其自交后代用 BC_2F_2 表示。

回交法常用于改良某一推广品种的个别缺点，或转移某个目标性状，如抗病性、早熟性、矮秆性、产量性状、品质等。

在采用回交法育种时，轮回亲本必须是适应性强、丰产性好、综合性状优良，只存在个别缺点，经改良后有继续推广前途的品种。而非轮回亲本作为被改良性状的来源，必须具备轮回亲本需要改良的目标性状，且遗传力强。

（三）杂种后代处理

根据对杂种后代处理方法的不同，可分为系谱法、混合法等若干方法。

1. 系谱法

自杂种第一次分离世代开始选单株，分别种植成株行，即系统；以后各世代均在优良系统中继续进行单株选择，直至选到优良一致的品系。在选择过程中，典型的系谱法要求对材料所属的杂交组合、单株、株行、株系群等按亲缘关系编制号码并进行性状的记载，以便查找系统历史与亲缘关系，所以，称系谱法。

（1）杂种一代（F_1） 种植 F_1 和 F_2 的地块通称杂种圃。在杂种圃内按杂交组合顺序排列，播种杂交种子，并相应播种对照品种及亲本以便比较。在 F_1 应注意田间管理，以便获得足够的种子。

主要工作是淘汰有严重缺点的组合和拔除假杂种。必要时也可选单株。按组合混合收获，写明行号或组合号，如果选择单株，应将所选单株单独收获并编号。

（2）杂种二代（F_2）或复交一代 按杂交组合播种，同时，在田间均匀布置对照行并播种亲本行，以便根据各杂种植株最邻近的对照行表现选择单株。对照亲本及 F_2 表现，了解亲本的性状遗传特点，为选配亲本积累经验。

主要工作是从优良组合中选择单株，同时淘汰不良组合。在当选组合中选择单株的数量，依育种目标、杂交方式、杂交组合的优良程度而定，一般入选率在 0.05%~10%。当选单株按组合分别收获，小粒禾谷类作物应连根拔出，分别脱粒、编号、保存，一般不必考种，但根据育种目标要求也可进行个别性状的考种工作。

（3）杂种第三代（F_3） 种植 F_3 及其以后世代的地段通称选种圃。主要任务是选择单株、株行鉴定并最终选出性状优良一致的品系，升入鉴定圃。将 F_3 播种成行（株行），按组合排列。在田间均匀分布对照品种行，以利选择。

F_3 各株行分别来自 F_2 不同的单株，称之为系统，系统间性状差异明显，各系统内有程度不同的分离。

主要任务是从优良组合的优良系统中选拔优良单株，选择时可根据系统的生育期迟早、株高、抗病性、抗逆性、株型、穗数、穗大小等性状综合表现进行。各组合选择规模在很大程度上依组合优劣而定，每一株行内选择 5~10 株。将 F_3 当选植株按系统分株收获，分别脱粒和编号。

（4）杂种四代（F_4）及其以后各世代 F_4 及其以后各世代种植方法同 F_3 代。来自同一 F_3 系统（即同一 F_2 单株）的 F_4 代系统称为系统群（株系群）。系统群内各系统间互为姊妹系。不同系统群间的差异较同一系统群内各系统间的差异大，而姊妹系间表现往往相近。

工作重点也由以选株为主转移到以选拔优良系统为主，如果系统群表现整齐和相对一致也可按系统群混合收获以保持相对的异质性和获得较多种子，有利于将材料分发到不同地点试验。如果某些组合种植到 F_5 或 F_6 代仍未出现优良单株或系统可予以淘汰。

2. 混合法

在自花授粉植物的杂种分离世代，按组合混合种植，不予选择，直到估计杂种后代纯合百分率达到 80% 以上时（约 F_5~F_8），或在有利于选择时，如病害流行或某种逆境条件如旱害、冻害严重年份，才进行一次单株选择，下年种成株行（系统），根据其后代表现选拔优良系统升级鉴定比较。

混合法的理论依据如下。

① 育种目标性状多属于数量性状，它们由许多具有累加效应的微效基因所控制，在

杂种后代中形成连续性变异，易受环境影响，遗传力在早代很低，所以不如等到高世代纯合个体百分率增加后再行选择。

② 杂种 F_2 是不同基因型组成的群体，判断优良基因型准确性差，所以 F_2 的选择工作要十分慎重。

③ 由于受到种植群体的限制，对 F_2 进行严格选择，不可避免地会损失许多有利基因，混合法具有较大的杂种群体，可能保存大量的有利基因，提供在各个世代继续重组的机会。

基于上述情况，混合法要求混播群体较大，每组合可有数万株；每代收获和播种的群体应尽可能包括各种类型植株的大多数，代表性广泛；在选择世代要求入选的株数也要多些，如水稻品种间杂交各组合最好选择 3 000~5 000 株。

3. 系谱法与混合法的比较

① 对质量性状或遗传力较高的数量性状，用系谱法在早代选择，可起到定向选择的作用。育种工作者可以及早地集中力量掌握少数优良系统，及时组织试验、示范、繁殖，这是系谱法的优点。混合法是在种植若干年后才进行个体选择成为系统，而在杂种群体中选择个体要比在系统中选择困难得多，选择数量必须加大，使得翌年的系统选拔工作更为繁重，此外花费的年限较长。

② 系谱法从 F_2 代起实行严格选择，中选率极低。为了严格选择，有时不得不把一些选择可靠性极小的性状也列入选择标准，实际选择效果并不高，有时反而淘汰了不少有利基因，使育成的新品种遗传基础比较狭窄。运用混合法则可为有利基因的保存、重组、累加提供较多的机会，可能会选到综合性状优良的群体。

③ 混合法与系谱法相比，在同等土地面积上能种植更多的杂交组合和保存更多类型的植株。

九、杂种优势的利用

杂种优势的概念：杂种优势是指由两个或两个以上遗传性不同的亲本杂交所产生的杂种一代，在生长势、生长量、生活力、结实性、发育速度以及对不良环境的抗性等方面，优于其亲本的现象。

（一）杂种优势的表现特点

① 杂种优势具有普遍性和复杂多样性。

② 杂种优势的大小与亲本遗传差异和纯度有关。

③ F_2 及以后世代杂种优势衰退。F_1 群体基因型的高度杂合性和表型的整齐一致性是构成杂种优势的基本条件。F_2 由于基因的分离，产生多种基因型的个体，个体间性状发生分离，使 F_2 群体的整齐度和优势明显下降。所以，生产上一般只利用杂种一代。

（二）杂交种的类别

1. 品种间杂交种

应用范围：对于雌雄异花或雌雄同花但去雄方便的植物（如玉米、棉花等），可采用品种间杂交的方式。

利用特点：育种程序简单，但由于品种间没有严格自交的过程，品种内株间的遗传基础不完全一致，所以杂种 F_1 表现不太整齐，优势也相对低于自交系间杂交种。

2. 自交系间杂交种

应用范围：对于容易人工自交的植物（如玉米等），可利用自交系间杂交种。

利用特点：育种程序复杂，所需时间长，但所配出的杂交种生长整齐一致，优势明显。由于 F_2 出现严重的性状分离，优势急剧下降，所以一般不宜利用自交系间杂种的 F_2 及以后各世代。

3. 自交不亲和系杂交种

基本概念：自交或系内兄妹交均不结实或结实极少，这种特性称自交不亲和性，具有这种特性的品系叫自交不亲和系。

应用范围：十字花科蔬菜如甘蓝、白菜、萝卜、油菜等，利用自交不亲和性配制单交种是国内通行方法。

利用特点：易获得不亲和株，杂交制种方便；亲本须采用蕾期授粉获得种子。

4. 种间杂交种

应用范围：某些种间杂交一代结实率不降低的植物，可利用种间杂种优势。如陆地棉产量较高、早熟，海岛棉纤维品质好，但成熟晚、产量低，用陆地棉和海岛棉杂交，可获得产量高、纤维品质好的杂交种。

（三）利用杂种优势的基本条件

① 亲本间杂交一代要有强大的杂种优势。

② 亲本的繁殖和杂交种的配制简单易行、杂交种种子生产成本低。

（四）选育一代杂种的一般程序

1. 选育优良自交系

选育自交系是异花授粉植物和常异花授粉植物利用杂种优势的第一步工作。选育优良自交系的方法和步骤。

① 选择优良的品种或杂种作为育成优良自交系的原始材料。

② 选择优良的单株进行自交。

③ 逐代选择淘汰　首先进行株系间的比较鉴定，根据选育目标淘汰部分不良的株系。对入选的株系选优良单株自交。一般经过 4~6 代，至主要性状不再分离、生活力不再衰退为止可得到自交系。自交系选出后，每个自交系种成小区进行隔离繁殖，系内株间可以自由授粉。

2. 配合力测定

配合力是指作为亲本杂交后 F_1 表现优良与否的能力。测定方法有简单配组法（不规则配组法）和轮配法 。

3. 自交系间配组方式的确定

经过配合力测验选出优良自交系及其优势组合后，还需要进一步确定各自交系的最优组合方式，以期获得综合性状最好的杂交种。生产上一般选择一般配合力高的亲本进行配组，选择特殊配合力强的组合作为杂交种的苗头组合。

杂交种根据参与杂交的亲本数可分为单交种、双交种和三交种。

4. 品种比较试验和生产试验

十、杂交种种子的生产

（一）人工去雄制种

人工去雄配制杂交种是生产杂交种的最原始方法。

适于人工去雄配制杂交种的植物应具备 3 个条件。

花器较大，易于人工去雄。

人工杂交一朵花能得到数量较多的种子。

种植杂交种时，用种量小。

（二）利用化学药剂杀雄制种

化学杀雄是在植物花粉形成以前或发育过程中，选用内吸性化学药剂，用适当的浓度，在特定的时期，喷洒植株，由于雌雄性器官对化学药剂反应的敏感程度不同，在不影响雌性器官的前提下阻止花粉的形成或抑制花粉的正常发育，使花粉失去受精能力，达到去雄的目的。

适用于花器小，人工去雄困难的植物，如水稻、小麦等。

良好化学杀雄剂应具备以下条件。

杀雄效果的选择性强。

对植株的副作用小，处理后不会引起植株畸变或遗传性变异。

喷施药剂的适宜期要长、杀雄彻底、稳定，重演性好。

药源广泛，价格低廉，使用方便。

对人、畜无害，无环境污染。

常用的化学杀雄剂有 2，3 二氯异丁酸钠、三碘苯甲酸、2- 氯乙基磷酸、二氯乙酸等。

（三）利用标记性状制种

用某一显性或隐性性状作标志，区别真假杂种，就可以避开去雄工作获得杂种。

具体作法是给杂交父本选育或转育一个苗期出现的显性标志性状，或给杂交母本选育或转育一个苗期出现的隐性标志性状，用这样的父、母本进行不去雄放任杂交，从母本上可收获自交和杂交两类种子。播种后根据标志性状，在间苗时拔除具有隐性性状的幼苗，即假杂种或母本苗，留下的具有显性性状的幼苗就是杂种植株。

可利用作标志的显性性状有水稻的紫色叶枕、小麦的红色芽鞘、棉花的红叶和鸡脚叶等。棉花的芽黄（幼苗第1~6片真叶平展初期皆为黄绿色）和无腺体（子叶柄、叶柄、铃柄、茎秆及铃壳的表面均无腺体）可作为标志的隐性性状。我国棉花陆海杂种（芽黄彭泽1号 × 长4923），利用芽黄这个受一对基因控制的隐性标志性状制种，可获得65%~70%的杂种。

（四）利用自交不亲和性制种

在生产杂交种子时，利用自交不亲和系作母本，以另一个自交亲和系作父本，从母本上收获的就是杂交种。如果双亲都是自交不亲和系，就可以互为父、母本，从两个亲本上采收的种子都是杂交种。我国在油菜上已大面积利用了自交不亲和性繁育杂交种。

（五）利用雄性不育性制种

利用雄性不育性制种，是克服人工去雄困难最有效的途径。

（六）雌性系的利用

使雌雄同株异花的植物中雄花的发育受抑制，而得到纯雌花的植株，即为雌性系。用它配制杂交种，手续简便，易于得到较多数量的杂交种种子。

十一、杂交制种技术

（一）安全隔离

杂交种种子生产制种区必须安全隔离，严防非父本的花粉飞入制种区，影响杂交种的质量。

1. 隔离的方法有4种

（1）空间隔离　在空间距离上把制种区与父本以外的其他品种隔离开，在制种区周围一定范围内，不种非父本品种。隔离距离要根据植物传粉的远近和对纯度要求的宽严来确定。花粉传播较近的植物如玉米、高粱，空间隔离几百米即可；花粉传播较远的植物，如甜菜、向日葵，空间距离应在1 500米以上。玉米自交系和水稻、高粱三系育种对纯度要求较严，空间隔离一般要在1 000米以上；有些植物对杂交制种的纯度要求稍宽，空间隔离距离300米以上即可。

（2）时间隔离　可以在开花时间上与其他品种隔离开，一般玉米和高粱制种区的播种期和周围其他品种的播种期错开40天左右，便能防止外来花粉吹入制种区。水稻可错开20~30天。

（3）自然屏障隔离　利用高山、湖泊、村庄、河流等自然屏障起到隔离的作用。

（4）高秆植物隔离　在需要隔离的方向种植数十行或百行以上的茎秆较高的其他植

物，以隔绝非父本品种的花粉。

2. 规范播种

（1）确定父、母本播种期　一般情况下，若父、母本花期相同或母本比父本早开花二三天，父、母本可同期播种；若母本开花过早或较父本开花晚，父、母本应分期播种，先种开花晚的亲本，隔一定天数再种另一亲本。分期播种相隔的时间，通常用天数计算，但由于父、母本对环境条件的反应不同，根据早播亲本的苗龄和幼苗生育状况来确定晚播亲本的播种期，更易达到父、母本花期相遇。若父、母本花期相差不大，分期播种相差不超过 3 天，可把要早播的亲本进行温汤浸种而后同期播种，以避免分期播种的麻烦。秋播植物分期播种不易控制花期，父、母本的生育期最好相同。为了保证花期相遇，有时父本可分两期播种，相隔 5~7 天，以延长父本供花时间。

（2）确定父、母本行比　在保证有足够父本花粉前提下，应尽量增加母本行数，以便多收杂交种种子。

（3）提高播种质量。

（二）精细管理

（三）去杂去劣

（四）去雄授粉

（五）分收分藏

种子生产概况

一、种子生产的意义和任务

种子生产是一项极其复杂的和严格的系统工程，种子生产包括新品种选育和引进，区试、审定、育种家种子繁殖、良种各种子生产、收获、清选、包衣、包装、贮藏、检验和销售等。种子生产就是要在保持原有品种优良种性的基础上，生产出质量好、纯度高的优良种子。种子生产的意义在于：种子生产是育种工作的延续，是育种成果在实际生产中进行推广转化的重要技术措施，是连接育种与农业生产的核心技术，是种子工作的一个重要组成部分，没有科学的种子生产技术，育成的新品种就不可能在生产上迅速的大面积推广，其增产作用就得不到充分发挥；没有种子生产，在生产上已经推广的品种就会很快发生混杂退化现象，造成种不良，失去增产作用。种子生产就是将育种家选育的优良品种，结合作物的繁殖方式与遗传特点，使用科学的种子生产技术，在保持优良种性不变的条件下，迅速扩大繁殖，为农业生产提供足够数量的优质种子。

种子生产的任务包括品种的更换和品种的更新。

（一）品种更换

品种更换就是迅速地大量繁殖新育成的或引进的，经过区域试验，并通过品种审定的新品种，以更换生产上现有的品种，满足农业生产对良种种子的需要，保证优良品种按计划迅速推广。

（二）品种更新

优良品种在大量繁殖和栽培过程中，常发生混杂退化，降低优良品种的增产作用，甚至造成减产。因此，要用纯度高、种性好的同一品种的种子，定期更新生产上已混杂退化的种子，以保持和不断提高品种的种性，延长品种的使用年限，使其能较长时间地在生产上发挥作用。

总之，种子生产的任务就是生产良种及杂交种亲本的优质种子，并配制优良的杂交种。在优质的基础上，生产足够的数量，并通过培育和选择，防止混杂退化，保持其增产性能，为生产提供数量足、质量好的种子。

二、种子、良种、品种的概念

（一）农业种子的概念

在农业生产中，凡用作播种材料的任何植物器官或其营养体的一部分都称为种子。一般可分为3类。

1. 真种子

这类种子就是植物学上所称的种子。如豆类、棉花、烟草、油菜、银杏等。

2. 植物学上的果实

内含一粒或多粒种子，外部则由子房壁发育的果皮包围，是由子房包括花器的其他部分发育而成。如小麦、黑麦、玉米、高粱和谷子的种子。

3. 营养器官

主要包括根、茎、叶及其变态物的自然无性繁殖器官。如甘薯的块根、马铃薯的块茎、甘蔗的茎节芽和葱、蒜的鳞茎、某些花卉的叶片等。

（二）良种

良种是指优良品种的优质种子。一般的标准认为，良种是经过审定定名品种的符合一定质量等级标准的种子。

良种是优良品种的繁殖材料——种子，应符合纯、净、壮、健、干的要求。

按《农作物种子检验规程》和《农作物种子质量标准》，根据种子质量的优劣，将常规种子和杂交种亲本种子分为育种家种子、原种和良种。常规种良种不分级，杂交种子分为一级、二级两个级别。

（三）品种

品种是人类长期以来根据特定的经济需要，将野生植物驯化成栽培植物，并经长期的培育和不断的选择而成的或利用现代技术所获得的具有经济价值的作物群体，不是植物分类学上的单位，也不同于野生植物。群体中每一个体具有相对整齐一致的、稳定的形态特征和生理生化特性，即特有的遗传性；而不同品种间的各种特征、特性彼此不完全相同，因而能互相区别。品种是一种重要的生产资料，能在一定的自然、栽培条件下获得高而稳定的产量和品质优良的产品，满足农业生产和人类生活的需要。品种具有区域适应性和应用上的时间性。

三、我国种子生产体系和程序

（一）种子生产体系

我国种子事业发端于19世纪末期。新中国成立前，我国只有少数农业试验场和农业推广实验站从事主要作物引种示范推广，良种面积只有66.7万公顷，基本上无成套的种子生产体系。

新中国成立以来，各级党和政府对种子工作十分重视，制定了一系列种子工作的方针、政策，种子生产体系及种子产业大致经历了4个阶段。“家家种田，户户留种”阶段（1949—1957年）；“四自一辅”阶段（1958—1978年），即农业生产合作社自繁、自选、处留、自用，辅之以国家调剂；“四化一供”阶段（1978—1995年）即品种布局区域化、种子生产专业化、种子加工机械化、种子质量标准化，以县为单位统一供种，实施“种子工程”；加速建设现代化种子产业阶段（1996年至今）。

20世纪90年代以后，我国进入了一个旨在以建立社会主义市场经济体制为目标，继续深化各项改革，经济和各项社会事业迅速发展的新时期，就种子工作而言，原有的“四化一供”种子方针，已不适应社会发展的需要。

1995年9月，国务院副总理姜春云在农业部召开的全国种子工作会议讲话中指出：“要实行种子革命，创建种子工程”。

2000年12月《中华人民共和国种子法》的发布实施，2010年9月对《中华人民共和国种子法》修订，对于种子行业来说，是一个转折，它标志着种子工作将进入一个“以法治种”的新的历史阶段。

目前我国种子生产发展趋势有以下几个特点。

① 资产重组、市场主体两极分化，上市公司（大公司）主导市场逐步形成——种子经营集团化。

② 以种子企业为主体的科技创新体系迅速发展——种子科技先导化。

③ 现代农业企业管理制度形成 ——企业管理现代化。

④ 建立和完备种业法律法规体系——种子管理法治化。

⑤ 种子大市场、大流通、大融合形成——种子流通国际化。

（二）种子生产程序

一个品种按繁育阶段的先后、世代的高低所形成的过程，叫做良种繁育程序。

1996年6月1日起新的种子检验规程和分级标准，将种子分为3级，即育种家种子、原种、良种。在此以前则把种子分为：原原种、原种、良种3个级别。

育种家种子，指育种家育成的遗传性状稳定的品种或亲本种子的最初一批种子，用于进一步繁育原种种子。

原种：用育种家种子繁殖的第一代至第三代，或接原种生产技术规程生产的达到良种质量标准的种子。

良种：用常规种原种繁殖的第一代至第三代和杂交种达到良种质量标准的种子，用于大田生产。

当今各国的种子生产都采用分级繁育和世代更新制度，但有两种不同的繁育程序（种子生产）或者说“技术路线”。

（1）重复繁殖（或保纯繁殖） 从育种者种子开始到生产用种，进行分级繁殖，每个等级种子只能种一次，而且是供下一个等级种植，自己不留种。从育种者种子到生产用种，繁殖三或四代即告结束。即由育种单位提供原原种（育种家种子），经专业化农场或良种基地繁殖后产生的原种及各代种子，由种子公司统一供应作为生产用种。生产用种在生产上只用一次，下一轮又从育种单位提供的原种开始，重复相同的繁殖过程，繁育生产用种。

在原种的供应上，一些育种单位采用“一年生产、多年贮藏、分年使用”的方法，以减少繁殖世代，防止混杂退化，保持种性，并延长新品种使用年限。

（2）循环选择（或三圃制保纯更新） 多年来我国种子生产程序一直占统治地位的是循环选择法—“三年三圃制”或其变形。即“单株选择、分系比较、混系繁殖”的三圃制或二年二圃制，见下图。

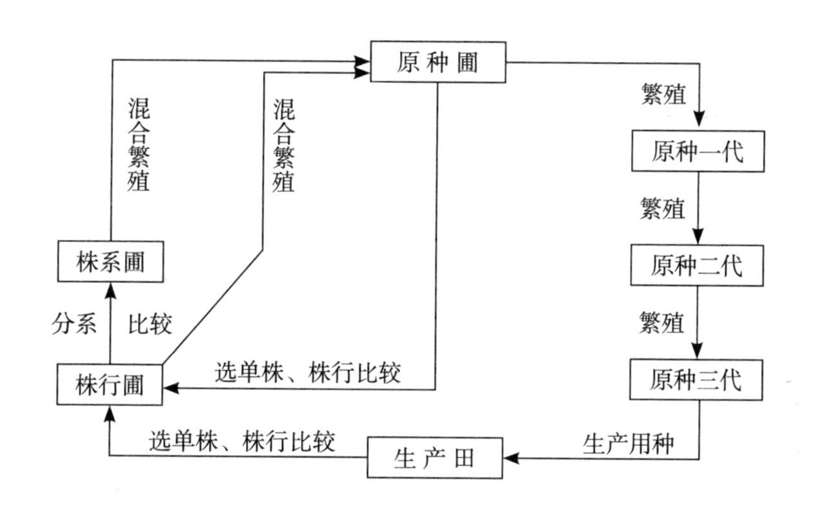

图 循环选择繁殖程序

新品种的审定与推广

品种区域试验和审定是品种推广的基础。育种单位育成的品种要在生产上推广种植，必须先经过品种审定机构统一布置的品种区域试验的鉴定，确定其适宜推广的区域范围、推广价值和品种适宜的栽培条件。在此基础上，经各省（区、市）或国家品种审定机构组织审定，通过后才能取得品种推广资格。

一、品种的区域试验与生产试验

（一）区域试验

区域试验是在品种审定机构统一布置下，在一定区域范团内所进行的多点品种比较试验。品种的区域试验是品种审定、决定新品种能否推广、合理布局以及新品种有效地应用于生产的重要依据，是品种选育和推广之间的重要中间环节。品种的区域试验、生产试验、栽培试验．对品种的利用价值、适用范围及适宜局地条件等作出全面的评价，为品种合理布局提供依据。

1. 区域试验的组织体系

品种区域试验分为全国和省（自治区、直辖市）两级。全国区域试验由全国农业技术推广服务中心组织跨省进行，各省（自治区、直辖市）的区域试验由各省（自治区、直辖市）的种子管理部门与同级农业科学院负责组织。市县级一般不单独组织区域试验。

参加全国区域试验的品种，一般由各省（自治区、直辖市）的区域试验主持单位或全国攻关联合试验主持单位推荐；参加省（自治区、直辖市）区域试验的品种，由各育种单位所在地区品种管理部门推荐。申请参加区域试验的品种（系），必须有 2 年以上育种单位的品种试验结果，性状稳定，显著增产，且比对照增产 10% 以上，或增产效果不明显，但某些特殊优良性状，如抗逆性、抗病性强，品质好，或在成熟期方面有利于轮作等。

2. 区域试验的任务

由负责区域试验的主持单位根据不同作物的特点制定详细的区域试验实施推广方案，包括试验设计、田间布置、栽培管理、考种、记载项目和统计分析方法等；安排区域试验和生产试验点、落实试验计划和进度，进行试验总结；并负责向有关专业组提供试验总结材料。

转基因作物品种的试验应当在农业转基因生物安全证书确定的安全种植区域内安排，具体试验方法由全国品种审定委员会制定并发布。

3. 区域试验的方法

（1）区域试验设计和田间布置

① 试验点的选择：品种区域试验一般是将若干个新品种（系）加对照按随机区组排列，设计多次重复的品种比较试验，进行多年多点鉴定。多年试验是对新品种审定的要求，一般2~3年；多点试验根据作物的适应性、种子管理部门管辖的地区范围加以安排。每一个品种的区域试验在同一生态类型区不少于5个试验点，试验时间不少于2个生产周期。每一个品种的生产试验在同一生态类型区不少于5个试验点，试验时间不少于1个生产周期。

② 试验处理的确定：常规的方法应用“唯一差异性原则”。区试中除年份、地点外，处理仅为品种不同的单因素试验。要统一田间设计，统一参试品种，统一供应种子，统一调查项目及观察记载标准，统一分析总结。参试品种的性状必须稳定一致，一组区试不超过15个品种，并选择同类型中推广面积最大、种子质量为原种或一级良种的优良品种作对照。

③ 小区的形状：小区的长宽比和方位对降低田间误差起着决定性作用，在相同小区面积上利用狭长的矩形小区可减少试验误差。

④ 小区的方位：地力均匀的平坦地块，小区长边与整个试验地的长边一致，作物行向与长边相垂直为宜，有坡向的试验地，小区长边应与坡向一致，作物行向与坡向垂直，这样安排可以防止土壤侵蚀。

⑤ 小区面积：小麦、水稻等矮秆禾谷类作物适宜的小区面积为10~20平方米，玉米、高粱等高秆禾谷类作物为30~50平方米，大豆、小豆等豆类作物为20~30平方米，应当指出，当小区面积过小时，存在着处理差异与区内竞争相混淆的风险。

⑥ 重复次数：要想获得无偏的试验误差估计，根据方差分析自由度分解要求，误差的自由度大于12为宜，试验设置重复次数越多，试验误差越小。重复次数的多少，一般根据试验所要求的精确度、试验地土壤差异大小、试验材料种子的数量、试验地的面积及小区大小等具体情况来决定，但区域试验重复不少于3次。

（2）取样、考种与测产　区域试验中，通过样本性状的考察推测其总体，在许多试验中对样本的抽取不规范；一是样本过少，二是抽样方法存在较多问题。

样本容量的大小直接影响到估算的精度和结论的可靠性，尤其是样本容量过小时，往往得到有偏性的数据结果，因此容易导致理论与实际不相符。金文林（1993）对小麦、水稻、大豆和小豆等5种作物以及不同遗传组成的群体小区样本平均数估测的样本容量进行了研究，结果表明较适宜的样本容量与考察的目标性状有关；如株高、节数等变异系数较小的农艺性状取样容量为10~20株，像单株产量及构成因素等变异系数较大的农艺性状取样容量应为30株，并在测产区中间行连续抽取具有代表性的样株。

样本株取回室内应妥善保存，及时考察预定项目。根据考种植株的原始数据，通过产量构成因素计算出各小区理论产量。理论产量与实测产量相差10%以内，样本株考种结果有效，否则样本株不具有代表性。

在田间测产时应剔除边行和缺苑或与断垄相邻的植株面积。实际测产时应选小区内生长正常、无缺苗断垄的植株群体，准确丈量实际测产面积，同时调查面积内的植株数或穗数，其测产面积一般占小区面积的50%~60%即可，实测实收。

（3）区域资料的统计方法和对品种评价　作物生育期间应组织相关人员进行检查观摩，收获前对试验品种进行田间评定。试验结束后，整理各试验点的试验资料，写出书面总结，上报主持单位。作物品种的稳产性及适应性是由作物品种本身基因型、性状与环境综合因素作用的结果，通过试验结果的统计分析可获得相应的信息。统计分析方法主要有常规的多年多点联合方差分析法。

（二）生产试验

参加生产试验的品种，应是参试第一、第二年在部分区域试验点上表现性状优异，增产效果在10%以上，或具有特殊优异性状的品种。参试品种除对照品种外一般为2~3个，可不设重复。生产试验种子由选育（引进）单位无偿提供，质量与区域试验用种要求相同。在生育期间尤其是收获前要进行观察评比。

生产试验原则上在区域试验点附近进行，同一生态区内试验点不少于5个，进行1个生产周期以上的试验。生产试验与区域试验可交叉进行。在作物生育期间进行观摩评比，以进一步鉴定其表现，同时起到良种示范和繁殖的作用。

生产试验应选择地力均匀的田块，也可一个品种种植一区，试验区面积视作物而定。稻、麦等矮秆作物，每个品种不少于660平方米，对照品种面积不少于300平方米；玉米、高粱等高秆作物1 000~2 000平方米；露地蔬菜作物生产试验每个品种不少于300平方米，对照品种面积不少于100平方米；保护地蔬菜作物品种不少于100平方米，对照品种面积不少于67平方米。

（三）栽培试验

在生产试验以及优良品种决定推广的同时，还应进行栽培试验，目的在于摸索新品种的良种良法配套技术，为大田生产制定高产、优质栽培措施提供依据。栽培试验的内容主要有密度、肥水、播期及播量等，视具体情况选择1~3项，结合品种进行试验。试验中应该设置合理的对照，一般以当地常用的栽培品种作对照。当参加区试的品种较少，而且试验的栽培项目或处理组合又不多时，栽培试验可以结合区域试验进行。

（四）试验总结

各试验点每年要按照试验方案要求及田间档案项目标准认真及时进行记载，作物收获后于1~2个月内写出总结报告，报送主持单位汇总。

主持单位每年根据各区域试验、生产试验点的总结资料进行汇总，及时写出文字总结材料（包括参试单位、参试品种、试验经过、考察结果，结合各品种试验数据和当年气象资料、病虫害发生情况，对试验结果进行综合分析），作物收获后2~3个月内将年度试验总结提交给品种审定委员会的专业委员会或者审定小组初审。在1个试验周期结束后（包括2年生产试验）由生产单位对参试品种提出综合评价意见，作为专业组审定依据。

二、品种审定

品种审定就是根据品种区域试验结果和生产试验的表现，对参加品种（系）进行审查、定名的过程。实行品种审定制度，可以加强农作物的品种管理，有计划地因地制宜地推广良种，加强育种成果的转化和利用，避免盲目引种和不良播种材料的扩散，是实现生产用种良种化，品种布局区域化，合理使用优良品种的必要措施。《中华人民共和国种子法》中明确规定，主要农作物品种和主要林木品种在推广应用前应通过审定。我国主要农作物品种规定为水稻、小麦、玉米、棉花、大豆、油菜和马铃薯共7种。各省、自治区、直辖市农业行政主管部门可根据本地的实际情况再确定1至2种农作物为主要农作物，予以公布并报农业部备案。

（一）品种审定的组织体制和任务

我国农作物品种实行国家和省（自治区，直辖市）两级审定制度。农业部设立全国农作物品种审定委员会（简称全国品审会），各省（自治区、直辖市）人民政府的农业主管部门设立省级农作物品种审定委员会[简称省（区、市）品审会]。市（地、州、盟）人民政府的农业主管部门可设立农作物品种审查小组。全国品审会和省级品审会是在农业部和省级人民政府农业主管部门领导下，负责农作物品种审定的权力机构。全国品审会由农业部聘请从事品种管理、育种、区域试验、生产试验、审定、繁育推广等工作的专家担任，负责审定适合于跨省、自治区、直辖市推广的国家级新品种，并指导、协调省级品审会的工作。省级品审会一般由农业行政、种子管理、种子生产经营、种子科研教学等部门及其他有关单位的行政领导、专业技术人员组成，负责该省（自治区、直辖市）的品种审定工作。

品审会设主任委员、副主任委员、秘书长和办公室主任。可根据具体情况下设小麦、水稻、玉米、蔬菜、油料、经济作物等专业委员会（或专业组）。如山西省品审会下设麦类水稻组、玉米高粱组、杂粮组、经济作物组、瓜类蔬菜组、果树花卉蚕桑组6个专业组。各专业委员会（或专业组）设主任委员、副主任委员、顾问和秘书（或组长、副组长）。

品种审定委员会的任务概括起来有以下几个方面。

① 贯彻执行有关农作物品种审定工作的规章制度、办法等。

② 负责组织农作物新品种的中间试验（包括区域试验、生产试验）。

③ 审定育成的和引进的农作物新品种，并对审定的新品种进行登记、编号、命名和颁发新品种审定合格证书。

④ 对已推广的品种以及种子生产等工作提出改进意见及建议。

（二）品种审定方法与程序

1. 申报省级品种审定的条件

① 报审品种需在本省（区、市）经过连续 2~3 年的区域试验和 1~2 年的生产试验。两项试验可交叉进行，但至少有连续 3 年的试验结果和 1~2 年的抗性鉴定、品质测定资料。

② 报审品种的产量水平要高于当地同类型的主要推广品种 10%以上，或者产量水平虽与当地同类的主要推广品种相近，但在品质、成熟期、抗病（虫）性、抗逆性等有一项乃至多项性状表现突出的亦可报审。

2. 申报国家级品种审定的条件

凡是参加全国农作物品种区域试验和生产试验，在多数试验点连续两年表现优异，经全国区试主持单位推荐，或者经过两个以上（含两个）省级品审会审定通过的品种方可申报。

报请国家审定的品种应填写《农作物品种审定申请书》并附有下列材料。

① 每年区域试验和生产试验年终总结报告（复印件）。

② 指定专业单位的抗病（虫）鉴定报告（复印件）。

③ 指定专业单位的品质分析报告（复印件）。

④ 品种特征标准图谱，如植株、根、叶、（铃、荚、块茎、块根、粒）的照片。

⑤ 栽培技术及累（制）种技术要点。

⑥ 省级农作物品审会审定通过的品种合格证书（复印件）。

报请省级审定的品种应填写各省的《农作物品种审（认）定申请书》，并附国家级审定①～⑤所要求的材料。

3. 申报程序和时间

品种申报程序是先由育（引）种者提出申请并签名盖章，由育（引）种者所在单位审查、核实加盖公章，再经主持区域试验和生产试验单位推荐并签章后报送品审会。向国家级申报的品种须有育种者所在省（区、市）或品种最适宜种植的省级品审会签署意见。

品种申报时间，按照现行规定，申报国家级审定的品种的截止时间为每年 3 月 31 日，各省审定品种的中报时间由各省自定。

例如，申报山西省审定品种的截止时间为每年的 2 月底（以邮戳为准）。

凡是申报审定的品种，申报者必须按以上申报程序办理，未按申报程序办理手续者，一般不予受理。

（三）品种审定与命名

国家级品种审定是先由品审会办公室对申报的材料进行审核、整理后，提交各专业委员会审定。各专业委员会定期召开会议，对报审的品种进行认真讨论，并用无记名投票的方法表决，凡赞成票数超过法定委员总数的半数以上的品种通过审定。通过审定的品种再提交全国品审会正、副主任办公会议审核后，统一编号、命名、登记，由农业部签发审定合格证书。凡全国品种审定委员会审定通过的品种名称前面加“国”的第一个拼音字母“G”，和“审”的第一个拼音字母“S”，即加“GS”以示为国家审定通过的品种，如GS中棉12号。现统一命名为：国审（GS）或省审（SS）+作物种类+年份+编号。

省级品种审定多由专业组（委）进行初审后向品审会推荐报审品种。品审办依据推荐意见和申报材料整理提案，于会前呈送品审会各委员，然后由品审会统一审定、命名、发布。省级品种审定委员会审定合格的品种报全国品种审定委员会备案。引进品种一般采用原名，不得另行命名。

审定会议未通过的品种，如选育单位或个人有异议时，经专业组（委）推荐可复审一次。

审定通过的品种，由育种者（单位）提供一定数量的育种家种子交给种子部门，加速繁殖推广，并编写品种说明书，说明品种来源、选育年代、特征特性、适宜推广地区、栽培技术要点及制种技术等。未经审定或审定不合格的品种任何单位和个人不得经营、推广，不得宣传、报奖，更不得以成果转让的形式高价出售，违者按《中华人民共和国种子管理条例》进行处罚。

三、新品种合理利用

新品种审定通过后，必须采用适宜的方式，加速繁殖和推广，使之尽快地在生产中发挥增产作用。新品种在生产过程中还必须合理使用，尽量保持其纯度，延长其寿命，使之持续发挥增产作用。

（一）新品种推广方式

由于新选育出来的或新引进的品种，刚通过审定时，一般种子的数量很少。除了必须加速繁殖、扩大种子数量外，还必须使这些有限的种子有计划地、尽快地得到应用和普及。因此，必须采取有效的方式推广。

1.分片式

按照生态、耕作栽培条件，把全县划分若干片，每年由县种子部门分片轮流供应新品种的原种后代种子，以后各片自己留种，供下一年生产使用，使一个新品种短期内在全县普及。

2. 波流式

首先在全县选择若干个条件较好的乡集中繁殖后，再逐步普及全县。

3. 多点式

由县繁殖出的原种或原种后代，先在全县每个区（乡），选择1~2个条件较好的专业户或承包户，扩大繁殖一年后，第2年即可普及到全区（乡）、全县。

除此之外也有采用集中繁殖、推广的和分散繁殖、推广的。但不管采用什么方式，都应有计划地安排，使有限的新品种种子及早地在生产上发挥作用。

4. 订单式

订单式是对于优质品种、有特定经济价值的作物，先寻找加工企业（龙头企业）开发新产品，为新品种产品开辟消费渠道。在龙头企业支持下，新品种的推广采取与种植户实行订单种植的方式。

（二）品种合理利用

优良品种应具有高产稳产、抗逆性强、适应性广、品质优良的特点。但必须因地制宜地综合运用各项增产措施，才能稳定地获得高额产量和品质优良的产品。

1. 因地制宜，合理布局

任何一种农作物品种都是育种者在某一个区域范围内，在一定的生态条件下，按照生产的需要，通过各种育种手段选育而成的优良生态类型，以致各有其生态特点，对外界环境都具有一定的适应性。这种适府性就是该品种在生产上的局限性和区域性。不同农作物品种适应不同的自然、栽培和耕作条件，必须在适宜其生长发育的地区种植，因此对农作物品种应该进行合理的布局。品种区域化就是依据品种区域试验结果和品种审定意见，使一定的品种在适宜地区范围内推广的措施。在一个较大的地区范围内，选用搭配具有不同特点的几个品种，使生态条件得到最好的利用，将品种的生产潜力充分地发挥出来，使之能丰产、稳产。

我国地域辽阔、地形、地势、气候条件及耕作栽培制度都极复杂，在不同生态条件下，只有选用、推广与之相适应的良种，才能保证农业生产的全面高产、稳产。在引进推广新品种时，必须注意品种的生育期、土壤及气候条件的适应性，不可盲引进新品种，以免造成损失。

2. 良种必须合理搭配

在一个生产单位或一个生产条件大体相似的较小地区内，虽然气候条件基本相似，但由于地形、土质、茬口和其他生产条件（如肥料、劳力、畜力、机具等）的不同，在推广良种时，每个作物应有主次地搭配种植各具一定特点的几个良种，使之地尽其利、种尽其能，这就是品种的合理搭配。另外从预防病虫害流行传播方面看，也应做到抗原的合理搭配，否则单一品种的种植，会造成相连地块同一病虫害的迅速蔓延，导致大流行，结果造成产量和品质降低。

一般地说，一个地区或一个生产单位同一作物除应选用1~2个适应大面积种植的当家品种外，还应有2~3个品种同时种植作为搭配品种。对于像棉花等异交率高、容易造成混杂退化的经济作物，最好一个生态区或一个县只种植一个品种。

3. 良种良法结合

不同品种具有各自特定的基因型，有其各自的生长发育规律，从而表现出各自的特征特性。品种性状的形成和表现，除品种内部的遗传基础外，还需一定的外界条件，因而要使一个品种的有利性状充分地表现出来，必须满足这些性状发育所需要的条件。

良种的丰产表现，是品种的基因型与环境条件共同作用的结果。如果没有优良的生产条件和栽培方法，良种的丰产性也不能实现。为此，各地在生产试验和示范中可根据品种特性调节合理的群体结构，按品种的生育特点和不足之处采取相应的栽培管理措施。可改一般的品种对比为多栽培处理的品比试验，以便摸索和总结出不同品种的特点和最佳的栽培措施，从而达到良种良法一起推广的目的。

4. 品种的更换与更新

品种的利用有一定的时间性，即使是优良品种，在生产栽培过程中，常会发生混杂退化，从而引起品种的纯度下降，种性发生不良变异，抗病性、抗逆性降低，适应性变窄，失去原品种的典型性和一致性，致使产量降低、品质下降。所以，在推广利用新品种时，在防杂保纯、注意保持其种性的同时，对已退化品种则应及时采取提纯措施，加速生产原种，有计划地分期分片实行品种更新。如果旧的品种种性下降，又有新的同类高产、优质品种育成，应尽快扩大其推广面积，以替换生产上价值低的原有品种，实行品种更换。

第八章 品种的保纯和原（良）种生产

一、品种混杂退化的现象及原因

（一）品种混杂退化的现象

一个优良品种，在生产上可以连续几年发挥其增产作用。但任何一个品种的种性都不是固定不变的。随着品种繁殖世代的增加，往往由于各种原因引起品种的混杂退化，致使产量、品质降低。

品种混杂和退化是两个不同的概念。品种混杂是指一个品种群体内混进了不同种或品种的种子，或者上一代发生了天然杂交或基因突变，导致后代群体中分离出变异类型，造成品种纯度降低；品种退化是指品种遗传基础发生了变化，使一些特征特性发生不良变异，尤其是经济性状变劣，抗逆性减退，产量降低，品质下降，从而导致种植区域缩小、降低，或丧失原品种在农业生产上的利用价值。

品种的混杂和退化虽然有着密切的联系，往往由于品种群体发生了混杂，才导致了品种的退化。因此，品种的混杂和退化虽然属于不同概念，但二者经常交织在一起，很难截然分开来。一般来讲，当品种在生产栽培过程中，发生了纯度降低，种性变劣，抗逆性、适应性减退，产量、品质下降等现象，就称为品种的混杂退化。

品种混杂退化是农业生产中的一种普遍现象。主干品种发生混杂退化后，会给农业生产造成严重损失。一个良种种植多年，总会发生不同变化，混入其他品种或产生一些不良类型，出现植株高矮不齐，成熟期不一致，生长势强弱不等，病、虫危害加重，抗性降低，穗小、粒少等现象。此外，品种混杂退化还会给田间管理带来困难，如因植株生长不整齐而造成管理上的“顾此失彼”。品种混杂退化，还会增加病虫害传播蔓延的机会。如小麦赤霉病菌是在温暖、阴雨天气，趁小麦开花时侵入穗部的，纯度高的小麦品种抽穗开花一致，病菌侵入的机会少，相反，混杂退化的品种，抽穗期不一致，则病菌侵入的机会就增多，致使发病严重。可见，品种的混杂退化是农业生产中必须重视并及时加以解决的问题。

（二）品种混杂退化的原因

引起品种混杂退化的原因很多，而且比较复杂。有的是一种原因引起的，有的是多种原因综合作用造成的。不同作物、同一种作物不同品种以及不同地区之间混杂退化的原因也不尽相同。主要有以下类型。

1. 机械混杂

指在播种、收获、脱粒、运输、贮藏等过程中，发生了人为的混杂，使一个品种的种子中混入了不同植物或同种植物不同品种、类型的种子。机械混杂不仅直接影响种子的纯度，同时还会增加生物学混杂的机会。因此，这种混杂是混杂的主要原因，在良种繁育中应特别引起重视。

2. 生物学混杂

由于天然杂交产生的混杂。发生天然杂交后，其后代会产生性状分离，出现不良个体，从而降低了原品种的一致性和丰产性。

3. 品种本身的性状分离和自然突变

品种的纯是相对的，特别是杂交育成的品种，一般只能做到主要性状一致，有些性状还可能发生分离，使杂株增多，造成混杂退化。

一个新品种推广后，在各种自然条件的影响下，可能发生各种不同的基因突变，而且这些突变大部分是不利的隐性突变。突变的发生，使品种失去一致性，也是导致混杂的一个因素。

4. 不适合的选择和繁殖方法

在良种繁育过程中，进行了不正确的选择，会加速品种的混杂退化。不适合的繁殖方法，也会使品种的适应性和生活力降低，引起退化。

5. 不良的环境和栽培条件

栽培植物每一个性状的发育，都要求一定的环境和栽培条件。如果这些条件得不到满足，就会发生变异，促使品种退化。如马铃薯要求生长在凉爽的条件下，若使它在高温条件下形成块茎，就会逐渐退化。

6. 不良的授粉条件

对异花、常异花授粉作物而言，自由授粉受到限制或授粉不充分，会引起品种退化变劣。如棉花通常以自花授粉为主，但长期自花授粉或连续单株选择也会使品种遗传基础贫乏，后代的适应性和生活力减弱，发生混杂退化。

7. 病毒侵染

病毒侵染是引起甘薯、马铃薯等无性繁殖作物混杂退化的主要原因。病毒一旦侵入健康植株，就会扩繁、传输、积累，随着其利用块根、块茎等进行无性繁殖，会使病毒病由上一代传到下一代。一个不耐病毒的品种，至第 4~5 代就会出现绝收现象。即使是耐病毒的品种，其产量和品质也会严重下降。

二、防止品种混杂的措施

（一）建立严格的种子生产规则，严防机械混杂

机械混杂是品种混杂退化的主要原因之一，预防机械混杂是保持品种纯度和典型性的重要措施。从繁种田块安排、种子准备、播种到收获、贮藏的全过程中，必须认真遵守种子生产规则，合理安排繁殖田的轮作和耕种，注意种子的接收和发放手续，认真执行种、收、运、脱、晒、贮的操作技术规程，从各个环节杜绝机械混杂的发生。

（二）采取隔离措施，严防生物学混杂

对于容易发生天然杂交的异花、常异花授粉作物，如玉米、高粱、油菜、棉花等，必须采取严格的隔离措施，避免因风力或昆虫传粉造成的生物学混杂。自花授粉作物也要进行隔离。隔离的方法有空间隔离、时间隔离、自然屏障隔离、高秆作物隔离等，对量少而珍贵的材料，也可用人工套袋法进行隔离。

（三）严格去杂去劣，加强选择

种子繁殖田必须坚持严格的去杂去劣措施，一旦繁殖田中出现杂劣株，应及时除掉。杂株指非本品种的植株；劣株指本品种感染病虫害或生长不良的植株。去杂去劣要干净彻底。

加强选择，提纯复壮是促使品种保持高纯度、防止品种混杂退化的有效措施。在种子生产过程中，根据作物生长特点，采用片（块）选、株（穗）选，或者混合选择法留种，可防止品种混杂退化，提高种子生产效率和效益。

（四）定期进行品种更新

种子生产单位应不断向品种育成单位引进原种，繁殖原种，或者通过选优提纯法生产原种，始终坚持用纯度高、质量好的原种繁殖大田生产种子，是保持品种纯度和种性、防止品种混杂退化、延长品种使用寿命的一项重要措施。

此外，要根据社会需求进步和育种科技发展状况及时更新品种，不断推出更符合人类生活质量提高要求的新品种，是防止品种混杂退化的根本措施。因而在种子生产过程中，要加强引种试验，密切与育种科研单位联系，保证主要推广品种的定期更新。

（五）改善栽培条件

优良的栽培条件能使品种的优良性状得到充分发育。所以，在良种繁育过程中，要采用先进的栽培技术，改善栽培条件，做到良种良法配套，以优质优良品种的种性，繁殖出健壮饱满的优质种子，有效地防止良种的混杂退化。

（六）脱毒

利用脱毒技术生产无毒薯。甘薯、马铃薯等作物通过茎尖分生组织培养，获得无病毒植株，进而繁殖无病毒种薯，可以根本上解决退化问题。这是近10年来甘薯、马铃薯种子生产上的突破性成果，已在我国广泛应用。另外，研究表明，大多数病毒不能浸染种子，即在有性繁殖过程中，植物能自动汰除毒源。因此，无性繁殖作物还可通过有性繁殖

生产种子，再用种子生产无毒种薯（苗），汰除毒源，培育健康种薯（苗）。

（七）利用低温低湿条件贮藏原种

利用低温低湿条件贮藏原种是有效防止品种混杂退化、保持种性、延长品种使用寿命的一项先进技术。近年来，美国、加拿大、德国等许多国家都相继建立了低温、低湿贮藏库，用于保存原种和种质资源。我国黑龙江、辽宁等省采用一次生产、多年贮藏、多年使用的方法，把“超量生产”的原种贮藏在低温、低湿种子库中，每隔几年从中取出一部分原种用于扩大繁殖。这种措施减少了繁殖世代，也减少了品种混杂退化的机会，有效保持了品种的纯度和典型性。

三、品种保纯和原种生产

（一）品种保纯的原则

品种保纯必须遵循纯中有异的原则。所谓纯中有异，就是表现型上的相对一致性和基因型的异质性。因为只有品种群体内个体间的性状相对一致，才便于栽培管理，适应生产的要求。但一个品种是由特定的遗传基础（基因库）组成的，其遗传基础越丰富，对环境条件的适应性就越强。而保纯的目的，就是要保持品种的优良性状，即保持原有优良基因的配套。只有这样，品种内部的矛盾大，生活力强，对环境条件有较大的缓冲力和较强的适应性，才能持久地高产、稳产。

根据纯中有异的原则，在进行品种保纯时，一般采用单株选择、分系比较和混系繁殖相结合的方法。用这种方法，可以从表现型的选择，深入到基因型的考察，所选品系容易达到性状优良、一致。同时，由于当选株（系）混合繁殖，既保证了种子数量，又使品种的群体保持了一定的异质性，增强了对外界环境条件的适应性。这样，就可以达到全面保持和稳定提高一个品种优良性状的目的。

（二）品种保纯生产原种的基本方法

1. 单株选择

就是按品种标准规定的特征特性，选择具有本品种典型性的单株。田间选择时要看品种的“三性”，即典型性、一致性、丰产性；还要看“三型”，即株型、叶型和穗（铃、荚、果等）型。当选株再进行室内考种，主要鉴定收获物的形态和品质，如小麦的粒色、粒形、每穗粒数、千粒重等；棉花的衣分、纤维长度、纤维拉力等；果实的含糖量、果形、果色等。根据室内考种的结果进行复选。复选当株，分别脱粒贮藏。复选的数量，根据下年株行圃的面积确定。

除进行单株选择外，还可以单穗、单铃、单果等进行选择。

2. 株行鉴定

选择地势平坦、肥力均匀、旱涝保收的地块，建立株行圃。将上年复选当选的优良株以株为单位，在株行圃种成株行，进行比较鉴定。在各生育阶段，对主要性状进行观察记录，并比较各株行性状的优劣、典型性、整齐度。对生长差、典型性不符合要求的株行和有明显优良变异的株行做出标记，并及时去杂去劣。收获前，综合各株行的全部表现进行决选，严格淘汰杂、劣株行。选择和淘汰的标准，应该是既要看性状的典型性，又要看性状是否优良，不可偏废。所选留的株行，既要行内各株优良、整齐，无杂、劣株，又要各行间在主要性状上表现一致。收获时，先收被淘汰的株行，不作种用。如果有优良的变异株行或单株，应单独收获，作为系统育种的材料。最后将剩下的典型、优良、整齐一致的株行，剔除个别杂、劣株后，分株行收获、考种、脱粒。种子供下年分系比较用。

以单穗、单铃等进行选择的，可种成穗行、铃行等，其方法同株行。

3. 株系比较

以上年当选的一个株行为一个系，种在株系圃。每系种一个小区，对其典型性、丰产性、适应性等进一步比较。种植方法、观察评比、选留标准等，仿照株行圃进行。当选株系经去杂去劣后，混合收获脱粒，下年进行繁殖。

以单穗、单铃等进行选择的，种成穗系、铃系等，其方法同株系。

4. 混系繁殖

将上年的混系种子种在原种圃扩大繁殖。原种圃要求隔离安全、土壤肥沃，采用先进的栽培技术、稀播繁殖等措施，以提高繁殖系数（单位面积上种子产量与播种量之比，如小麦种子亩产400千克，播种量8千克，其繁殖系数为50）。生长过程中要严格去杂去劣。收获时单收、单运、单打、单晒、单藏，严防机械混杂和各种损害。这样生产的种子就是原种。

总之，品种保纯生产原种，必须抓好以下几个环节：选好生产原种的对象，即进行保纯的品种；根据典型性、丰产性和其他主要性状选择优良单株；各圃要求地力均匀，以减少环境条件造成的差异，进行准确的比较坚定；注意安全隔离，进行去杂去劣和采取其他防杂保纯措施，以防产生新的生物学混杂和机械混杂；采用加速繁殖的措施，使原种迅速在生产上应用。

四、种子生产的生态条件及种子田

原种的数量是有限的，一般不能直接用于大田生产，必须建立种子田进行再繁殖，才能供大田生产用。种子田是专门用来繁殖良种种子的地块，它的任务是繁殖大田生产所需的纯度高、品质好的种子；繁殖新推广的新品种的种子；不断从良种中选纯选优、去杂去劣，巩固和提高品种的优良性状，防止混杂退化。

（一）种子生产的生态条件

种子生产的生态条件是指自然条件，包括气候、土壤、生物群落等。

生态条件对种子生产的影响

影响种子生产的气候条件，主要有无霜期、日照、温度、年降雨量和雨季分布等。无霜期和有效积温是植物能否正常完成生育期的基本条件，制种植物的生育期必须短于或等于制种地的无霜期，而其所要求的有效积温必须小于或等于制种地的有效积温，否则，制种植物将不能正常生长或受到极大伤害。温度的不适宜还可能造成植物产量、品质的降低、生育期的改变及病毒感染引起种性退化等。光照对植物的影响大致包括光照时间、强度及昼夜交替的光周期。一般来说，光照充足有利于植物生长，但在发育上，不同植物、不同品种对光照的反应是不同的。长日照植物如小麦、大麦、洋葱、甜菜和胡萝卜等，日照达不到一定长度就不能开花结实，而短日照植物如水稻、谷子、高粱、棉花、大豆和烟草等则要在日照短的时期才能进行花芽分化并开花结实。降水包括年降雨量和雨量在四季的分布，主要影响无灌溉条件的地区的植物生长及耐湿性不同植物生长。干热的气候会使麦类迅速衰老甚至死亡，而过度阴雨连绵会影响玉米等植物的雌穗分化、传粉和授精，造成空秆和多穗。另外，无风会影响风媒花传粉，而风过大又会使制种隔离失败，种子纯度降低。

土壤的含盐量、pH 值等，都会对制种植物产生影响。其中，pH 值和含盐量成为影响制种成效的限制因子。一般来讲，我国长江以南大部分地区生长的植物，长期适应于酸性土壤条件，移往非酸性土壤地区会导致产量降低和品质的下降。而在盐碱地区制种，会导致不耐盐碱植物或品种的制种失败。

生物群落对制种影响主要是传粉昆虫的种类、数量等，会影响虫媒花植物的制种产量和质量。

（二）种子生产中生态条件的调控

选择或人工创造适宜于种子生产的条件是制种成功的基础。一般种子生产中生态条件的调控有以下途径。

1. 就近制种

一般来讲，育成品种地区的生态条件就是最适合的生态条件，其附近地域应该是该品种最好的种子生产地。如适合于大面积种植马铃薯的黑龙江地区，冷凉的生态条件使种薯带毒低，是生产种薯的最佳地域。再如新疆维吾尔自治区的长绒棉，新疆维吾尔自治区干燥的气候、长日照和昼夜温差大的生态条件也最适合棉花种子生产。

2. 异地制种

利用异地或当地不同地带生态条件的差异，选择适宜的地区制种，亦是多年来广泛采取的人为控制自然条件的措施之一。如黄河，长江流域大量种植的马铃薯，其种薯若在当地繁殖，会因结薯期气温高使品种迅速退化。为了避免退化，就可到黑龙江、内蒙古自治区等冷凉地域繁殖，以保证种性。也可在当地的高山上进行繁种，可在海岛上繁殖脱毒种薯，利用高山上的冷凉气候、海岛上风大蚜虫少的条件，来防止品种退化。另外，夏季作物的冬季南繁制种，也是人为控制生态条件的成功例子。

3. 设施制种

利用人工温室、塑料大棚进行稀有、珍贵急需种子制种，为蔬菜、园艺等植物种子生产创造适宜的生态条件，使其不受季节气候的影响。随着科技发展，设施制种将逐渐扩大，充分发挥其稳产、优质的特点。

（三）种子田的形式

根据某品种所需种子数量的多少，可建立一级种子田或二级种子田。

1. 一级种子田

一般繁殖系数较高的栽培植物采用一级种子田。一级种子田所用的种子，主要是从县良种场或种子公司，或育种单位的原种基地引来的原种。在原种不能满足需要时，也可从种子田或生长整齐的大田选择典型单株（穗）混合脱粒，作为下年种子田用种。种子田要分若干次去杂去劣。成熟后选择优良的典型株（穗）混合脱粒后供下年种子田用种；其余的混合脱粒作为下年大田生产用种。

2. 二级种子田

一级种子田选择优良的典型单株（穗）后，其余的植株经严格去杂去劣，混合脱粒，作下年二级种子田用种，再扩大繁殖一次。二级种子田经严格去杂去劣后混合脱粒，供下年大田生产用种。对繁殖系数较大，需种量大的栽培植物，可采用二级种子田。

（四）种子田的选择和栽培管理

种子田应选择肥力适中而均匀，地势平坦，阳光充足，灌排方便，不重茬，不易受畜禽危害的地块。与种子田相邻的地块，最好种相同的品种。在栽培管理方面，一般要求较大生产的水平高。要做好播种前种子的精选、消毒等工作；精耕细作；施足基本肥，适当增施磷、钾肥；适当放宽行株距；做好病虫害防治工作；生育期间，特别是在本品种特征表现明显的时期，如抽穗期、成熟期，严格去杂去劣，保证纯度；收获时严格执行“五单”，防止混杂。

五、加速良种繁殖的方法

为了加快良种推广的速度，充分发挥良种的增产作用，必须加速良种繁殖。常用的方法有以下几种。

（一）提高繁殖系数

各种植物的繁殖系数相差很大，但它们并不是固定的，可因采用的措施不同而有很大变化。

1. 稀播栽培

如小麦可进行单粒点播，棉花可以扩大行株距栽培等。

2. 分蘖移栽

如小麦、水稻等分蘖作物，可将一株的分蘖掰开，分别进行移栽。通过连续几次分离分蘖移栽，便可提高繁殖系数。

3. 芽栽繁殖

如马铃薯经催芽后，可一芽一穴移栽。

4. 扩大良种繁育材料的来源

对新育成品种或良种母树增施肥水，加强修剪，适当减少结果，促使多发健壮新梢，供接穗使用。

此外，甘薯多级育苗或切块育苗，增加采苗数；甘蓝、花椰菜用留种母株的叶、腋芽、根等扦插；进行优良品种植株的组织培养等方法，均可提高繁殖系数。

（二）异地、异季加代繁殖

利用我国幅员辽阔，地势复杂，气候多样的有利条件，进行异地加代。一年繁殖多代，也是目前加速良种繁殖的有效方法。玉米、高粱、水稻、棉花、豆类、薯类等春、夏播种的作物到海南岛等地冬繁加代；北方的冬麦、南方的春麦到黑龙江等地春繁加代；北方的春麦在云南高原地区夏繁加代，再到海南省冬繁加代。这样一年可以繁殖两三代。

此外，可利用温室、大棚等保护地，进行冬季加代或加速生长，如一些春、夏播种的作物，当种子量很少时，可进行冬季加代。

（三）利用组织培养进行快速繁殖

一般包括外植体制备与培养、中间繁殖体增殖和试管苗移栽 3 个阶段。就是利用组织或细胞培养的方法，在试管中（瓶中）使植物大量增殖，然后移入温室或田间，生产出大量苗株，以满足生产需要的特殊繁殖方法。

根据培养时外植体的不同，大致有 3 种情况。

1. 不定芽增殖分化

从根、茎、叶的表皮细胞、叶肉细胞直接分化出不定芽，经诱导生根，形成完整的植株。

2. 顶（腋）芽增殖分化

培养顶（腋或侧芽）芽，使之分化出芽丛，通过继代培养大量增殖幼芽，然后取下诱导生根成完整植株。如油菜、无籽西瓜已开始应用此法。

在应用此方法时，主要用于脱毒。根据培养目的和取材大小分为：①茎尖分生组织培养，茎尖长度 0.1~0.5 毫米。如茎尖培养，分化出芽后扦插增殖，可以去除病毒，获得显著增产效果。此法已在马铃薯、甘薯等植物上广泛采用。②普通茎尖培养，茎尖 0.5 毫米以上，其成活率、脱毒率低。

3. 体细胞胚增殖分化

取植物体的幼、嫩组织作为外植体进行离体培养。先脱分化培养产生愈伤组织，然后进行分化培养生根和芽或产生胚状体，进一步长成幼小植株，逐步移栽到温室或大田，也可以利用胚状体生产人工种子。

脱分化培养中，胚性细胞、分生组织以及生殖器官组织比较容易产生愈伤组织，由愈伤组织产生胚状体，工厂化生产人工种子，是今后种子业的一个发展方向。

主要作物种子生产技术

一、小麦

（一）三年三圃制原种生产

小麦原种生产的过程，实际是对品种保纯的过程，一般采用单株（穗）选择，分系比较和混系繁殖，即株（穗）行圃、株系圃、原种圃的三圃制和株（穗）行圃、原种圃的两圃制，或利用育种家种子直接生产原种（图 9-1）。

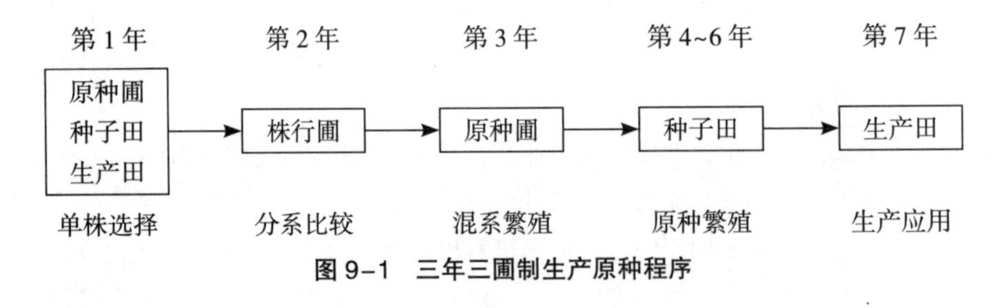

图 9-1　三年三圃制生产原种程序

1. 选单穗

小麦成熟时，最好在收获前两三天，旗叶未干枯时，在种子田或大田选穗。所选的穗必须具备本品种的典型性状。同时植株健壮，无病虫害，株高，成熟均一致。每一品种选穗的数量，根据原种需要量和穗行圃面积大小而定。一般按 1 亩穗行圃需 1 500 穗左右选留。当选穗从穗节剪下，每回 100 穗捆成一把，系上纸牌，用铅笔写上品种名称。晾干后进行单穗鉴定，淘汰混杂和不良单穗，当选单穗分别脱粒。再根据种子性状淘汰一部分单穗，每个当选穗的种子装入一个小纸袋（或包成一个小纸包）。然后将同一品种当选的单穗种子小袋（或小包）集中包装，并注明品种名称，妥善保存，防止生虫或发霉。

2. 穗行比较

小麦播种时，在穗行圃将上季（或年）所有当选穗按顺序每穗种 1 行，并每隔 19 行种 1 行本品种最好的种子作对照，进行穗行比较。穗行圃宜选用地力均匀、肥力中等、无杂麦的地块。精细整地后开沟点播。一般行长 1.5~2 米，行距 25~33 厘米，株距 6 厘米左右。播完后绘好田间种植图。生育期间田间管理要及时、均匀、细致。在越冬前，起身拔节期、抽穗期、成熟期进行多次评选，并对杂劣穗行做出标记。收获时先收杂劣穗行，运出穗行圃作粮食处理。其余穗行混合收获脱粒，晒干保存。

3. 混系繁殖

上季（或年）当选穗行的混收种子，稀播原种圃，在良好的栽培条件下加速繁殖，生产原种。一般原种数量有限，不能直接用于大田生产，还需经过种子田扩大繁殖，再用于大田生产。采用三年三圃制生产的种子应达到 GB 4404.1 规定的原种标准。

（二）四级种子生产程序（图 9-2）

1. 育种家种子

品种通过审定时，由育种者直接生产和掌握的原始种子，世代最低，具有该品种的典型性，遗传性稳定，纯度 100%，产量及其他主要性状符合确定推广时的原有水平。其种子生产由育种者负责，通过育种家种子圃，采用单粒点播、分株鉴定、整株去杂、混合收获规程。种子生产利用方式分为一次足量繁殖、多年贮藏、分年利用，或将育种家种子的上一代种子贮藏，再分次繁殖利用等。

2. 原原种

由育种家种子繁殖而来，或由育种者的保种圃繁殖而来，纯度 100%，比育种家种子低一个世代，质量和纯度与育种家种子相同。其生产由育种家负责，在育种单位或特约原种场进行。通过原原种圃，采用单粒点播或精量稀播种植、分株鉴定、整株去杂、混合收获。

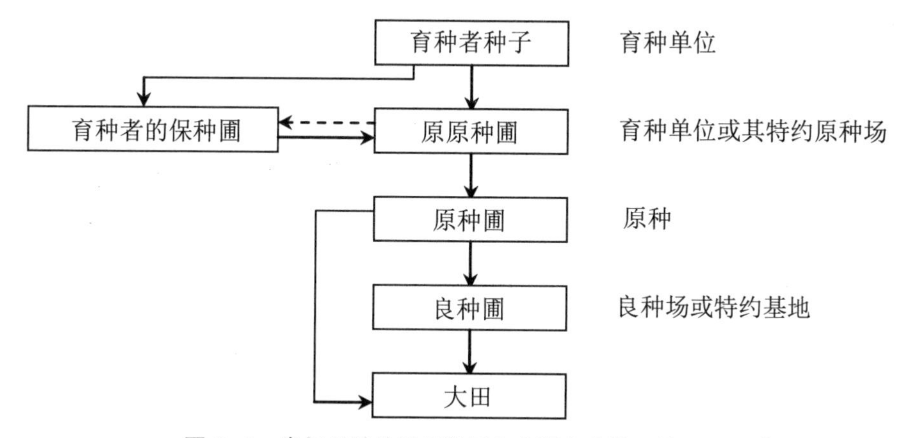

图 9-2 常规品种的四级种子生产程序（张万松，1997）

3. 原种

由原原种繁殖的第一代种子，遗传性状与原原种相同，质量和纯度仅次于原原种。通过原种圃，采用精量稀播方式进行繁殖。原种的种植由原种场负责。

4. 良种

由原种繁殖的第一代种子，遗传性状与原种相同，种子质量和纯度仅次于原种。由基层种子单位负责，在良种场或特约基地进行生产。

四级种子生产程序的优点：一是能确保品种种性和纯度，由育种者亲自提供小麦种子，在隔离条件下进行生产，能从根本上防止种子混杂退化，有效地保持优良品种的种性和纯度，并且可以有效地保护育种者的知识产权；二是能缩短原种生产年限，原种场利用育种者提供的原原种，一年就可生产出原种，使原种生产时间缩短 2 年；三是操作简便，经济省工，不需要年年选单株、种株行，繁育者只需按照原品种的典型性严格去杂保纯，省去了选择、考种等烦琐环节；四是能减少繁殖代数，延长品种使用年限，四级程序是通过育种家种子低温低湿贮藏与短周期的低世代繁殖相结合进行的，能保证大田生产连续用低世代种子，有效地保持优良品种推广初期的高产稳产性能，相应地延长了品种使用年限；五是有利于种子品种标准一致化，以育种家种子为起点，种源统一，减轻因选择标准不统一而可能出现的差异。

（三）株系循环法生产小麦原种

株系循环法以育种单位的原种为材料，最好与该品种区域试验同步进行，以株系（行）的连续鉴定为核心，以品种的典型性和整齐度为主要选择标准，在保持优良品种特征特性的同时，稳定和提高品种的丰产性、抗病性和适应性。具体程序如下（图 9–3）。

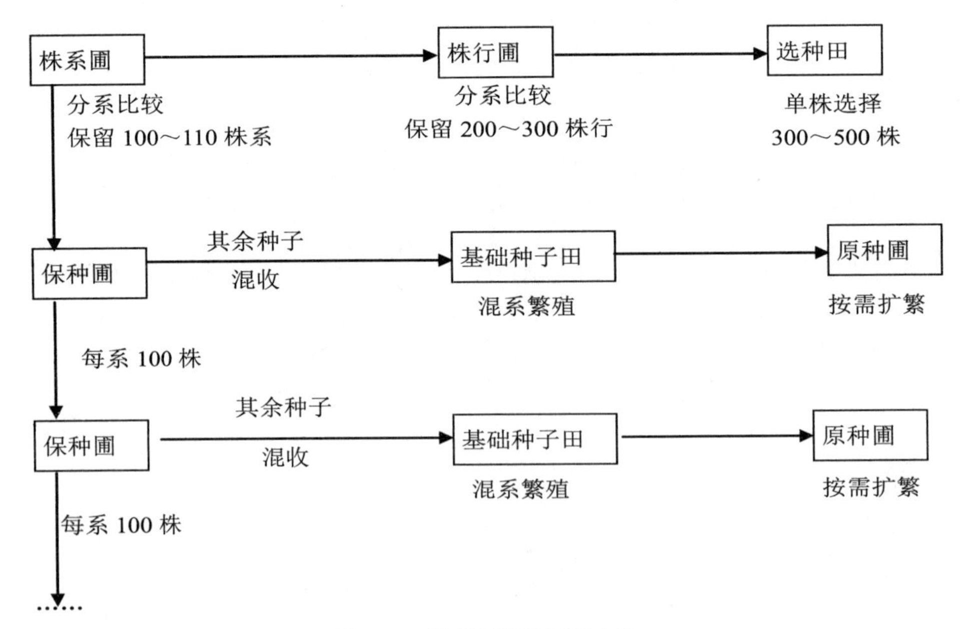

图 9–3　株系循环法原种生产

1. 建立株系圃

按育种单位提供的品种标准，从选种田选择株型、穗型、叶色、叶型、壳色、粒色、粒型、株高和成熟期等一致的单株300~500株；将当选单株分别种成株行，在出苗、分蘖、抽穗、成熟等不同生育时期进行田间观察，淘汰出现分离变异、整齐度差、生育期不一致、病虫害重及有其他明显缺陷的株行。成熟期进行田间决选，保留200~300个株行，分别收获，成株系。

将上年当选株系分系播种，从苗期开始按照上年程序进行选择，对不符合要求的株系整系淘汰，成熟期进行决选，保留具有该品种典型特性、整齐度好、株高和生育期等相一致的纯系100~110个，淘汰其余株系。

2. 株系循环生产原种

将中选的100~110个纯系按品种典型性要求，每个纯系保留100株左右，单独收脱，作为下年保种圃用种，其余部分去除个别变异株后，混收生产混系种子。以后每年从保种圃中每系选留100株左右，作为下年保种圃种子，同时由混系种子扩繁一年生产原种。

在良繁管理上，应选择田间基础好、生产水平高、地力均匀平整的田块建立保种圃，并要求适当稀植，以使品种特性能充分展示，便于观察和选留。同时，从引进繁育一开始就必须做好防杂保纯工作，保种圃、基础种子田和原种圃成同心环布置，严格按“一场一种、一村一种”的隔离要求，严防各类机械混杂和生物学混杂，并要及时进行田间去杂去劣，使株系循环始终建立在高质量的品种群体上。

（四）小麦良种生产技术

新育成的小麦品种，或提纯的原种或引进品种，需各地种子公司建立种子繁育基地和设立种子田进一步繁殖，提供大量的优良种子供大田生产使用。

小麦良种种子生产的原理和技术与原种生产相近，但其种子生产相对简单得多，直接繁殖，提供大田生产用种。一般可根据需要建立一级种子田和二级种子田，扩大繁殖。种子田的数量根据所需种子的数量确定。

1. 一级种子田

用原种场提供的原种种子繁殖，或从外地引入经试验确定为推广品种种子的种子田。在建立原种圃的地区，可繁殖原种一代即良种，用于大田生产。在没有原种圃的地区，一级种子田也可种植从大田或丰产田中选出的优良单穗混合脱粒的种子。经严格去杂去劣，作为良种用于二级种子田或大田。

2. 二级种子田

当一级种子田生产的种子数量不能满足全部大田用种时，可建立二级种子田。二级种子田种子来源于一级种子田，其生产面积较大，有利于快速推广优良品种。生产过程中注意去杂去劣，保证种子质量。

小麦良种的繁殖和生产任务不亚于大田生产，为了尽快地繁殖大量的优良种子供大田生产使用，良种繁殖的栽培管理条件应优于一般大田，尽量增大繁殖系数，并保证种子的质量。适当早播、稀播，以提高种子田繁殖系数，一般实行稀条播，每公顷播量60~75千克。在小麦整个生育期中严格去杂去劣，以保证种子纯度。

（五）小麦种子生产中应注意的问题

1. 基地的选择

为了生产纯度高、质量好的原种，应选择地势平坦、土质良好、排灌方便、前茬一致及地力均匀的地块。并注意两年（水旱轮作两季）以上的轮作倒茬，忌施麦秸肥，避免造成混杂。

2. 精细管理

优良品种的优良性在一定的栽培条件下才能充分表现出来，因此，原种良种的生产必须采用良种良法。播种前对种子进行精选，必要时经过晒种、种子包衣或药剂拌种等处理。播前对田块进行深耕细耙，精细整地。生长期间要加强田间管理，及时中耕、施肥、浇水，促进苗齐、苗壮、促蘖增穗，提高成穗率，促大穗、长壮秆。密切注意繁育田病虫害发生情况、及早做好防治工作。

3. 严格去杂去劣

在小麦抽穗到成熟期间应反复进行去杂，严格除杂、劣、病虫株，杂劣株应整株拔除，带出田外。在苗期对表现杂种优势的杂种苗予以拔除；在抽穗期根据株高、抽穗迟早、颖壳颜色、芒的有无及长短，再次去杂去劣。去杂时一定要保证整株拔除。良种繁育田最好每隔数行留一走道，以便于去杂去劣和防治病虫害。

4. 做好种子收获、保管工作，严防机械混杂

小麦种子生产中最主要的问题就是机械混杂，因此，从播种至收获、脱粒、运输、任何一个环节都要采取措施，严防机械混杂。收获适时，并注意及时清理场地和机械，入选的株（穗）行、系、圃和原种圃要做到单收、单运、单打、单晒，在收割、运输、晒打过程中，发现来历不明的株、穗按杂株处理。

在入库前整理好风干（挂藏）室或仓库，备好种子架、布袋等用具。脱粒后将当选种子分别装入种子袋。袋内外都要有标签，并根据田间排列号码，按顺序挂藏。贮藏期间保持室内干燥，种子水分不能超过13%，并防止虫蛀、霉变，以及鼠、雀等危害。

5. 做好种子检验

原种生产繁育单位要做好种子检验工作，并由种子检验部门根据农作物种子检验规程GB/T 3543.1~7—1995进行复检。对合格种子签发合格证，对不合格种子提出处理意见。

（六）小麦杂交种种子生产方法

1919年，首次报道了小麦杂种优势现象，1951年，获得世界上第一个小麦雄性不育材料（具尾山羊草细胞质）。此后，小麦杂种优势的利用成为国内外许多小麦育种工作者研究的重要课题。目前杂交小麦种子生产方法有3种，即“三系法”（利用核不育或核质互作不育）、“化杀法”（利用化学杀雄技术）和“两系法”（利用光温敏不育）。

二、水稻

（一）常规稻原种生产技术

水稻原种生产采用改良混合选择法，即单株选择、分系比较、混系繁殖的三圃制、二圃制或采用育种家种子直接繁殖。其方法与小麦原种生产技术基本相同。

1. 单株选择

单株选择的材料来源于原种圃、株系圃、种子田、纯度较高的大田。有条件的可专设选择圃供选择。

在抽穗期进行初选，做好标记。成熟期逐棵复选，当选单株的“三性”“四型”“五色”“一期”必须符合原品种的特征特性。所谓“三性”即典型性、一致性、丰产性；“四型”株型、叶型、穗型、粒型；“五色”即叶色、叶鞘色、颖色、稃尖色、芒色；“一期”即生育期。选株的数量依株行面积而定，田间初选数应比决选数增加 1 倍。对选中单株应进行室内考种，主要考查性状为：株高、穗粒数、结实率、千粒重、单株粒重。

2. 株行圃

将上年入选的单株种子，按编号分区种植、建立株行圃。

秧田：秧田采用当地育秧方式，一个单株播一个小区，小区面积和播种量要求一致，播种时严防混杂。

本田：栽插前先绘制本田田间种植图，拔秧移栽时，一个单株的秧苗扎一个标牌，随秧运到本田，按田间种植图栽插。每个单株栽一个小区，按编号顺序排列。每 9 小区种植要设置 1 个对照小区。选择区周围要种植保护区。

秧田、本田的各项管理措施要一致。田间观察记载项目为：播种期、叶姿、叶色、叶鞘色、分蘖强弱、抗逆性、始穗期、齐穗期、抽穗整齐度、株叶型、主茎总叶片数、株高、株型、穗粒数、穗型、芒有无、植株整齐度、熟期等性状。综合评定后的当选株行分区收割。如采用二圃制则可混合收割、脱粒。

3. 株系圃

将上年当选的各株行的种子分区种植，建立株系圃。各株系区的面积、栽插密度均须一致，并采取单本栽插，设置对照区。田间观察项目及评选同株行圃。入选株系混合收割、脱粒、收贮。

4. 原种圃

将上年混收的株系圃种子或株行圃种子或采用育种家种子扩大繁殖，建立原种圃。原种圃要集中连片，隔离要求同前。种子播前进行药剂处理；稀播培育壮秧；本田采用单本栽插；增施有机肥料，合理施用氮、磷、钾肥，促进秆壮粒饱；及时防治病虫害；在各生育阶段进行观察，及时拔除病、劣、杂株，并带出田外。收获时实行“五单”，严防混杂。

（二）提高水稻种子繁殖系数的途径

水稻是一年生的具有较强分蘖能力的谷类作物，如按常规方法种植，繁殖系数仅50~100倍。照此计算，一个新品种的推广、普及往往需历时4~5年，快的也要3年，不能适应农业生产高速发展的需要。一些新引入的优良品种，由于种子量少，也需要采取特殊措施增殖。近来，各地在良种繁育工作中探索出一系列提高水稻繁殖系数的新途径，最大限度地提高种子繁殖系数，收到良好的效果。

1. 精量播种，单株稀植

根据品种生育特性和千粒重，秧田每公顷播量90~120千克，精细管理，尽可能增加秧苗带蘖数。本田单株栽插，每公顷栽180 000~270 000株，以保证足够的单株营养面积。采用适合该品种的最优良的栽培措施，力争多穗大穗，粒粒饱满。该法可使常规品种的繁殖系数提高到350~500倍。

2. 剥蘖分植

在优良的栽培条件下，可采用1次剥蘖分植或延长营养生长期多次剥蘖分植的方法，只用少量种子就能迅速扩大繁殖面积，大大提高繁殖系数。一般进行2~4次剥蘖移栽，繁殖系数可达500~1 000倍。

3. 再生

在长江流域和华南双季稻区，早季稻收割前酌施氮肥，收割时留10~15厘米浅桩，浅灌田水，促进分蘖再生。

4. 保温贮藏稻蔸，春季剥蘖移栽

华南地区的中稻、晚稻和就地翻秋的早稻品种，可用温室或其他方法贮藏稻蔸，越冬后在春季剥蘖移栽。

5. 异季繁殖

南方稻区的早熟早稻品种，收获后立即就地翻秋繁殖。对于具有较强休眠性品种，播前须采取打破休眠的措施。通常干燥种子在50~52℃的烘箱中烘一段时间即可破除休眠。

6. 异地繁殖

利用海南、广东、广西、云南等部分地区的丰富光温资源，进行异地繁殖。例如，长江流域的早稻迟熟品种，早稻收割后即赴福建同安、广西南宁、广东湛江、云南元江等地秋繁。其播种适期界限，同安、南宁为8月初，湛江为8月中旬，元江为9月上旬。秋繁后再赴海南三亚、陵水、乐东，实行冬繁。如此1年3代，繁殖系数可达10万倍以上。对于生育期较长的中稻和感光型晚稻品种，也可在海南实行冬繁，1年2代，结合稀播稀植，剥蘖移栽，1年的繁殖系数也可到8 000~10 000倍。

（三）杂交稻原种生产技术

目前，生产上使用的杂交水稻有三系杂交稻和两系杂交稻，且以三系为主。三系中不育系是基础，三系不育系的繁殖和利用不育系配制杂交种都是异花传粉。因此杂交水稻种子生产专业性、技术性强，基本特点是通过异化传粉，利用异交结实。

三系亲本提纯的方法归纳起来可分为两种，即经回交、测交鉴定，定选三系原种；不经回交、测交，混合选择三系。前一方法的程序较复杂，技术性也强，生产原种数量较少，但纯度较高，而且比较可靠。后一方法和程序简单，生产原种数量多，但纯度和可靠性稍低。一般在三系混杂退化不严重的情况下，宜用后一方法。如果三系混杂已较严重，则宜采用前一方法。其主要步骤是单株选择，成对回交和测交，分系鉴定，混系繁殖。

1. 选株

在纯度高的繁殖田和制种田，依据各系的典型性状，选优良单株，单收获、育秧。在秧田选择性状整齐、表现良好的秧苗分别编号，单株移栽于原种生产田。在分蘖抽穗期间，进行严格去杂去劣，对不育系要逐株镜检花粉，淘汰不育度低的单株。

2. 成对回交和测交

中选的不育系（A）单株与保持系（B）单成对回交，同时与恢复系（R）单成对测交。回交和测交采用人工杂交方法，注意分别收获编号。

3. 分系鉴定

将成对回交和测交的种子及亲本（保持系和恢复系）育秧，移栽于后代鉴定圃。注意将保持系亲本与回交后代相邻种植，恢复系亲本与测交后代相邻种植，便于比较。凡同时具备下述 3 个条件的组合的对应亲本，可作为原种：回交后代表现该不育系的典型性状，不育度和不育株率高（100%）；测交后代结实率高，优势明显，性状整齐，具备原杂交种的典型性；回交、测交组合相对应的保持系和恢复系均保持原有的典型性。

4. 混系繁殖

将同时具备上述 3 个条件标准的不育系及对应的保持系、恢复系，分别混合选留、混系繁殖，即为“三系”的原种。

三、棉花

（一）三年三圃制原种生产技术

棉花是常异花授粉作物，比自花授粉作物更易因生物学混杂而引起退化。同时棉花是工业原料作物，对纤维品质要求较高。所以，棉花品种保纯复壮的技术比自花授粉作物也高。目前主要用“三圃制”进行品种保纯复壮，即单株选择，株行比较和株系比较，混系繁殖的方法。

1. 单株选择

单株选择可在纯度较高的种子田或大田中，按本品种的典型性，丰产性和优质的要求进行。在棉花的形态特征中，株型、叶型、铃型的代表性较强。丰产性主要表现在结铃性、铃重、衣分、早熟性、生长势等方面。优质主要表现在纤维长度（绒长）、细度、强度等性状。选择单株时，还要注意所选单株间的一致性。

田间选株应在花铃期（初选）和吐絮期（复选）分两次进行。然后结合室内考种结果进行决选。一般播种1亩株行圃，需要田间复选当选单株200株左右，室内决选项100株左右。在进行田间当选单株收花时，或淘汰绒长、衣分明显较差的单株。当选株每株最少收5~6个铃的籽棉（一个单株的籽棉最好一次收够）。室内考种主要是测铃重、绒长、衣分、子指、子色、子型等。淘汰纤维品质差，种子形状、颜色不典型的单株。当选株的种子单轧、单存。

2. 株行圃

将上年决选当选单株的种子，每株种成一行，每隔9行设1对照行，种本品种原种种子。行长6.5~10米，行株距较大田的行株距略大。各项栽培管理措施基本上和一般大田相同，但要强调一致性和及时进行。在生育期间应经常进行观察、记录和评选，重点要抓住苗期、花铃期和吐繁期3个时期。

（1）苗期　观察出苗早晚，幼苗的整齐度和生长势。整齐度和生长势较对照差的株行，可淘汰。如果是在病地上鉴定事实上抗枯、黄萎病的品种，发现病株率在5 %以上的株行也应淘汰。

（2）花铃期　观察株型、叶型、铃型是否符合本品种特征，生长势强弱和植株整齐度等。凡典型性差，生长势和整齐度不如对照的株行，或有零星枯、黄萎病的株行淘汰。

（3）吐絮期　着重观察丰产性，如铃的多少、大小、分布，吐絮情况，并在田间手测绒长和衣分。手测的方法是从棉株中下部摘一个吐絮正常的棉铃，用手紧握籽棉，如感觉绒厚，没有棉籽扎手，说明衣分高；如明显感到棉籽扎手，说明衣分低。手测绒长时用自己中指中间一节作标准，先量出这一节的长度（一般25厘米左右），然后取一粒籽棉，沿种脊梁将棉纤维分向两侧，并用手扯直，放在中指上测量绒长。

根据各期观察评选的结果，按典型性与丰产性相结合的原则，进行田间复选。凡不符合品种典型性的株行，有杂株或枯、黄萎病株的株行，以及其他主要性状不如对照的株行一律淘汰。当选株行在收获时，每行先收中部内围正常吐絮铃20或30个（各行采收的铃数相同），供室内考种用。然后按行收花，并称出每行霜前花产量。根据霜花产量和考种结果决选优良株行，当选行分别轧花留种。株行圃的淘汰率一般为30% ~50%。

3. 株系圃

上年当选株行的种子，每份种2~4行，成为一个株系。每隔9个系种植1小区本品种的原种作对照。进一步鉴定和繁殖当选株行的材料。田间观察和室内考种与株行圃相同。凡杂株率在2%以上的株系应予淘汰。典型性、丰产性、纤维品质符合要求的株系当选。田间当选株系经室内考种进行决选。决选当选株系应不少于株系总数的60% ~70%，当选株系混合轧花留种。

4. 原种圃

将上年混合轧花的种子，采用稀植点播、育苗移栽等方法在原种圃加速繁殖。原种圃要加强栽培管理，及时拔除杂、劣、病株，生产出量多质优的原种种子。

为了缩短原种生产的年限，使生产上能使用早期世代的良种种子，如果生产上种植的品种较纯，且鉴定较准确，也可采用二圃制生产原种，即不经过株系圃。在株行比较之后，当选株行直接进入原种圃繁殖原种。

在棉花品种保纯复壮过程中，还应注意保纯，实行必要的隔离。如果发现特别优异的单株或株行，可单独繁殖，作为系统育种的材料。

（二）自交混繁法原种生产技术

棉花品种混杂退化的一个主要原因是品种保留较多的剩余变异，再加上天然杂交，因而其后代群体中不断发生基因分离和基因重组。通过多代自交和选择，可以提高基因型的纯合度，减少植株间的遗传变异，获得一个较为纯合一致的群体。自交混繁法就是根据上述原理来生产棉花原种的生产体系（图 9-4）。

1. 保种圃

首先，保种圃的建立与保持是自交混繁法的核心，建立保种圃需要经过单株选择与株行鉴定共 2 年准备时间，第 3 年才能建立保种圃。保种圃应选择地势平坦、地力中等以上且均匀、排灌方便、集中成片的田块。尤其要注意隔离，周围 500 米以内不能种植其他棉花品种，或选择天然屏障隔离区。保种圃周围最好安排基础种子田，便于观察比较。

（1）用育种单位提供的新品种建立选择圃，作为生产原种的基础材料　从单株选择圃中选择优良单株并作好记号，每个入选单株上自交 15~20 朵花；吐絮后，田间选择优良的自交单株 40 株左右，每株保证有 5 个以上正常吐絮的自交铃。然后，分株采收自交铃，分株装袋，注明株号及收获铃数，经室内考种后决选 200 株左右。

（2）进行株行鉴定　将上年入选的自交种子，按顺序分别种成株行圃（至少 150 个株行），每个株行不少于 25 株。在生育期间继续按品种的典型性、丰产性、纤维品质和抗病虫性进行鉴定，同时去杂去劣。开花期间，在正常、整齐一致的材料中，继续选优良单株自交，每株自交 1~2 朵花，每个株行应自交 30 朵花以上。吐絮后，分株行采收正常吐絮的自交铃，并注明株号及收获铃数。然后，经室内考种决选 100 个左右的优良株行。

（3）建立保种圃　将上年入选的优良株行的自交的种子按编号分别种成株系。在生育期间，继续去杂去劣，并在每一代选一定数目的单株进行自交，以供下一年种植圃使用。吐絮后，先收各系内的自交铃，分别装袋，注明系号，轧花后的种子作为下一年的保种圃种子。然后，分系混收自然授粉的正常吐絮铃，经室内考种，将当选株系混合轧花留种，为核心种，供下一年基础种子田用种。保种圃建立后，可连年供应核心种。

2. 基础种子田

基础种子田应选择生产条件好的地块，集中建立种子田，其周围应该为该品种的保种圃或原种圃。用上年入选的优系自然授粉的混合种子播种。在蕾期和开花期去杂去劣，吐絮后混收轧花保种，即为基础种，作为下一年原种生产用种。

3. 原种生产田

选择有繁种技术而且生产条件好的农户、专业户的连片棉田，建立原种生产田，要求在隔离条件下集中种植。用上年基础种子田生产的种子播种，继续扩大繁殖和去杂去劣，并采用高产栽培技术措施，提高单产。收获后轧花贮藏即为原种。下年继续扩大繁殖后供大田用种。

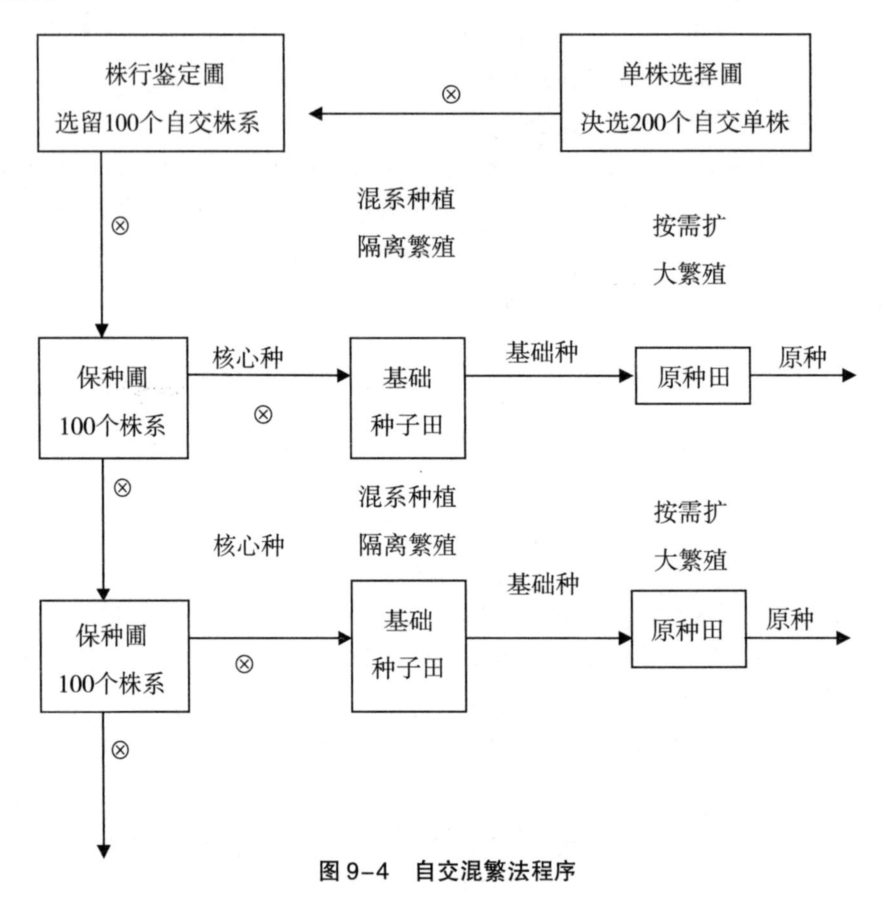

图 9-4　自交混繁法程序

（三）棉花杂交种种子生产技术

世界上棉花杂交种优势利用的实践说明杂交一代可增产 10%~30%，对改进纤维品质、提高抗逆性也有明显作用，因此，利用杂种优势是提高棉花产量和品质的新途径。

1. 利用雄性不育系制种技术

同正常棉花可育株相比，雄性不育株的花蕾小，花冠小，花冠顶部尖而空，开花不正常，花丝短而小，柱头露出较长，花药空瘪，或饱满而不开裂，或很少开裂，花粉畸形无生活力。

从 1984 年开始选育细胞质雄性不育系和三系配套研究，1973 年获得了具有哈克尼亚棉花细胞质的雄性不育系和恢复系。研究表明，利用三系配套制杂交种尚存在如恢复系的育性能力低，得到杂交种种子少；不易找到强优势的组合；传粉媒介不易解决等问题，因此未能大面积推广。

2. 利用两系制种技术

我国在应用两系配制棉花杂交种方面取得一定成就。1972年，四川仪陇县原种场从种植的洞庭1号棉花品种群体中发现了一株自然突变的雄性不育株，经四川省棉花杂种优势利用研究协作组鉴定，表现整株不育且不育性稳定，确定是受一对隐性核不育基因控制，命名为“洞A”。这种不育基因的育性恢复基因广泛，与其亲缘相近的品种都能恢复其育性，而且 F_1 表现为完全可育。因此，在生产上已经具有一定规模，尤其是抗虫杂交棉的广泛应用。

两用系的繁殖是根据不育基因的遗传特点，用杂合显性可育株与纯合隐性不育株杂交，后代可分离出各为50%的杂合显性可育株和纯合隐性不育株。这种兄妹交产生的后代的可育株可充当保持系，而不育株仍充当不育系。故称为“两用系”。生产时，两用系混合播种，标记不育株，利用兄妹交（要辅助人工授粉）将不育株产生的籽棉混合收摘、轧花、留种，这样的种子仍为基因杂合的。纯合隐性不育株可用于配制杂种。

（1）隔离区的选择　为避免其他品种花粉的传入，保证杂交种的纯度，制种田周围必须设置隔离区或隔离带。棉花的异交率与传粉昆虫（如蜜蜂、蝴蝶、蓟马类等）的群体密度成正相关，与不同品种相隔距离的平方成负相关。因此，根据地形、蜜源作物以及传粉昆虫的多少等因素来确定隔离区的距离。一般情况下，隔离距离不大于100米。如隔离区内有蜜源作物，要适当加大隔离距离。若能利用山丘、河流、树林、村镇或高大建筑物等自然屏障作隔离，效果更好。

（2）父母本种植方式　由于在开花前要拔除母本行中50%左右的可育株，因此就中等肥力水平制种田，母本的留苗应每公顷7 500株左右，父本的留苗密度为每公顷37 500~45 000株。父母本可以1∶5或1∶8的行比进行顺序间种。开花前全部拔除母本行中的雄性可育株。为了人工授粉工作操作方便，可采用宽窄行种植方式。宽行行距90厘米或100厘米，窄行行距70厘米或65厘米。父母本的种植行向最好是南北方向。

（3）育性鉴别和拔除可育株　可育株和不育株通过花器加以识别。不育株的花一般表现为花药干瘪不开裂，内无花粉或花粉很少，花丝短，柱头无明显花粉管和花药。而可育株则表现为花器正常。拔除的是花器正常株。

（4）人工授粉　棉花大部分花在上午开放，晴朗的天气，8时左右即可开放。当露水退后，即可在父本行中采集花粉或摘花，给不育株的花授粉。采集花粉，可用毛笔蘸取花粉涂抹在不育柱头上。如果摘下父本的花，可直接在育株花的柱头上涂抹。一般1朵父本花可给8~9朵不育株的花授粉，不宜过多。授粉时要注意使柱头授粉均匀，以免出现歪铃。为保证杂交种饱满度，在通常情况下8月上旬应结束授粉工作。

（5）种子收获保存　为确保杂交种的饱满度和遗传纯度，待棉铃正常吐絮并充分脱水后才能采收。采摘时先收父本行，然后采摘母本行，做到按级收花，分晒、分轧和分藏。由专人负责各项工作，严防发生机械混杂。

（四）人工去雄制种技术

人工去雄配制杂交种费工费时、成本高，但可尽早利用杂种优势，更能发挥杂交种的增产作用。

1. 杂交种配制

关于隔离方法和要求同上所述。一朵父本花可给母本授6~8朵花。因此，父本行不宜过多，以利于单位面积生产较多的杂交种。为了去雄、授粉方便，可采用宽窄行种植方式，宽行100厘米，窄行60厘米，或宽行90厘米，窄行70厘米。父母本相邻行可采用宽行，以便于授粉和避免收花时父母本行混收。

首先，开花前要根据父、母本品种的特征特性和典型性，进行一次或多次的去杂去劣工作，以确保亲本的遗传纯度。以后随时发现异株要随时拔除。开花期间，每天下午在母本行进行人工去雄。当花冠露出苞叶时即可去雄。去雄时拇指和食指捏住花蕾，撕下花冠和雄蕊管，注意不要损伤柱头和子房。去掉的花蕾带到田外以免二次散粉。将去雄后的花蕾作标记，以便次日容易发现对其进行授粉。每天8时前后花蕾陆续开放，这时从父本行采集花粉给去雄母本花粉授粉。授粉时花粉要均匀地涂抹在柱头上。为了保证杂交种的饱满度和播种品质，正常年份应在8月15日前结束授粉工作，并将母本行中剩余的花蕾全部摘除。

其次，收获前要对母本进行一次去杂去劣，以保证杂交种的遗传纯度。收获时，先收父本行，然后采收母本行，以防父本的棉花混入母本行。要按级收花，分晒、分轧、分藏，由专人保管，以免发生机械混杂。

2. 亲本繁殖

在隔离条件下，采取三年三圃制方法繁殖亲本种子，以保持亲本品种的农艺性状、生物学和经济性状的典型性及遗传纯度。

四、玉米杂交制种技术

（一）玉米亲本种子生产技术

亲本种子是指用于生产杂交种的父母本种子。通常是玉米自交系，自交系原种就符合性状典型一致，纯度不低于99.9%；保持原自交系的配合力；种子质量好。自交系原种生产可采用以下方法。

1. 二年二圃制和三年三圃生产自交原种

二年二圃和三年三圃法是自交系提纯复壮的基本方法。三圃是指株（穗）行圃、株系圃、原种圃。二圃是指三圃中去掉株系圃后的株（穗）行圃、原种圃。二年二圃或三年三圃法进行玉米自交系原种的生产时，首先要进行单株选择，单株选择的基础种子田应当特征特性典型，纯度较高，否则不能进行采用二年或三年三圃法。玉米作为异花授粉作物，非常容易引起生物学混杂，一旦发生生物学混杂，就很难通过二年二圃或三年三圃法提纯复壮。因此，在利用二年二圃法或三年三圃法时应特别注意单株选择田块的种子纯度。

2. 穗行半分提纯法

该法适合于纯度较高的自交系，简易省工。缺点是只作一次典型性鉴定，供应繁殖区的种子量少，原种生产量少。

选株自交，收获后室内决选，单穗脱粒，保存。田间鉴定，将中选的自交果穗的种子，取一半田间种植观察和室内鉴定，评选优良的典型穗行。剩余的一半种子妥善保存。根据田间评选和室内鉴定，将保存下来的一半种子，除去淘汰穗行，余下的全部混合，在隔离条件下扩大繁殖，生产原种。

3. 自交混繁法

该方法由南京农业大学陆作楣等提出，是用于棉花原种生产的一项技术。该法适于常异花及异花授粉作物，因此，也适于玉米自交系原种的生产（其本程序可参考棉花种子生产）。

自交混繁法关键是保种圃的建立和保持，其他环节不需要太多的工作量。因此，对于生产高纯度的自交系是一种行之有效的技术。与穗行测交法以及三年三圃法和二年二圃法相比，简单有效。在空间布局上，保种圃放在基础种子田的中间，有利于隔离和保纯。

（二）玉米杂交种生产技术

玉米杂交种是利用 F_1 的杂种优势，与常规作物种子生产不同的是玉米杂交种需年年制种，以满足生产用种的需要。玉米杂交制种技术主要有两方面的内容：一是要保证纯度，二是要提高制种产量。在制种过程中，应抓好以下技术环节。

1. 选地隔离

玉米为异花授粉作物、花粉量多、质轻，一个花药约 2 000 个花粉粒，一雄穗可产生 1 500 万 ~3 000 万个。风力可以传播数百米，蜜蜂等昆虫也可能传粉，所以要设隔离区。隔离区还应选择土壤肥沃、地力均匀、地势平坦、排灌方便旱涝保收田块。这样植株生长整齐、抽穗一致，便于田间去杂和母本去雄。隔离的方法有多种，可根据当地的具体情况采用适当的隔离方法。

（1）空间隔离　隔离区四周一定空间范围内不种植其他玉米。隔离距离为：自交系繁殖区不少于 500 米；单交制种区不少于 400 米；其他制种区不少于 300 米。还应根据地势、风向和风力大小酌情增减。

（2）时间隔离　隔离区内的玉米与邻近玉米的播种期错开，以使它们的开花期错开，从时间上达到隔离的目的。春播的播期相隔 40 天以上，夏播相隔 30 天以上。

（3）高秆作物隔离　自交系繁殖高秆作物宽度（隔离带宽）100 米以上，制种区 50 米以上。玉米抽雄时高秆作物的株高，显著超过玉米。

（4）自然屏障隔离　因地制宜地利用山岭、村庄、林带、果园等自然屏障，阻挡外来的花粉传入。

为了便于隔离区的安排，有时在隔离区的四周可以同时采用几种隔离方法。

2. 规格播种

规格播种是保证杂交制种成功和提高制种产量的一个重要环节，必须做好以下技术工作。

（1）调节父母本播期　制种区父母本花期相遇，是杂交制种成败的关键。玉米制种最理想的花期相遇是母本吐丝盛期比父本散粉盛期早2~3天。如果双亲生育天数相同，花期可以相遇，或母本花期比父本早2~3天，双亲可以同期播种；若双亲抽穗期相差5天以上，则必须调节播期。原则：一是将母本安排在最适宜的播期内，然后调节父本的播期；二是“宁可母等父，不可父等母”。一般父本晚播的天数应为双亲抽穗期相差的天数再加上6~8天。也可以按父母本的总叶片数确定播期。基母本比父本的总叶片数少1~2片，则父母本同期播种；若父母本的总叶片数相同，则先播母本，或母本浸种8~12小时，后与父本同期播种。错期播种后，也要注意花期预测。利用栽培技术促控。

（2）扩大父母本行比　原则是：在保证父本花粉供应充足的前提下，适当增加母本的行数，以提高制种产量。父本雄穗发达、植株高于母本，父母本行比可以为1∶3或1∶4；父本矮小或错期播种时间长，父母本行比2∶4或2∶6。

（3）确定合理密度　制种区的种植密度因亲本种类、栽培水平、土壤肥力等而异：单交种由于自交系较矮小，应增加留苗密度，以获得种子高产。一般密度为60 000~75 000株/公顷；配制双交种，由于亲本单交种较高大，夏播45 000~52 500株/公顷。

（4）提高播种质量　争取一播全苗，同期播种，要固定专人分别播父、母本、防种错。分期播种的，晚播亲本的行距、行数在田间预作标记。以免再次播种时重播、漏播和交叉等现象。（一般先播母本，后播父本，分期播种的，父母本间行距不少于80厘米，母本6月15日前播完）为分清父母本行，可在父本行头点播豆类等标记作物。出苗后缺苗的，父本行可移栽或补种原父本；母本行只可补种其他作物，防抽雄时间长，影响去雄质量。

防治玉米螟，大喇叭口灌心，7月下旬为治虫适期，呋喃丹7.5~15千克/公顷；或8月中旬用敌敌畏（50%）600~800倍数滴注入穗顶上。

3. 严格去杂去劣

为保证制种纯度，要进行去杂去劣。一般要进行4次：第一次结合间、定苗，根据父母本自交系的长相、叶色、叶形、叶鞘色和生长势等特征进行；第二次在拔节期进一步严格去杂去劣；第三次在抽雄散粉前，进行关键性去杂去劣，对父本行要逐株检查，保证杂株花粉不在隔离区内传播；第四次在收获及脱粒前对母本果穗认真进行穗选，去除杂穗劣穗。

4. 母本去雄和人工辅助授粉

母本去雄是制种工作的中心环节，是获得高质量杂交种子的重要手段。母本株的雄穗在刚露出顶叶而尚未散粉前及时拔除，一株不漏，每个雄穗主轴和分枝毫无保留的拔掉。

拔出的雄穗要带出制种区外，妥善处理，以免后来散粉串花。

为了获得制种高产，必须加强人工辅助授粉。特别是在花期未能良好相遇或在气候不良的情况下，更要强调这一点。开花盛期连续进行 2~3 次。时间最好在 8~11 时。

5. 提高结实率

（1）剪短母本雌穗苞叶　如果制种区母本开花晚于父本，把母本雌穗苞叶的顶端剪去 3 厘米左右，可使母本提前 2~3 天吐丝，提早去雄也有提早雌穗吐丝的作用。

（2）剪母本花柱　父本晚于母本吐丝时，如时间长，造成母本雌穗花柱伸出过长而下垂，会影响下部花丝授粉，可把花柱剪短，留 1.5 厘米即可，有助于受精结实。如果不剪，母本将会有半边穗不结实，影响产量。

（3）种植采粉区　在制种区边缘单设一小块采粉区，将父本分期播种，供人工辅助授粉用。

6. 分收分藏

制种区成熟后要及时收获。父母本必须实行分收、分运、分晒、分藏，要正确标记名称，严防混杂。两个亲本同时成熟的制种区，应先收母本行的果穗，母本全部运走后再收父本。一般父本授粉后就完成了使命，不等成熟就可以割除，既防止后期收获时混杂，又可以改善母本的通风透光环境。掉在地上的果穗，如不能确定它是父本或母本，应按杂穗处理，不能用作种子用。运回的果穗要严格分堆，分晒，去杂穗、劣穗后脱粒，晒干，注明制种单位、年份、数量等，以后由专人保管，定期检查。

五、大豆种子生产技术

大豆种子生产体系基本与小麦相同，一般由育种单位提供育种家种子，由省（地）种子公司或科研单位的原种场生产本省或本地区的原种；并根据需要进行提纯复壮，供给县良种场及种子生产基地繁殖用的原种。种子企业或特约种子基地及专业户生产出生产用良种。

（一）原种生产技术

由育种家种子直接保纯生产或原有品种通过“三圃”制生产出来，符合原种质量标准的种子称为原种。大豆的“三圃”制生产原种经过单株选择、株行比较、株系鉴定、混系繁殖几个环节。

1. 单株选择

在大豆的良种生产田或纯度较高的大田进行单株选择。选株在花期和成熟期进行，要根据本品种的特征特性，选择典型性强、生长健壮、丰产性好的单株。花期根据株高、花色、叶形选单株，做好标记；成熟期根据成熟度、结实习性、株型、茸毛色、荚熟色进行复选。选择应避开缺苗断垄处，选择的数量应以株行圃面积而定，一般每亩株行圃需决选单株 500~1 000 株。入选单株在室内首先要根据全株荚数、粒数，选择荚数多的丰产单株，然后根据籽粒大小、光泽度、粒形、粒色、脐色进行决选，淘汰不符合原品种典型性的单株，决选的单株在剔除个别病虫粒后按单株分别装袋、编号保存。

2. 株行比较

将上年入选的每个单株种子种成一个株行，行长5~6米、行距60~70厘米、株距10厘米，双粒点播，播深约3厘米，间苗后每穴留一苗，每9行或19行种一对照（本品种原种）。田间鉴定分3期进行，幼苗期根据幼苗长相、幼茎颜色；花期根据株高、叶形、花色；成熟期根据成熟度、株型、结荚性、荚形、荚熟色来鉴定品种的典型性和株行的整齐度。通过鉴定评比，淘汰有杂株的、丰产性低的株行，并标上明显标记。对入选株行中个别混有杂劣株的要及时拔除，收获前先清除淘汰株行，对入选株行要单收、单晒、单脱粒、单装袋，袋内放好标签。在室内要根据各株行籽粒颜色、脐色、粒形、籽粒大小和光泽度进行决选，淘汰籽粒性状不典型、不整齐与产量低的株行。

3. 株系鉴定

将上午当选的每一株行种子种成一小区，建立株系圃，株、行距同株行圃，行长5~10米，顺序排列，每隔9或19区设一对照区。田间鉴定评比与“株行圃”相同，但每小区杂株达0.1%以上，全区应淘汰。收获时先将淘汰区清除后，对入选的株系混合收获、脱粒、装袋、妥善保存。

4. 温系繁殖

将上年决选的株系混合，适度稀植在原种圃中，各项操作要严防混杂。在苗期、花期、成熟期要根据品种典型性严格拔除杂劣株，田间检验杂株率不得超过0.1%。成熟时及时收获，单收、单运、专场晾晒，确保纯度。

对于混杂退化比较轻的品种，可采用“两圃”法来生产原种。其基本方法同“三圃”法，只是略去株系圃，也就是把株行圃决选的株行种子混合播于原种圃，生产的种子即为原种。

（二）大豆大田用种生产技术

由上级种子部门提供的原种数量较少，需进一步繁殖后才能应用于生产，因此必须建立种子田。

1. 种子田选优提纯的方法

常用的方法有株选法、片选法和改良混合选择法。

（1）株选法　在大豆成熟期，根据本品种典型特征特性，于种子田选择若干形态一致的优良单株，混合收获脱粒，留作下一年种子田用种，选株数量要根据下一年种子田需种量而定。此法选择细致，对提纯品种效果好，一般适于小面积种子田繁殖用。

（2）片选法　在种子田里去杂去劣，把混杂的异品种植株和生长不良的植株拔掉，余下的全面混收，留作下一年生产用种。此法适宜在品种纯度较高时使用，如果种子混杂率达5%~7%。用此法效果不明显。

（3）改良混合选择法　即成熟后收获前在种子田中，选择若干具有本品种典型性状的优良单株，分株脱粒，单独保存。下年分株种植，一株的种子种成一小区，作为一个品系。经过鉴定，将性状相同的优良品系混合脱粒，作为下一年种子田用种。

2. 种子田的繁殖程序

种子田的形式有一级种子田制和二级种子田制。

（1）一级种子田制　繁殖由上级种子部门提供的原种，采用株选法从中选择优良单株，混合脱粒，作为翌年种子田用种，余下的去杂去劣后，混收供翌年大田生产用。

（2）二级种子田制　在一级种子田中进行株选、混合脱粒，供下年一级种子田用种，其余的去杂去劣后，作为二级种子田用种，二级种子田去杂去劣后的种子，供应大田生产用种。

3. 加强田间管理，适时去杂去劣

良种生产田要选择在土壤肥沃、地力均匀、不重茬的地块。注意隔离，良繁田周围100米内最好不要种其他大豆品种。根据品种特点，采取相应的栽培措施，加强田间管理。在苗期、开花期和成熟期，根据品种的典型性状，严格去杂去劣，以确保良种的纯度。

六、油菜种子生产技术

（一）油菜原种生产技术

油菜简易原种生产的具体做法是在油菜种子基地内选择生长发育正常，具有品种典型性状，整齐一致的田块，根据原品种的特征特性，分期选择具有典型性状的优良单株。苗期、蕾苔期进行初选，中选单株挂牌标记，初花期、成熟期进行田间复选，除去异株、劣株，入选单株数量一般为300株左右，并可视下一季和下下季的繁殖面积而定。收获时对入选植株逐一鉴定，将符合要求的优良植株分别脱粒，下一季按上述区圃的方法进行种植鉴定，入选株区合并脱粒，安全贮藏，用作下一季度原种田的种子，此方法适合一些混杂退化程度较轻的品种。

这种方法比较简便，耗费少，易推广。但必须在掌握原品种特征特性的基础上选择典型优株，并适当放大选择群体，提高入选株的代表性，防止破坏原品种群体的遗传组成。

（二）油菜杂交种种子生产技术

目前杂交油菜制种有两条途径：一是利用胞质雄性不育系，实行“三系”配套制种；另一是利用自交不亲和系，实行二系制种。

用胞质雄性不育性生产杂交种

（1）随寓区　利用胞质雄性不育系配制杂交种需要设3个隔离区：第一块繁殖雄性不育系，一般在隔离网室或隔离区中进行；第二块是恢复系繁殖田，一般在隔离网室中繁殖；第三块是杂交制种田。

油菜花粉量大，在田间情况下借昆虫和风力传粉，天然异交率高。但不同油菜天然异交率不同，白菜型油菜的天然异交率可高达80%~90%，属异交作物。而甘蓝型油菜和芥菜型油菜的天然异交率10%左右，最高30%，属常异交作物。所以油菜不论是亲本繁殖．还是杂交制种，都要求严格隔离。在无自然隔离条件下，不同品种间相距100米，在地形复杂而有自然隔离条件下，相距至少300~500米。在隔离区选择上，还要考虑轮作和换茬，要选择二三年内没有种过油菜或其他十字花科植物的田块，以免上年撒落的种子长出"露生苗"造成混杂，并减少病害。

（2）调节播期　繁殖制种时、应根据两个亲本生育期的长短调节播种期，使父母本花期相遇。如果父母本开花期相同或母本开花期比父本早2~3天，可以同期播种。若双亲生育期相差较多时，就要将晚花亲本提前播种。为了避免分期播种的困难，对错期在3~5天以内的杂交组合，可把需要早播亲本用30~50℃温水浸种5小时后，双亲同期播种。

（3）确定父母本的行比和行向　如果父本生长势弱、花粉量少．父母本可采取1∶2的行比；如果父母本株高和生育期相近、肥水条件好，父母本可采用1∶(3~4）的行比。行向应尽量与花期的风向垂直，一般南北向为好。

（4）提高播种质量，加强田间管理　杂交制种田要精细整地，做到田平土碎、耕层疏松、施足底肥、播种时要从田块的一边开始，这样可避免交叉行或错播父母本；同期播种时要有固定人员分别负责父本和母本的播种。播种完毕，在父本或母本行头种植标记作物。苗期结合中耕松土，分次施肥，早施薹肥，促使薹粗稳长。在苗期、薹期喷施硼肥，对提高繁殖制种产量有明显效果。

（5）花期调节，辅助投粉　油菜的花期长，每朵花的花龄也长。因此，只要认真根据亲本的生育期调整播期，父母本的花期一般能良好相遇。如果花期不遇时，当一个亲本已经开花，另一个亲本尚未开花，可摘去早开花亲本的主薹。并对摘薹后的亲本偏施氮肥，便可促进早开花的亲本延迟开花，达到花期相遇。实践证明，实行人工辅助授粉是提高产量的有效措施。油菜的人工辅助授粉，方法简单易行。始花期10天后进入盛花期，人工辅助授粉可在盛花期间每隔2~3天进行一次。选择晴天，10时左右横持竹竿于胸前，在厢间来回走一趟即可。油菜开花时，花枝柔嫩，持竹竿行走宜慢，免伤植株分枝和功能叶。也可采用人工拉花绳的方法摇动植株，促进授粉。此外，还可在繁殖制种区内放养蜜蜂等昆虫辅助授粉。

（6）去杂去劣　去杂要从出苗后开始一直贯穿到收获，特别要抓住苗期、初花期和成熟期除杂。在苗期5~6片叶时，按叶形、叶色、蜡粉厚薄、心叶色泽、刺毛有无、缺刻形态、叶柄长短、苗期生长习性等去杂；初花期的株高、茎色、花序长度，花瓣大小、颜色、重叠情况是除杂的主要依据性状；成熟期则根据果序长度、结果密度、角果形态、长度和着生角度去杂。在花期特别要注意拔除个别长势特别强的自然种间杂种一代。

（7）收获贮藏　油菜种子要适时收获，以免落粒造成损久，也可避免霉烂而影响种子质量。收获时要固定专人收母本，分别脱粒晾晒，防止混杂。收藏时要用标签标明种子名称和数量。收藏后要专人负责，定期检查。

（三）利用自交不亲和系制种

利用自交不亲和系制种需要设立自交不亲和系母本繁殖、父本繁殖和杂交制种 3 个隔离区。

1. 自交不亲和系的繁殖

自交不亲和系的繁殖目前采用的主要方法有以下几种。

（1）蕾期授粉法　在开花前 25 天，进行人工剥蕾授粉自交，此时因雄蕊枝头表面尚未形成特异蛋白质隔离层，可以获得一定数量的自交种子。方法是选择典型性强的优良单株，把各分枝未开放的花蕾用镊子挑开，让柱头外露，即为剥蕾。剥蕾从下往上，选适龄蕾（以 2~5 天后开花的花蕾为好）进行，一个花序可剥 20 个左右，每隔 3 天再往上剥一次，一个花序可连续剥蕾 2~3 次。花蕾剥开后，摘取本株当天开放的花朵，逐个授粉自交。授粉的适宜温度在 12℃以上，30℃以下。田间剥蕾授粉自交后，必须立即套袋，以免昆虫传粉，并在该蕾枝条上挂牌作标记。当剥蕾授粉花的花瓣脱落后，要及时取下纸袋，让角果在阳光下正常发育。蕾期授粉法繁殖自交不亲和系费时费工、成本较高，大面积繁殖受到限制。

（2）花期盐水喷雾法　在花期用 5%~8%浓度的盐水喷雾，可提高油菜的自交结实率。效果与蕾期授粉相当，方法简便，成本低，可普遍采用。

（3）利用保持系繁殖自交不亲和系　近年来，一些育种单位采用测交的方法，发现可从甘蓝型油菜普通品种中和自交不亲和系中筛选出自交不亲和系的保持系。利用保持系来生产自交不亲和系，可省去剥蕾自交的麻烦，省时省工，方法简单易行。

2. 父本的繁殖

在隔离区内种父本的种子，花期选典型植株自交或姊妹交，作为下年父本繁殖区的原种，其余去杂去劣后，收获作为下年制种区的父本种子。

3. 利用自交不亲和系配制杂交种的方式

当前广泛利用的主要有两类杂交种。

（1）单交种　即利用自交不亲和系 × 自交亲和系。单交种杂种优势强，亲本繁殖和制种比较简便。

（2）三交种　即（自交不亲和系 A × 自交不亲和系 B）× 自交亲和系 C。其中自交不亲和系 A 与 B 的 s 等位基因位于不同染色体组，互为保持系。A × B 的 F_1 为自交不亲和杂种种子，自交亲和系 C 具有显性自交亲和基因，组配成可以正常自交结实的二交种，作为商品杂交种利用。

另外，也可利用自交不亲和系及保持系、恢复系实行三系配套化制种，配制方式如（图 9–5）。

利用三交种，可以提高杂交制种产量，降低种子成本。

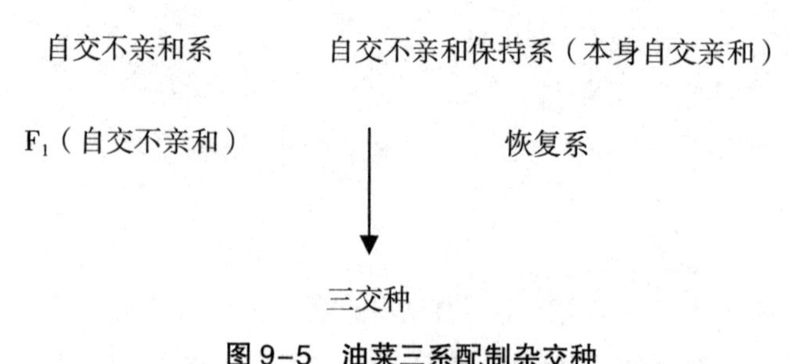

图 9–5　油菜三系配制杂交种

4. 自交不亲和系的制种

在杂种制种区内，父母本行比按 1 :（2~4）的行比相间种植，注意调节父母本的播期和花期，保证正常异交结实。收获母本行上的种子，即为杂种种子。

自交不亲和系杂交制种田间管理与雄性不育系生产杂交种技术基本相同。

无性繁殖作物种子生产技术

一、马铃薯种薯生产

（一）马铃薯种薯原种生产

进行原种繁殖的种薯，可以通过茎尖培养产生无病毒植株．在严格的隔离条件下进一步繁殖，产生一定数量的原种；另一种方法就是从无性系获得，即单株系选。

1. 利用茎尖培养生产无毒种薯

马铃薯茎尖培养生产无毒种薯就是把马铃薯茎尖的生长点部分取下，置于实验室的培养基内、培养出无毒的幼小植株后，将其移植在能防病毒侵入的防蚜网室内，利用这种无毒植株产生的无毒小块茎，经过无性繁殖收获得到一定数量原种。具体方法如下。

（1）茎尖剥离　可选择生长健壮的顶芽或侧芽，剪取2~3毫米的壮芽，剥去易除叶片，自来水下冲洗1小时，再用95%酒精和5%漂白粉溶液消毒，无菌水冲洗2~3次。无菌条件下，在解剖镜下，将芽剥去幼叶，露出圆滑的生长锥，切取所需茎尖，随即接种于培养基上。

（2）培养　马铃薯茎尖培养一般使用MS培养基或革新（MA）培养基。将剥离的茎尖接种在试管培养基上，放在日温25℃、夜温15℃、光照3 000勒克斯、每天照明16小时的条件下培养。经过3个月左右时间，可长出3~4片叶的小植株，当小苗长出4~5片叶时，即可移栽在土壤中。

（3）无毒苗鉴定　利用生长点培养出的无毒苗，其成苗率和脱毒率都非常低，必须经过病毒鉴定，才能确定脱除病毒的种类。病毒鉴定常用指示植物和抗血清法进行，一般需鉴定2~3次，鉴定为无毒苗才能用作繁殖。

（4）无毒苗繁殖　通过茎尖培养只能得到数量很少的无病毒植株，不能满足生产上需要大量的健康种薯，因此，需要把无病毒的试管苗迅速而大量地扩大繁殖，然后用这些无毒苗生产无病毒的种薯。目前采用的方法主要有以下几种。

直接移栽利用块茎繁殖，把脱毒苗直接移入无虫网室的土壤中，利用产生的块茎继续繁殖。每季进行严格的病毒鉴定，一旦发现受病毒侵染即淘汰，经过5~6次繁殖的无病块茎作为一级原种，供原种场进一步扩大繁殖。

插枝繁殖，把脱毒苗移栽于温室的育苗盘中，50~60天后切顶芽作插枝。切取顶芽后能促使腋芽产生，待腋芽伸长后即可切枝扦插。插枝时先把插枝最下面1~2片叶除去，然后插入经过土壤消毒的无虫网室中，插入深度两个节间，维持土壤湿度，经过2~3周生长，插枝就可以移栽，或供进一步切取插枝的母枝，或让其结块茎提供一级原种。

组织培养切段繁殖，将脱毒苗切成小段，每切段留一个叶片，平放在培养基上，继续培养，2~3天内就能长出新根，接着从叶腋内长出新苗。用这种方法繁殖速度很快，一般一个月能增加7~8倍。

切段土壤繁殖，在培养器皿（玻璃缸或大烧杯）中加2~3厘米深的自来水，把消毒后的土撒入盛水的器皿中，然后把脱毒苗切成只带一片叶的小段，平放在土壤表面。玻璃缸上用尼龙纱包住，然后盖上玻璃在室内人工光照或室外太阳光照射下生长。这样繁殖的小苗可用来直接移栽，也可继续作切段繁殖用。

（5）利用网室生产原原种、原种　经过切段快繁的无毒苗需要在低温（15℃以下）和提高光照强度（3 000勒克斯）条件下培养获得壮苗，当植株达5~6片真叶、3~4条根系时，便可定植在网室内的无毒土中，促使其形成块茎，这样生产的无毒种薯称为原原种，原原种再繁殖一代，便是原种。

2. 利用单株系选生产马铃署原种

对于生产上混杂退化了的马铃暮种暮，除了用茎尖脱毒的方法来生产不带病毒的原种外，还可以采用“三圃”制的方法提纯生产马铃薯原种。

（1）单抹选择　在马铃薯的留种田或纯度较高的生产田内，于苗期、花期和成熟期，选择具有本品种典型性状的无病的单株。一般预选别500~1 000株，生育后期到收获前复查1~2次，如发现有病及早衰的植株，要随时拔除。将入选单株分别收获，进行室内考种。考种以薯形、薯色、薯肉色、芽眼深浅等形态鉴定和病毒鉴定为主，凡是有一项不符合本品种特征特件或有病的单株均要淘汰，中选单株薯块分别贮藏。

（2）株行圃　将上年中选的单株薯块种入株行圃，每个单株后代种5~20株作为一个株行，每隔9或19个株行种一对照品种（本品种原种）。生育期间进行多次观察或结合指示植物、抗血清法鉴定，严格淘汰病毒株和低产劣株行，选留优良高产株行。

（3）株系圃　将上年选留的株行薯块种入株系圃进行鉴定比较，小区面积0.01亩，可采用对比法。生育期间仍进行典型性和病毒鉴定，严格淘汰杂、劣、病株系，入选高产、生长整齐一致、无病毒、无退化症状的株系，混收后用作下年原种圃的种薯。

（4）原种圃　把上年当选的株系种薯混合种于原种圃，在苗期、开花期及收获前3

个时期，严格拔除病株，留下的收获后即为原种。再扩大繁殖一次后，供生产基地繁殖良种。

（二）马铃薯种薯良种生产技术

通过茎尖脱毒或提纯复壮生产的马铃薯原种数量较少，必须在隔离条件下，经过几次扩大繁殖，生产出良种才能供生产使用。

1. 良种生产基地的条件

马铃薯良种生产基地可设在良种场或个体特约户的繁种田内，但必须符合下列条件。

① 生产基地要设在气候冷凉地区或山区。

② 生产基地的蚜虫密度要低，水肥条件较好。

③ 在一定的范围内没有带病毒的马铃薯、没有其他病毒的寄主：隔离距离在 10 000 米以上。

④ 距离耕作区较远，特别不应在大城市附近。

⑤ 生产基地要交通方便，便于调种。

2. 种薯生产的目标

生产健康的、具有一定大小的、维持一定产量水平的种薯是马铃薯种薯生产的 3 个主要目标。

（1）健康　这是种薯生产的核心，所有种薯生产措施都应围绕这一目标。可采用清除侵染来源、中断再感染的途径、及时拔除病株、合理调节播种期、适当增加种植密度以及其他措施，达到生产健康种薯的目的。

（2）产量　产量是影响种薯成本的重要因素，高产是种薯生产单位所需要的，但水肥太多，过旺的茎叶生长不利于健康，往往会掩盖某些症状的发生，因此种薯产量不能太高。根据一些国家的研究，种薯产量不应超过 225 000 千克 / 公顷。

（3）薯块大小　为了避免病毒及其他病原的传染，最好用整薯播种．所以薯块应小，以利节省。薯块大小和许多因子有关，主要和每平方米的主茎数及产量有关。主茎数取决于种薯大小、播种深度、催芽方法、土壤条件及播种密度。合理地调整这些因素，使每平方米土地上产生较多的主茎数，才能使总的薯块产量维持一定水平，产生较多的小薯块。

3. 种薯生产的主要技术环节

马铃薯种薯生产技术性强、环节多，哪一步不注意都可能引起病毒的感染，影响种薯的质量。因此必须抓好以下技术环节。

（1）催芽　催芽能提前出苗，苗齐、苗壮，增加每株主茎数，促进早发、早结薯，提高种薯产量和质量。催芽的方法很多，有条件的地方，薯块放在催芽盘中，催芽盘分层放在有光和具有一定温度的室内架子上，利用太阳散射光，也可以补充人工光照进行催芽。没有室内催芽条件的，可在室外避风向阳处挖一个 0.5 米左右的深坑，坑底放一层马粪，盖一层熟土，上面堆放几层薯块，顶上再放一层马粪和熟土，然后覆盖塑料薄膜，四周用土压紧，经 7~10 天能产生豆粒大的黄化芽，即可播种。

（2）播种　种用薯不宜过大，一般整薯播种，直径超过 5 厘米的大薯块则应切块，但应注意切刀的严格消毒。为保证每平方米有足够的主茎数，种薯生产田应比一般大田有更高的密度，以便生产更多的小薯块。为了解决密度与中耕培土和通风透光之间的矛盾，在保持正常行距的基础上，缩小株距，每公顷种植密度至少不小于 90 000 株。

（3）控制病虫害　病毒病的控制是重点，因此必须采取一系列防毒措施。

及时拔除病株，当株高 15~20 厘米时，就开始全面检查，发现病毒株应立即将全部病毒株及其新生块茎和母薯拔出，装入塑料袋中带出地外烧毁或深埋。此后应每周检查一次，反复进行，直至收获。

防蚜，利用黄皿诱杀虫器进行测报，当出现 10 头有翅蚜即开始定期喷药，或在田间设置黄色薄膜涂小机油诱杀蚜虫，也可以利用银灰色薄膜驱蚜。

消毒，禁止闲杂人员进入良种田，进入良种田的人员要穿上专用工作服，田问操作的工具应严格消毒。

及早割去茎叶，提前收获，收获前提早 10~15 天割去茎叶或利用化学药剂杀死秧蔓，能阻止蚜虫传染病毒病，从而提高种薯质量。

（4）运输和贮藏　收获后应将种薯按体积分成几种类型，然后包装，操作过程中不要损伤种薯，装卸时要轻拿轻放。种薯贮藏期间，严格和其他薯块分开，贮藏窖应消毒，有专人负责，并经常检查。

二、甘薯种子生产技术

（一）甘薯原种的两圃制生产技术

生产甘薯原种，一般采用取单株选择、分系比较、混系繁殖的方法，即单株选择、株行圃和原种圃的两圃制。

1. 单株选择

选择的单株材料，主要来源于原种圃。尚未建立原种圃的，可从无病留种田或纯度高的大田内选择。田间选择单株，在植株团棵至封垄前，根据原品种地上部的特征，在田间目测比较，进行初选。入选的单株，应作好标记。选择数量根据下一年株行圃的需要而定，一般建立 667 平方米，左右株行圃，选 200~300 株。收获时再根据原品种结薯的特征特性，一般选留 50% 左右。选留的单株，用木条箱（或柳条筐）分株装好，在安全条件下贮藏。出窖时再严格选择一遍，剔除带病或贮藏不良的单株。

2. 株行圃

将上年入选的单株薯块，分别育苗，各株的薯块要隔开。苗期如发现杂株或病毒苗，应立即将单株的薯苗与薯块全部排除。为保证株行圃薯苗质量一致，必须建立采苗圃，并采取适当密植、幼苗期打顶等措施，以促进分枝，培育出足够的蔓头苗。

株行圃一律在夏季进行比较，这样也有利于留种。要求起垄单行栽插，每个株行栽插

30株苗，都用带顶的蔓头苗。田间设计采用顺序排列，每隔9个株行，设1对照行。对照用相同品种原种或高纯度的生产用种。对照的育苗条件与株行圃相同。

株行圃植株在封垄前，进行地上部特征、植株长势和整齐度鉴定，收获时再着重对结薯性和地下部特征特性进行鉴定。凡发现现有病株、杂株、行长不整齐或不具备原品种特征特性的株行立即淘汰。并对其余株行材料进行产量、烘干率调查，凡鲜薯产量不低于对照或高于对照的，烘干率不低于原品种的，即可入选。最后将入选的株行材料，混合集中一起单独贮藏，下年进入原种圃。

3. 原种圃

将上年当选株行的混合种薯育苗，并设采苗圃繁苗，在夏季或秋季对原种，并对原种圃分别在封垄前和收获期进行选择，根据原品种地上、地下部特征特性，去杂去劣，拔除病株。在育苗、栽插、收获、贮藏过程中，还应严格注意防杂、保纯，以保证繁育原种质量。

（二）甘薯的脱毒与快繁技术

甘薯原种茎尖培养脱毒生产技术和马铃薯脱毒苗生产技术类似。

1. 选择优良品种

甘薯优良品种很多，经过脱毒后能不同程度地提高产量、改善品质。但甘薯品种都有一定的区域适应性和生产实用性，在进行甘薯脱毒时一定要根据本地区的气候、土壤和栽培条件，选用适合本地区大面积栽培的高产优质品种或具有特殊用途的品种。如在城郊地区选用北京553、徐薯34、苏薯8号和鲁薯8号等食用型品种，甘薯“三粉”加工区应选用徐薯18、豫薯7号、豫薯12号、豫薯13号和鲁薯7等淀粉用品种。另外，需要特别注意的是，甘薯脱毒后只能去除体内某些病毒，其品种本身的抗病毒、抗线虫病、抗根腐病等抗病虫害的能力并没有太大改变。选用品种时，一定要考虑到品种本身的抗病虫特性。如在茎线虫病和根腐病区要尽量避免用徐薯18进行脱毒和示范推广，应该选用豫薯9号、豫薯11号、豫薯13号和鲁薯7号等抗茎线虫病的品种进行脱毒。

2. 茎尖组织培养

外植体选择与培育，选择抗病虫、品种特征特性纯正的薯块，在30~34℃下催芽（或生长良好的植株），取茎尖顶端3~5厘米，剪去叶片，用洗衣粉加适量清水洗涤10~15分钟，然后用自来水洗干净。

茎尖剥离，将表面清洗过的材料拿到超净工作台内，用70%乙醇浸泡30秒，再用0.1%的升汞消毒处理5~10分钟，用无菌水清洗3~6次后在30~40倍解剖镜下轻轻剥去叶片，切取附带1~2个叶原基（长度0.2~0.25毫米）的茎尖分生组织，接种到以MS为基础的茎尖培养基上。剥取茎尖大小与成苗率呈正相关，与脱毒率负相关。

培养条件，甘薯茎尖培养所需温度为26~30℃，光照强度2 000~3 000勒克斯，每日光照时间12~16小时，培养15~20天，芽变绿后再转移到1/2MS培养基上行长，经过60~90天培养，可获得具有二三片叶的幼株。

建立株系档案，当苗长到5~6片叶，将行长良好的试管苗进行切段，用MS培养基繁殖并建立株系档案，一部分保存，另一部分则用于病毒检测。

3. 病毒检测

每个茎尖试管苗株系都要经过病毒检测，才能确定是否已去除掉病毒。因此，病毒检测是甘薯脱毒培育中必不可少的重要一环，常用的方法有指示植物方法和血清学方法。指示植物巴西牵牛是一种旋花科植物，它能被大多数侵染甘薯的病毒侵染，并在其叶片上表现出明显的系统性症状。接种方法多采用嫁接法。血清学方法中最适宜的是斑点酶联免疫吸附测定法。该方法是利用硝化纤维素膜作载体的免疫酶联反应技术，具有特异性强、方法简便、快速等特点，便于大量样本检测。

4. 生产性能鉴定

经过病毒检测后得到的无病毒苗还不能马上大量繁殖用于生产，因为经过茎尖组织培养有可能发生某些变异。因此，要在防虫网室中进行生长状况和生产性能观察，选择最优株系进行繁殖，该苗为高级脱毒苗（薯）。高级脱毒（薯）不仅要求品种纯正，而且要求不带能随种苗（薯）传播的真菌、细菌、线虫等病原。

5. 高级脱毒试管苗快繁

经过病毒检测和生产性能鉴定以后选出的脱毒株系数量较少，可以采用试管茎节繁殖。单茎节切段用不加任何激素的1/2MS培养基，温度25℃，光照18小时/天的培养条件下液体振荡培养或固体培养。该方法具有繁殖速度快，避免病毒再侵染，继代繁殖成活率高，不受季节、气候和空间限制，可以进行工厂化生产的优势。

6. 脱毒原原种薯（苗）繁殖

用高级脱毒试管苗在防虫温、网室内无病原土壤上生产的种薯即原原种。将5~7片叶的脱毒试管苗打开瓶口，室温下加光照炼苗5~7天。移栽的前一天下午在温、网室内苗圃上，撒上用100克40%乐果乳油加水2.5~25千克干饵料拼成的毒饵，以消灭地下害虫。然后按5厘米 ×5厘米株行距栽种在防虫温、网室，浇足水，把温度控制在25℃左右（10~30℃）。待苗长至15~20厘米时剪下蔓头继续栽种、快繁。采用这种方法繁殖系数可以达到100倍以上。

在繁殖原原种时，要始终坚持防止病毒再侵染的原则。在网棚内要种植一些指示植物，第1~2个星期喷洒1次防治蚜虫的药剂。原原种收获时要逐株观察是否有病毒症状，一旦发现病株要立即排除，以确保原原种质量。如果网棚内所种植的指示植物表现病毒症状，整个棚内所繁殖的种薯应降级使用。

7. 脱毒原原种薯（苗）快繁

利用试管和防虫网室繁育脱毒苗原种受每件限制，远远不能满足生产要求。目前采用最多的是在非甘薯种植区或距薯地500米以上，有高秆作物（玉米、高粱等）作屏障的田块种植繁育原种，在生长期间，注意拔除生长不正常的可疑带病毒薯苗，该方法可有效避免蚜虫传毒，保证原种质量并大批量繁殖种薯，供生产者应用。快繁方法有很多种，但以加温多级育苗法、采苗圃育苗法和单、双叶节栽植法最为常用。

加温多级育苗法是根据甘薯喜温、无休眠性和连续行长的特性，利用早春或冬季提前育苗，创造适宜的温、湿度条件，争取时间促进薯块早出苗、多出苗的方法。一般在冬季或早春利用火炕、酿热温床、电热温床、双层塑料薄膜盖温床或简易温室，进行高温催芽、提早育苗，促进薯苗早发快长。薯苗长出后，分批剪插到另外设置的较大面积的加温塑料薄膜大棚，进而剪栽到面积更大的塑料薄膜大棚，利用太阳能促进幼苗快长，以苗繁苗；待露地气温适宜时，再不断剪苗栽插到多种采苗圃，进行多次栽插，最后栽插到无病留种田。

采苗圃育苗法是以苗繁苗方法中获取不易老化、无病、粗壮苗最可靠的办法，也是搞好甘薯良种繁育的关键措施。应用采苗圃除可以加大繁殖系数外，还可以培育健壮薯苗，栽后扎根快、多而粗，易形成块根，结薯早，产量高。采苗圃要加强水肥管理，勤松土，消灭病、虫、草害，使茎蔓生长迅速，分枝多而茁壮，一次次剪苗再扩大繁殖。采苗圃在北方春薯区和黄淮春夏薯区一般有小垄密植、阳畦和平畦采苗圃等多种形式。

单、双叶节栽插是高倍繁殖的有效措施。利用采苗圃的壮苗，多次剪取一个叶节或两个叶节的苗，密植栽入原种繁殖田。剪苗时若用单叶节，每一节上端要留得短些，一般不超过 0.5 厘米，下端长些。最好上午剪苗下午栽苗，栽后浇足窝水，第 2 天早晨再浇 1 次水，盖上一层土；繁殖期间应加强田间管理，使幼芽及时出土。

三、甘蔗种苗生产技术

（一）蔗种的选择与处理

1. 蔗种的选择

首先选择长势好，品种单一，密度适当，病虫害少，没有倒伏和土壤肥沃的蔗田进行留种。田块选定后，设立标志，加强后期水、肥管理，增强长势，促使尾粗、芽壮，留叶护芽，做好防治病虫及防霜冻工作。其次进行收获株选择，即砍收时结合采种，剔除细小、病虫为害和混杂蔗茎。

选定作种蔗茎，根据去留部位的不同可分为蔗梢种（蔗梢部）和蔗茎种（全茎种）。前者为蔗茎去掉叶片，留下叶鞘护芽，从生长点处劈去尾梢，再砍下梢部 80 厘米左右作种；后者为梢部种以下的整条蔗茎用来作种。生产上一般多采用梢种，其含蔗糖少，比较经济，尤其是出苗迅速、整齐。蔗茎作种时，每段只 1 个芽的称为“单芽种”，含 2 个芽的称为“双芽种”，3 个以上的统称为“多芽种”。我国蔗区大面积甘蔗生产上多采用双芽种。

2. 蔗种处理

晒种在斩茎前进行，主要用于含水量较高或者砍下后很快就要下种的。晒种时先把较老的叶鞘剥去，保留嫩的叶鞘，晒 1~2 天，至叶鞘略呈皱缩为度。

浸种是在斩茎后下种前进行。目前主要采用清水浸种和石灰水浸种。清水浸种以流动清水为好，在常温下浸 2~3 天；石灰水浸种一般采用 2% 左右的饱和石灰水浸 12~48 小时，越老的“蔗茎种”，浸的时间越长。

消毒主要是为防治甘蔗凤梨病等。目前，采用的药剂主要有多菌灵、苯来特和托布津等，其浓度和浸种时间都是 50% 可湿性粉剂 1 000 倍液浸种 10 分钟。

催芽，生产主要用堆肥催芽、塑料薄膜覆盖催芽等。堆肥催芽是选择背风向阳近水源的地方，先垫上一层 10~15 厘米厚的半腐熟堆肥，然后把蔗种与堆肥隔层堆积，4~5 层，最后覆盖稻草或薄膜。塑料薄膜覆盖催芽是把蔗种堆积在露天空地上，堆宽和高各 66 厘米左右，长度视种量和场地而定。上盖塑料薄膜。堆下部的温度不易升高，下垫稻草等物。

（二）田间管理技术

蔗种下地前土地要深耕、施足底肥，开好植蔗沟及畦垄。蔗种的下种期，主要由发芽出苗期、伸长期和成熟期所处的温度、雨量和光照以及耕作制度等条件来决定。根据甘蔗的特性，一般当土表 10 厘米内土温稳定在 10℃以上时，便可下种。尽量提早下种，延长生长期，以提高产量。

下种密度，气温高，雨水量多，发芽出苗率高，生长期长，生长量大，下种量可少些，反之下种量要多些。一般，每亩下种量 2 500~3 500 段双芽种较为适宜。一般生长期短的，干旱瘦瘠的地区，中细茎和窄叶、竖叶品种，行距就窄些，一般采用 90~100 厘米，生长期长，水、肥条件好的地区和大茎、宽叶品种，行距应大些，一般采用 100~150 厘米。我国主要采用三角条植。下种时种苗要平放，芽向两侧，紧密与土壤接触。下种后盖土要厚薄一致，其厚度一般为 3~6 厘米。一般在下种薄盖土或施上土杂肥后把农药施于其上，然后再行覆土，可有效地减少病虫害。

甘蔗下种后发芽出苗期一般要维持土壤湿度在 70% 左右。特别对下种后不盖土的，湿度可适当大些。有些由于深沟下种，种后遇雨，造成沟壁土崩塌，致使蔗种上盖过厚，须把土拔开。在土质黏重的蔗田，雨后表现表土板结，须及时破碎土皮。通过松土晾行，土温容易提高，土壤通气良好，覆土适当，为蔗芽顺利出土创造良好条件。下种后做好病虫害的防治工作，也是蔗芽顺利出土的重要保证。

（三）甘蔗良种加速繁殖方法

甘蔗的繁殖系数低，通常只有 3~5 倍到 10~20 倍。

1. 春（冬）植秋采苗、秋植春采苗

春（冬）植秋采苗、秋植采苗是目前甘蔗良种加速繁殖常用的方法。即一年两采繁殖系数可达 40 倍以上。采用这种方法，一方面春植的要早种，以增加上半年的繁殖倍数；另一方面，秋植的要安全过冬，以保证下半年的繁殖倍数。春植秋采苗应在 2 月中旬前育秧移栽或催芽下种，于 8 月上旬前采苗，采苗后随即于 8 月上旬前秋植。秋植春采莲，一般在 8 月上旬下种，至翌年春 3 月中旬前采苗春植。若秋植期迟至 8 月中旬以后，则来年春难以采苗。所以，此法主要在冬季降温比较慢、霜期比较短和霜冻比较轻的地方应用。

2. 离蘖分株繁殖法

这是对种量很少的珍贵品种，采取连续不断把分蘖分离出来，另行栽植的繁殖方法，此法常和全茎作种结合采用，其方法是采用移植，促其分蘖。在分蘖长根后，把分蘖附近的土扒开，用锋利小刀把已长根的分蘖，在分蘖与主茎的连接处切开，把分蘖分离出来。分离的分蘖最好先集中用营养钵假植，以后再分植于其他田块。切离分蘖，可分期分批，不断切离和移栽。栽植后的新植株也可能再生分蘖，可按上法同时进行离蘖，直至气候对返青有困难为止。这样一年可繁殖数百倍。但这种方法费工，技术要求很严格，所以，除非是很珍贵的品种，一般不必采用此法。

3. 蔗头分植法

此法对节省蔗种和扩大繁殖倍数都有好处。及时挖出埋在土里的老蔗头，选择无病虫为害的，切去一些老根，然后把蔗头分开进行催芽，发芽后移植；移植前剪去部分叶子，移植后淋足水。这样 1 公顷的蔗头一般可供 3~5 公顷蔗地用种。在种苗较少和较缺的情况下此法是可行的。

4. 组织培养繁殖法

采用组织培养加速繁殖是近年新技术，可大大提高繁殖倍数。有条件的地方可以运用。

（四）加速繁殖的技术措施

1. 选地

要选择土壤比较肥沃、排灌方便的田块进行种植，这样有利于甘蔗的分蘖和伸长，以便在较短时间内获得更多数量的种苗。

2. 处理

做好种苗的浸种、消毒和催芽等工作，以充分利用种苗和保证种芽的成活率。凡是能够发芽的蔗芽都应尽量利用，不要浪费，在加速繁殖过程中一般都采用半茎苗或大半茎苗作种，有的也可用全苗作种。对于老芽种苗，可以采用热水浸种（在 52℃的热水内浸 20 分钟）的方法来促进萌发。而其他种苗可用清水或 2% 的石灰水浸种 24h，再用 0.1% 多菌灵消毒 2 分钟后，即可催芽。当蔗芽萌动成“莺哥嘴”时，便可下种。

3. 管理

主要有加强田间管理、适当疏植、浅种、保护蔗芽等技术措施。播种时应施足基肥，蔗芽萌发出土后就勤施肥，特别是要重施氮肥，比大田生产增加施肥量 50% 以上。同时要勤除田间杂草，加强病虫害防治工作。在甘蔗生长期间要注意防旱、防涝，以促进甘蔗生长。疏植可以使蔗株得到更多的阳光和更大的生长空间，而浅种则有利于甘蔗的分蘖，增加有效茎数。蔗芽越健壮饱满，繁殖系数越高，越能加速繁殖。蔗株拔节伸长以后，一般应多留中上部的叶鞘，以更好地保护蔗芽，而基部的枯老叶应适当剥除，以利于通风透光和减少病虫害。

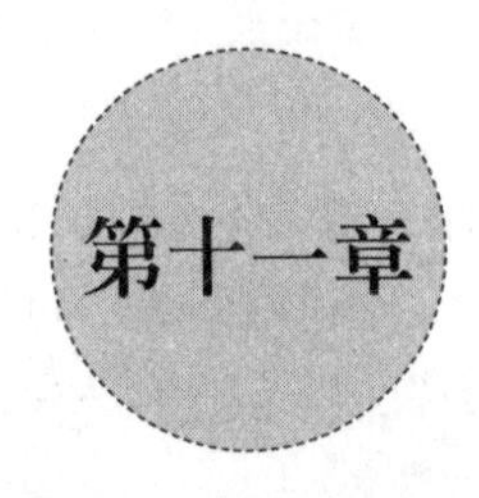

蔬菜种子生产技术

一、十字花科蔬菜种子生产技术

（一）十字花科蔬菜常规品种的种子生产技术

根据全国种子总站制定的“大白菜原种生产技术规程”，常规品种的原种生产必须用母系法或双系法选纯的优质原原种作亲本。其他十字花科可参考此规程进行原种生产。

1. 原种生产

第 1 年在纯度高的种子田（不少于 3 500 平方米），根据品种的典型特征，分别在幼苗期、莲座期、结球中期、结球紧后期和收藏期进行株选。贮藏或越冬母株的数量应保持在 200 株左右，第 2 年春天定植时母株的数量不少于 50 株。

母系选择法中选的母株混合栽植，花期任其自由授粉，采种田应与同一作物的其他品种及易与之杂交的作物隔离 2 000 米以上；双系选择法中选的母株，成对栽植，机械隔离，成对授粉。上述两种方法的种子成熟后，按株分别编号采收。注意淘汰花期杂劣的植株。决选单株的种子于秋季进行株系比较。

2. 株系比较

中选株系按顺序排列，不设重复，每小区 50 株以上，小区采用间比法，每隔 8~10 个小区设一对照，每小区 50~100 株。对照种为提纯前的原始群体种子或同品种的生产用种，周围设保护行，按当地常规技术管理。分别于幼苗期、莲座期和结球期，按单株选择标准进行比较鉴定，收获时测定产量。入选性状典型、个体间整齐一致的优系若干个，混收母株，进入原种比较试验。若未达到要求则仍须再进行一次或多次母系选择或双系选择，分系比较，直至达到要求为止。母系选择决选的优良株系以 10% 左右为宜。

3. 原种比较

中选的优良株系于翌年春季混合采种，秋季与提前复壮的原始群体种子和同品种的生产用种同时播种，进行比较试验，每份种子的播种面积要大于1亩，以鉴定提纯复壮原种的效果，如达到原种标准即可投入原种生产。整齐度应达到90%，接近选择要求的株系仍需继续进行一次或多次母系选择或双系选择优系中选优株，直至达到选择要求为止，不符合选择要求的予以淘汰。

4. 原种生产

生产原种的种株数量大于1 000株的，应单独栽培，任其自然授粉，混合采种；数量不足1 000株的，可将其定植于该品种良种田（大于1 300平方米）的中央，任其自然授粉，原种种株与良种田的种株要分开收获脱粒。原种田必须与其他品种（系）和极易与之杂交的蔬菜作物隔离2 000米以上。如大白菜与苔菜、小白菜、油菜、菜薹、芜菁等隔离；结球甘蓝不仅要与花椰菜、青花菜、抱子甘蓝、羽衣甘蓝和球茎甘蓝等严格隔离，对甘蓝型油菜也要警惕。

原种生产主要采用成株法采种。为减轻病虫害，原种田秋季可适当晚播。中晚熟品种可比生产田晚播7~10天，早熟品种可根据生育期长短及冬季安全贮藏的需要来确定适宜播种期。秋季田间管理与菜用栽培基本相同。收获前应针对本品种特征特性严格选择、去杂去劣，收获后经适当晾晒入窖贮藏越冬（南方地区种株可露地越冬）。翌年春天定植前，为方便抽薹，可切除结球甘蓝和大白菜的部分叶球，此时应注意淘汰脱帮严重和感病的植株。3月中旬将种株定植于严格隔离的采种田内。定植前，采种田施腐熟厩肥5 000千克/亩，过磷酸钙40千克/亩作基肥，深翻整平后作畦。定植时就注意露出短缩茎顶端，以免浇水后引起腐烂。定植后可进行中耕，待种株抽薹后，结合浇水追施N、P、K复合肥15~20千克/亩。开花前注意喷药防治蚜虫，盛花期不再喷药以免杀灭传粉昆虫。花期应适时浇水，但盛花期过后侧应减少浇水，并再喷药防治蚜虫。若有霜老霉病发生，可喷600~800倍百菌清防治。

种株1/3以上的角果黄熟后即可收获。收获宜在清晨进行，经晾晒、脱粒、清选后，晒干贮藏。秋季将收获的种子排扦样，点播或育苗移栽，检验种子纯度通过后，方可作为原种用于大田用种的繁殖。

（二）大田用种生产

大田用种由原种繁殖而来。由原种繁殖大田用种，以半成株法和小株采种法繁殖大田用种更为切实可行。大田用种繁殖的留种田选择、苗床地选择、空间隔离、选优去劣的标准和时期、水肥管理、病虫害防治和种子采收贮藏与原种生产要求相同。

半成株法第1年秋季培养健壮种株，在叶球、肉质根等商品器官未完全成熟时，依品种特征特性进行田间选择，中选种株经贮藏或假植，第2年晚春定植于露地采种。生产的种子遗传纯度高，品种的典型性、抗病性、一致性等性状也得到较好保持，密度较大，种子产量高。

小株采种在早春育苗采种，一般在1月中下旬播种，阳畦育苗，3月中旬定植栽培，待抽薹开花，结籽后采种。种子单位产量高，占地时间最短，生产成本低。因不能根据叶球来选择，故种子质量难以保证，因此高质量的种子不能用小株采种法生产大田用种。

（三）十字花科蔬菜杂交品种的种子生产技术

国内十字花科蔬菜杂交种主要利用自交不亲和系、雄性不育两用系和雄必不育3种方法生产。

1. 自交不亲和系（或自交系）原种生产

十字花科蔬菜的杂交种的种子生产均可用此方法。育成杂交种的亲本自交不亲和系（或自交系）后，于秋季适当晚播，翌年春季进行半成株法采种，或翌年春季早播进行小株法采种。亲本原种田应与亲本株系、品种（系）及易杂交的同种（或变种）蔬菜等空间隔离2 000米以上，或用温室、大棚、网室和套袋等方法实行机械隔离，但也要有一定距离的空间隔离。亲本为自交系的，在严格隔离条件下任其自由授粉，机械隔离条件下则应放蜂或用人工辅助授粉；亲本为自交不亲和系的则应采用蕾期人工授粉，即摘除已开放花朵和过大的花蕾，选择开花前2~4天的花蕾，用镊子拔开花冠，露出柱头，然后将本系当天开放花朵的新鲜混合花粉授于柱头，每一次分枝上授20个左右的花蕾，其余摘除。做完一个自交不亲和系后要用70%乙醇对所有用具和能够接触到花粉的地方进行消毒，避免人为造成非目的性的杂交。小株采种时，分株收获的种子并编号，用少量种子进行秋播，在幼苗期、莲座期和结球期进行田间鉴定，保留性状典型和整齐度符合要求的亲本系，达不到要求的予以淘汰。

自交不亲和系每隔2~3代需要进行1次系内自交不亲和性测定。具体做法是；对亲本繁殖区的亲本必须每代都测定系内株间异交的亲和指数。具体方法是：把同系10株新鲜的花粉混合后，并以这10株作母本株在正常开花时，每株选中上部的健壮花枝授以新鲜混合花粉，待种子成熟后测定每株的亲和指数，亲和指数=单株授粉的结籽总数/单株授粉总花数，依测定结果，选留亲和指数小于2及其他性状达到要求的系，继续用做繁殖原种，淘汰亲和指数大于2及其他性状达不到要求的系。

2. 雄性不育两用系亲本原种生产

该方法应用于白菜和芥菜类蔬菜杂交种种子生产。采种方法及隔离条件均同自交不亲和系，应注意在幼苗期、莲座期和结球期对其经济性状进行严格鉴定，并认真检查两用系的不育株率，淘汰不育株率低于50%的系。收获时，注意混收系内雄性不育株上的种子。该种子既可繁殖原种，也可配制杂交种。

3. 雄性不育系亲本原种生产

该方法应用于白菜和芥菜类蔬菜杂交种种子生产。利用雄性不育系制种必须有不育系、保持系和恢复系三系配套，以上三系都必须代代采用半成株采种法繁殖原种。

三系繁殖过程中严格选择，为保证不育株率的稳定性和优良性状的典型性，最好设立隔离的3个系繁殖圃，分别繁殖不育系、保持系和恢复系。隔离条件及采种方法同原种生产。只是不育系的繁殖（3~4）∶1 的行比种植不育系与保持系，此圃内从保持系上收获的种子也可作为下一代的保持系用。

（四）杂交种子生产

1. 制种方式

十字花科蔬菜杂交制种分为露地制种、保护地制种、露地—保护地制种等不同制种方式。

（1）露地制种　对于双亲花期基本一致的组合，采用露地制种既可以配制大量的杂交种子，又可降低种子成本。长江流域及南方可露地越冬，采用此法制种十分方便。北方地区冬季窖藏种株后若采用露地制种，则一般在 3~4 月定植种株。

（2）保护地制种　当双亲花期不一致且制种量要求大时，可采用保护地制种法。此法主要在华北地区采用。在前 1 年 10 月下旬到 11 月上旬或当年 2 月定植种株，165 厘米阳畦内种植 4~5 行，株距 33~40 厘米。利用阳畦不同位置调节花期，如将抽薹晚的亲本定植于里口，利用温度较高、光照较好的条件促其早抽薹开花，花期早的亲本则定植于外口使之花期延后，从而促成双亲花期相遇。通过花期调整可获得较高的种子产量，但成本高于露地制种，且种植数量受限制。

（3）露地—保护地制种　当双亲花期不一致且制种量要求较大时，可采用此法。于前一年 10 月中下旬到 11 月下旬将父、母本按 1∶2 的行比定植于阳畦内，翌年 3 月下旬，再于阳畦道上按 2∶2 的行比定植部分亲本，或只栽一部分花早、花期短的亲本，使阳畦内早开花的亲本花期结束时，阳畦道上的早花亲本的花期能够接上，从而延长双亲花期相遇的时间，提高种子产量。

2. 制种技术

（1）自交不亲和系制种　采用小株采种法配制杂交种。将父、母本种株相间种植，株行距为（30~40）厘米 ×（40~50）厘米。利用自交不亲和系制种，父、母本定植比例通常为 1∶1。若亲本之一自交亲和指数略高，可增大亲和指数较低的亲本比例，若亲本之一为自交系，则可以（2~4）∶1 的比例种植自交不亲和系母本和自交系父本。

（2）雄性不育两用系制种　采用小株采种法配制杂交种种子，早春将两用系和恢复系按（6~8）∶1 播种于温床或阳畦，待苗龄 50~60 天后，在幼苗不受以冻害的条件下尽早定植，以促进根系发育。定植时每隔 3~4 行两用系定植 1 行恢复系，两用系的定植密度是恢复系的 2 倍。自两用系植株开花起，分次拔除两用系内可育株，同时摘去不育株的主薹，以作为标记并延迟花期，以免在彻底拔除可育株前接受系内花粉而形成假杂种。待拔尽两用系内可育株后，摘去恢复系内已开花和已结的角果，以保证恢复系上收获的种子能够保持恢复系的遗传纯度。种子成熟后，混收两用系行上的种子，即为杂交种种子。

（3）雄性不育系制种　多采用半成株及小株采种法配制杂交种制种区内，按（4~5）∶1 行比种植不育系和恢复系，不育系上收获的种子即为杂交种种子；恢复系上收获的种子也可以用作下一代制种的恢复系，但不可连续用小株采种法繁殖的恢复系种子制种。

二、茄科蔬菜种子生产技术

（一）品种原种生产

茄科蔬菜多为自花授粉蔬菜作物，但在自然条件下，也发生异交现象。一旦发生自然异交混杂或机械混杂就导致品种的整齐度下降，可采用单株选择法和混合选择法对品种进行提纯。

1. 单抹选择法

适用于品种的整齐度较差、混杂退化较多时对品种进行提纯。首先在采种田或生产田内于初果期、盛果期及收获时，选择具有本品种典型性的优良单株分别标记，淘汰表现不良及感病植株，将中选株分别采种和编号。各个选株的种子翌年分别种成株行，建立株行圃。在整个生育期间进行观察，注意各株行性状的典型性和株行内株间的整齐度，从中选择具有本品种特征特性，而且株行内整齐度好的株行，按株行采收，编号。到翌年再将各中选株行的种子分别种一小区：建立株系圃，经过对比观察，从中选出具有本品种典型性状、丰产性好、适应性强，株系内性状整齐一致的优良株系。各中选株系的种子可以单株采收或混合采收，所收种子翌年播于原种圃，经过去杂去劣，所生产的种子即为原种。单株选择法工作量较大，所需时间较长，但选择效果比较好。

2. 混合选择法

当品种轻度混杂，纯度较高时，可采用此法。即在留种田内，于第一穗果采收前，选择较多的具有本品种典型性状的优良单株，挂牌标记。收获时，严格淘汰果实性状表现不良植株，将各中选株的优良果实混合采种即为原种。混合选择法简单易行，节省劳力，时间短，采种量大，但选择效果较差。

3. 改良混合选择法

是把混合选择法和单株选择法结合起来，在多代混合选择的基础上、进行一次单株选择，以鉴定各入选单株的优劣，再将最优的单株混合留种。茄科蔬菜品种经多代自交后有时会出现生活力下降的现象，可采用品种内杂交的方法进行复壮。其方法是在留种田内，于第一穗果开花前，选择若干优良单株标记。于前一天下午对第 2 天开花的花朵进行人工去雄，开花当日授上混合花粉并做标记。最后从中选株上采摘去雄授粉所结果实混合留种，这样采收的品种内杂交种子，生活力能有一定提高。

（二）大田用种生产

经过提纯后的原种，在隔离条件下，生产大田用种。其生产技术如下。

1. 隔离

茄科类蔬菜虽然是自花授粉作物，但为保证种子的纯度也必须考虑隔离，一般制种田与生产田自然隔离距离为 100 米以上。

2. 培育适龄壮苗

播种前先进行种子处理. 55℃热水烫种，10分钟捞出，用10%磷酸三钠溶液浸泡30分钟（杀死病毒），再用清水浸泡4小时左右，放入100倍福尔马林溶液中浸泡15分钟（可杀死真菌），消毒完成后，用清水反复清洗，用纱布包好捞出的种子，放至恒温30℃下，催芽至露白。将催芽的种子混入适量细沙，均匀撒播于苗床，盖土0.5厘米，及时加盖覆盖物，出苗后注意光照和通风，培养壮苗。苗龄50~60天，一般达2片真叶。如果密度过大，应进行分苗，分苗用阳畦，小拱棚或大棚。

3. 定植

在无保护条件下，当地晚霜过后，地温稳定在10℃以上时便可定植。定植方法北方多畦栽，每畦两行，一般行距45~50厘米，株距35厘米，定植深度以地面与子叶相平或稍深为宜。

4. 采种田管理

定植后一周，浇一次小水，并及时中耕，促进新根形成和发育，追肥的重点在第一穗果坐住后，每亩追施30千克三素复合肥，并注意浇水和中耕，保持土壤见干见湿，茎叶繁茂、分枝力强、生长发育快，易落花落果，应采取一系列植株调整措施，如搭架、绑蔓、整枝、打杈、摘叶、疏花疏果等。另外，还要注意防治病虫害，用代森锰锌或托布津液500~600倍，可防治早疫病、晚疫病和褐斑病，用50%抗蚜威防治蚜虫。为了促进果实发育，在果实生长期间可喷两次0.5%的磷酸二氢钾。

5. 种果采收及处理

种果采收要在种子达到生理成熟后进行，早熟品种开花后45~50天，中晚熟品种开花后50~60天。选择生长健壮、无病害或病害轻的植株留种。第一果穗及后期果发育不良，不宜留种，以选用第二、第三果穗为宜。种果采收后，放置后熟1~2天再取种，选果形整齐、符合本品种优良性状、无裂果病果的果实采集种子。取种方法是将种果用小刀切开或用手掰开，把果肉连同种子一起挤入非金属容器内，然后在25~35℃下发酵1~2天，每3~4小时搅拌一次，待上部果液澄清后，种子沉人缸底，用手抓有沙沙的爽手感则发酵完成。将上部液体倒去，用清水冲洗种子数次，捞出放于散射光下晾干即可。

（三）杂交种生产

杂交种亲本原种生产要求与定型品种相同，但必须与制种田分开，也可用大面积套袋自交方法生产亲本。杂交种双亲每使用3~5代，应用其杂种优势与新制的种进行对照比较，以检验亲本生产性能，若新制种比原一代杂交种显著变劣，其双亲则不能继续作原种，应换用符合亲本原种标准的种子生产原种。

1. 双亲播种期和种植比例

双亲播种与定型品种种子生产相同。为保证早期能有大量花粉，父本可比母本提早3周左右播种，若双亲熟期不很一致，为使双亲花期相遇，应适当提早中、晚熟品种的播种期，延迟早熟品种的播种期。具有Tm-2nv基因的亲本，由于生长缓慢，也要适当提早播种。父母本种植比例，番茄为1∶（3~5），茄子1∶（3~6），辣椒1∶（5~10）。

2. 制种时期

春天是茄科蔬菜种子生产的主要时期。春繁的制种时期，番茄一般从植株的第2穗初花始，因为第1穗花开放时由于低温受精，结实不良，种子很少，为促进植株早期发育，往往将第1穗花摘除。茄子的制种时期一般从植株的“对茄”开始，而辣椒则是选第3~5层花蕾用于制种。

播种前对双亲的纯度进行检查，拔除可疑株、异型株和病株，清除母本株上已开放的花和果实。

3. 母本去雄

选露出花冠和花瓣展开呈30°的花蕾。此时花药尚未开裂，其色由绿开始转黄，用镊子把花药筒全部摘除。去雄时花蕾过小不便操作，坐果率和结籽数也受影响；花蕾过大，有可能自交在去雄的同时，摘除畸形花和弱花，以提高坐果率。

4. 采集父本花粉

在父本株上采集，宜选用盛开的花朵，花药呈金黄色，花瓣展开呈180° 角。一般在晴天10时以后，或阴天中午花粉量最多，生活力较强。采集花粉的方法有2种。一是手工采集，即把父母本株上的花采下放在阴凉处晾干，用镊子夹住花梗，竹筷敲打镊子，使花粉振落在容器内，然后把它放入干燥器内备用。另一个是机械采集，即花粉采集器在父本株上直接采花粉，被采集花粉的花朵能结果。

5. 授粉

授粉时母本的花龄对子房的受精能力有一定影响。当天开放的花授粉后，坐果率、单果种子产量和种子千粒重最高；其次是开花前1天和开花后1天；花后3天的最低。授粉后，在花梗上挂纸牌和扎棉线做标记，或者摘去3个萼片做标记。番茄每株母本一般授粉5~6朵花，小果型可授粉8~10朵花；辣椒的早熟多花型品种，每株授粉30~40朵花，大果型的少花品种，一般每株授粉7~8朵花。

6. 检查

杂交工作结束后要经常检查母本田中的植株，随时摘除已自交或非目的性杂交所结的果实，对番茄无限生长类型品种，要及时打顶，使养分集中，促进果实中种子发育。

7. 种果收获和种子提取

与常规品种相同。

三、葫芦科蔬菜种子生产技术

（一）葫芦科蔬菜常规品种种子生产

葫芦科蔬菜是虫媒异花授粉作物，品种间极易自然杂交，从而引起品种的品质、产量、抗性等重要经济性状劣变，造成退化。同时，大田用种是由原种繁殖而来，因而原种生产是良种繁育的关键。目前，生产上原种生产主要采用三年三圃制的方法，即设株行圃、株系圃和原种圃，进行单株选择，分系比较和混合繁殖。

1. 单株选择

应在原种田或纯度高的种子田进行。选择侧重植株，注意开花结果习性、第 1 雌花着生节位及植株分枝习性。注重果实形状、大小、色泽及特征。在植株的整个生育期中，单株选择应分 4 次进行。第 1 次选择在留瓜节位雌花开放前进行，主要根据叶片形状、第 1 雌花节位、雌花间隔节位、花的特征以及植株的抗逆性，选择符合原品种典型性状的单株做好标记，并在留瓜节位的雌花开放前 1 天，分别将该节位的雌花及同日开放的雄花套袋（或夹花冠），次日上午进行人工授粉自交；第 2 次选择在种瓜商品成熟期进行，主要根据果实的大小、形状、皮色、花纹以及果实的生长天数、植株抗逆性等性状，选择符合原品种特征特性、已进行人工授粉的单果，并做标记；第 3 次在种瓜成熟期，根据种瓜的色泽、网纹、瓜形及抗病性等符合原品种特征特性的种果，分别编号、采种和保存；第 4 次选择在拉秧期进行，对决选已采得种果的植株进行最后一次单株生产力、抗病性、抗热（寒）性鉴定。

2. 株行比较

每个中选单瓜种 1 行，成为 1 个株行，每株行种植 30 株以上，种植于株行圃。株行间比排列，不设重复，每隔 5~10 行设 1 行同品种的原种作对照。

株行选择的时间、标准和方法与单株相同。第 1 次中选株行中的每个单株都需要对留瓜节位的雌花及同株同日开放的雄花，在开放前 1 天分别套袋（或夹花），次日上午进行人工授粉。凡杂交率大于 5% 的株行或其他特征特性与原品种不同的株行应予以淘汰。中选株行去杂去劣混合收获，混合采种。

3. 株系比较

入选株行分别种植在株系圃内进行比较，每个株系种植 1 个小区，每个小区种植 100 株左右，用原有的原种种子作对照，间比排列，不设重复。株系选择的时间、标准和方法与单株选择相同，第 1 中选株系中的各单株也应对留种节位的雌花进行人工授粉，在各次选择中，进一步淘汰不良株系，同时每个株系要取 1 行统计产量，产量超过对照 50% 以上的为决选株系，将最后入选的株系混合采种，进入原种圃。

4. 原种繁殖与比较试验

将入选株系的种子混合种植于原种圃。原种圃应与其他品种进行空间隔离或机械隔离，空间隔离的距离应 1 500 米以上。原种繁殖阶段，在田间仍要继续依据本品种的主要性状去杂去劣，最后混合收种。此外，为鉴定原种的增产效果和其他经济性状，还需要进行原种比较试验。供试种子为新产出的原种，对照用同一品种原来的原种。

（二）大田用种生产

经过提纯扩大繁殖后的原种可以进行生产用种的生产，即良种生产。葫芦科蔬菜良种生产应注意以下技术环节。

1. 培育壮苗

葫芦科蔬菜育苗也在早春，方式多用阳畦。播种前用 55℃水烫种 10 分钟，再用 30%温水浸泡 5~6 小时，吸足水分，利于发齐苗。采用 5 厘米 ×5 厘米的营养土块育苗，播种应在土块中心，覆土 2 厘米为宜。幼苗出土后，应适当放风降温，白天保持在 25~30℃，夜间在 10~15℃。苗期一般不进行肥水管理，但太干时，可喷小水。早熟栽培苗龄在 35~40 天，定植前一周应先炼苗，晚上也不再覆盖。

2. 定植

采种田除搞好与其他品种隔离外（500 米以上），应防止重茬，深耕多施有机肥。北方一般平畦栽培，每亩 3 000~4 000 株，株行距为 55 厘米 ×66 厘米，栽后要灌适量稳苗水。

3. 采种田管理

从定植到缓苗一般 5~7 天。如果天旱，应小浇一次缓苗水，并及时中耕。前期要浅浇，中后期要深浇，除结合追肥后的浇水外，生长旺期每 5~7 天浇水一次。前期追肥以长效有机肥为主，如每亩施饼肥 100 千克，中后期以速效复合肥为主。主蔓结果多，可单蔓整枝，扎架应在蔓长 30 厘米左右时进行，及时绑蔓。采种一般不留根瓜，应及时打掉。大型瓜品种每株留果 2~3 条，小型瓜品种每株可留果 3~5 条。病虫害可用 70%甲基托布津 1000 倍液防治枯萎病和炭疽病，80%克霜灵 400 倍液或乙膦铝 500 倍液防治霜霉病。

4. 田间去杂，辅助授粉

从苗期开始，分期进行去杂去劣，尤其是第一雌花坐瓜前后，进行一次严格检查，发现个别杂株和病株应立即拔除。去杂主要依据植株形态和瓜形、刺病、皮色、条纹等进行。在温度较低或昆虫较少的季节，大部分品种均不经授粉而结瓜，产生无籽果实，因此必须进行人工辅助授粉。方法是在开花当天上午，取下异株上的雄花，将花药在雌蕊柱头上轻轻摩擦，或用毛笔蘸取花粉在柱头上涂抹。除此之外，还可人工放养蜜蜂授粉等。

5. 采瓜留种

种瓜达生理成熟即老熟后要及时采瓜。采瓜时首先淘汰畸形果、烂果或病果瓜，然后将采摘的种瓜置于防雨条件下摊开后熟 5~7 天。采种时用刀子将瓜纵剖成两半，将种子连同瓜瓤一起掏出，投入缸内发酵，注意不要用金属容器。夏季高温一般发酵 2~3 天即可，如发现大部分种子与黏液分离而下沉时，即停止发酵，用清水搓洗干净，然后放在草席或麻袋片上晾晒干后入库贮藏，要求含水量低于 12%。

（三）杂交种生产

1. 人工杂交制种

该方法用于保护地栽培的品种、用种量少的品种、品种杂交制种以及隔离条件差时制种。人工杂交制种又分为两种：一是人工将母本株上的雄花于开花前摘除干净，利用昆虫自然授粉；另一是不去雄，仅在开花前 1 天，将花冠已变黄的花蕾用线或铁丝或薄铝片卡住花冠，次日进行人工授粉。多采用后一方法。

为保证种子产量，人工杂交制种要使父母本花期相遇，必须根据双亲开花期分别播种，开花晚的提早播种，开花早的延后播种。父母本的播种比例一般为 1:（3~6）。

授粉当日早晨摘取父本雄花直接用于授粉，或于前一天傍晚摘取已现黄的父本雄花花蕾，放在塑料袋或纸袋内密封贮藏，温度以 18~20℃为宜，次日应用。授粉于雌花开放当日 6~10 时进行，选择发育正常的花粉，将带有花柄的雄花（摘取花冠或将花冠翻卷）直接将花药在雌花的柱头上摩擦授粉，也可将已采集的雄花花药取下，置于玻璃器皿中，用授粉器搅拌使花粉散出，用混合花粉授粉，花粉要涂抹均匀、充足。授粉后的雌花要重新扎好，并作标记。若杂交组合较多，更换组合时，用具和手指要用乙醇涂抹消毒，以免引起非目的性杂交。一株可授 2~4 朵，最后选留 2~4 个种瓜。

2. 化学去雄自然杂交制种

化学去雄是利用某些化学药物抑制和杀死母本上的雄花，以减少摘除雄花的麻烦，提高工作效率，降低制种成本。目前应用的化学去雄药剂为乙烯利。当母本苗的第 1 片真叶达 2.5~3.0 厘米大小时，喷 0.025% 的乙烯利，3~4 片真叶时喷第 2 次乙烯利（0.015%），再过 4~5 天喷第 3 次（0.01%）。母本植株经处理后，2 节以上的基本是雌花，任其与父本自然授粉杂交，当种瓜成熟后采得的种子即为杂交种。

采用化学去雄自然杂交制种，为提高杂交率和种子质量需注意以下几项：隔离和父母本的配比，制种田周围 1 000 米范围内不得种植同一种作物的其他品种，父母本行比为 1:（2~5）；合理确定父母本花期，为使双亲花期相遇，应使父本雄花先于母本雌花开花；实行人工辅助去雄和辅助授粉，花期要进行人工辅助去雄、授粉。授粉时期如遇连阴雨，昆虫活动少，可进行人工辅助授粉；进入现蕾阶段以后经常检查母本植株上出现的少量雄花。

化学去雄制种，每年需设 2 个隔离区，即 1 个母本品种（系）繁殖区，同时繁殖父本品种（系），制种时由父本行中挑选符合要求的植株扎花人工授粉繁种，或自然授粉选留植株。

3. 雌性系杂交制种

此法主要用于黄瓜 F_1 杂种种子生产。在黄瓜栽培中，有些植株所开的花全部或绝大多数都是雌花、无雄花或只有极少数雄花，通过选育可获得具有稳定遗传的母本系，成为雌性系。利用雌性系配制一代杂种，父线本的行比为 1:（2~3），使之自然授粉，种瓜成熟后，从母本行中收获的种子即为杂种。

雌性系种子的繁殖是用人工诱导产生雄花，以保持雌性。方法是化学方法诱雄。利用硝酸银诱雄的方法是在雌性系群体中有 1/3 植株长出 4~5 片叶，能辨清株型时，将出现雄花的植株拔除。对纯雌株喷 0.02%~0.04% 的硝酸银液，隔 5 天再喷 1 次，喷药后，植株中部分出现雄花，任其自然授粉。用赤霉素诱雄是在苗期 2~4 片真叶时，用 0.1%~0.2% 的赤霉素溶液喷洒生长点和叶面 1~2 次，每次间隔 5 天。定植时，1 行喷，3

行不喷。为保证花期相遇，喷赤霉素的植株需提前播种 1~2 周。父本系的繁殖方法与一般品种的繁殖的方法基本相同，需在隔离条件下进行。

由于实践中很难选出雌率达 100% 的雌性系，因此，在开花前，应认真检查和拔除雌性系有雄花的植株，以免产生假杂种。

四、其他科蔬菜种子生产技术

（一）菜豆种子生产技术

1. 原种生产

菜豆为自花授粉的作物，但偶然出现的异交经多代繁殖积累也会引起品种退化。另外，菜豆繁殖用种量大，在种子生产过程中难免发生机械混杂，因此，良种生产过程中也应定期提纯复壮来生产合格的原种。

（1）矮生型菜豆品种的原种生产技术　矮生菜豆可用单株选择或混合选择来提纯。具体做法是：在采种田或生产田，于豆荚达商品成熟时，选择具有本品种典型性状，豆荚长而圆滑、不显粒、色泽纯正的优良单株插秆标记。荚果成熟后再复选一次，主要根据豆荚及种子选择具有本品种特征特性的优良单株分别收获、编号。如果采用混合选择法，可混合收获，或将单收的种子混合，下一栽培季进行原种的扩繁。如果采用单株选择法，需将上一年单株分收的种子按编号分别种植成一行或数行，建立株行圃。在各生育期仍然进行选择淘汰，最后将符合要求的中选株行分别采收留种。在下一栽培季节将各中选株行的种子分别种成一小区，建立株系圃。经选择后最后将符合本品种特征特性，株系内和株系间整齐一致、抗病丰产的优良株行混合收获，脱粒贮藏，下年用来繁殖原种。

（2）蔓生型菜豆品种的原种生产技术　蔓生型菜豆多为穴播而且必须搭架栽培，成株上架后，数株互相缠绕，难以分清，要进行单株选择是困难的，所以选择方法可采用以单荚为单位的单荚选择法提纯。其过程包括单荚——单穴——株行三季选择，然后将中选株行混合采收。还可以直接在采种田进行以单穴为单位的穴株选择法，以优良的中选单穴各株混合采收，用来繁殖原种。

2. 大田用种生产

菜豆的大田用种生产一般在春天播种，选择土层深厚、地势较高，排灌条件良好的田块进行，主要注意以下几方面。

（1）隔离　菜豆天然杂交率很低，自然隔离只需 50 米以上即可。

（2）密度　菜豆采种多采用直播栽培，其密度应比生产田低些，矮生型菜豆一般行距 50 厘米，穴距 30 厘米左右，每穴种子 3~6 粒，出苗后每穴定苗 3 株；蔓生型菜豆的行距 60~70 厘米，穴距 30 厘米，每穴 4~6 粒，出苗后每穴定苗 3 株。

（3）田间管理　菜豆需氮较多，豆科作物具有根瘤固氮功能，但仅靠这一途径的氮素不能满足采种植株的营养需求，因此采种田要施足有机肥，结荚后要追重肥，而且氮、磷、钾要配合使用。采种田浇水不宜过多，只要土壤湿润即可。蔓生型品种必须搭架，而且架子要牢固防止倒伏。矮生型品种无须搭架但其植株很矮，豆荚接近地面，常因太潮湿或沾上泥污易感病或烂掉。所以采种田播种后将畦面盖塑料地膜，出苗后及时放苗并将洞口用土封严压牢。

（4）去杂去劣　采种田必须去杂去劣，在豆荚达商品成熟时进行田间检查，去掉不符合品种特征特性的杂株、发病较重的病、劣株。收获前还要根据豆荚和种子的特性进行最后一次去杂去劣。

（5）采收　开花后35天左右，豆荚达生理成熟，可以采收。矮生型品种开花期较短，成熟期较一致，可以一次性连株拔起或采摘老熟的种荚，在通风处充分晾干后脱粒。而蔓生型品种开花结荚期长，成熟期不一致，必须分期采收老熟的种荚，等植株上半数以上的种荚老熟时，可以整株收获，使种荚在架上自然干燥、后熟，然后再采荚，脱粒。脱粒的种子，需晴天再晾晒2~3天后才能贮藏保存。

（二）洋葱种子生产技术

1. 洋葱原种生产

洋葱的原种提纯多采用混合选择法或母系选择法。在大田或采种田里选择生长紧凑、叶片少、叶色正常、叶鞘细而短的单株，作好标记。当选植株单独收获，再选外形圆整、表皮光滑、色泽纯正、中等偏大、无畸形、符合本品种特征的鳞茎，剔除组织松软、裂球、抽蔓、受病虫为害和机械损伤、经济性状不良的鳞茎。种株收获晾晒后．在通风处贮藏越夏休眠。9~10月间将贮藏鳞茎剔除腐烂变质、发芽过早、商品品质显著下降的，然后定植到具有隔离条件的采种田内，自然隔离要求距离在1 000米以上。种株抽生新叶越冬，翌午4~5月抽蔓开花，并在隔离条件下自然授粉。若混合选择，种子成熟后即可混合采收，经田间鉴定合格后作为原种。如果进行母系选择则要分株采收，分别编号。将每株上采收的种子的一大部分于8月底至9月上旬播种，少部分种子于9月下旬播种。早播的幼苗定植于采种田越冬；后播的定植于母系圃，到产品收获期对各单株的母系进行鉴定比较，中选母系分别采收、贮藏、定植，至翌年混合采收。早播的植株在春季会陆续抽蔓，但仅保留那些与后播中选母系编号相同的单株系，其他单株系一律去掉，种子成熟后各保留单株系种子混合采收，即为原种。母系选择法时间较长，但提纯效果较好，适于混杂程度较严重的品种。

2. 大田用种生产

洋葱的种子生产方法有成株采种法和半成株采种法两种。

（1）成株采种法　又称三年一代采种法。一般于9月下旬至10月上旬播种育苗，11月定植，露地越冬。第2年春季植株在田间生长形成鳞茎，初夏收获，经选择后贮藏至秋季定植。第3年春季开始抽薹，然后开花结实，收获种子。此法可经过多次田问和贮藏选择，品种纯度高，采种质量好，种子产量也较高，但采种时间长，种子成本较高。

（2）半成株采种法　又称二年一代采种法，比一般大田洋葱提前30天左右播种，并在10月定植，以大苗越冬。洋葱植株在越冬期间以及初春通过春化，仅形成较小的鳞茎就开始抽薹、开花结实，这样在6月就可以采收种子。此法从播种到采种只有10个月时间，种子生产成本下降，但未经产品收获期检验和选择，种子质量较差。

3. 洋葱杂种生产技术

洋葱的杂交制种是利用质核互作雄性不育系进行的，在杂交制种中必须采用雄性不育系（A）、保持系（B）和父本系（C）三系配套。

（1）雄性不育系的繁殖　雄性不育系的繁殖采用成株采种法。在产品收获期和鳞茎贮藏期严格进行单株选择，将中选不育系和保持系种株按（5~6）∶1比例随行种植，采种田应有1 000米以上的自然隔离或定植在塑料大棚内。抽薹后设立支架防倒伏并疏去过多的花茎，不育系每个种株保留3~4个花茎即可。开花后在隔离条件下自然授粉或人工授粉。这样从不育系种株上采收的种子即为不育系种子，从保持系种株上采收的种子为保持系种子。在繁殖不育系时，开花前后严格检查并清除不育系群体中可能出现的少数可育株。

（2）父本系的繁殖　洋葱的产品为营养体鳞茎，父本是否只有对母本的雄性恢复能力并不重要，只要父本有较强的配合力就行。父本系确定之后可采用成株采种法进行扩繁，繁种技术与良种生产相同。

（3）杂交制种　杂交制种可采用半成株采种法。父母本的播种量之比为1∶5左右，苗龄30~40天，然后定植于采种田。父母本行比为1∶(4~6)，株行距以15厘米 × 25厘米为宜，每亩株数18 000株左右，由于半成株采种每株花茎较少，只能靠增加密度来提高产量。定植后要加强肥水管理，促使洋葱苗早发快长，保证植株在越冬时假茎直径达1厘米上，以便顺利通过春化。开春后植株又恢复快速生长，抽薹之后要进行田间检查，去除不抽薹的植株以及杂株、病株，开始开花后还要鉴别并去除不育株中极少数可育株。在隔离条件下自然授粉，授粉结束、母本谢花后可以去掉田间父本行植株，这样有利于母本株生长。最后一次或分次将母本株种子收获、后熟、脱粒并晒干。

（三）莴苣种子生产技术

1. 莴苣原种生产

莴苣是高度自交作物，一般情况下品种混杂的情况并不严重。茎用莴苣的原种生产多采用大株混合选择法或母系法。大株混合选择法一般于9月播种育苗，11月定植，小苗越冬，春季肉质嫩笋达商品采收标准时进行田间选择。选择符合本品种特征特性，抽薹晚、节间密、没有侧枝、叶片少、笋粗而不开裂、无病害的植株。未中选植株收获上市，选留的植株将下部叶片及枯烂叶去掉，注意培土和搭支架防倒伏。种子成熟时，混合收获，作为原种。对夏秋莴苣则要采取母系选择法，中选优良单株分别编号，分别留种。夏秋播种时从每一单株种子中取出小部分播种设立母系圃，将表现优良的母系剩余种子在9~10月播种育苗，定植后露地越冬，翌年夏季混合采种，即可作为原种。

对于叶用莴苣的原种生产方法与茎用莴苣基本相同，但选择时的标准不太一致。直立莴苣和皱叶莴苣选择种株要求植株生长快、叶片多、无侧枝、无病害、抽茎晚，符合本品种特征特性。对结球莴苣则要求外叶少、结球紧、无侧枝、无干烧心及其他病害，符合本品种特征特性的健壮植株。结球莴苣采收时，为了使花薹抽出，还必须人工辅助扒开叶球，剥叶时不能损伤中心柱和生长点，保留外叶，并防止雨后积水，有条件的要在棚内采种。

2. 大田用种生产

莴苣大田用种生产要注意以下方面。

（1）采种田的选择　莴苣植株抽薹开花结籽后，易受大风雨涝的影响而倒伏，所以采种田要尽量避风，而且排灌条件良好，自然隔离距离以 100~500m 为宜。

（2）播种期的确定　茎用莴苣、直立莴苣和皱叶莴苣，是喜冷凉较耐寒的作物。秋季播种过早，温度偏高使幼苗徒长，冬季易分化花芽，抗寒能力下降，不易越冬。播种时间可适当推迟，一般在 9~10 月播种，定植后露地越冬较为适宜。结球莴苣对外界环境适应范围小，对高、低温较为敏感。北方地区夏季较凉、干燥、日照时间长、昼夜温差大、适合结球莴苣采种。一般在 2 月保护地育苗，4 月下旬露地定植。成株采种则要在 10 月上旬至 11 月上旬大棚育苗，翌年 2 月定植。

（3）定植密度　一般以（45~50）厘米 ×（15~25）厘米的行株距较为适合。早熟品种因植株矮小，密度可大些；而植株较为高大的品种可小些。

（4）去杂去劣　采种田要进行田间检查，淘汰先期抽薹植株，及杂株和病劣株。

（5）适时采收　当花冠枯黄后呈褐色，花序中吐出白毛时种子基本成熟，应及时收获，否则种子易被风吹失。不同部位种子成熟期相差较大，应分期采收或大部分花序成熟后，整株收获、后熟、晾干。

（四）芹菜种子生产技术

1. 芹菜原种生产

芹菜的品种提纯可采用混合选择法或母系法。具体做法是越冬芹菜可于 8 月中旬播种育苗，10 月定植，使植株在冬前长至成株。收获时选留具有本品种典型性状的，生长势强、抗病，叶柄紧实脆嫩，植株棵形标准、紧凑，腋芽不发育、不分蘖，不抽薹的优良单株。选好的种株切去上部叶片，只留 17~20 厘米长的叶柄。冬季可以越冬的地区可栽到留种地里，盖单粪或土粪越冬。冬季不能露地越冬的地区则将种株假植在阳畦中或窖内，冬季盖单帘防寒，次年早春定植于露地。生长期间进行选择，淘汰末熟抽薹、受冻及感病单株，选留下的种株让其在阳畦内继续生长、抽薹、开花、授粉。种子成熟后，若采用混合选择法时，可混合采种。若进行母系选择时，各单株可分别采种，并分株种植，建立母系圃。再进行观察比较，从中选出具有本品种典型性状的数个优良母系，成熟时混合采种，即可作原种。

2. 大田用种生产

芹菜的采种方法有成株采种法和小株采种法。

（1）成株采种法　8 月底 9 月初播种，10 月定植，按生产圃的管理方法进行田间管理，使植株在冬前长至成株。收获时对植株进行选择，选留生长健壮、无病虫害、具有本品种色泽、不抽薹的植株，在露地越冬或经简易覆盖防寒越冬。冬季不能越冬地区，可仍植在阳畦或窖内，次年早春定植于露地。然后在隔离条件下自然授粉，采收种子。成株采种法经过成株期的严格选择，所采种子种性纯正可靠，但采种时间长，露地越冬易受凉害，成株春季长势较弱，种株易感病。

（2）小株采种法　10月直播，以小苗越冬，开春后间苗、去杂去劣。不能露地越冬的地区将小株囤在阳畦或窖内，翌春栽植。然后在隔离条件下自然授粉，采收种子。小株采种占地时间短，种子产量较高，病虫害较少。但未经成株期的经济性状鉴别，种子质量较差，不宜连年采用。

3. 芹菜采种防治措施

（1）隔离　芹菜为昆虫传粉的异花授粉作物，良种生产需保持1 000米以上的自然隔离。

（2）定植密度　成株采种的植株抽茎开花后花枝展开，需较大的面积，一般以25厘米 × 50厘米的株行距较为适宜；小株采种植株分枝少，长势弱，可以增加密度，行距50厘米，穴距20厘米左右，每穴2~3株。

（3）种株的选择　成株的选择分两次进行，第1次于冬季商品收获期选择，注重于单株的品种典型性状及丰产性和抗病性，第2次于春季抽薹前选择，主要是淘汰抽薹过早的单株及越冬受冻感病的植株。小株采种的选择主要在春季，淘汰抽薹过早的单株，以保持品种的种性和开花结籽期的相对集中。

（4）采收　芹菜成熟不太一致，同一植抹下部种子成熟早，上部成熟晚，因此在大面积采收时，发现植株下部变黄即可全部收割，在晒场晒一段时间，脱粒、清选、晒干即可。

（五）胡萝卜种子生产技术

1. 胡萝卜原种生产

对于混杂退化严重的品种可用母系选择法或混合选择法进行提纯复壮。具体方法是在采种田或生产田小胡萝中肉质根达商品收获标准时，选择根顶、根形、尾梢、皮色以及心柱与皮层比例等性状符合本品种典型性的若干优良单株，留3~5厘米长的叶部，切去其余部分叶丛，植于半沟窖或沟窖中贮藏。翌年3月中旬定植于具有良好隔离条件的采种田，要求至少1 000米内无其他胡萝品种或在大棚内留种。种株开花后自然授粉，种子成熟后，采用混合选择法提纯的可将种株混合采种，经检验合格后作为原种。母系选择法则要分株采种，秋季各单株种子分别种一小区，建立母系圃。收获时，进行比较选择，从中选出具有本品种特征特性，系内整齐度好的优良母系。种株经冬贮后，翌年3月中旬定植，在隔离条件下自然授粉，种子成熟后混合采种，经检验纯度符合要求即可作为原种。

2. 大田用种生产

生产用种的生产用优质原种种子来繁殖，采用成株采种法，播种期比正常生产田播期稍迟一周左右，若采用半成株采种法也可再推迟播种，这样冬前可长成半大的肉质根。播种既可条播也可撒播，但播种密度可比生产田提高20%，苗出齐后适当间苗。秋末冬初将肉质根挖出，除去那些非典型单株以及肉质根分叉、开裂、杂色、粗糙等的单株，将种株叶丛切掉后定植到具有隔离条件的采种田，自然隔离距离为1 000米以上或在大棚内采种。定植密度每亩2 500~3 500株，株行距为（35~45）厘米 ×（40~50）厘米。定植后一般不需浇水，等长出绿叶后再浇水和中耕，促进新根生成，肥料以基肥为主，适当增施磷钾肥。胡萝卜除明显的强主茎外，还会有许多分枝，每个分枝都能长出复伞状花序，但后期的花序开花迟，种子质量差，而且过多的侧枝会影响主茎及先生侧枝的生长，所以应尽早进行植株调整，除主茎外，再留5~6个侧枝，其余侧枝去掉，采种田在隔离条件下自然授粉，成熟期较一致的可整株拔起，晾干后脱粒。脱粒晒干的种子还需搓去种毛，筛除杂质及果梗。

3. 胡萝卜杂交种生产

胡萝卜也有显著的杂种优势，一代杂种在根重、根长、根粗，抗性方面明显优于常规品种。胡萝卜的杂交制种是利用核质互作型雄性不育，杂交制种过程包括雄性不育系、保持系和恢复系（父本系）的繁殖以及利用雄性不育系作母本，以恢复系作父本的一代杂交种的生产产品为肉质根，只要父母本的配合力强，杂种一代的品质和产量高即可，而父本系对雄性不育系的恢复能力无关紧要。

三系的繁殖均以成株采种法进行。将雄性不育系的种株与保持系的种株以（1~2）: 1的比例隔行定植，在良好的隔离条件下自然授粉，种子成熟后从雄性不育系种株采收的仍为雄性不育系，从保持系种株采收的种子为保持系。由于雄性不育系群体中有时会出现少数可育株或相嵌合不育株，为了保证不育系的纯度，应在开花前及时检查并淘汰可育株。

在杂交制种区内，将雄性不育系种株和父本系种株按4 : 1的比例分行定植，行株距根据各品种生长势而定。对父本系种株不整技打杈，任其自然生长，花枝越多越好，以便长期供应充足的花粉。雄性不育系种株开花时间较长，加上辅助授粉，杂交产生的种子籽粒饱满，结实率高。这样从不育系上收获的种子为一代杂交种，从父本系上采收的种子可以作为下一年父本种子继续使用。

牧草及草坪草种子生产技术

一、牧草种子生产技术

（一）豆科牧草种子生产技术

1. 播种

为迅速获得种子，增加结实率，种用牧草一般多采用无用覆盖单播的方式。种子田多采用宽窄行条播。窄行的行距通常为 15 厘米，宽行视牧草种类、栽培条件等不同而有 30、45、60、90 厘米以至宽达 120 厘米的。种子田可春播、秋播、少夏播。春播一般在 5 厘米土壤温度稳定在 12℃以上时进行。秋播时雨水适宜，土壤墒情好，田间杂草处于衰败期，有利于苗全、苗壮；秋播要适时早播，给牧草一个较大的幼苗生长期，以利安全越冬。

2. 施肥与灌溉

对豆科牧草追肥应以 N、P、K 为主，N 肥施用在生长早期。苜蓿在蕾期需要追施一定数量的 N 肥。根外追施 P 肥或 P、K 肥最好是在花期，特别是盛花期进行。微量元素，特别是硼肥，对豆科牧草种子生产具有重要意义。硼能影响叶绿素的形成，加强种子的代谢，对子房的形成、花的发育和花蜜的数量都有重要的作用。植物缺硼时，子房形成数量少，且形成的子房和花发育不正常或脱落。硼作为根外追肥，用量 0.25~0.3 千克 / 亩。

3. 人工辅助授粉

各种豆科牧草的开花习性都有一定的规律，不同牧草开花的顺序、时间和持续期不同。豆科牧草多年生中的绝大多数种类都是异花授粉植物。尽可能地将豆科牧草种子田，特别是蜜蜂授粉作用较差的种类和品种，配置于林带、灌丛及水库旁，以便昆虫进行授粉。在豆科牧草种子田上，直接配置一定数量的蜂巢，同时要注意品种选择、作物及牧草种类的搭配，调节开牧草花期使之与蜜蜂的最大活动时间相吻合。

4. 牧草种子的收获

豆科多年生牧草一般在播种当年生长发育缓慢，常不能形成种子产量，或者种子的产量很低，其最佳收种年限因牧草寿命长短而不同。二年生牧草（如草木樨），种子收获在生长的第 2 年；多年生牧草，采种利用年限为 2~3 年，如红三叶、披碱草等的种子产量以第 2 年最高；中等寿命牧草的生活寿命为 5~6 年，种子收获的年份在利用年限的第 2~4 年，以后产量即显著下降；对长寿命牧草来说，生活年限较长，为 6~8 年，种子最高产量的年份则后推为利用年限的第 3~5 年。

在一年中，何时采收种子最好，要根据种子的成熟度、产量和品质以及收获时间所用的机具来判断。种子成熟过程大致可分为乳熟期、蜡熟期和完熟期 3 个阶段。收获豆科牧草种子采用的机械或方法不同，其收获的适宜时期不同。

（二）紫花苜蓿种子生产技术

1. 选地播种

在我国年降水量量为 300~800 毫米的地区，选择交通便利、平坦、大面积连片、具有排灌设施的地块，pH 值为 6~8 的砂壤土作为种子生产田。紫花苜蓿种子细小，幼苗弱，早期生长缓慢，播前应结合施基肥，深耕细耙，使平整无坷垃。种子田宽行条播，行距 50~60 厘米，播深 2~3 厘米；播种量 7.5 千克 / 公顷，播种前应去杂精选、播后可镇压、保墒保全苗。

2. 田间管理

紫花苜蓿苗期生长缓慢，进行中耕除草，松土保墒，提高地温，促使幼苗生长。要分别于分杈后期、现蕾期和盛花期适时灌水。结荚时应控制水量，限制生长，防止倒伏。紫花苜蓿为严格异花授粉植物，能为苜蓿传粉的通常为丸叶蜂、切叶蜂、独居型蜜蜂等一些野生昆虫。每公顷配置 1~6 个蜂箱，初花期开始引蜂授粉，可提高授粉率，增加种子产量，提高种子质量。

3. 病、虫、草害防治

紫花苜蓿主要病害有褐斑病和白粉病。可用杀菌剂 75% 百菌清 500~600 倍液或 50% 多菌灵可湿剂 500~1 000 倍液定期喷洒防治褐斑病。硫黄粉是防治白粉病的有效药剂，其有效用量为 2.5~3 千克 / 公顷。用胶体硫或百菌清防治也有好的效果。蚜虫是紫花苜蓿的主要虫害，可采用烟草石灰合剂进行喷洒防治。菟丝子是紫花苜蓿的一大害草，在初期发现时人工及时拔除，也可用地乐胺喷洒。

4. 种子收获及贮藏

紫花苜蓿种子的发育过程可分为生育期、营养物质积累期和成熟期 3 个阶段。其种子成熟期所需时间较其他豆科牧草长，开花后 22 天种子具有完全活力，40 天后种子干重达最大，一般当 80% 的荚果变成褐色，开始收种较为适宜。紫花苜蓿大面积种子田的收获，可采用刈割草条晾晒干燥后脱粒，或联合收割机直接收获。脱粒后的种子，经过苜蓿种子清选机械，按照规定的工艺流程精选后，根据种子质量规定的标准定级，入库贮藏。

（三）白三叶草种子生产技术

在凉爽、潮湿的季节，在排水良好、肥沃土壤，pH值为6~7，有机质、矿物质养分和水分供应充足时，白三叶草行长好，花量大，结种多。白三叶草种子细小，幼苗行长缓慢，播前应精细整地，使土壤紧实，无杂草和残茬；同时，结合整地施入厩肥和钙镁磷肥。生产白三叶种子可春播或秋播，南方以秋播为宜，条播行距30~50厘米，播种深度1.0~1.5厘米，播种量3~6千克/公顷。行长期内，应有效控制田间的石竹科、菊科和禾本科等的杂草，以减少杂草对白三叶生长发育的营养、水分和阳光的竞争。白三叶为虫媒花，异花授粉植物，种子田应保持1 000平方米以上隔离区，以防串粉混杂。

在最适宜的生长、开花、昆虫授粉和种子收获的条件下，可获得高产优质种子。白三叶草层低矮，花期长达2个月，种子成熟不一致，花序密集而小，成熟花序晚收往往被掩埋在叶层下，收种困难，并易落粒和吸湿发芽。白三叶分批及时收获，或60%以上花序变黄后，连草一起割下，晒干打碾。在大面积的种子基地，可用联合收割机收获。白三叶可收获种子量150~228千克/公顷，最高可达675千克/公顷。

（四）柱花草种子生产技术

1. 种子处理

柱花草喜温暖、湿润气候，在年平均温度大于21℃，年降雨量超过1 000毫米的地区生长良好。对土壤适应性广，但不耐水渍，种子田应选择排水良好、肥力中等以上的土地。

2. 播种

种子处理，柱花草种子种皮厚，表层蜡质，直接播种发芽率低。播种前用80℃热水浸2~3分钟，可明显提高发芽率，促使出苗整齐；用1%多菌灵水溶液浸种10~15分钟，可杀死种子携带的炭疽病；也可进行种子接种柱花草根瘤菌作丸衣化处理，以促进根系形成根瘤，促进行长。

柱花草可直播或育苗移栽。直播一般在每年3~5月进行。深耕细耙，精细整地，结合整地施入750千克/公顷磷肥作基肥。趁墒播种，播种后覆土1~2厘米，播种要均匀，用种量6.0~7.5千克/公顷为宜。直播省工省时，但播后易缺苗，生长不整齐，田间管理不便。育苗移栽建草地，可于每年3月天气回暖时在苗圃育苗。育苗地耙平后起垄，垄面撒腐熟细碎基肥，拌匀，按4.0~6.0千克/公顷播种。播后加强淋水护理，一般50~60天苗高20~30厘米即可出圃移栽，株行距100厘米×100厘米，移栽应选5~6月雨季，趁雨天进行。育苗移栽生长迅速、整齐，便于田间管理，提高种子产量。

3. 田间管理

柱花草幼苗期生长缓慢，易受杂草掩蔽，应注意及时除草，结合除草进行松土，可促进生长。磷肥有利于提高种子产量，应施足。初花期喷磷酸二氢钾、硼砂等可以提高结实率。柱花草种子成熟期在当年12月至翌年1月。种子成熟不一致且易落粒，收种困难。可在种子80%~90%成熟时进行一次性刈割，经晒、打、筛、清选几道工序收获种子，年平均种子产量一般约 200 千克 / 公顷，高的可达 424 千克 / 公顷。落地种子所占比例很大，可占当年收种的 70% 左右，应及时收回精选。

（五）主要禾本科牧草种子生产技术

1. 无芒雀麦种子生产技术

种子田是品种纯度的保证，应选择近 5 年内没种植过同 1 个种（含近缘种）其他品种、同 1 品种不同级别种子的田块作为合格种子田，以防自生植物发生而造成生物混杂，同时有利于防止病虫害。无芒雀麦为禾本科异花授粉牧草，其不同品种的种子生产，应保持最低的隔离 40~100 米。

疏松土壤和较好的墒情是无芒雀麦种子发芽的基础。播种前给种子田充足灌水、深耕耙耱精细平整和镇压，以利发芽和出苗。结合整地施用腐熟厩肥 22.5~37.5 吨 / 公顷作基肥，种子田可于分蘖和拔节期施以适量 P、K 肥，以后可于每年冬季和早春再施厩肥。

无芒雀麦可因地制宜进行春播、夏播或早秋播，北方地区一般在 3 月下旬或 4 月上旬春播。种子田采用宽行条播，行距 40~50 厘米，播深 2~4 厘米，播种量 15.0~22.5 千克 / 公顷。无芒雀麦播种当年生长较慢，晚受杂草危害，因此，当年应特别重视中耕除草。无芒雀麦具有发达的地下根茎，生长 3~4 年以后，根茎相互交错结成硬实草皮，使土壤通透性变差，植株低矮，抽穗植株减少，种子产量降低，必须及时划破草皮，改善通气透水状况，促使其复壮和旺盛生长。

无芒雀麦播种当年结籽量少，种子质量差，一般不宜采种；第 2~3 年生长旺盛，种子产量最高；在 50%~60% 的小穗变为黄色时收种，可获得 600~750 千克 / 公顷种子。在清选、贮藏、包装过程中注意设施清洁，防止机械混杂；在合格种子级的清选、贮藏及包装中注重保证种子的一致性、均一性。

2. 老芒麦种子生产技术

老芒麦秋播杂草少，易建植，可在初霜前 30~40 天播种，也可春播。播种前施足基肥，深翻、耙耱、精细平整和镇压土地。老芒麦种子具长芒，播前时应加大播种机的排齿轮间隙或去掉输种管，时刻注意种子流动，防止堵塞，以保证播种质量。老芒麦的结实性能好，然而极易脱落，采种宜在穗状花序下部种子成熟时及时进行，可产种子 750~2 250 千克 / 公顷。

（六）杂交狼尾草种子生产技术

杂交狼尾草一般应选择排灌方便、土层深厚、疏松肥沃的土地建植种子田和种茎田。因其种子结实率低、种子发芽率低及实生苗生长缓慢等原因，生产上采用无性繁殖可先行育苗。

杂交狼尾草根系发达，喜土层深厚。育苗时，应精细整地，起垄建苗床，在长江中下游地区应于 3 月低前后适时播种。苗圃采用窄行条播，行距 15~18 厘米，播种量 22.5~30 千克 / 公顷。播种前用呋喃丹拌种，以防地下害虫，播种后可用薄膜覆盖，保温，保持土壤湿度，以保证全苗。幼苗生长到 6~8 片叶时，即可移栽大田。移栽株行距为 30 厘米 ×60 厘米，3 000 株 / 亩。亩可栽种 2~2.67 千克 / 公顷。移栽苗，苗期生长缓慢，封行前应重视杂草防除和肥水管理。

杂交狼尾草对种植时期要求不严，在平均气温达 13~14℃时，即可应用种茎系列，种植时要选择 100 天以上的茎秆做种茎，按 3~4 个节切成一段插条，行距 50~60 厘米，种芽向上斜插，出土 2~3 个节；或将种茎平放，芽向俩侧，覆土 5~7 厘米。也可挖穴种植，穴深 15~20 厘米，种茎斜插每穴 1~2 苗，15 000~30 000 千克 / 公顷种茎。

二、主要草坪草种子生产技术

（一）草地早熟禾种子生产技术

建立苗圃的目的是为采种田培育壮苗，并可提高系列系数。苗圃要求土壤肥沃，pH 值为 6~7，排水良好，无杂草，能够保证种子出苗率和幼苗健壮生长。在当地化冻 15 厘米即可播种，播种量一般在 1.2~2.25 千克 / 公顷，因要移栽可适当稀植，以提高分蘖数。出苗后及时拔除宿根性阔叶杂草和禾本科杂草。幼苗扎根后，可采用镇压促进分蘖。翌年 7 月下旬至 8 月移栽至采种田内。采种田要求精细整地，为便于田间管理，可采用行距 30 厘米条栽。深施腐熟有机肥 10 000 千克 / 公顷。趁播后立即灌水，缓苗后加强肥水管理，干旱地区要多次灌水，尤其要灌好封冻水，防止母株干冻而死。进行中耕除草，以促进分蘖和生殖枝形成，增加种子产量。

播种后第 3 年采种起始年，春季草地早熟禾返青后，应施入返青肥。试验证明，此次施肥效果最好，可以增加植株的有效分蘖数、穗粒数、穗粒重和结实率，提高种子产量。应施入氮 60 千克 / 公顷、磷 40 千克 / 公顷、钾 40 千克 / 公顷混合肥。返青期喷施一定量的 6–BA、α – 萘乙酸等植物生长调节剂，促进生长、提高种子产量也有较好的效果。在 6~7 月，种子即可成熟收获，产量高达 800 千克 / 公顷。收获时间应开花后 24~25 天为宜，此时种子含水量为 28%~30%，此期收获和种子发芽率与活动力均高，而且落粒损失少。收获的种子必须除去每粒种子基部的纤维状毛丝体，以便机械化播种。必须清除种子田收获后的剩余物，以保证下一年获得较高的种子产量。

（二）高羊茅种子生产技术

为防止天然杂交影响种子纯度，种子田首先要设置好隔离区，原种种子田空间隔离距离要求在 500 米以上，良种种子田应在 400~500 米。种子田应选择地势平坦、土质良好、光照充足、排灌方便的地段，面积应为计划播种面积的 1%~2%。播种前每公顷施厩肥 30 000 千克和过磷酸钙 750 千克，也可用 350 千克复合肥作基肥。高羊茅建植比较容易，春播或秋播均可，春播在 4 月中旬播种，秋播 8~10 月播种。生产上一般采用窄行距和较小播量。田间管理要精细。收获最佳时期是种子含水量为 43% 时，种子含水量低于 43% 则落粒损失增加。一般可在完熟期进行，而用割草机、人工收获或需在草条上晾晒时，可蜡熟期进行。收获后的种子应及时晾晒、风选。收获后要加强对田间残茬处理，及时刈割地上残留部分，并施肥管理 。

种子安全贮藏与加工

一、种子贮藏技术

种子从收获至再次播种需经过或长或短的贮藏阶段，种子在贮藏期间发生的生理生化变化，直接影响种子的安全贮藏。种子贮藏就是采用合理的贮藏设备和先进科学的贮藏技术，人为地控制贮藏条件，使种子劣变降低到最低限度，最有效地保持提高种子发芽力和活力从而确保种子的播种价值。种子贮藏期限的长短，因作物种类、贮藏条件等而不同。

（一）种子贮藏的意义

种子生产是有季节性的，投入再生产也是有季节性的，种子生产与消费在时间上的分离，表现为生产时间不同步。种子生产出来不能直接投入消费，必须经过贮藏阶段，种子只有通过贮藏阶段，才能把两个生产季节衔接起来，使种子既保持种性，又不至种子生活力降低。

种子在贮藏期间应当保持原有的使用价值，至少不应低子国家规定的最低质量指标。因此，通过对仓库内人力和物力的有效组织，充分发挥职工的积极性，不断提高科学贮藏工作水平，组织好种子验收、保管、防治病虫、出库等各项工作，来确保种子质量。

种子贮藏必须节约开支。在贮藏过程中发生各种物化劳动和活劳动消耗，种子本身还有自然损耗。因此，要加强经济核算，提高劳动效率，提高仓库和设备的利用率，降低种子消耗，节约各种费用，做到经营有利。

种子贮藏量必须保持在合理的水平上，合理的贮藏量以保证用户需要，保证当地农业生产正常进行为限度，低于这个限度将会导致商品种子供不应求，造成脱销；高于这个限度，超过了销售的可能，将会导致商品种子的滞销，增加保管费用和积压资金。尤其种子是有生命的农业生产资料，超过规定的贮藏年限，发芽率就会下降，失去种用价值，被迫转销为商品粮。所以，确定合理的贮藏水平，使其与扩大销售、满足需要两者之间的关系得到平衡是十分必要的。

（二）种子贮藏期间的生理生化变化

1. 种子呼吸

种子呼吸是指种子内活的组织在酶和氧的参与下，将本身的贮藏物质进行一系列的氧化还原反应，最终放出水和二氧化碳，同时释放能量的过程。呼吸作用释放的能量一部分供种子本身正常的生理活动需要，一部分以热能的形式散发到种子外面。在呼吸作用的过程中，被氧化的物质称为呼吸基质，又称呼吸底物。种子中含有的糖、有机酸、脂肪、蛋白质、氨基酸等都可作为呼吸基质，但最直接最主要的呼吸基质是葡萄糖。呼吸作用是活组织所特有的生理活动，因此，种子中凡是有生命的组织部分都是有呼吸作用的部位，如禾谷类作物的胚和糊粉层，特别是胚在种子中占有比例较小（3%~13%），但却是呼吸最旺盛的部位，其次是糊粉层，果种皮和胚乳干燥后细胞死亡，无呼吸作用，但果种皮的透气性与种子呼吸有关。

根据是否有氧参与，把种子呼吸分为有氧呼吸和无氧呼吸两类。干燥的、果种皮紧密的、完整饱满的种子在干燥、低温、密闭的条件下，以无氧呼吸为主，反之则进行有氧呼吸。通气的种子堆以有氧呼吸为主；通气不良、氧气供应不足时，以缺氧呼吸为主。种子呼吸是种子贮藏期间生命保持的一个最基本的生理活动，它将为种子生命保持所进行的生理生化活动提供能量。没有种子呼吸，种子就没有生命，种子贮藏也就没有意义。过强的种子呼吸对贮藏又是不利的，其不利影响主要表现在以下 4 个方面：大量消耗贮藏物质，影响种子的重量和发芽力；释放热量和水分，致使种温升高，湿度增大，影响安全贮藏；缺氧呼吸产生有害物质，长期积累会使种子生活力降低甚至丧失；旺盛的种子呼吸，使仓库害虫和微生物活动加强，对种子的取食和危害增大。种子呼吸对贮藏有利的影响有：种子呼吸有利于促进种子后熟作用的完成；密闭贮藏种子呼吸会形成自然缺氧，可达到驱虫的目的。在贮藏实践中，我们一定要把种子呼吸控制在最低限度，才能有效地保持种子生活力和活力。同时利用好种子呼吸对贮藏的有利影响，为安全贮藏服务。

2. 种子后熟作用

种子后熟作用是指种子完成从形态成熟到生理成熟的变化过程。完成后熟所需的时间，称为后熟期。种子后熟是种子休眠的一种状态，是引起休眠的原因之一。未通过后熟作用的种子，不宜作为播种材料，否则，发芽率低，出苗不整齐，影响齐苗。但在后熟期间的种子对恶劣环境的抵抗力较强，此时进行高温干燥或药剂处理，对种子生活力的损害较轻。作物种子后熟期的长短有差异，是由作物的遗传特性与环境条件的影响而形成的。一般麦类后熟期长，粳稻、玉米、高粱后熟期短，油菜、籼稻基本无后熟期。

种子后熟作用是贮藏物质由量变到质变的生理活动过程，在此过程中种子的重量不会增加，主要表现在以下几方面：种子内部的低分子物质和可同化物质相对含量下降，高分子的贮藏物质积累达到最高限度；种子水分含量下降，游离水大大减少，成为促进物质合成作用的有利条件；细胞内部的总酸度降低；种胚细胞的呼吸强度降低；酶的作用开始逆转，水解作用趋向活跃；种子发芽力由弱变强 。

种子在后熟期间，旺盛的生理代谢作用释放出的水汽，在种子堆间隙达到饱和后，凝结成微小水滴，附着在种子颗粒表面，称种子“出汗”。 由于种子出汗，造成种子堆水分再分配，进一步加强种子呼吸，如果不及时排除，会引起回潮发热，甚至发生霉变现象。结露是一种物理现象，是空气遇到较低温度物体表面而凝结的现象。

种子在后熟期间对恶劣环境的抵抗力较强，此时进行高温干燥处理或化学药剂熏蒸杀虫，对种子生活力损害较轻。小麦种子热进仓贮藏法，正是利用这一特性，既起到了高温杀虫效果，同时也促进了种子后熟作用的完成，增强了种子贮藏的稳定性。

（三）种子贮藏条件

种子脱离母株后，经种子加工入仓，即与贮藏环境构成统一整体并受环境条件影响。经过充分干燥而处于休眠状态的种子，其生命活动的强弱主要受贮藏条件的影响。种子如果处在干燥、低温、密闭的条件下，生命活动非常微弱，消耗贮藏物质极少，其潜在生命力较强；反之，生命活动旺盛，消耗贮藏物质较多，其劣变速度快，潜在生命力就弱。所以，种子在贮藏期间的环境条件，对种子生命活动及播种品质起决定性的作用。

影响种子贮藏的环境条件，主要包括空气相对湿度、温度及通气状况等。

1. 空气相对湿度

种子在贮藏期间水分的变化，主要决定于空气中相对湿度的大小。当仓内空气相对湿度大于种子平衡水分的相对湿度时，种子就会从空气中吸收水分，使种子内部水分逐渐增加，其生命活动也也随水分的增加由弱变强。在相反的情况下，种子向空气释放水分则渐趋干燥，其生命活动将进一步受到抑制。因此，种子在贮藏时间保持空气干燥即低相对湿度是十分必要的。一般种质资源保存时空气相对湿度控制在 30% 左右，大田生产用种贮藏时空气相对湿度控制在 60%~70%。仓内相对湿度控制在 65% 以下为宜。

2. 仓内温度

种子温度会受仓温影响而起变化，而仓温又受空气影响而变化，这 3 种温度常常存在一定差距。在气温上升季节里，气温高于仓温和种温；在气温下降季节里，气温低于仓温和种温。仓温—种温的巨变，由于温差悬殊，会使种子堆内水分转移，甚至发生结露现象。

一般情况下，仓内温度升高会增加种子的呼吸作用，同时促使害虫和霉菌为害。所以在夏季和春末秋初这段时间，最易造成种子败坏变质。低温则能降低种子生命活动和抑制霉菌的危害。种质资源保存时间较长，常采用很低的温度如 0℃、-10℃甚至 -18℃。大田生产用种数量较多，从实际考虑，一般控制在 15℃即可。

3. 通气状况

空气中除含有氮气、氧气和二氧化碳等各种气体外，还含有水汽和热量。如果种子长期贮藏在通气条件下，由于吸湿增温使其生命活动由弱变强，很快会更新丧失活力。干燥种子以贮藏在密闭条件下较为有利，密闭是为了隔绝氧气，抑制种子的生命活动，减少物质消耗，保持其生命的潜在能力。同时密闭也是为防止外界的水汽和热量进入仓内。但也不是绝对的，当仓内温、湿度大于仓外时，就应该打开窗进行通气，必要时采用机械鼓风加速空气流通，使仓内温、湿度尽快下降。

除上述外，仓内应保持清洁干净，如果种子感染了仓虫和微生物，则由于虫、菌的繁殖和活动的结果，放出大量的水和热，使贮藏条件恶化，从而直接和间接危害种子。仓虫、微生物的生命活动需要有一定的环境条件，如果仓内保持干燥、低温、密闭，则可对它们起抑制作用。

（四）仓库害虫防治

仓库害虫是指种子收获后，脱粒、清选、贮藏加工和运输过程中为害贮藏物品的昆虫和螨类。广义的讲是指一切为害贮藏物品的害虫。仓虫防治是确保种子安全贮藏，保持较高的活力和生活力的极为重要的措施。防治仓虫的基本原则：安全、经济、有效，防治方针：预防为主、综合防治，防是基础，治是防的具体措施，两者密切相关。综合防治是将一切可行的防治方法，应用于仓库害虫的防治之中，达到消灭仓库害虫，确保种子贮藏安全，并力求避免或减少防治措施本身的不利影响。

1. 农业防治

农业业防治是利用农作物栽培过程中一系列的栽培管理技术措施，有目的地改变某些环境因子，以避免或减少害虫发生与为害，达到保护作物和防治害虫的目的。应用抗虫品种防治仓虫就是一种有效方法。

2. 检疫防治

对国内外的动植物实施检疫制度，是防止国内外传入新的危险性仓虫种类和限制国内危险性仓虫蔓延传播的最有效办法。随着对外贸易的不断发展，种子的进出口也日益增加，随着新品种的不断育成，杂交水稻的推广，国内各地区间种子的调运也日益频繁，检疫防治也就更具有重大的意义。

3. 清洁卫生防治

是创造不利于仓虫生活，而有利于种子安全贮藏的环境条件，以阻挠、隔离仓虫的活动和抑制其生命力，使仓虫无法生存、繁殖而死亡。起到防虫与治虫的作用，同时对限制微生物的发展也有积极作用。具体可分以下 4 步：一是清洁工作，仓内仓外、附属设施、包装工具、加工机械等的彻底清洁，达到仓内六面光、仓外三不留（垃圾、杂草、污水）；二是改造工作，仓内裂缝、孔隙及大小洞穴等残破地方进行改造，消除害虫的栖息场所，使害虫无藏所之地；三是消毒工作：对整个仓库及用具进行化学药剂消毒处理，直接杀死仓库害虫（具体方法见化学防治）；四是隔离工作，是防止仓库害虫传播、蔓延的有效方法，局部隔离在种子贮藏中应用较广泛。

4. 机械物理防治

机械物理防治有机械防治和物理防治两种。机械防治：利用人力和动力防治仓库害虫的方法。风车除虫、筛子除虫、压盖种面、离心机撞击治虫等。物理防治：利用自然的或人工的高温、低温及声、光、射线等物理因素防治仓库害虫的方法。常用的有高温杀虫、低温杀虫等。

5. 化学药剂防治

化学药剂防治是利用化学药剂直接杀灭害虫的方法。具有高效、快速、经济等优点，但使用不当影响种子生活力和人身安全是其缺点。

（1）防护剂　有两种用途：一是用于空仓、器具的消毒及防虫带，二是作为保护剂。敌敌畏：属有机磷制剂，主要用于空仓消毒。使用方法有喷雾、悬挂、诱杀等。应避免与种子接触，以防种子污染影响种子生活力。辛硫磷：是一种高效低毒有机磷杀虫剂，使用方法有空仓喷雾消毒、拌种等。50% 马拉硫磷：用于空仓、器材、工具消毒和喷布防虫线。防虫磷：浓度≥ 70% 的马拉硫磷。常作拌种用，使用方法有载体法和喷雾法两种。载体法：药剂：干谷壳：种子 =1 ∶ 30 ∶ 1 000；喷雾法：用超低量喷雾器按 20~30 毫克 / 千克的剂量均匀喷雾在种子上。以上两种方法既可处理全部种子也可处理上层部位 30 厘米的种子层。

（2）熏蒸剂—磷化铝　磷化铝从空气中吸收水汽逐渐分解产生 PH_3 气体，起杀虫作用。PH_3 的性质：无色剧毒气体，有乙炔气味，比重 1.183。渗透性和扩散性比较强，在种子堆内扩散深度可达 3.3 米以上，空间扩散距离可达 15 米以上。易自燃，局部气体浓度超过 26 毫克 / 升便会自燃。磷化铝剂型有片剂和粉剂两种。片剂每片重 3 克，能产生约 1 克 PH_3 气体。片剂用量：种堆 6~9 克 / 立方米，空间 3~6 克 / 立方米，加工厂或器材为 4~7 克 / 立方米；粉剂用量：种堆 4~6 克 / 立方米，空间 2~4 克 / 立方米，加工厂或器材为 3~5 克 / 立方米。包装种子在走道上均匀布放，药物放在衬垫物上。散装种子在种子堆上面均匀布放，也可将药物用布袋分装后埋入种子堆内。投药后仓库一般应密闭 3~5 天，（种温 20℃以上，3 天；16~20℃，4 天；11~15℃，5~7 天；5~10℃，10 天）然后再通风 5~7 天排除毒气。

（3）熏蒸过程注意事项　PH_3 为剧毒气体，工作人员操作时必须戴好防毒面具；分散投药，严防自燃。每点片剂不超过 30 片，粉剂不超过 100 克；药物不能遇水，不与潮湿的种子或器材接触；种子含水量不能过高，否则会产生药害，影响种子的发芽率；雷雨大风天气不要施药，以防火灾；及时用硝酸银显色法检查仓库密闭后是否泄漏毒气和通风后排毒是否彻底。

（五）种子贮藏期间管理

1. 管理制度与管理工作

（1）管理制度　生产岗位责任制，选责任心、事业心强的人担任这项工作。保管人员要不断钻研业务，努力提高科学管理水平。要定期组织考核。仓库要建立安全保卫制度，组织人员巡查，及时削除不安全因素，做好防火、防盗工作，保证不出事故。建立清洁卫生制度，消除仓库病虫害，仓库内外须经常打扫、消毒，保持清洁。要做到“六面光”，仓外“三不留”（杂草、垃圾、污水）。种子出仓时，应做到出一仓清一仓，防止机械混杂和感染病虫害。仓库内气温、仓温、种子温度、大气湿度、仓内湿度、种子水分、发芽率、虫霉情况、仓库情况等要勤检查。根据仓内无虫、无霉变、无鼠雀、无事故、无混杂的“五无”标准评比，交流贮藏保管方面的经验，促进种子贮藏工作的开展。每批种子入库，都应将其来源、数量、品质状况等逐项登记入册，每次检查的结果必须详细记录和保存，便于前后对比和考查，有利于发现问题，及时采取措施，改进工作，建立种子管理诚信档案。

（2）管理工作　防止混杂，种子进仓时容易发生品种混杂，特别是水稻种子，品种繁多，收获季节相近，特别需要注意。杂交水稻不育系与保持系种子难以区别，如搞混杂则损失巨大。种子包装袋内外均要有标签。散装种子要防止人为的混杂，也要防止动物造成的混杂。散落地上的种子，如品种不能确定，则不能作为种用。不同季节，都要做好仓库的密闭工作，防止外界的热气和水汽进入仓内。要根据种子水分情况进行合理通风，隔热防湿。治虫防霉是种子贮藏期间管理工作的一项重要内容，对种子安全贮藏，减少数量损失有明显作用。防鼠雀，不仅能可降低种子数量的损失，还可引起散装种子的混杂，防治时应注意地下地上、室内室外的全面防治。

2. 合理通风

种子入库后，无论是进行长期贮藏还是短期贮藏，甚至是刚入库的种子，都需要在适当的时候进行通风。通风是种子在贮藏期间的一项重要管理措施。通风可以降低温度和水分，使种子在较长时间内保持干燥和低温，有利于抑制种子生理活动和害虫、霉菌的为害；也可以维持种子堆内温度的均衡性，不至于因有温差而发生水分转移；促使种子堆内气体对流，排除种子本身代谢作用产生的有害物质和药剂熏蒸后的有毒气体；对于有发热症状或经过机械烘干的种子，则更需要通风散热。总之，通风是种子在贮藏期间管理上必不可少的技术措施。

无论哪种通风方式，通风之前均必须测定仓库内外的温度和相对湿度的大小，以决定能否通风。当外界温湿度均低于仓内时，可以通风，但要注意寒流侵袭，防止表面结露；当仓内外温度相同，而仓外湿度低于仓内，或仓内外湿度相同，而仓外温度低于仓内时，可以通风。前者降湿，后者降温；当仓外温度高于仓内，但湿度低于仓内，或仓外温度低于仓内，而湿度高于仓内，能否通风，则要看绝对湿度，如果绝对湿度仓外高于仓内不能通风，反之可以通风；雨天、台风、浓雾天气不宜通风。

通风方法有自然通风和机械通风两种，要根据仓房的设备条件和需要选择进行。自然通风是根据仓房内外温、湿度状况，选择有利于降温降湿的时机，打开门窗让空气自然交流达到仓内降温散湿的目的。自然通风的效果与温差、风速和种子堆装方式有关。当仓外温度比仓内低时，便产生了仓房内外空气的压力差，空气就会自然交流，冷空气进入仓内，热空气被排出仓外。温差越大，内外空气交换量越多，通风效果越好；风速越大则风压增大，空气流量也多，通风效果好；仓内包装堆放的通风效果比散装堆放为好，而包装小堆和通风垛又比大堆和实垛的通风效果好。

机械通风是用机械鼓风（或吸风）通过通风管或通风槽进行空气交流，使种子堆达到降温、降湿的方法，多用于散装种子。通风效果比自然通风好，具有通风时间短，降温快，降温均匀等优点。用风机把干燥冷空气从管道或内槽压入种子堆，使堆内的湿、热空气由表面排出的叫压入式；从管道或风槽吸出湿、热空气，而干冷空气从表面进入种子堆的叫吸入式。具体根据仓房情况和种子堆装需要而定。

机械通风时应注意以下几点。

① 外界温、湿度低，通风效果较好，反之，除特殊情况外，不能通风，一般选择种温与气温的温差达 10℃以上通风效果较为明显。

② 通风要耙平种子堆表面，使种子堆厚薄均匀，以免因种子堆的厚薄造成通风不均匀。

③ 采用压入式通风时，为预防种子堆表面结露，可在面上铺上一层草包。在结露未消失前，不能停止通风。采用吸出式通风时，则要用容器在风机出口处盛接凝结水。在水滴未停止前不能停机，更不能中途停机，以防风管内的凝结水经管道孔流入种子堆。地槽通风则可在出风口接水或垫糠包吸湿。

④ 吸出式风管通风，种子堆的上、中层降温快，底层降温效果较差，在没有达到通风要求时不能停止通风。或采用先吸后压的方式，以提高通风效果。使单管或多管通风，各风管的接头要严密不能漏气，不能有软管或弯折等情况发生，以免影响通风效果。风管末端不能离地面过高，否则会降低底层通风效果，应掌握在距离地面以 30~40 厘米为好。

⑤ 通风时须加强温度检查，随时掌握种温下降状况和可能出现的死角。出现死角的原因主要是通风管、槽布置不合理引起的。补救办法是在死角部位增加风管。

⑥ 在实施通风作业时，应打开全部门窗，以加快空气流量。不进行通风时，应将进风口严密堵塞，以免种子受外界湿热空气影响。

3. 种子检查

（1）种温检查　正常情况下，种温的升高和降低是受气温影响而变化的，变化状况与仓房隔热密闭性能、种子堆大小及堆垛方式有关，一般是仓房的隔热密闭性能差，种子堆数量少以及包装堆放的，受气温影响较大，种温升降变化也较快；反之，仓房隔热密闭性能好，又是全仓散装种子，受气温影响较小，尤其是中、下层种温较稳定。

检查种温需要划区设点：散装种子堆每 100 平方米面积，分上中下三层，每层设 5 个检查点，共 15 处；包装种子采用波浪形设点测定的方法。重点部位酌情增加点数。1 天内检查温度以 9~10 时为好，以免受外温影响。除了检查种温外还要记录仓温和气温。检查种温的周期要依据外界气温和空气相对温度来确定检查周期长短。

（2）种子水分检查　通常情况下，种子堆水分主要是受空气相对温度的影响而变化的。种子水分在1天中变化很小，只是在表面层。水分在1年中变化随季节而不同，低温和梅雨季节种子水分偏高一些，夏季和秋季的种子水分则偏低些。各层次种子水分变化也不相同，上层受空气影响最大，深度一般在33厘米左右，而其表面种子水分变化尤为突出，中层和下层的种子水分变化较小，但下层近地面17厘米的种子，易受地面影响有时水分上升较多。根据以上变化情况，在生产上常常发生在春季和入夏以后，所以有“春查面、夏查底”之说。

当种子堆存在较小的温差时，也会发生水分转移现象。如向阳部位温度较高的种子，它的水分便向温度较低的方向移动使原来比较均匀的种子水分发生变化。高温部位的种子水分变低，低温部位的种子水分则变高。

检查水分同样需要划区设点方法同种温检查，但区域面积要小，一般散装种子堆25平方米为一区，袋装种子样点也要适当增加，各点所取样品种子混合，进行水分检查，有怀疑的检查点所取样品单独存放。先用感观法，再用仪器测定。感观法：看、摸、闻、咬，即：看色泽、摸有无潮湿感、闻有无霉味、咬种子是否松脆。种子色泽无变化、有干燥感、无霉味、咬上去很松脆为安全。检查周期取决于种温：种温在0℃以下时，每月检查一次；种温在0℃以上时，每月检查两次，每次整理种子后，也应检查一次。特殊情况下可适当增加检查次数。

（3）仓库害虫检查　害虫的活动随着温度的变化而不同。温度在15℃以下，害虫行动迟缓，危害极少。在生命活动的温度范围内，害虫的活动随着温度升高而变得活跃，危害状况也逐渐变得严重。所以，1年中冬季温度低，害虫危害少，春季气温回升，危害逐渐增大，夏季气温高，尤其在7~8月害虫活动猖獗，危害严重，进入秋季后气温下降，危害逐渐减少。害虫在种子堆内的活动又受种温变化而不同，一般是向较高温度的部位移动。春季移向靠南面33厘米下，夏季多集中在种子堆表面，秋季移向靠北面的33厘米下，冬季则移向种子堆1米以下深处。害虫在种子堆内移动能力与仓虫种类有关，蛾类害虫多半只能在表面及表面以下30厘米左右范围内活动。而甲壳类害虫则能在种子堆深处活动。喜湿性害虫向种子堆水分较高的部位移动，有些害虫则会向杂质，破碎粒集中的部位移动。害虫怕光，一般是向阴暗处移动。

每个检查点取种子1千克筛检，检查周期：冬季种温在15℃以下，每2~3月检查一次；春、秋季种温在15~20℃，每月检查一次，20℃以上，每月检查两次；夏季每周检查一次。

（4）发芽率检查　种子贮藏期间，其发芽率因贮藏条件和贮藏时间不同而发生变化。在良好的条件下贮藏时间较短的，种子发芽率几乎不会降低，对于一些有生理休眠的种子，经过一段时间贮藏，则能提高发芽率。所以，种子出、入库、熏蒸前后对种子定期进行发芽试验十分必要。根据发芽率的变化状况，及时采取改善贮藏条件，以免造成损失。

检查发芽率的方法，可根据定点取样，将其混合成混合样品。然后按国家标准（GB/T 3543.4—1995 农作物种子检验规程　发芽试验）进行分析。

（5）鼠、雀霉烂检查 检查霉烂的方法一般采用目测和鼻闻，检查部位一般是种子易受潮的墙壁角落、低层和上层或沿门窗、漏雨、渗水等部位。查鼠雀是观察仓内在有否鼠雀粪便和活动留下的足迹，平时应将种子堆表面整平以便发现足迹。一经发现予以捕捉消灭，还要堵塞漏洞。

（6）仓库设施检查 检查仓库地坪的渗水、房顶的漏雨、灰壁的脱落等情况，特别是遇到热带风暴、台风、暴雨等天气，更应加强检查。同时对门窗启闭的灵活性和防雀网、防鼠板的坚牢程度进行检查。

（六）主要作物种子贮藏技术

1. 小麦种子贮藏技术

干燥密闭贮藏法，种子水分控制在12%以下，密闭贮藏防吸湿回潮，可延长贮存期限。

密闭压盖防虫贮藏法，适于全仓散装种子情况。压盖时间：入库后压盖注意防后熟期种子“出汗”发生结露，秋冬季交替时，应揭去覆盖物降温，防表层种子结露。开春前压盖，能使种子保持低温状态，防虫效果好。

热进仓贮藏法，对于杀虫和促进种子后熟作用有很好效果。

（1）暴晒种子 选择晴天，将小麦种子暴晒降水至12%以下（一般为10.5~11.5%），种温控制在46℃以上，不超过52℃，种温如果在50℃以上时，可将麦种拢成2 000~2 500千克的大堆，保温2小时以上然后再入库。

（2）仓库增温 在暴晒种子的同时，将仓库门窗打开，使地坪增温，或铺垫经暴晒过麻袋和砻糠。如果是用容器贮藏种子，应将容器与麦种一同暴晒。

（3）种子入库与管理 趁热迅速将麦种一次入库堆放，并加盖麻袋2~3层保温，将种温保持在44~46℃密闭仓库。如果是用容器贮藏种子的，容器也应密闭。一般种温在46℃密闭7天，在44℃密闭10天。之后抓住时机揭去覆盖物迅速通风降温，直至种温与气温相同后，密闭贮藏即可。

（4）注意事项 严格控制水分与温度，水分掌握在10.5%~11.5%，温度掌握在44~46℃，低于42℃无杀虫效果，温度过高持续时间越长，对发芽率有影响；入库后防结露；抓住有利时机迅速降温；通过后熟的麦种不宜采用热进仓贮藏法。

2. 水稻种子贮藏技术

适时收获、及时干燥、冷却入库、防止混杂；过早收获，种子成熟度差，瘦瘪粒多不耐贮藏；过晚收获，在田间日晒夜露呼吸消耗多，有时还会出现穗芽现象，不耐贮藏。

未经干燥的稻谷不宜久堆，否则容易引起发热或萌动甚至发芽，影响种子贮藏品质。干燥方法：日晒（勤翻动）、机械烘干（种温不超过43℃）和药剂拌种（5 000千克稻种 +4千克丙酸；500千克稻种 +0.5千克漂白粉，在通气条件下，可保存6天）。稻谷冷却入库防结露，规范操作防混杂。

控制种子水分和温度；种子水分6%，温度0℃，可以长期贮藏，种子发芽力不受影响；种子水分12%，存3年发芽率仍有80%；种子水分13%，可以安全度夏；种子水分超过14%，翌年6月种子发芽率会下降，到9月则降至40%；种子水分15%以上，翌年8月种子发芽率几乎为0；20℃、水分10%的稻种保存5年，发芽率仍在90%以上；28℃、水分为15.6%~16.5%的稻种，贮存1个月便会生霉。30~35℃，稻种水分应控制在13%以下；20~25℃、水分控制在14%以下；10~15℃水分控制在15%~16%；5℃，水分控制在17%以下（只做短期贮藏）。

治虫防霉，我国产稻区地区的特点是高温多湿，仓虫滋生。仓虫通常在入库前已经感染种子。如贮藏期间条件适宜，就迅速大量繁殖，造成极大损害。仓内害虫可用药剂熏杀，目前常用的杀虫剂有磷化铝，另外，还可用防虫磷防护。种子上寄附的微生物种类较多，危害种子的主要是真菌中的曲霉和青霉。温度降至18℃时，大多数霉菌才会受到抑制；只有当相对湿度低于65%，种子水分低于13.5%时，霉菌才会受到抑制。所以密闭贮藏必须在稻谷充分干燥、空气相对湿度较低的前提下，才能起到抑制霉菌的作用。

入库后，做好早稻种子的降温工作。入库后2~3周内加强管理。做好晚稻种子的降水工作。水分偏高，低温性微生物为害，也会降低发芽率。做好“春防面、夏防底”工作。少量稻种的贮藏：干燥剂密闭贮藏法。

3. 玉米种子贮藏技术

果穗贮藏，穗轴的营养继续向籽粒运送，使种子充分成熟，且在穗轴上继续进行后熟。穗藏孔隙度大，通风散湿快。籽粒在穗轴上着生紧密，虫霉为害轻。

果穗贮藏同样要控制水分，以防发热和受冻，一般过冬的果穗水分应控制在14%以下为宜。水分大于16%果穗易受霉菌为害；水分高于17%在-5℃轻度冻害，-10℃以下便会失去发芽率；水分高于20%在-5℃便受冻害而失去发芽率。烘干果穗温度应控制在40℃以下，高于50℃对种子有害。果穗贮藏有挂藏和堆藏两种方法。

籽粒贮藏，粒藏法可提高仓容，是玉米种子越夏贮藏的主要方法。种子水分不超过13%，南方不超过12%，才能安全过夏。

北方玉米种子越冬贮藏管理技术，晒种降水，使种子水分降低到受冻害的临界水分以下，才能安全越冬。站杆扒皮，收前降水；适期早收，高茬晾晒；玉米果穗通风贮藏。

低温密闭贮藏，翌年春季3~4月，将玉米种子含水量降至13%左右，及时脱粒，然后趁自然低温密闭贮藏，以保持种子干燥低温状态。

玉米种子越夏贮藏，低温，仓温不高于25℃，种温不高于25℃。干燥，在整个贮藏期间，应将种子水分控制在11.5%的条件下。密闭，尽量减少外界不利温湿度的影响。

4. 棉花种子贮藏技术

棉籽的正常贮藏时间只有5~6个月，贮藏前搞好种子质量，贮藏期间加强管理，实现安全贮藏比较简单。主要环节是保证入库棉籽质量。其安全标准为：水分不超过11%~12%，杂质不超过0.5%，发芽率应在90%以上，无霉烂粒，无病虫粒，无破损粒，霜前花籽。合理堆放，棉籽入库应选择低温阶段冷籽入库，可包装也可散装。散装不宜堆的过高（50%~70%），棉籽压实防潮。严格控制水分和温度，北方地区控制水分在12%以下，可露天堆藏，注意外层防冻；南方地区控制水分在11%以下，仓内存放，贮藏期间保持种温不超过15℃。长期贮藏的棉籽水分必须控制在10%以下。

检查管理：温度检查，9~10月每天检查一次，入冬以后，水分在12%以下5~10天检查一次，12%以上每天检查一次。杀虫，入库前高温杀虫，入库后药剂杀虫。注意防火。有机械脱绒和硫酸脱绒两种。凡经脱绒的棉籽透水性增强，易受外界温湿度的影响，贮藏过程中易发热，不耐贮藏。应采用包装通风垛或围囤低堆等通风形式堆放，贮藏期间应加强管理多检查。

5. 大豆种子技术

干燥对大豆贮藏更为重要。大豆安全贮藏水分必须在12%以下，如超过13%就有霉变的危险。干燥方法：带荚干燥为好。避免暴晒，否则，种皮易裂纹和皱缩。大豆种子导热性不良，高温下易红变，影响种子生活力。为保持大豆干燥低温状态，采用密闭贮藏，对保持种子生活力有利。新收获的大豆，入库后还会进行后熟作用，放出大量的湿热，如不及时处理，易发热霉变，因此，在种子入库后的3~4周，应及时倒仓过风散湿。贮藏期间的适当通风是很必要。

二、种子加工技术

种子加工是指从收获到播种前对种子所采取的各种处理。包括干燥、种子清选、种子衣、种子包装等一系列工序。以提高种子质量，保证种子安全贮藏，促进田间成苗及提高产量的要求。

（一）种子加工意义

种子加工是提高农作物单产最经济、最有效的增产措施。加工后的种子出苗齐、苗壮，可增产5%~10%；减少播种量，节约粮食；适合机械化操作；作物病虫害发生较轻，作物苗期生长环境良好。种子加工是实现种子质量标准化的重要环节。种子加工可按不同的用途及销售市场，可分级加工成不同等级要求的种子，并实行标准化包装销售，提高种子的商品性，从而防止伪劣种子混杂，坑农害农。利于田间机械化作业，提高劳动效率，减轻劳动强度。减少农药和肥料的污染，促进农业的可持续发展。对种子和安全贮藏，运输，保持种子较高的生活力和活力，都具有不可低估的作用。

（二）种子加工技术

种子种类繁多，种子的初始状态（含糖量、含水量等）不同，加工要求不同，种子加工的内容也不同。但种子加工的基本内容应包括脱粒、初清、干燥、精选分级、药物处理、计量包装等作业过程。

1. 脱粒

脱粒是加工处理种子的预先准备工作，也是影响种子质量的关键工序。为使种子损伤减少到最低程度，脱粒时，种子的含水量必须降到一定程度，否则会增加破损率。脱粒机进料应均匀，并使其接近最大的容量，速度应降低，以保证较高的脱净率。

2. 初清

在种子干燥、精选前，一般要经过初清，去除种子中的碎茎、叶、穗等较大的杂物和轻型杂质，改善种子的流动性，保证供干机和精选机的工效和性能，并减少热量消耗。有许多不同类型的初清机，一般都由振动筛或旋转筛结合气流进行。

3. 干燥

为了能安全贮运，防止霉变和低温冻害，必须对初清后含水量高的种子和不达入库标准的种子及时干燥。种子干燥的方法主要有自然干燥和人工机械干燥。

（1）自然干燥　指一切非机械的干燥，主要是利用日光暴晒、通风和摊晾等降低种子水分。此法简便、经济、安全，一般不易丧失种子的生活力，但易受天气影响，干燥速度较慢。

（2）人工机械干燥　采用干燥机械来降低种子的水分。具有降水快、工作效率高、不受自然条件限制的优点，但操作技术严格，易使种子生活力丧失。主要有自然风干燥和加热干燥两种。自然风干燥是利用鼓风机或排风设备把种子扩散在空气中的水分及时地带走以达到干燥的目的；加热干燥又叫烘干法，是利用加热设备，提高空气的温度，以此为介质，来降低种子的水分。加热干燥时注意温度不能太高，以免引起种子生活力降低，对水分含量较高的种子，可采用二次间隔干燥法。

4. 精选分级

经初清、干燥后的种子，需进一步精选分级，提高种子质量。精选分级主要是根据种子群体的物理性及种子与混杂物之间的差异性，在机械操作过程中，将饱满、完整的种子与瘦瘪种子、混杂物分离出来。种子精选分级可按种子的大小尺寸、空气动力学原理和比重进行分离。

5. 药物处理

为了防治种子和土壤中病菌及害虫，促进种子萌发和幼苗生长；或改变种子外部状态，便于播种，在播种之前往往要进行药物处理种子。主要的处理方法有浸种、拌种、包衣和丸化，采用的化学药物有农药、肥料、生长调节物质等。

6. 计量包装

加工后的种子要按一定的分装容量，使用适当的包装材料进行计量包装。计量包装是种子生产的继续，良好的包装不仅能保护种子不受损害，便于运输和贮藏，而且方便用户，能促进销售。

由于种子种类不同、种子的组成不同，种子加工的程序有一定差异，种子加工的基本流程如下（图 13-1）。

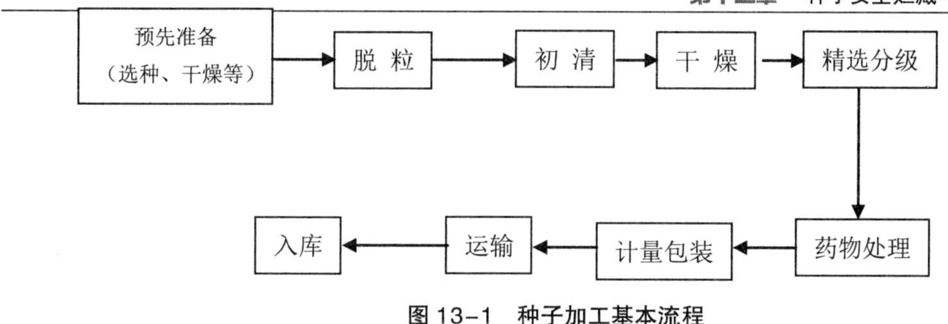

图 13-1　种子加工基本流程

（三）种子包装技术

1. 种子包装意义

经过清选干燥和精选等加工的种子，加以合理的包装，可防止种子混杂、病虫害感染、吸湿回潮，减缓种子劣变，提高种子商品特性，保持种子旺盛活力，保证安全贮藏运输，便于销售。

2. 种子包装要求

防湿包装的种子必须达到包装要求的种子含水量和净度等标准。确保在种子包装容器内，在贮藏和运输过程中不变质，保持原有质量和活力。包装容器必须防湿、清洁、无毒、不易破裂、重量轻等。种子是一个活的生物有机体，如不防湿包装，在高温条件下种子会吸湿回潮；有毒气体会伤害种子，而导致种子丧失生活力。按不同要求确定包装数量。潮湿温暖地区或保存时间长，包装条件要求严格。包装容器外面应加印或粘贴标签纸。写明作物和品种名称、采种年月、种子质量指标资料和高产栽培技术要点等，并最好印上醒目的作物或种子图案，引起种植者的兴趣，以使良种能得到较好的销售。

3. 包装材料和容器选择

包装材料的种类有麻袋、多层纸袋、铁皮罐、聚乙烯铝箔复合袋及聚乙烯袋等。多孔袋或针织袋通常用于通气性好的种子种类（如豆类），或数量大，贮存在干燥低温场所，保存期限短的批发种子的包装。小纸袋、聚乙烯袋、铝箔复合袋、铁皮罐等通常用于零售种子的包装。铁皮罐、铝盒、塑料瓶、玻璃瓶和聚乙烯铝箔复合袋等容器可用于价高或少量种子长期保存或品种资源保存的包装。

4. 种子标签

我国种子法明确规定销售的种子应当附有标签。标签应当标注种子类别、品种名称、产地、质量指标、检疫证明编号、种子生产及经营许可证编号或者进口审批文号等事项。标签标注的内容应当与销售的种子相符。销售进口种子的，应当附有中文标签。销售转基因植物品种种子的，必须用明显的文字标注，并应当提示使用时的安全控制措施。

种子质量及检验

一、种子质量

（一）种子质量的概念

种子是最基本的农业生产资料，其价值主要表现在农业生产上，所以种子的质量是以能否满足农业生产需要和满足的程度作为衡量尺度。商品种子的质量特性包括以下几种。

（1）适用性　是指品种能在一定的区域使用，并能根据当地的自然条件、经济条件、充分发挥自己的增产优势。

（2）可靠性　是指种子在规定的生长期内，规定的自然条件下，完成规定产量的可靠程度。

（3）经济性　是指种子价格合理、费用低、效益高。

（二）种子质量指标体系

随着种子产业的发展，我国于20世纪80年代制定并颁布了《农作物种子检验规程》《牧草种子检验规程》《农作物种子质量标准》《主要农作物种子包装标准》等一批种子质量有关的国家标准。种子质量指标体系包括种子质量内容、种子质量分级标准和种子质量指标。

1. 种子质量内容

衡量种子质量优劣的主要标志是种子的品质。种子品质是由种子不同特性综合而成的概念，包括品种品质和播种品质两方面的内容。品种品质也叫内在品质，是与遗传特性有关的品质，可用真、纯两个字概括；播种品质也叫外在品质，是与播种后田间出苗有关的品质，可用净、壮、饱、键、干5个字概括。所以种子质量的内容应包括以下几个方面。

（1）真　是指种子真实可靠的程度，可用真实性表示。如果种子失去真实性，不是原来的优良品种，就会造成严重的减产。

（2）纯　是指品种典型一致的程度，可用品种纯度来表示。品种纯度高的种子因具有该品种的优良特性而可获得丰收，相反品种纯度低的种子由于混杂退化缺乏整齐一致性而明显减产。

（3）净　是指种子清洁干净的程度，可用净度表示。种子净度高，表明种子中杂质含量少，净种子数量多，利于贮藏和田间出苗整齐。

（4）壮　是指种子发芽出苗齐壮的程度，可用生活力、活力、发芽率表示。生活力、发芽率高的种子发芽出苗整齐，活力高的种子则田间出苗率高，幼苗健壮，同时可以适当减少单位面积的播种量。

（5）饱　是指种子充实饱满的程度，可用千粒重（或容重）表示。种子充实饱满表明种子中贮藏物质丰富，有利于种子发芽和幼苗生长。

（6）健　是指种子的健康程度，可用病虫感染率来表示。种子病虫害直接影响种子发芽率和田间出苗率。

（7）干　是播种子干燥耐藏的程度，可用种子水分表示。种子水分低，有利于种子安全贮藏和保持种子的发芽宰和活力。

2. 种子质量分级标准

种子质量分级标准是根据种子质量内容，对种子质量所做的各种分级规定，是种子在流通过程中正确划分等级的准绳。目前，我国种子质量分级标准为：常规种、自交系亲本、“三系”亲本分原种和良种两个等级；杂交种分为良种一级和二级两个等级。不同等级的种子是以品种纯度、净度、发芽率、水分 4 项主要指标来划分的。分级方法采用最低定级原则，即任何一项指标不符合规定标准都不能作为相应等级的合格种子。

① 国家标准是农业部会同国家标准局联合制定颁发的种子分级标准，作为国内在种子收购、销售、调拨时检验和分级的依据。

② 行业标准是指国家行业主管部门（农业主管部门）根据需要颁布的农作物种子的良种繁育规程、田间检验规程、种子检验规程和有关种子质量标准。

③ 地方标准是各省、市、自治区农业主管部门会同省标准局联合制定颁发的种子分级标准。这主要是针对那些没有部颁标准的品种做出的补充规定，作为地区性种子在收购、销售和调拨时检验和分级的依据。

④ 企业标准是企业根据自己生产经营的种子类型而制定的企业内标准。

《中华人民共和国种子法》规定种子质量管理实行国家、行业标准基础上的标签真实制，企业在开展种子检验判定种子质量合格与否时，首先必须符合国家和行业标准的需要（没有国家或行业标准的除外），其次再考虑地方标准，最后再考虑企业标准。有了种子质量分级标准，对各种作物种子的质量状况，可通过统一规定的质量标准定等级。种子生产者、经营者也可根据种子质量标准，制订种子质量目标计划，不断提高种子质量。

3. 种子质量指标

种子质量指标是种子在计划期内应达到的标准，也是种子企业在本生产季节周期内工作情况的具体反映，种子质量指标一般从以下方面衡量。

（1）种子合格率　是指合格种子的数量占该批种子全部数量的百分比。

种子合格率（%）= 该批种子合格数量 / 该批种子总量 ×100

（2）种子等级率　是该批种子某等级数量占该批种子合格数量的百分比。

某批种子某等级率（%）= 该批种子某等级数量 / 该批种子合格数量 ×100

二、种子检验管理

（一）种子检验的概念及其作用

种子检验是采用科学的技术和方法，按照一定的标准，运用先进的仪器和设备，对种子样品的品质指标进行分析测定，判断其品质的优劣，评定其种用价值的一门实用的科学技术。种子检验是保证种子质量的重要手段，也是大田用种生产技术的主要环节，它对选种、留种，播种种子的加工、运输、贮藏、销售的分析、定价等工作都起着重要作用，具体地说种子检验的作用主要表现在以下几方面。

1. 保证种子质量，提高产品产量和质量

通过种子检验，合格的种子由检验单位发给合格证书，才能进入市场流通。选用良种播种．才能确保全苗壮苗，长势旺盛，达到优质高产的目的。

2. 正确进行质量分级，贯彻优种优价政策

通过种子检验，按分级标准定出种子等级和相应的价格，有利于执行优质优价的政策，鼓励生产单位和农户生产出更多的优质种子。

3. 控制种子质量，保征贮运安全

通过种子检验，掌握了种子水分、杂质、病虫等情况，便于及时采取措施，防止种子发热霉变和生虫，从而有利于种子的贮运安全。

4. 防止病虫及有毒杂草传播蔓延

保证生产和人畜安全，通过种子检验，可以发现一些检疫性病虫、杂草，以免造成新的病虫和杂草流行蔓延，给农业生产造成严重损失。

5. 推行种子标准化和实施种子法规的保证

从世界许多国家的经验看，任何一个国家要想组织生产和销售优质种子，就必须建立种子检验体系和制定种子质量管理法规，强化种子检验工作。规定市场流通的所有种子批均需经过检验，达到标准才能销售，禁止不合格种子的非法贩卖，并按种子法规对违法行为诉诸法律，这样就可以顺利推行种子质量标准化，确保种子法规的实施。

（二）种子检验内容和方法

我国目前执行的是 GB/T 3543.1—3543.7—1995 农作物种子检验规程，具体规定了种子检验的内容和方法。检验的项目分为必检项目和非必检项目，必检项目包括种子的净度分析、发芽试验、真实性和品种纯度鉴定、水分测定；非必检项目包括生活力的生化测定、重量测定、健康测定和包衣种子检验。具体检验内容和方法如下。

1. 净度分析

是测定供检样品不同成分的重量百分率和样品混合物特性，并据此推测种子批的组成。

分析时将试验样品分成 3 种成分：净种子、其他植物种子和杂质，并测定各成分的重量百分率。样品中的所有植物种子和各种杂质，尽可能加以鉴定。

种子净度（%）= 本作物净种子重量 / 样品种子总重量 ×100

2. 发芽试验

是测定种子批的最大发芽潜力，据此可比较不同种子批的质量，也可估测田间播种价值。

发芽试验须用经净度分析后的净种子，在适宜水分和规定的发芽技术条件下进行试验，到幼苗适宜评价阶段后，按结果报告要求检查每个重复，并计数不同类型的幼苗，计算百分率。

需要指出的是，新规程在种子发芽标准上与原规程明显不同，原规程规定发芽的种子幼根达种子长、幼芽达种子 1/2 长，幼根或幼芽达种子直径长度均为正常发芽的种子；而新规程规定发芽种子必须长成具有根系、幼苗中轴、顶芽、子叶和芽鞘完整构造的正常幼苗。

发芽试验结果可用发芽势和发芽率来表示。

$$\text{发芽势（\%）}=\frac{\text{发芽试验初期（规定条件和日期内）长成正常幼苗数}}{\text{供检种子数量}}\times 100$$

$$\text{发芽率（\%）}=\frac{\text{发芽试验终期（规定条件和日期内）长成全部正常幼苗数}}{\text{供检种子数量}}\times 100$$

3. 真实性和品种纯度鉴定

测定送验样品的种子真实性和品种纯度，据此推测种子批的种子真实性和品种纯度。

种子真实性是指一批种子所属品种、种或属与文件记录（如标签等）是否相符；品种纯度是指一批种子个体与个体之间在特征特性方而典型一致程度。

真实性和品种纯度鉴定可用种子、幼苗或植株。通常把种子与标准样品的种子进行比较，或将幼苗和植株与同期邻近种植在同一环境条件下的同一发育阶段的标准样品的幼苗和植株进行比较。当品种的鉴定性状比较一致时（如自花授粉作物），则对异作物、异品种的种子、幼苗或植株进行计数；当品种的鉴定性状一致性较差时（如异花授粉作物），则对明显的变异株进行计数并做出总体评价。

$$品种纯度(\%)=\frac{本品种种子数}{供检本作物样品种子数}\times 100$$

4. 水分测定

测定送验样品的种子水分，为种子安全贮藏、运输提供依据。种子水分测定必须使种子水分中自由水和束缚水全部除去，同时要尽最大可能减少氧化、分解或其他挥发性物质的损失。

水分测定的标准法是烘干法测定，具体程序是；称取 20~40 克试验样品，进行烘前处理（磨碎、切片等）。然后称取处理样品 4.5~5.0 克两份，放入预先烘干和称重过的样品盒内，摊平在预热的烘箱上层，在（103 ± 2）℃烘干 8 小时（低恒温烘干法），或在 130~133℃烘干 1 小时（高温烘干法），最后取出盒盖，放在干燥器中冷却，称重计算。

$$种子水分(\%)=\frac{样品盒和盖及样品烘前重-样品盒和盖及样品烘后重}{样品盒和盖及样品烘前重-样品盒和盖的重量}\times 100$$

5. 生活力的生化测定

在短期内急需了解种子发芽情况或当某些样品在发芽末期尚有较多的体眠种子时，可采用生活力的生化法快速估测种子生活力。

生活力测定是应用 2，3，5- 三苯基氯化四氮唑（简称四唑，TTC）无色溶液作为指示剂，这种指示剂被种子活组织吸收后，接受活细胞脱氢酶中的氢，被还原成一种红色的、稳定的、不会扩散的和不溶于水的三苯基甲臜。据此，可依据胚和胚乳组织的染色反应来区别有生活力和无生活力的种子。除完全染色的有生活力种子和完全不染色的无生活力种子外，部分染色种子有无生活力，主要根据胚和胚乳坏死组织的部位和面积大小来决定，染色颜色深浅可判别组织是健全的，还是衰弱的或死亡的。

6. 重量测定

测定送验样品每 1 000 粒种子的重量。方法是从净种子中数取一定数量的种子，称其重量，计算其 1 000 种子的重量，并换算成国家种子质量标准规定水分条件下的重量。

$$千粒重(规定水分，克)=\frac{实测千粒重(克)-[1-实测水分(\%)]}{1-规定水分(\%)}$$

7. 种子健康测定

主要是对种子病害和虫害进行检验，种子病害是指在病害侵染循环中的某一阶段和种子联系在一起，主要通过种子携带而传播的一类植物病害；种子虫害是指在种子田间生长和贮藏期间，感染和为害种子的害虫。通过种子样品的健康测定，可推知种子批的健康状况，从而比较不同种子批的使用价值，同时可采取措施弥补发芽试验的不足。

根据送验者的要求，测定样品是否存在病原体、害虫，尽可能选用适宜的方法，估计受感染的种子数。结果以供检的样品重量中感染种子数的百分率或病原体数目表示。

$$感染病害（\%）=\frac{病粒或病原体重量（克）}{试样重量}\times 100$$

$$感染病害（\%）=\frac{被虫蛀食或损伤的种子数}{供检种子粒数}\times 100$$

$$感染病害（头/千克）=\frac{分拣出害虫头数}{供检试样重量（克）}\times 100$$

8. 包衣种子检验

包衣种子是泛指采用某种方法将其他非种子材料包裹在种子外面的各种处理的种子。包括丸化种子、包膜种子、种子带和种子毯等。包衣种子检验包括净度分析、发芽试验、丸化种子的重量测定和大小分级。

（三）种子检验机构及管理

根据《中华人民共和国种子管理条例》规定：各级农业行政部门的种子检验机构负责本辖区内种子质量检验监督工作，植物检疫机构负责种子病虫害的检疫工作。

1. 种子检验机构

各级种子管理部门应建立健全种子检验机构，配备一定数量的专职检验人员。省种子管理总站设种子质量检验中心；地级农业种子管理部门建立种子质量检验科；县级农业种子管理部门有独立的种子质量检验股。各检验机构除配备必要的仪器设备外，要建立使用保管制度以保证检验手段先进性和检验结果的准确性。对检验人员的录用和调离应严格按照有关规定执行，并注意保持种子检验队伍的稳定性，凡调离检验工作岗位的检验员，应及时收回检验员证并报省级种子管理部门备案。种子检验机构在业务上受同级标准化管理部门的指导，以保证检验工作的统一性。

2. 种子检验机构的职责

种子检验机构在进行种子检验工作的同时，负有以下职责。

① 贯彻执行国家和省（自治区、直辖市）有关种子检验的规定。

② 参与农作物新品种的鉴定、考核、评定工作。

③ 参与种子的各种分级标准、检验方法的制定和验证工作。

④ 供需双方对种子质量发生争议时，负责仲裁检验，并负责对种子质量事故的处理。

⑤ 负责下级种子检验机构的业务和技术指导、支持检验人员依法履行职责。

⑥ 按监督检验计划，对种子生产、储运、经营、使用等单位，抽取种子样品，对种子质量进行监督检验。

⑦ 根据需要，不定期地对某单位的种子进行质量抽查。

⑧ 委托有关单位对种子质量进行监督检验，并接受本省（自治区、直辖市）调出调入种子的委托检验。

⑨ 按照国际种子检验规程，负责进出口种子检验工作。

⑩ 监督检验后，向标准化管理部门按一定格式上报检验报告和检验结果汇总表，并提出具体处理意见。

3. 种子检验的管理

种子检验是一项既重要又复杂的工作，为了实现对种子检验工作的监督和管理．一定要加强对检验工作的领导。种子检验单位的领导应非常熟悉种子检验程序，要负责制定适当的工作制度，监督检验工作的正确性和一致性，并改进和发展种子检验技术，检查仪器设备的适合性和保养维修情况，指导检验结果的正确计算、核对、登记填写结果报告或计算机处理，检查检验后的样品保存，以便发生疑问或争议时取出仲裁检验。

种子检验是一项科学性、政策性和群众性很强的工作，要不断提高从事检验工作的人员对检验工作重要性的认识，使他们树立起事业心和责任感，认真掌握检验技术，把好质量关。种子检验工作通常是季节性的，有一两个高峰时期，因此应认真考虑检验人员的数额。在检验工作闲季，加强对种子检验工作人员的技术培训和开展种子检验技术的研究，并给种子检验室调配有关方面的专家。

对检验人员来说，检验时间是很重要的。虽然检验时间与检验项目的复杂性有关，但种子检验室必须把从接收样品到完成报告时间尽量缩短，及时完成检验工作。

三、种子检验报告

根据我国种子检验工作的实际，我国检验报告分为单个参数确定结果报告（主要在检验机构和一个企业内部使用）和检测结果综合报告（主要是检验机构对外使用），国家种子检验规程 GB/T 3543.1—1995 中的种子检验结果报告单主要是企业内部及非认证的检验实验室使用。根据国家有关规定，认证的检测中心出具的检验报告和综合检验报告至少包含以下信息：标题，如“检验证书”或“检验报告”；检测机构的名称与地址，进行检验的地点（如果与实验室地址不同）；检验证书或报告的唯一性标识（如序号）和每页及总页数的标识；委托方的名称和地址；被检验种子样品的说明和明确标识；检验种子样品特性和状态；检验种子样品的接收和进行检验的日期（如果适用）；对所采用检验方法的标识，或对所采用的任何非标准方法的明确说明；涉及的扦样（如果适用）对检验方法的任何偏离、增加或减少以及其他任何与特定检验有关的信息，如环境条件；测量、检查和导出的结果（适当地辅以表格、图、简图和照片加以说明），以及对结果失效的证明；对估算的检验结果不确定度的说明（如果适用）；对检疫证书或报告（不管如何形成）内容负责人员的签字、职务工等效标识，以及签发日期；委托检验，作出本结果仅对所检验样品有效的声明；未经检测机构书面批准，不得复制检验证书或报告（完整复制除外）的声明。

农业技术指导训练试题

一、单项选择

1. 种子繁育员在从事农作物种子繁育工作时要（　　），一丝不苟，保证质量。

A、精益求精　　B、实事求是　　C、认真负责　　D、虚心好学

2. 豆类种子黄熟后期阶段的特征包括（　　）。

A、荚壳干缩，呈现本品种固有色泽　　B、荚壳褪绿，种皮呈固有色泽

C、荚转黄绿色，种皮呈绿色　　D、部分荚果破裂

3. 普通小麦的籽粒由（　　）、胚乳和胚三部分组成。

A、皮层　　B、稃壳　　C、种皮　　D、果皮

4. 目前采用理化因素杀雄制种的作物有（　　）。

A、玉米　　B、水稻　　C、棉花　　D、黄瓜

5. 在南方籼稻杂交制种中，常用来安排不育系和恢复系的播期的方法不包括（　　）。

A、时差法　　B、苗差法　　C、叶差法　　D、有效积温差法

6. 油菜制种父、母本行比是（　　）。

A、2 ：（8~18）　B、2 ：（4~6）　C、2 ：（6~10）　D、1 ：（2~3）

7. 对生长快的亲本，可采取（　　）办法来抑制生长发育。

A、控制肥水　　B、早间苗　　C、早定苗　　D、留大苗

8. 条播可分为（　　）。

A、窄行条播　　B、宽行条播

C、宽幅条播、宽窄行条播　　D、以上都是

9. 下列关于确定播种量的一般原则的论述不正确的是（　　）。

A、植株高大、分枝性强、生育期短的农作物或品种，播种量要大些

B、农作物生长季节气候条件适宜，播种量宜少

C、点播时播量宜大，撒播时播量宜小

D、土壤肥沃、施肥水平高，播种量宜少

10. 收获棉花可采用（　　）。

A、刈割法　　B、摘取法　　C、挖取法　　D、敲取法

11. 下列关于贮藏的叙述不正确的是（　　）。

A、农作物产品收获后应根据用途及时贮藏

B、棉花要强调分收、分晒、分藏以提高其品级

C、未晒干种子只能作短暂贮藏

D、种子可以与化肥农药放在同一仓库，但要有一定间隔

12. 采用药剂防治小麦黏虫以（　　）龄前防治效果最佳。

A、1　　B、2　　C、3　　D、5

13. 对小麦锈病秋苗常年发病较重的地块药剂防治措施叙述不正确的是（　　）。

A、用1 5%粉锈宁可湿性粉刑 60~100 克或 25%粉锈宁可湿性粉剂 40~60 克拌种 50 千克

B、12.5%速保利可湿性粉剂每 50 千克种子用药 60 克拌种

C、40%多菌灵胶悬剂，每公顷 1 050~1 125 克，对水 150~225 千克，弥雾防治

D、每亩 50 千克种子，用 15%羟锈宁粉剂 50~100 克或 25%羟锈宁粉剂 30~60 克

14. 下列可用于玉米矮花叶病防治的方法有（　　）。

A、清除田间杂草，拔除感病弱苗，选用壮苗移栽，减少毒源

B、加强肥水管理，提高抗病能力

C、药剂治蚜防病

D、以上均正确

15. 下列不属于土壤有机质作用的是（　　）。

A、是作物养分的重要来源　　B、能促进土壤团粒结构的分解

C、能促进土壤微生物的活动　　D、能改善土壤物理性质

16. 不同质地的土壤，作物的萎蔫系数不同，下列土壤类型中作物的萎蔫系数最高的是（　　）。

A、黏土　　B、壤土　　C、砂土　　D、沙壤土

17. 施用微量元素肥料比较经济有效的方法是（　　）。

A、作基肥施于土壤　　B、浸种

C、追肥施于土壤　　D、根外喷施

18. 脱粒机的滚筒转速调整一般采用（　　）方法来进行。

A、调节装置，改变筛片的开度　　B、改变输送带从动轴的位置

C、改变风扇端面进风口　　D、更换不同直径的带轮

19. 下列关于农业法对农业生产资料的生产者、销售者的要求叙述正确的是（　　）。

A、生产者应当对其生产的产品质量负责，而销售者可以不对其销售的产品质量负责

B、生产者禁止以次充好、以假充真

C、生产和销售国家明令淘汰的农药、兽药、饲料添加剂、农业机械等农业生产资料

D、销售者可以以不合格的产品冒充合格的产品

20.《种子法》规定在具有生态多样性的地区，省、自治区、直辖市人民政府农业、林业行政主管部门可以委托（　　）承担适宜于在特定生态区域内推广应用的主要农作物品种和主要林木品种的审定工作。

A、设区的县、自治旗　　B、县或地区

C、设区的市、自治州　　D、县、市

21. 油菜品种权的保护期限，自授权之日起，为（　　）年。

A、10　　B、15　　C、20　　D、25

22. 高活力种子发芽、出苗（　　），对不良环境抵抗能力（　　）。

A、迟缓，强　　B、整齐迅速，强　　C、迟缓，弱　　D、整齐迅速，弱

23.（　　）通常是指一批种子中活的种子数占种子总数的百分率。

A、种子生活力　　B、种子健壮度　　C、种子发芽力　　D、种子发芽率

24. 种子发芽力通常用发芽势和（　　）表示。

A、生活力　　B、发芽速度　　C、发芽率　　D、发芽时间

25. 气候资源主要是指（　　）和气候能源。

A、气候条件　　B、气候带　　C、农业气候资源　　D、气候类型

26. 生产试验小区面积为（　　）平方米。

A、10~20　　B、55~108　　C、133~334　　D、以上均不正确

27. 品种试验操作步骤的第三步是（　　）。

A、小区设置　　B、对照设置　　C、重复设置　　D、保护行设置

28. 指导整地的操作步骤包括（　　）。

A、确定整地的面积　　B、对整地的质量进行检查

C、对整地进行消毒处理　　D、选用合适的农机具

29. 确定施肥时期是根据（　　）及需肥规律确定最佳施肥时期。

A、土壤肥力状况　　B、产量水平

C、品种特性　　D、作物的生长发育规律

30. 作物施肥包括基肥、（　　）和追肥三种方法。

A、根肥　　B、叶面肥　　C、种肥　　D、土肥

31. 指导施肥操作步骤包括确定施肥量、施肥时期、施肥方法和（　　）。

A、施肥种类　　B、施肥形式　　C、施肥比例　　D、施肥利用率

32．春繁、春制的主要是一些（　　）。

A、不感光的早籼类型亲本和组合　　B、感光的早籼类型亲本和组合

C、不感光的晚籼类型亲本和组合　　D、感光的晚籼类型亲本和组合

33．小麦杂交制种一般要求母本比父本（　　）。

A、早 2~4 天　　B、迟 2~4 天　　C、早 5~7 天　　D、迟 5~8 天

34．玉米成熟期记载标准是全田（　　）以上植株的籽粒硬化，并呈现成熟时固有颜色的日期。

A、50%　　B、60%　　C、80%　　D、90%

35．地力高的麦田，因分蘖多，冬前苗弱．春季又管理不善导致成熟早晚不一的属于（　　）。

A、倒伏株相　　B、青枯株相

C、贪青晚熟株相　　D、穗层不整齐株相

36．防治病虫害要根据（　　），制定出科学合理的防治措施。

A、书本知识和个人经验　　B、相关知识

C、田间调查结果　　D、群众的汇报

37．下列属于常用杀鼠剂的是（　　）。

A、磷化铁　　B、磷化锌　　C、磷化铝　　D、磷化铜

38．指导使用农药必须掌握常用农药的特性及（　　）。

A、种类　　B、数量　　C、使用方法　　D、应用范围

39．下列属于玉米最佳收获时期特征的是（　　）。

A、玉米果穗苞叶变白　　B、籽粒皮层粗糙

C、粒质变硬，出现褐色层　　D、以上均错误

40．下列属于油菜最佳收获时期特征的是（　　）。

A、主轴上部角果内的种子呈现品种固有形状和色泽

B、90% 以上果皮变为黄色

C、主轴下部角果内的种子呈现品种固有形状和色泽

D、以上均正确

41．下列操作会造成生物学混杂的是（　　）。

A、施用未腐熟的有机肥料　　B、选用连作地块

C、不同品种间的花期没有错开　　D、以上均正确

42．防止生物学混杂的措施包括（　　）。

A、种子处理和播种时，用具必须清理干净，并由专人负责

B、不同品种的花期前后错开而实行隔离

C、种子繁殖田必须单收、单运、单脱、单晒、单藏

D、以上均正确

43．自交衰退严重，亲本繁殖及杂交种生产中，必须严格隔离，确保杂种纯度的是（　　）。

A、异花授粉作物　　B、常异花授粉作物

C、自花授粉作物　　D、以上均正确

44．造成机械混杂的主要环节有（　　）。

A、脱粒　　B、晾晒　　C、贮藏　　D、以上均正确

45．下列属于引起机械混杂的原因的是（　　）。

A、晒场干燥过程中风吹引起的混杂　　B、播种作业过程中操作不当

C、种子处理过程中操作不当　　D、以上均正确

46．小麦去杂去劣时期包括（　　）。

A、苗期　　B、抽穗期　　C、成熟期　　D、以上均是

47．下列不是水稻去杂去劣时期的是（　　）。

A、秧田期　　B、分蘖期　　C、始穗期　　D、成熟期

48．较小的方形田块田间检验取样时适宜采用（　　）方法。

A、梅花形取样　　B、对角线取样　　C、棋盘式取样　　D、大垄取样

49．通过种子外观对种子质量进行初步评价时，正确的取样方法应该是（　　）。

A、波浪形取样　　B、井字形取样　　C、五点法取样　　D、随机多点取样

50．种子水分测定时，一个样品的两次测定之间的差距应在（　　）内，其结果才可用两次测定值的算术平均数表示。

A、0.1%　　B、0.2%　　C、0.3%　　D、0.5%

51．种子水分测定时，必须采用低恒温烘干法测定的作物是（　　）。

A、水稻　　B、油菜　　C、玉米　　D、小麦

52．水稻发芽试验中，从净种子中随机数取种子，以（　　）粒为一个重复。

A、25　　B、50　　C、100　　D、200

53．下列类型不属于正常幼苗的是（　　）。

A、带有轻微缺陷的幼苗　　B、受损伤的幼苗

C、次生感染的幼苗　　D、以上均是

54．根据国家标准中水稻种子发芽条件规定，水稻种子发芽适宜采用的发芽床为（　　）。

A、TP　　B、BP　　C、S　　D、以上均可

55．根据国家标准中玉米种子发芽条件规定，玉米种子发芽适宜采用的发芽床为（　　）。

A、TP 或 BP　　B、BP 或 S　　C、TP 或 S　　D、TP 或 BP 或 S

56．根据国家标准中棉花种子发芽条件规定，棉花种子发芽适宜采用的发芽床为（　　）。

A、TP 或 BP　B、BP 或 S　C、TP 或 S　D、TP 或 BP 或 S

57. 根据国家标准中小麦种子发芽条件规定，小麦种子发芽初次计数的时间为（　）天。

A、4　B、5　C、7　D、10

58. 根据国家标准中油菜种子发芽条件规定，油菜种子发芽适宜采用的发芽床为（　）。

A、TP　B、BP　C、S　D、以上均可

59. 当种子发芽试验出现下列情况时，无需重新进行试验的是（　）。

A、怀疑种子有休眠　B、发现幼苗鉴定有差错时

C、腐烂种子较多时　D、发现计数有差错时

60. 观察记载地温情况是指记载（　）。

A、10 厘米地温　B、15 厘米地温　C、20 厘米地温　D、以上均正确

61. 观察记载日照情况涉及（　）。

A、整个种子繁育时期　B、繁种要求

C、作物生长发育的关键阶段　D、以上均正确

62. 杂交制种记载光温情况的时期应是（　）。

A、整个生育阶段　B、父母本光温反映敏感的时期

C、父母本的成熟期　D、以上均错误

63. 下列哪种方法可用于水稻杂交制种田花期预测（　）。

A、叶龄余数法　B、镜检雄幼穗法　C、剥叶检查法　D、以上均正确

64. 水稻幼穗发育进程中第八期的形态特征是（　）。

A、见颖壳　B、叶枕平　C、穗变绿　D、穗将伸

65. 水稻幼穗发育进程中雌雄蕊形成期的叶龄余数是（　）。

A、2.4~1.9　B、1.8~1.4　C、1.3~0.8　D、0.7~0.2

66. 下列哪种方法不能用于玉米杂交制种田花期预测（　）。

A、叶龄余数法　B、镜检雄幼穗法　C、剥叶检查法　D、叶片比较法

67. 玉米杂交制种田父母本花期相遇的标准是：在生育期间母本比父本（　）。

A、早发育 1~2 片叶　B、迟发育 1~2 片叶

C、早发育 3~4 片叶　D、迟发育 3~4 片叶

68. 剥叶检查法预测玉米杂交制种田父母本花期相遇的标准是：生育期间父本的未长出叶比母本（　）。

A、少 1~2 片　B、多 1~2 片　C、少 3~4 片　D、多 3~4 片

69. 不育度一般分五个等级，自交结实率 1%~10% 的称为（　）。

A、半不育　B、高不育　C、全不育　D、低不育

70.（　）是指每穗结实粒数占每穗总粒数的百分率。

A、恢复株率　B、恢复度　C、结实率　D、以上均错

71. 花粉粒圆形不透明，碘－碘化钾染成棕黑色的称为（　）花粉粒。

A、典败　B、圆败　C、染败　D、正常

72. 小麦测产首先是要（　）。

A、确定样点分布　B、确定样点数目　C、确定样点大小　D、测产

73. 玉米测产首先是要（　）。

A、选点取样　B、确定样点数目

C、测定单位面积株数　D、测定每穗粒数和粒重

74. 棉花理论产量与下列那个因素无关（　）。

A、亩株数　B、单株铃数　C、千粒重　D、衣分

75. 种子生产档案无需记载的内容是（　）。

A、生产地点、地块、环境、前茬作物的基本情况

B、亲本种子来源及质量情况

C、技术负责人情况

D、后茬作物的安排情况

76. 种子生产档案需记载的田间管理措施要详细，包括从选地、施肥、播种等到（　）期间的各项活动措施。

A、成熟　B、收获　C、生长　D、贮藏

77. 仓库的全面检查包括（　）。

A、防鼠设备是否完好　B、防雀设备是否完好

C、铲除仓外杂草，排去污水　D、以上均正确

78. 种子堆垛、围囤之间和沿仓壁四周应留有（　）的操作道。

A、0.1~0.2米　B、0.2~0.4米　C、0.5~0.6米　D、0.8~1.0米

79. 为防止种子混杂，下列做法不正确的是（　）。

A、散落在地上混杂的种子，不得做种用　B、种子翻晒前，必须清理晒场

C、亲本种子必须单独翻晒　D、同一作物的亲本种子必须相邻堆放

80. 为达到防鼠效果，防鼠板高度应为（　）厘米。

A、50　B、60　C、70　D、90

81. 职业道德的基本特征有（　）。

A、内容的稳定性和连续性　B、内容的稳定性和无限性

C、内容的不稳定性和连续性　D、内容的时代性和连续性

82. 提高职业道德修养，关键在于（　）。

A、学习　B、付诸行动　C、思考　D、创新

83. 诚实守信是指无论在繁种过程中还是在种子销售过程中，都要实事求是，（　）。

A、精益求精　B、不弄虚作假　C、保证质量　D、虚心好学

84. 豆类种子完熟期阶段的特征包括（　）。

A、荚壳干缩，呈现本品种固有色泽　B、荚壳褪绿，种皮呈固有色泽

C、荚转黄绿色，种皮呈绿色　D、部分荚果破裂

85. 农业生产上可直接利用作为播种材料的植物器官称为（　）。

A、果实　B、农业种子　C、繁殖材料　D、农业资料

86. 下列植物的播种材料属于真种子的是（　）。

A、芹菜　B、油菜　C、小麦　D、荞麦

87. 棉花种子的腹面可观察到一条略微突起的纵沟，称为（　）。

A、脐　B、脐条　C、内脐　D、种脊

88. 高粱制种父、母本行比是（　）。

A、2：（8~18）　B、2：（4~6）　C、2：（6~10）　D、1：（2~3）

89. 出苗后，及时对田间出苗情况进行调查，对漏种断垄的应及早（　），对缺苗不多的地可（　），保证全苗。

A、移密补稀、补种　B、间苗、定苗

C、补种、移密补稀　D、定苗、间苗

90. 以种子或老熟果实为产品的作物，其收获适期一般为（　）。

A、形态成熟期　B、生理成熟期　C、后熟期　D、黄熟期

91. 下列可用于玉米叶斑病防治的方法有（　）。

A、选用丰产抗病良种　B、减少或消灭初侵染菌源

C、药剂防治　D、以上均正确

92. 下列可用于玉米矮花叶病防治的药剂是（　）。

A、萎锈灵可湿性粉剂　B、速保利可湿性粉剂

C、乐果乳剂　D、敌百虫粉

93.（　）是我国目前基本的除草方法，能同时除掉行间、苗带的杂草，除草彻底，伤苗少，但除草效率很低。

A、人工除草　B、药剂除草　C、淹水灭草　D、以草克草

94. 玉米田常用的广谱除草剂的是（　）。

A、阿特拉津　B、乙草胺　C、丁草胺　D、直播清

95. 下列哪种土壤具有“发小苗也发老苗”的特性（　）。

A、砂土　B、壤土　C、泥土　D、黏土

96. 农民称之为“结皮”或“板结”的土壤属于（　）类型非团粒结构。

A、块状结构　B、柱状结构　C、片状结构　D、核状结构

97. 生产上一般把（　）称作“肥料三要素”。

A、碳、氢、氧　B、氮、磷、钾　C、钙、镁、硫　D、硼、锰、铜

98. 下列属于磷肥不正确施用的叙述是（ ）。

A、把磷肥多施到雨季作物上　B、磷肥应早施、集中施、分层施

C、磷肥应施于缺磷的土壤上，肥效明显　D、应优先施到对磷敏感的豆科作物上

99. 下列关于绿肥类优点的叙述正确的是（ ）。

A、投资少　B、插空种植　C、肥效好　D、以上均正确

100. 生物肥料包括（ ）。

A、硅酸盐细菌肥料　B、根瘤菌肥料

C、磷细菌肥料　D、以上都是

101. 常见的耕整地机械包括（ ）。

A、犁　B、旋耕机　C、耕耘机　D、以上均正确

102.（ ）是指除气象因素外，由作物自身和周边一些人为因素的影响，形成与自然条件不同的生长环境。

A、田间小环境　B、田间小气候　C、保护地栽培　D、田间保护

103. 下列种子为劣种子的是（ ）。

A、因变质不能作种子使用的

B、以非种子冒充种子

C、种子品种、产地与标签标注的内容不符的种子

D、以此种品种种子冒充他种品种种子的

104. 下列关于植物新品种新颖性的论述不正确的是（ ）。

A、指申请品种权的植物新品种在申请日前该品种繁殖材料未被销售

B、经育种者许可，在中国境内销售该品种繁殖材料未超过 2 年

C、在中国境外销售藤本植物、林木、果树和观赏树木品种繁殖材料未超过 6 年

D、销售其他植物品种繁殖材料未超过 4 年

105. 下列关于安全使用农机具知识的叙述不正确的有（ ）。

A、轮式拖拉机陷车后起步，可使用差速器锁

B、斜坡停车，应选择横向停放

C、拖拉机在横坡向作业时，坡度一般不得大于 7°

D、田间作业时，拖拉机不许急转弯

106. 种子生活力是指种子的（ ）和种胚所具有的生命力。

A、发芽潜在能力　B、健壮度　C、出苗能力　D、活力

107.（ ）是指种子在适宜条件下发芽并长成正常植株的能力。

A、种子生活力　B、种子健壮度　C、种子发芽力　D、种子出苗力

108. 指导整地的操作步骤包括确定整地的最佳时期和方式、指导有关人员进行整地、（ ）。

A、确定整地的面积　B、对整地的质量进行检查

C、对整地进行消毒处理　　　　　　　　　D、选用合适的农机具

109．确定施肥时期是根据作物的生长发育规律及（　　）确定最佳施肥时期。

A、土壤肥力状况　B、产量水平　　　　C、品种特性　　　　D、需肥规律

110．合理分配基肥、种肥和追肥的比例，一般追肥占（　　）。

A、5%~10%　　　B、10%~20%　　　C、20%~50%　　　D、50%~80%

111．避免用尿素、氯化铵、硝酸钾等对种子有毒害和腐蚀作用的化肥做（　　）。

A、基肥　　　　B、种肥　　　　C、追肥　　　　D、以上均正确

112．在光温资源比较充足的地方，可以适当发展（　　）。

A、春繁、春制　　　　　　　　　B、早夏繁、早夏制

C、夏繁、夏制　　　　　　　　　D、秋繁、秋制

113．植株缺磷时，叶绿素相对密度（　　），合成（　　）。

A、提高，增多　　B、提高，减少　　C、降低，增多　　D、降低，减少

114．水稻主要生育期包括（　　）、分蘖期和成熟期等。

A、出苗期　　　B、拔节期　　　C、播种期　　　D、以上均不正确

115．水稻主穗穗顶露出剑叶叶鞘5%为（　　）。

A、见穗期　　　B、始穗期　　　C、盛穗期　　　D、齐穗期

116．玉米抽雄期记载标准是全田（　　）以上的植株的雄穗顶端露出顶叶的日期。

A、40%　　　　B、50%　　　　C、60%　　　　D、70%

117．采用稻田放养鸭群和草鱼等灭草属于（　　）。

A、农业防治法　B、生物防除法　C、物理防除法　D、化学防除法

118．下列属于有效防鼠方法的是（　　）。

A、药物灭鼠　　B、经常堵塞鼠洞　C、器械灭鼠　　D、利用天敌灭鼠

119．指导使用药械必须能进行药械一般故障的（　　）。

A、预防　　　　B、排除　　　　C、维修　　　　D、以上均错

120．玉米的最佳收获时期的特征为（　　）。

A、玉米果穗苞叶变黄　　　　　　B、籽粒皮层光滑

C、粒质变硬，出现褐色层　　　　D、以上均正确

121．大豆最佳收获时期的特征是（　　）。

A、叶已枯黄脱落　　　　　　　　B、豆荚呈现品种固有颜色

C、摇动植株，豆荚不会发出声音　D、以上均正确

122．下列不属于油菜最佳收获时期特征的是（　　）。

A、主轴中部角果内的种子呈现品种固有形状和色泽

B、90%以上果皮变为黄色

C、主轴下部角果内的种子呈现品种固有形状和色泽

D、以上均正确

123. 下列操作会造成生物学混杂的是（　　）。

A、施用未腐熟的有机肥料　　B、选用连作地块

C、不同品种间的花期没有错开　　D、以上均正确

124. 繁殖过程中无需隔离，极易保纯的是（　　）。

A、无性繁殖作物　　B、常异花授粉作物

C、自花授粉作物　　D、异花授粉作物

125. 下列操作属于易造成机械混杂的是（　　）。

A、脱粒　　B、晾晒　　C、贮藏　　D、以上均正确

126. 下列属于引起机械混杂的原因的是（　　）。

A、晒场干燥过程中风吹引起的混杂　　B、播种作业过程中操作不当

C、种子处理过程中操作不当　　D、以上均正确

127. 油菜去杂去劣时期是（　　）。

A、苗期5~6片叶时B、初花期　　C、成熟期　　D、以上均正确

128. 划分检验区时最大面积不超过（　　）亩。

A、100　　B、200　　C、500　　D、1 000

129. 种子水分测定时，采用低恒温烘干法测定需要的烘干时间为（　　）小时。

A、1　　B、4　　C、8　　D、24

130. 填写净度分析结果报告单，结果应保留（　　）位小数。

A、0　　B、1　　C、2　　D、3

131. 种子发芽试验中，可以选用的发芽床有（　　）。

A、纸床　　B、沙床　　C、纸卷　　D、以上均正确

132. 正常幼苗的类型有（　　）。

A、带有轻微缺陷的幼苗　　B、完整幼苗

C、次生感染的幼苗　　D、以上均是

133. 下列类型不属于不正常幼苗的是（　　）。

A、次生感染的幼苗　　B、受损伤的幼苗

C、畸形的幼苗　　D、以上均是

134. 根据国家标准中水稻种子发芽条件规定，水稻种子发芽适宜采用的发芽床为（　　）。

A、TP　　B、BP　　C、S　　D、以上均可

135. 根据国家标准中玉米种子发芽条件规定，玉米种子发芽适宜采用的发芽床为（　　）。

A、TP或BP　　B、BP或S　　C、TP或S　　D、TP或BP或S

136. 根据国家标准中棉花种子发芽条件规定，棉花种子发芽适宜采用的发芽床为（　　）。

A、TP 或 BP　　B、BP 或 S　　C、TP 或 S　　D、TP 或 BP 或 S

137. 根据国家标准中小麦种子发芽条件规定，小麦种子发芽初次计数的时间为（　　）天。

A、4　　B、5　　C、7　　D、10

138. 根据国家标准中大豆种子发芽条件规定，大豆种子发芽适宜采用的发芽床为（　　）。

A、TP 或 BP　　B、BP 或 S　　C、TP 或 S　　D、TP 或 BP 或 S

139. 根据国家标准中油菜种子发芽条件规定，油菜种子发芽初次计数的时间为（　　）天。

A、4　　B、5　　C、7　　D、10

140. 观察记载气温情况涉及（　　）。

A、整个种子繁育时期　　B、作物生长发育的初级阶段

C、作物生长发育的关键阶段　　D、作物生长发育的最后阶段

141. 观察记载地温情况是指记载（　　）。

A、10 厘米地温　　B、15 厘米地温　　C、20 厘米地温　　D、以上均正确

142. 特殊气候情况的记载主要是指记载（　　）。

A、寒害　　B、风灾　　C、病虫发生情况　　D、以上均正确

143. 下列哪种方法可用于水稻杂交制种田花期预测（　　）。

A、叶龄余数法　　B、镜检雄幼穗法　　C、剥叶检查法　　D、以上均正确

144. 水稻幼穗发育进程中第八期的形态特征是（　　）。

A、见颖壳　　B、叶枕平　　C、穗变绿　　D、穗将伸

145. 水稻幼穗发育进程中花粉母细胞减数分裂期的叶龄余数是（　　）。

A、2.4~1.9　　B、1.8~1.4　　C、1.3~0.8　　D、0.7~0.2

146. 下列哪种方法可用于玉米杂交制种田花期预测（　　）。

A、幼穗剥检法　　B、叶龄余数法　　C、剥叶检查法　　D、以上均正确

147. 玉米杂交制种田父母本花期相遇的标准是：在生育期间母本比父本（　　）。

A、早发育 1~2 片叶　　B、迟发育 1~2 片叶

C、早发育 3~4 片叶　　D、迟发育 3~4 片叶

148. 剥叶检查法预测玉米杂交制种田父母本花期相遇的标准是：生育期间父本的未长出叶比母本（　　）。

A、少 1~2 片　　B、多 1~2 片　　C、少 3~4 片　　D、多 3~4 片

149. 每穗结实粒数占每穗总粒数的百分率称为（　　）。

A、恢复株率　　B、恢复度　　C、结实率　　D、以上均错

150. 花粉粒圆形不透明，碘－碘化钾染成棕黑色的称为（　　）花粉粒。

A、典败　　B、圆败　　C、染败　　D、正常

151．小麦理论产量与下列哪个因素无关（　　）。

A、每亩穗数　　B、每穗实粒数

C、千粒重　　D、土地利用率

152．玉米测产的第一步是（　　）。

A、选点取样　　B、确定样点数目

C、测定单位面积株数　　D、测定每穗粒数和粒重

153．棉花测产首先是要（　　）。

A、选样点　　B、测亩株数　　C、测衣分　　D、以上均错

154．下列属于种子生产档案无需记载内容的是（　　）。

A、生产地点、地块、环境、前茬作物的基本情况

B、亲本种子来源及质量情况

C、技术负责人情况

D、后茬作物的安排情况

155．种子生产档案需记载的田间管理措施要详细，包括从选地、施肥、播种等到（　　）期间的各项活动措施。

A、成熟　　B、收获　　C、生长　　D、贮藏

156．目前应用比较普遍的包装材料主要有（　　）。

A、麻袋　　B、多层纸袋　　C、金属罐　　D、以上均正确

157．用于零售种子的包装材料一般选用（　　）。

A、多孔纸袋或针织袋　　B、聚乙烯铝箔复合袋

C、麻袋　　D、铝箔复合袋

158．磷化铝投药后，一般密闭（　　）天，即可达到杀虫效果。

A、1~2　　B、3~5　　C、6~9　　D、10~15

159．玉米自交系原种种子贮藏安全水分标准是水分不高于（　　）%。

A、9　　B、12　　C、13　　D、14.5

160．在学习道德理论、树立正确的道德追求目标的前提下，认真地思索，开展积极的（　　）。

A、学习　　B、付诸行动　　C、行动　　D、思想斗争

161．种子繁育员职业守则要求立足本职，（　　）。

A、服务农民　　B、爱岗敬业　　C、掌握技能　　D、诚实守信

162．营养生长和生殖生长的划分通常以（　　）为界限。

A、幼芽分化　　B、花芽分化　　C、枝芽分化　　D、根芽分化

163．作物的繁殖方式可分为（　　）。

A、无性繁殖和正常繁殖　　B、有性繁殖和正常繁殖

C、有性繁殖和无性繁殖　　D、以上均错

164．农业种子是指农业生产上可直接利用作为（　　）的植物器官。

A、繁种材料　　B、播种材料　　C、制种材料　　D、试种材料

165．下列关于大豆种子表述正确的是（　　）。

A、大豆种子仅包括种皮和胚乳两部分

B、大豆种子仅包括胚和胚乳两部分

C、大豆种子仅包括种皮和胚两部分

D、大豆种子由种皮、胚和胚乳三部分组成

166．下列关于育种家种子的论述正确的是（　　）。

A、用育种家种子繁殖的第一代至第三代、经确认达到规定质量要求的种子

B、由育种家育成的遗传性状稳定、特征特性一致的品种或亲本组合的最初一批种子

C、用常规原种种子繁殖的第一代至第三代或杂交种，经确认达到规定质量要求的种子

D、是种子市场交易的种子，是商品化的主要种子

167．下列作物属于常异花授粉作物的是（　　）。

A、水稻　　B、大麦　　C、棉花　　D、玉米

168．繁殖田和制种基地选择正确的是（　　）。

A、地势平坦，土壤肥沃，地力均匀，排灌方便的地块

B、旱涝保收，病、虫、鼠、雀等危害轻，没有检疫性病虫害的地块

C、隔离，交通方便，生产水平和生产条件较高，劳力和技术条件较好，较集中连片的地块

D、以上都是

169．耕翻的目的是改善耕作层的（　　）结构，翻埋和拌混肥料，促使土壤融和，加速土壤熟化，并有保蓄水分，去除杂草，杀灭虫卵等作用。

A、地面　　B、地质　　C、土壤　　D、地层

170．出苗后，及时对田间出苗情况进行调查，对漏种断垄的应及早（　　），对缺苗不多的地可（　　），保证全苗。

A、移密补稀、补种　　B、间苗、定苗

C、补种、移密补稀　　D、定苗、间苗

171．育苗移栽的作用有（　　）。

A、缩短生育期　　B、增加复种指数　　C、便于粗放管理　　D、增强抗倒伏力

172．农作物病害症状一般包括（　　）。

A、变色、斑点　　B、腐烂、萎蔫　　C、畸形　　D、以上都是

173．防治稻螟的方法有（　　）。

A、农业防治　　B、药剂防治　　C、生物防治　　D、以上均正确

174．下列可用来防治小麦黏虫的药剂是（　　）。

A、4%敌马粉　　　　B、40%菌核净可湿性粉剂

C、20%瘟曲灵可湿性粉剂　　　　D、5%井冈霉素可湿性粉剂

175. 下列哪种土壤具有“土质紧密，耕作难”的特性（　　）。

A、沙土　　B、壤土　　C、泥土　　D、黏土

176. 土壤有机质在土壤中占的比例是（　　）。

A、1%~5%　　B、1%~2%　　C、5%~15%　　D、10%~15%

177. 不同质地的土壤，田间持水量不同，下列土壤类型中田间持水量最高的是（　　）。

A、黏土　　B、壤土　　C、砂土　　D、沙壤土

178. 下列磷肥属于弱酸溶性磷肥的是（　　）。

A、钙镁磷肥　　B、过磷酸钙　　C、重过磷酸钙　　D、磷矿粉

179. 为达到比较经济有效地施用微量元素肥料的目的，可采用（　　）的方法。

A、作基肥施于土壤　　　　B、浸种

C、追肥施于土壤　　　　D、根外喷施

180. 根瘤菌肥料属于（　　）。

A、绿肥　　B、无机肥料　　C、有机肥料　　D、生物肥料

181. 下列关于播种的农业技术要求的叙述正确的是（　　）。

A、因地制宜，适时播种　　　　B、下种均匀

C、播行直，地头、地边整齐　　　　D、以上均正确

182. 关于农作物品种进行审定、推广和引种的叙述不正确的是（　　）。

A、通过国家级审定的主要农作物品种，由国务院农业行政主管部门公告，可以在全国适宜的生态区域推广

B、通过省级审定的主要农作物品种，由省、自治区、直辖市人民政府农业行政主管部门公告，可以在本行政区域内适宜的生态区域推广

C、相邻省、自治区、直辖市属于同一适宜生态区的地域，引种可以不需经所在省、自治区、直辖市人民政府农业行政主管部门同意

D、审定未通过的农作物品种和林木品种，申请人有异议的，可以向原审定委员会或者上一级审定委员会申请复审

183. 下列关于假种子的论述不正确的是（　　）。

A、质量低于标签标注指标的种子

B、种子种类、产地与标签标注的内容不符的种子

C、种子品种、产地与标签标注的内容不符的种子

D、以此种品种种子冒充他种品种种子的种子

184. 品种权的保护期限，自授权之日起，除藤本植物、林木、果树和观赏树木外，其他植物为（　　）年。

A、10　B、15　C、20　D、25

185. 种子活力就是种子的（　）。

A、生活力　B、健壮度　C、发芽力　D、抵抗能力

186. 种子生活力是指种子的发芽潜在能力和（　）所具有的生命力。

A、种胚　B、种子　C、果实　D、胚芽

187. 种子发芽力通常用（　）和发芽率表示。

A、生活力　B、发芽速度　C、发芽势　D、发芽时间

188. 气候资源主要是指农业气候资源和（　）。

A、工业气候　B、气候带　C、气候能源　D、气候类型

189. 生产试验时间为（　）生产周期。

A、1个　B、2个　C、3个　D、4个

190. 施肥量的确定无需考虑（　）。

A、肥料的利用率　B、土壤肥力状况　C、产量水平　D、气候状况

191. 确定施肥时期是根据作物的生长发育规律及（　）确定最佳施肥时期。

A、土壤肥力状况　B、产量水平　C、品种特性　D、需肥规律

192. 合理分配基肥、种肥和追肥的比例，一般种肥占（　）。

A、5%~10%　B、10%~20%　C、20%~50%　D、50%~80%

193. 指导施肥操作步骤包括确定（　）、施肥时期、施肥方法和施肥比例。

A、施肥种类　B、施肥形式　C、施肥量　D、施肥利用率

194. 小麦杂交制种一般要求父本比母本（　）。

A、早2~4天　B、迟2~4天　C、早5~7天　D、迟5~8天

195. 春小麦多在气温稳定在（　）℃时即可播种。

A、0~2　B、3~5　C、6~8　D、15~18

196. 玉米出苗期记载标准是全田发芽出土，苗高约3厘米的穴数达（　）以上的日期。

A、40%　B、50%　C、60%　D、70%

197. 棉花生长前期弱苗现蕾时株高在（　）。

A、12厘米以下　B、12~20厘米　C、20~30厘米　D、30厘米以上

198. 防治病虫害要根据（　），制定出科学合理的防治措施。

A、书本知识和个人经验　B、相关知识

C、田间调查结果　D、群众的汇报

199. 下列属于有效防鼠方法的是（　）。

A、药物灭鼠　B、经常堵塞鼠洞　C、器械灭鼠　D、利用天敌灭鼠

200. 下列杀鼠剂中毒力强大，既有慢性灭鼠剂的高效，又有急性灭鼠剂的节省毒饵的是（　）。

A、毒鼠磷　　B、磷化锌　　C、大隆　　D、以上均正确

201. 在生产上，水稻的最佳收获时期的特征为（　　）。

A、上部叶片、叶鞘变黄，但未干枯

B、95%以上的籽粒背复面全呈黄色

C、胚乳稠蜡状，用指甲可压扁，并有浆液

D、以上均错误

202. 下列不属于玉米最佳收获时期特征的是（　　）。

A、玉米果穗苞叶变黄　　B、籽粒皮层粗糙

C、粒质变硬，出现褐色层　　D、以上均正确

203. 造成生物学混杂的可能途径有（　　）。

A、运输作业过程中操作不当　　B、选用连作地块

C、不同品种间的花期没有错开　　D、以上均正确

204. 下列关于防止生物学混杂的措施叙述正确的是（　　）。

A、利用机械条件如纸袋、网纱等进行隔离

B、不同品种的花期前后错开而实行隔离

C、在繁种区周围一定区间内种植高秆作物隔离

D、以上均正确

205. 采、留种时主要应注意防止机械混杂，不需要严格隔离的作物是（　　）。

A、异花授粉作物　　B、常异花授粉作物

C、自花授粉作物　　D、以上均正确

206. 下列操作属于易造成机械混杂的是（　　）。

A、种子准备　　B、播种　　C、收获　　D、以上均正确

207. 引起机械混杂的原因有（　　）。

A、晒场干燥过程中风吹引起的混杂　　B、播种作业过程中操作不当

C、种子处理过程中操作不当　　D、以上均正确

208. 小麦去杂去劣时期包括（　　）。

A、苗期　　B、抽穗期　　C、成熟期　　D、以上均是

209. 不规则田块田间检验取样时可采用（　　）方法。

A、梅花形取样　　B、对角线取样　　C、棋盘式取样　　D、大垄取样

210. 通过种子外观对种子质量进行初步评价时应采用（　　）取样方法。

A、梅花形取样　　B、对角线取样　　C、棋盘式取样　　D、随机多点取样

211. 种子水分测定时，一个样品的两次测定之间的差距应在（　　）内，其结果才可用两次测定值的算术平均数表示。

A、0.1%　　B、0.2%　　C、0.3%　　D、0.5%

212. 种子水分测定时，采用低恒温烘干法测定需要的烘干时间为（　　）小时。

A、1　　B、4　　C、8　　D、24

213. 在净度分析时，首先要检查送验样品中有无混有（　　）。

A、其他植物种子　B、杂质　　C、重型混杂物　　D、净种子

214. 正常幼苗的类型有（　　）。

A、带有轻微缺陷的幼苗　　B、完整幼苗

C、次生感染的幼苗　　D、以上均是

215. 不正常幼苗的类型有（　　）。

A、腐烂幼苗　　B、受损伤的幼苗　　C、畸形的幼苗　　D、以上均是

216. 根据国家标准中玉米种子发芽条件规定，玉米种子发芽温度为（　　）℃。

A、15　　B、25　　C、30　　D、35

217. 根据国家标准中小麦种子发芽条件规定，小麦种子发芽末次计数的时间为（　　）天。

A、5　　B、8　　C、10　　D、14

218. 根据国家标准中大豆种子发芽条件规定，大豆种子发芽温度为（　　）℃。

A、15　　B、20　　C、25　　D、30

219. 根据国家标准中油菜种子发芽条件规定，油菜种子发芽适宜采用的发芽床为（　　）。

A、TP　　B、BP　　C、S　　D、以上均可

220. 当种子发芽试验出现下列情况时，无需重新进行试验的是（　　）。

A、怀疑种子有休眠　　B、发现幼苗鉴定有差错时

C、腐烂种子较多时　　D、发现计数有差错时

221. 在种子繁育时期，（　　）观察记载气温情况。

A、定期　　B、关键阶段　　C、根据繁种要求　　D、以上均错

222. 水稻幼穗发育进程中“见颖壳”属于（　　）时期。

A、三　　B、四　　C、五　　D、六

223. 水稻幼穗发育进程中二次枝梗分化期的叶龄余数是（　　）。

A、2.4~1.9　　B、1.8~1.4　　C、1.3~0.8　　D、0.7~0.2

224. 玉米杂交制种田花期预测法有（　　）。

A、幼穗剥检法　　B、叶片比较法　　C、叶龄余数法　　D、以上均正确

225. 玉米杂交制种田父母本花期相遇的标准是：在生育期间母本比父本（　　）。

A、早发育 1~2 片叶　　B、迟发育 1~2 片叶

C、早发育 3~4 片叶　　D、迟发育 3~4 片叶

226. 剥叶检查法预测玉米杂交制种田父母本花期相遇的标准是：生育期间父本的未长出叶比母本（　　）。

A、少 1~2 片　　B、多 1~2 片　　C、少 3~4 片　　D、多 3~4 片

227. 不育度一般分五个等级，自交结实率 1%~10% 的称为（　　）。

A、半不育　　B、高不育　　C、全不育　　D、低不育

228. 每穗结实粒数占每穗总粒数的百分率称为（　　）。

A、恢复株率　　B、恢复度　　C、结实率　　D、以上均错

229. 花粉粒圆形不透明或部分透明轻度染色的称为（　　）花粉粒。

A、典败　　B、圆败　　C、染败　　D、以上均正确

230. 小麦测产首先是要（　　）。

A、确定样点分布　　B、确定样点数目　　C、确定样点大小　　D、测产

231. 棉花测产的第一步是（　　）。

A、选样点　　B、测亩株数　　C、测衣分　　D、以上均错

232. 下列属于需记录的技术负责人情况的是（　　）。

A、姓名、年龄、性别等　　B、技术水平等级

C、技术指导次数　　D、以上均正确

233. 种子生产档案需记载的田间管理措施要详细，包括从选地、施肥、播种等到（　　）期间的各项活动措施。

A、成熟　　B、收获　　C、生长　　D、贮藏

234. 目前应用比较普遍的包装材料主要有（　　）。

A、麻袋　　B、多层纸袋　　C、金属罐　　D、以上均正确

235. 仓库的全面检查包括（　　）。

A、仓库是否牢固安全　　B、有无通风设施

C、有无密闭功能　　D、以上均正确

236. 种子堆垛、围囤之间和沿仓壁四周应留有（　　）的操作道。

A、0.1~0.2 米　　B、0.2~0.4 米　　C、0.5~0.6 米　　D、0.8~1.0 米

237. 磷化铝投药后，一般密闭（　　）天，即可达到杀虫效果。

A、1~2　　B、3~5　　C、6~9　　D、10~15

238. 玉米自交系原种种子贮藏安全水分标准是水分不高于（　　）%。

A、9　　B、12　　C、13　　D、14.5

239. 下列文件中（　　）属于法规的范围。

A、植物检疫条例　　B、奖金发放办法

C、职称晋升标准　　D、病虫害防治方法

240. 植物检疫实施细则，属于（　　）范围。

A、规定　　B、制度　　C、规章　　D、规则

241. 中华人民共和国农药管理条例规定，农药名称与产品标签或说明书上注明的不符的为（　　）。

A、劣质农药　　B、报废农药　　C、禁用农药　　D、假农药

242．农药（　　），使用剧毒高毒农药后，应及时设置警告标志。

A、保管者　　B、生产者　　C、检验者　　D、使用者

243．昆虫体壁的功能是保持体型，保护内脏，防止体内水分蒸发和（　　）侵入体内。

A、氧气　　B、外界有害物质　　C、阳光　　D、高温或低温

244．为增加药剂在昆虫体表的粘着和展布，在药剂中可增加适量的（　　），可提高杀虫效果。

A、洗衣粉　　B、细土　　C、增效剂　　D、生石灰

245．昆虫的完全变态一生分为（　　）虫态。

A、3 个　　B、4 个　　C、2 个　　D、7 个

246．麦蚜在田间发生的高峰期是在小麦的（　　）。

A、拔节期　　B、抽穗期　　C、扬花期　　D、乳熟灌浆期

247．麦田中发生红蜘蛛，常见的有麦长腿蜘蛛和（　　）两种。

A、山楂红蜘蛛　　B、苹果红蜘蛛　　C、麦圆蜘蛛　　D、朱砂红蜘蛛

248．黏虫成虫前翅黄褐色，中央近前缘有两个（　　）圆斑，自前翅顶角向后内斜一条黑色纹。

A、浅黄色　　B、黑色　　C、红色　　D、白色

249．诱杀棉铃虫的成虫，可利用杨树枝把、高压汞灯及（　　）。

A、谷草把　　B、性诱剂　　C、泡桐叶　　D、马粪堆

250．植物病原真菌的繁殖体是各种类型的（　　）。

A、菌丝体　　B、菌核　　C、子座　　D、孢子

251．病原物的侵染过程分为侵入期、潜育期、（　　）3 个时期。

A、再侵染期　　B、初侵染期　　C、发病期　　D、隐症期

252．病原物以一定的方式，在特定的场所度过寄主的休眠期而存活下来的过程，称为（　　）。

A、病原物的传播　　B、初侵染

C、病原物的越冬越夏　　D、再侵染

253．植物病害流行必须具备（　　）基本条件。

A、2 个　　B、4 个　　C、3 个　　D、5 个

254．小麦上的锈病有（　　）、叶锈、杆锈 3 种。

A、果锈　　B、条锈　　C、梨锈　　D、葱锈

255．防治棉花枯黄萎病，加强检疫制度，不从病区调进棉种，是（　　）的重要措施。

A、控制轻病区　　B、消灭零星病区　　C、保护无病区　　D、改造重病区

256．麦田防除杂草使用草甘膦或克无踪只能应用在（　　）。

A、免耕麦田　　B、小麦分蘖期　　C、麦苗 3 叶期　　D、小麦拔节期

257. 稻田使用 96% 禾大壮乳油防除杂草其用量是每亩（　　）毫升。

A、50~100　　B、100~150　　C、150~200　　D、200~250

258. 棉田除草采取茎叶处理，其最佳时期为（　　）。

A、棉花 4 叶后，杂草 5 叶前　　B、棉花 4 叶后，杂草 5 叶后

C、棉花现蕾期，杂草 5 叶前　　D、棉花开花期，杂草 5 叶后

259. 害鼠身上寄生的（　　）可传播鼠疫。

A、虱子　　B、臭虫　　C、跳蚤　　D、蚊子

260. 对嵌纹分布型的病虫，调查时多采取（　　）。

A、双对角线取样　　B、五点取样

C、平行线取样　　D、“Z”字形取样

261. 对（　　）害虫调查时，多采用以时间为单位。

A、隐蔽性　　B、群体大　　C、活动性大　　D、危害重

262. 病虫调查取样数量，取决于病虫分布的（　　）程度。

A、危害　　B、均匀　　C、发育　　D、高矮

263. 正确拿取显微镜必须是一手握紧镜臂一手平托（　　），镜体竖直不可倾斜。

A、镜筒　　B、镜座　　C、镜柱　　D、反光镜

264. 显微镜使用时禁止用手摸（　　）。

A、镜筒　　B、镜臂　　C、载物台　　D、光学部分

265. 调查麦蚜多采用单对角线（　　）。

A、棋盘取样　　B、平行线取样　　C、10 点取样　　D、5 点取样

266. 调查棉铃虫的卵，多采用 5 点取样法，每点多数查（　　）株。

A、20　　B、50　　C、5　　D、100

267. 经验指标预测法包括：物候法、发育进度预测法和（　　）预测法等。

A、平均气温　　B、平均湿度　　C、发育时间　　D、有效积温

268. 严重度的分级是根据标准，（　　）严重度的等级。

A、计算　　B、目测估计　　C、对比　　D、分析

269. 计算病情指数，首先对病害发生的（　　）进行分级。

A、普遍率　　B、虫口密度　　C、损失程度　　D、严重程度

270. 病虫调查的样本数量较少时，常用（　　）计算平均数。

A、加权法　　B、算术法　　C、对比法　　D、估计法

271. 根据病虫发生消长规律，对影响病虫发生的多种因素进行调查，取样数据结合历史资料和（　　），进行分析估计的过程称为预测。

A、虫情预报　　B、病情预报　　C、损失估计　　D、气象预报

272. 预测未来 3~10 天病虫发生的情况为（　　）预报。

A、中期　　B、长期　　C、短期　　D、超长期

273. 针对某一作物或某一阶段，对一种或几种病虫的预测，面向群众文字通俗易懂叫做（　　）。

A、警报　　B、注意报　　C、安民预报　　D、大众预报

274. 根据4月的降（　　），菌源数量（感病品种），可预测出条锈病的流行程度，称为经验指标预测法。

A、作物长势　　B、雨量和降雨天数

C、天敌数量　　D、害虫数量

275. 利用历期法推算害虫的孵化高峰是由发蛾高峰期加上产卵前期再加上（　　）。

A、产卵期　　B、1龄幼虫期　　C、蛹期　　D、卵期

276. 黏虫卵的发育起点温度是8.2℃，完成卵发育所要求的有效积温为67日度，6月20日卵产下，6月下旬平均气温是20℃，卵的孵化日应该是（　　）。

A、6月26日　　B、6月23日　　C、6月24日　　D、6月25日

277. 对小麦纹枯病防效好的药剂是（　　）。

A、赤霉素　　B、连霉素　　C、阿维菌素　　D、井岗霉素

278. 棉铃虫3代的防治指标是：百株累计卵量40~60粒，或百株1~2龄幼虫（　　）头。

A、10~15　　B、20~25　　C、30~35　　D、5~8

279. 温室白粉虱的防治指标，当黄瓜上部叶片每叶有虫（　　）头。

A、5~10　　B、50~60　　C、70~80　　D、90~100

280. 麦蚜在田间种群数量达到高峰的时期是（　　）。

A、秋苗期　　B、乳熟期　　C、返青期　　D、抽穗期

281. 麦蜘蛛具有群集性和（　　）。

A、趋绿性　　B、趋糖性　　C、迁移性　　D、假死性

282. 有利于小麦纹枯病发生的条件是高温高湿，冬麦早播（　　）。

A、花期降水　　B、蚜虫发生量大　　C、自生麦苗多　　D、田间密度大

283. 玉米螟的卵块呈（　　）排列。

A、人字形　　B、蜂窝状　　C、鱼鳞状　　D、纵行

284. 棉铃虫在华北地区一年发生（　　）代。

A、4　　B、3　　C、2　　D、6

285. 温室白粉虱成虫对（　　）有趋性。

A、白色　　B、紫色　　C、黄色　　D、银白色

286. 水稻纹枯病在25~31℃，（　　）的湿度发病最重。

A、60%以下　　B、75%以上　　C、80%以上　　D、97%以上

287. 北方冬麦区的重点害虫有（　　）、麦蚜、吸浆虫、麦蜘蛛。

A、粉虱　　B、棉铃虫　　C、麦叶蜂　　D、地下害虫

288. 对水稻田的害虫，应采取以选用抗虫品种为主，加强栽培管理，合理使用农药为辅，保护（　　）的综合防治措施。

A、自然景观　　B、自然环境　　C、自然天敌　　D、自然生态

289. 利用作物品种的抗性，是防治病虫害最经济、（　　）的方法。

A、有利　　B、有效　　C、有用　　D、有功

290. 合理密植，可使植株之间通风透气、（　　）、直接抑制某些病虫的发生为害。

A、温度增高　　B、湿度增大　　C、湿度降低　　D、产量增高

291. 用一定量的药剂和定量的种子，同时装在容器中混合均匀，使每粒种子外表覆盖药层的方法称为（　　）。

A、药剂拌种　　B、药液拌种　　C、毒饵法　　D、毒土法

292. 杨树枝把诱蛾时，每天（　　）用塑料袋套把捕杀。

A、11 时　　B、傍晚　　C、14 时　　D、清晨

293. 对越冬瓢虫采取室内保护，降低（　　）翌年释放到田间。

A、越冬死亡率　　B、体内消耗　　C、休眠时间　　D、存活率

294.（　　）可以大面积使用机械化操作。

A、植物检疫　　B、黑光灯诱虫　　C、化学防治　　D、以虫治虫

295. 一种生物通过代谢产物抑制或影响另一种生物的生长发育或生存的现象称为（　　）。

A、交互保护作用　B、重寄生作用　　C、竞争作用　　D、抗菌作用

296. 性诱剂是人工合成的（　　）。

A、保幼激素　　B、性外激素　　C、脱皮激素　　D、告警激素

297. 防治棉田病虫，应采取选择抗病品种为基础，加强栽培管理是重点，种子处理是关键，田间喷药是（　　）的综合措施。

A、保护　　B、保持　　C、保证　　D、保障

398. 80%DDV 乳油稀释 1 500 倍喷雾，计算 15 千克水加药（　　）毫升。

A、5　　B、10　　C、15　　D、20

299. 在熬制石硫合剂的过程中，需用（　　）补充蒸发水分。

A、冷水　　B、冰水　　C、热水　　D、蒸馏水

300. 波尔多液是一种保护性杀菌剂，最好应用在（　　）。

A、发病中期　　B、发病后期　　C、发病初　　D、发病前

301. 石硫合剂在作物休眠期使用度数是（　　）波美度。

A、0.3~0.5　　B、0.5~1　　C、2~3　　D、3~5

302. 受实验动物一次给药，杀死群体中 50% 个体时的用药剂量即为（　　）。

A、损失中量　　B、消耗中量　　C、致死中量　　D、残存中量

303. 中毒农药大白鼠口服 LD50 的量是（　　）毫克 / 千克。

A、< 5　　B、5~50　　C、50~500　　D、> 500

304. 喷药时最好不在（　　）喷。

A、阴天　　B、晴天　　C、傍晚　　D、炎热的中午

305. 使用背负机动喷雾器，喷雾的步骤是药液开关应停在半闭位置，调整油门开关使机器高速运转，开启把手开关，立即（　　），严禁停留。

A、后退　　B、左转　　C、右转　　D、前进

306. 使用背负式机动喷雾机，低容量喷雾，对高大的果树或林木喷药，可把喷管的管口（　　），利用田间有上升气流时喷洒。

A、向左　　B、向右　　C、向下　　D、向上

307. 喷药过程中操作者出现头晕、恶心、呕吐、出汗、胸闷、瞳孔缩小、抽搐症状是（　　）。

A、慢性中毒　　B、亚急性中毒　　C、急性中毒　　D、急症现象

308. 菊酯类农药经皮肤接触中毒者多数属（　　）。

A、头昏　　B、恶心　　C、呼吸困难　　D、局部过敏

309. 对菊酯类农药接触中毒者，可用清水冲洗患部，避免强光照射，也可口服（　　）。

A、凉开水　　B、扑尔敏　　C、明矾　　D、生理盐水

310. 背负式机动喷雾喷粉器，是由汽油机作动力，（　　），气力喷雾和气流输粉原理的植保机具。

A、气压输氧　　B、气压输液　　C、气压灭菌　　D、气压灭虫

311. 背负式机动喷雾喷粉机，是利用气流输粉、气压输液、气力喷雾原理，由汽油机驱动的机动（　　）。

A、农机具　　B、动力机具　　C、除虫机具　　D、植保机具

312. 喷雾器使用结束后，应加入少量（　　）喷射，并清洗药剂接触的各部位，然后放入通风干燥的室内。

A、汽油　　B、清水　　C、酒精　　D、蒸馏水

313. 苏云金杆菌、白僵菌和农用抗菌素均属于（　　）农药。

A、植物性　　B、动物性　　C、矿物性　　D、生物性

314. 农药加工后制剂的不同形态称为（　　）。

A、剂型　　B、原粉　　C、原油　　D、稀释剂

315.（　　）是用于防除农田以及非耕地不适宜生长着的植物的药剂。

A、杀菌剂　　B、植物生长调节剂

C、杀线虫剂　　D、除草剂

316. 根据我国国情，低量喷雾的容量标准是每亩（　　）。

A、≥30升　B、10~40升　C、0.5~30升　D、<0.5升

317. 田间药效试验应做到目的明确，(　　)，调查及时准确，数据翔实可靠，统计分析科学，结论经得住考验。

A、设计精明　B、设计合理　C、设计准确　D、设计经济

318. 衡量杀虫剂田间试验的药效多用(　　)。

A、病株率　B、病果率　C、害虫死亡率　D、病情指数

319. 昆虫触角的变化多在(　　)上。

A、柄节　B、梗节　C、各节　D、鞭节

320. 有机磷杀虫剂等能破坏(　　)的分解作用，使昆虫异常兴奋、痉挛、麻痹而死亡。

A、乙酰胆碱酯酶　B、蛋白酶　C、脂肪酶　D、水杨酸

321. 部分昆虫的卵不经过受精可以发育成新的个体的繁殖方式称为(　　)。

A、两性生殖　B、多胚生殖　C、孤雌生殖　D、卵胎生

322. 昆虫幼虫第2次蜕皮后致第3次蜕皮前这段时间称为(　　)幼虫。

A、4龄　B、2龄　C、3龄　D、老熟

323. 昆虫分类的依据主要是(　　)的形态特征和生理、生化特性。

A、幼虫　B、成虫　C、蛹　D、卵

324. 昆虫的学名采用世界通用的双名法，用(　　)书写。

A、英文　B、拉丁文　C、世界语　D、中文

325. 翻耕和灌水是防治(　　)最经济有效的办法。

A、钻蛀性害虫　B、地下害虫　C、迁飞性害虫　D、叶面害虫

326. 脓胶状物病征为(　　)病害所特有。

A、真菌性　B、细菌性　C、病毒性　D、线虫

327. (　　)时有利于传毒昆虫的活动，从而有利于病毒的传播。

A、天气湿润　B、下雨　C、天气干旱　D、暴风雨

328. 一次供药能使(　　)的个体死亡数达群体中的50%所需药剂中有效成分的剂量称为LD50。

A、供试动物　B、供试害虫　C、供试病菌　D、供试病虫

329. 在下列药剂中属于高剧毒的药剂是(　　)。

A、敌杀死　B、呋喃丹　C、辛硫磷　D、乐果

330. 稻纵卷叶螟属迁飞性害虫，我区虫源主要由(　　)迁入。

A、西伯利亚　B、东南亚　C、日本　D、朝鲜

331. 目前防治稻瘿蚊的对口农药有(　　)。

A、米乐尔和益舒宝　B、密达和辛硫磷

C、乐果和敌百虫　D、敌杀死和呋喃丹

332. 在我国北方区（　　）3~4 月为害玉米，9~10 月为害水稻。

A、黏虫　　B、玉米螟　　C、小地老虎　　D、斜纹夜蛾

333. 甘蔗绵蚜为害可降低甘蔗含糖量，并分泌蜜露，诱发。

A、凤梨病　　B、赤腐病　　C、煤烟病　　D、黑穗病

334. 黄曲条跳甲以造成（　　）严重为害。

A、成虫食叶、幼虫食根　　B、成、幼虫均食叶

C、成、幼虫均食根　　D、成虫食根、幼虫食叶

335. 在下列害虫中属于检疫性对象的是（　　）。

A、美洲斑潜蝇　　B、瓜实蝇　　C、菜螟　　D、豆杆蝇

336. 瓜类线虫病可采用（　　）沟施防治。

A、呋喃丹　　B、甲基异柳磷　　C、益舒宝　　D、米乐尔

337. 各种在非挂果期以（　　）幼虫卷食叶肉成缺刻，开花结果期蛀食花蕾、幼果和将成熟的果实。

A、卷叶虫　　B、凤蝶　　C、天牛　　D、毒蛾

338. 修剪下的虫枝一般应先堆放一星期后才烧毁，是为了保护（　　）。

A、步甲　　B、草蛉　　C、肉食性瓢虫　　D、寄生蜂

339. 在同一块地上，于一年内先后播种两茬以上作物，前茬收了再种下茬的种植方式称为（　　）。

A、轮作　　B、复种　　C、间种　　D、套种

340. 下列单位中（　　）不能经营农药。

A、供销合作社的农业生产资料经营单位

B、植物保护站、土壤肥料站和农药生产企业

C、农业、林业技术推广机构及森林病虫害防治机构

D、农村百货店

341. 稻飞虱的主要天敌有稻田蜘蛛、（　　）、线虫和多种寄生蜂。

A、青蛙　　B、胡蜂　　C、黑肩绿盲蝽　　D、鸟

342. 我们可根据卵的（　　）变化预测幼虫的孵化期。

A、重量　　B、颜色　　C、体积　　D、大小

343. 鳞翅目幼虫的腹足有（　　）。

A、6 对　　B、2~5 对　　C、8 对　　D、3~5 对

344. 植物水平抗病性的特点是（　　）

A、高抗、易选择、不持久　　B、中抗、难选择、稳定持久

C、中抗、难选择、不持久　　D、中抗、易选择、持久

345. 稻白叶枯病的重要病征是（　　）

A、黑色点粒状物　　B、小菌核　　C、菌脓　　D、无病征

346．油菜病毒病的传毒虫媒是（　　）

A、油菜潜叶蝇　B、菜粉蝶　C、菜蛾　D、桃蚜

347．下列害虫以成虫为害大豆的是（　　）

A、大豆食心虫　B、豆荚螟　C、豆芫菁　D、豆天蛾

348．下列害虫食性为单食性的是（　　）

A、大螟　B、稻纵卷叶螟　C、二化螟　D、三化螟

349．稻纵卷叶螟的施药适期是（　　）

A、卵期　B、成蛾期　C、2~3 龄期之前　D、4~5 龄期前

350、下列属于两性繁殖方式的昆虫的是（　　）

A、蝗虫　B、蜜蜂　C、蚜虫　D、介壳虫

351．下列病原物非专性寄生物的是（　　）

A、锈菌　B、细菌　C、病毒　D、线虫

352．真菌引起的病害是（　　）

A、白菜软腐病　B、油菜花叶病　C、棉花立枯病　D、水稻白叶枯病

353．水稻纹枯病的初侵染来源主要是（　　）

A、越冬菌核　B、越冬菌丝　C、气生菌丝　D、担孢子

354．防治玉米大小斑病的根本措施是（　　）

A、选用抗病品种　B、消灭菌源　C、加强栽管　D、药剂防治

355．棉蚜的越冬寄主和侨居寄主分别是（　　）

A、桃、棉花　B、棉花、桃　C、木槿、棉花　D、棉花、木槿

356．东方红 18 型背负式机动弥雾机常用于（　　）

A、超低容量喷雾　B、低容量喷雾　C、常规喷雾　D、高容量喷雾

357．防治水稻潜叶蝇的最佳药剂是（　　）

A、敌百虫　B、敌杀死　C、敌敌畏　D、乐果

358．防治大豆孢囊线虫病的最佳药剂是（　　）

A、敌敌畏　B、呋喃丹　C、西维因　D、乐果

359．中华人民共和国农药管理条例规定，以此种农药冒他种农药的定为（　　）。

A、劣质农药　B、假农药　C、报废农药　D、禁用农药

360．凡是局部地区发生的，危害性大的，能随（　　）的病、虫、杂草应定为植物检疫对象。

A、气流传播　B、昆虫传播

C、人为农事操作传播　D、植物及其产品传播

361．农药使用者，使用剧毒（　　）农药后，应及时设置警告标志。

A、低毒　B、微毒　C、高毒　D、中毒

362．昆虫自卵或幼体离开（　　）到性成熟能产生后代为止的个体发育周期，称为

一个世代。

A、寄住 B、越冬场所 C、母体 D、越夏场所

363. 昆虫从当年越冬虫态开始活动起，到翌年越冬结束止的（　　）称为年生活史。

A、个体发育周期 B、发育过程 C、发育阶段 D、发育成熟

364. 玉米螟的成虫体长 10~13 毫米，体黄褐色，前翅中部有 2 条褐色波状纹两横纹之间有（　　）褐色斑。

A、1 个 B、3 个 C、2 对 D、2 个

365. 防治玉米螟常用的颗粒剂是（　　）。

A、0.5% 辛硫磷颗粒剂 B、50%1605 颗粒剂

C、25% 敌杀死颗粒剂 D、40% 氧化乐果颗粒剂

366. 成虫前翅黄褐色，中央近前缘有两个浅黄色圆斑，自前翅顶角向后内斜一条黑色纹的是（　　）。

A、黏虫 B、棉铃虫 C、玉米螟 D、地老虎

367. 植物的病理变化过程是指生理变化、组织变化、（　　）。

A、器官变化 B、质量变化 C、产量变化 D、形态变化

368. 真菌经过两性细胞或性器官结合，而产生有性孢子的繁殖方式称为（　　）。

A、有性繁殖 B、无性繁殖 C、增殖或复制 D、分裂繁殖

369. 侵染循环，是指病害从植物的前一个生长季节开始发病，到下一个生长季节（　　）的过程。

A、开始发病 B、再度发病 C、侵入寄主 D、接触开始

370. 病害流行，是指病害在一个时期或一个地区内，病害发生面积广、（　　）、损失大的现象。

A、传播快 B、发病程度严重 C、难防治 D、人为传播

371. 植物病害流行，必须具备有大面积感病寄主，大量致病力强的病原物，（　　）3 个基本条件。

A、少量感病寄主 B、发病程度严重

C、适宜的环境条件 D、损失严重

372. 防治棉花枯黄萎病，采取种植抗病品种为主，是（　　）的重要措施。

A、控制轻病区 B、消灭零星病区

C、保护无病区 D、改造重病区

373. 杂草是指（　　）。

A、人们栽培的植物 B、草坪

C、牧草 D、自然生长的草本植物

374. 稻田使用 96% 禾大壮乳油防除杂草其用量是每亩（　　）毫升。

A、50~100　B、100~150　C、150~200　D、200~250

375. 利用鼠夹灭鼠属于（　　）。

A、化学灭鼠　B、物理灭鼠　C、生物灭鼠　D、管理灭鼠

376. 为了解一个地区病虫发生情况，需要较大范围内进行调查称为（　　）。

A、系统调查　B、大田普查　C、专题调查　D、随机调查

377. 嵌纹分布型的病虫在田间分布是（　　）的，出现疏密相间的状态。

A、不规则　B、聚集形成核心　C、均匀分布　D、条状

378. 由于病虫的发生受到环境、品种、生长时期等因素的影响，因此在取样时，样点必须要有（　　）。

A、突出性　B、灵活性　C、代表性　D、先进性

379. 对随机分布型病虫，调查时多采取（　　）。

A、双对角线取样　B、平行线取样

C、“Z”字型取样　D、五点取样

380. 适用于取样的面积单位多数采用（　　）。

A、平方米　B、平方厘米　C、市尺^2　D、平方毫米

381. 显微镜反好光后从目镜观察到视野（　　）、光度最均匀。

A、灰暗　B、黑色　C、有窗格　D、最明亮

382. 使用解剖镜时，应当根据观察物体（　　），确定放大倍数。

A、形状　B、颜色　C、软硬　D、大小

383. 显微镜在使用期间，必须避免潮湿和（　　），从而保持各个活动部分的正常使用。

A、高温　B、灰尘　C、毒气　D、化学药剂

384. 调查麦蚜多采用单对角线（　　）。

A、棋盘取样　B、平行线取样　C、10 点取样　D、5 点取样

385. 经验指标预测法包括：物候法、发育进度预测法和（　　）预测法等。

A、平均气温　B、平均湿度　C、发育时间　D、有效积温

386. 严重度的分级是根据标准，（　　）严重度的等级。

A、计算　B、目测估计　C、对比　D、分析

387. 损失率通常用生产水平相同的受害田和（　　）的产量对比来计算。

A、丰产田　B、未受害田　C、试验田　D、三类田

388.（　　）通常指发生趋势的预报，如偏重或偏轻。

A、预报因子　B、预报对象　C、预报要素　D、定性预报

389. 预测未来 3~10 天病虫发生的情况为（　　）预报。

A、中期　B、长期　C、短期　D、超长期

390. 根据 4 月的降（　　），菌源数量（感病品种），可预测出条锈病的流行程度，

称为经验指标预测法。

A、作物长势 B、雨量和降雨天数 C、天敌数量 D、害虫数量

391. 利用历期法推算害虫的孵化高峰是由发蛾高峰期加上（ ）再加上卵期。

A、产卵期 B、1 龄幼虫期 C、产卵前期 D、蛹期

392. 黏虫卵的发育起点温度是 8.2℃，完成卵发育所要求的有效积温为 67 日度，6 月 20 日卵产下，6 月下旬平均气温是 20℃，卵的孵化日应该是（ ）。

A、6 月 26 日 B、6 月 23 日 C、6 月 24 日 D、6 月 25 日

393. 小麦拔节时白粉病（ ）达 20%~30% 及时喷洒特效药粉锈宁。

A、病秆率 B、病穗率 C、病叶率 D、病株率

394. 小麦扬花灌浆期百穗蚜量达 500~800 头为（ ）。

A、浇水指标 B、追肥指标 C、授粉指标 D、防治指标

395. 小麦返青后 0.33 米行长有害螨 200 头时，立即开展（ ）。

A、捕食 B、诱杀 C、隔杀 D、药剂防治

396. 棉铃虫 3 代的防治指标是：百株累计卵量（ ）粒，或百株 1~2 龄幼虫 5~8 头。

A、100~150 B、50~80 C、40~60 D、30~50

397. 温室白粉虱的防治指标，番茄上部叶片每叶有虫（ ）头。

A、10 B、20 C、30 D、50

398. 麦蚜在田间种群数量达到高峰的时期是（ ）。

A、秋苗期 B、乳熟期 C、返青期 D、抽穗期

399. 小麦白粉病的分生孢子随（ ）引起再浸染。

A、雨水传 B、昆虫传播 C、气流传播 D、人为传播

400. 小麦纹枯病的病原菌，随病残体在（ ）越夏、越冬。

A、土壤中 B、种子内 C、水中 D、附着在种子表面

401. 棉铃虫越冬的虫态是（ ）。

A、老虫 B、蛹 C、卵 D、成虫

402. 白粉虱繁殖的最适温度为（ ）℃。

A、8~10 B、18~21 C、25~30 D、30~35

403. 稻瘟病为温暖、潮湿型病害，发病的适宜气温是（ ）℃。

A、10~15 B、15~20 C、24~28 D、30~35

404. 北方冬麦区的重点害虫有（ ）、麦蚜、吸浆虫、麦蜘蛛。

A、粉虱 B、棉铃虫 C、麦叶蜂 D、地下害虫

405. 对棉铃虫应开展以农业防治为基础，生态调控为中心，成虫诱杀为关键，（ ）为重点的综合防治。

A、以虫治虫 B、以菌治虫 C、激素治虫 D、科学用药

406. 抗病虫品种的利用，更要避免品中的（　　）种植。

A、搭配　　B、插花　　C、单一　　D、轮换

407. 及时整枝打杈，清洁田园，可以有效地控制病虫的（　　）。

A、繁殖率　　B、死亡率　　C、为害率　　D、传播与危害

408. 田间密度过大，就会出现光照不足、植株（　　）、易倒伏、易减产。

A、纤细矮小　　B、粗壮　　C、徒长　　D、弯曲

409. 利用日光晒种或（　　）杀死种子内外病虫的方法称热处理法。

A、冷水浸种　　B、药液浸种　　C、药剂拌种　　D、温水浸种

410. 黑光灯的波长一般是330~400纳米，功率为（　　）瓦。

A、40　　B、60　　C、20　　D、100

411. 生防与化防的（　　）应用，是保护利用自然天敌昆虫的最重要措施。

A、同时　　B、单独　　C、混合　　D、协调

412. 生物防治法有一定的局限性，作用（　　），多数天敌的选择性、专化性强。

A、快速　　B、高效　　C、速效　　D、较缓慢

413. 化学防治法也叫（　　）。

A、植物保护　　B、生物保护　　C、植物化学保护　　D、物理保护

414. 一种生物通过代谢产物抑制或影响另一种生物的生长发育或生存的现象称为（　　）。

A、交互保护作用　　B、重寄生作用

C、竞争作用　　D、抗菌作用

415. 性诱剂与绝育剂混合后引诱雄虫，接触药剂达到雄虫不育，使雌虫产的卵不能正常发育称为（　　）。

A、诱杀法　　B、捕杀法　　C、迷向法　　D、引诱绝育法

416. 小麦病虫的综合防治技术，是以农业防治为（　　），因地制宜地协调使用生物防治，化学防治措施，控制小麦病虫为害。

A、基石　　B、基础　　C、基本　　D、基点

417. 防治棉田病虫，应采取选择抗病品种为基础，加强栽培管理是（　　），种子处理是关键，田间喷药是保障的综合措施。

A、要点　　B、重点　　C、难点　　D、基点

418. 现有25波美度石硫合剂0.5千克，稀释成0.5波美度喷雾需加水（　　）千克。

A、25　　B、22.5　　C、24.5　　D、27.5

419. 制作颗粒剂，载体颗粒的直径（　　）微米，并有一定硬度。

A、100~150　　B、200~250　　C、50~100　　D、250~600

420. 倍量式波尔多液硫酸铜与生石灰的比例是（　　）。

A、1∶1∶100　B、1∶0.5∶100　C、1∶3~5∶100　D、1∶2∶100

421. 熬制石硫合剂，一般从煮沸开始熬（　　）分钟。

A、20~30　B、40~60　C、60~90　D、20~40

422. 2.5%的敌杀死乳油500毫升，加适量的水，喷拌细土（　　），喷拌均匀即可成为毒土。

A、50千克　B、100千克　C、200千克　D、500千克

423. 喷药时最好不在（　　）喷。

A、阴天　B、晴天　C、傍晚　D、炎热的中午

424. 使用背负机动喷雾器，喷雾的步骤是药液开关应停在半闭位置，调整油门开关使机器高速运转，开启把手开关，立即（　　），严禁停留。

A、后退　B、左转　C、右转　D、前进

425. 使用背负式机动喷雾机，低容量喷雾时，喷口离作物的高度一般在（　　）厘米。

A、5　B、10　C、15　D、20~30

426. 使用背负式机动喷雾机，低容量喷雾防治棉伏蚜，一般在棉株高（　　）米以下时采用隔3行喷4行。

A、0.5　B、0.7　C、1　D、1.5

427. 氨基甲酸酯类重度中毒症状有呼吸困难、昏迷、（　　）、心肌损伤。

A、抽风　B、抽搭　C、抽搐　D、抽筋

428. 菊酯类农药经皮肤接触中毒者多数属（　　）。

A、头昏　B、恶心　C、呼吸困难　D、局部过敏

429. 背负式喷雾器的双喷头T型喷杆，适用于（　　）全面喷洒。

A、行间　B、定向　C、宽幅　D、行间作物基部

430. 背负式机动喷雾喷粉机，是利用气流输粉、气压输液、（　　）原理，由汽油机驱动的机动植保机具。

A、气力输粉　B、气力输液　C、气力喷雾　D、气力扩散

431. 背负式喷雾机在使用前应对皮碗及遥感转轴处涂上（　　）。

A、汽油　B、酒精　C、润滑油　D、二甲苯

432. 喷雾器使用结束后用清水清洗药箱与各部件后放入（　　）室内。

A、闭密　B、冷库　C、通风干燥　D、温室

433. 苏云金杆菌、白僵菌和农用抗菌素均属于（　　）农药。

A、植物性　B、动物性　C、矿物性　D、生物性

434. 用于杀灭或抑制病原物的药剂称为（　　）。

A、杀线虫剂　B、杀菌剂

C、杀虫剂　D、植物生长调节剂

435. 适合于喷雾法的剂型有（　　）。

A、乳油　　B、可湿性粉剂　　C、悬浮剂　　D、前三项都是

436. 农药名称包括有效成分含量、（　　）、剂型三部分。

A、药名　　B、性质　　C、防治对象　　D、使用方法

437. 田间药效试验应做到目的明确，设计合理，调查及时准确，数据（　　），统计分析科学，结论经得住考验。

A、有理有据　　B、四舍五入　　C、设计精明　　D、翔实可靠

438.（　　）是道德的最主要的职能。

A、调节职能　　B、教育职能　　C、认识职能　　D、规范职能

439. 关于职业责任，正确的说法是（　　）

A、不成文的规定，不是职业责任的范畴

B、一旦与物质利益挂钩，便无法体现职业责任的特点

C、职业责任不因职业的不同而不同

D、履行职业责任要上升到职业道德的责任看待

440. 职业荣誉主要有（　　）的特点。

A、无偿性、利他性和内隐性　　B、阶级性、激励性和多样性

C、集体性、阶层性和竞争性　　D、奖励性、鼓舞性和互助性

441.（　　）不是培养职业良心的要求。

A、职业活动中要进行监督调节　　B、职业活动前要进行筛选导向

C、职业活动全过程要不断学习　　D、职业活动后要进行总结评判

442. 关于办事公道不正确的表述是（　　）。

A、坚持原则，实事求是　　B、实行平均主义

C、不怕“权势”压力　　D、不徇私情

443. 关于“慎独”的理解正确的是（　　）。

A、克制自己不要沉湎于一事物之中，以免玩物丧志

B、越是无人监督，越要严格要求自己

C、要时刻保持谦虚谨慎的作风

D、保持自己的独立人格

444. 从业人员践行“办事公道”规范的基本要求是（　　）。

A、团结同志、防微杜渐、以人为本、共同进步

B、平等待人、公私分明、坚持原则、追求真理

C、坚持原则、不近人情、无私无畏、敢于牺牲

D、崇尚科学、坚持真理、童叟无欺、人人平等

445. 在改革开放的新时期，（　　）成为我党保持艰苦奋斗作风的最具代表性的优秀人物。

A、王进喜　　B、孔繁森　　C、焦裕禄　　D、慕绥新

446.（　　）不是影响植物种子萌发的主要条件。

A、充足的水分　　B、适宜的温度　　C、足够的氧气　　D、强烈的光照

447. 一般来说植物粒大饱满的种子比瘦小种子的（　　）。

A、生活力低　　B、出苗快形成壮苗

C、出苗阻力大发芽慢　　D、出苗慢形成弱苗

448. 常见植物的根变态类型有（　　）。

A、卷须　　B、根状茎　　C、块茎　　D、肉质直根

449. 细胞生长的一个方面是（　　）。

A、茎的形成　　B、器官的分化

C、原生质的增加　　D、营养器官的形成

450.（　　）不是细胞分化形成的。

A、细胞大小的变化　　B、细胞形状的变化

C、细胞结构的变化　　D、细胞功能的变化

451.（　　）是顶端分生组织细胞的部分特征。

A、细胞纺锤形、有液泡　　B、细胞壁薄、核相对大、细胞质浓厚

C、细胞壁薄、有液泡　　D、细胞壁薄、细胞质不浓厚

452.（　　）不是种子胚结构的组成部分。

A、子叶　　B、胚根　　C、胚芽　　D、种皮

453. 植物根的类型中不包括（　　）。

A、主根　　B、须根　　C、侧根　　D、不定根

454. 土壤中的某些真菌和种子植物的根建立共生关系形成（　　）。

A、根瘤　　B、菌根　　C、变态　　D、畸形

455.（　　）是大多数植物茎的主要功能。

A、贮藏作用　　B、繁殖作用　　C、呼吸作用　　D、输导作用

456.（　　）是植物花的重要组成部分。

A、花托　花被　　B、花冠　花被　　C、雌蕊　雄蕊　　D、雄蕊　花被

457.（　　）是影响植物吸收矿质的主要外因之一。

A、土壤质地　　B、土壤酸碱性　　C、土壤孔隙度　　D、土壤导热性

458. 具有风媒花植物是（　　）传粉方式。

A、自花传粉　　B、孤雌生殖　　C、异花传粉　　D、两性生殖

459.（　　）是提高植物光能利用率的途径之一。

A、人工补充光照　　B、提高光合速率降低消耗

C、整枝打杈去老叶　　D、扩大早熟品种的比例

460. 植物光合作用需要利用外界的（　　）合成有机物。

A、水分　　B、二氧化碳

C、氧气　　D、二氧化碳和氧气

461.（　　）是长日植物。

A、玉米　　B、油菜　　C、甘薯　　D、大斗

462. 短日植物指的是（　　）。

A、耐阴植物　　B、喜弱光植物

C、在长短条件下生长的植物　　D、在短日条件下才能正常开花的植物

463. 下列各项中（　　）属于土壤的物理性质。

A、土壤的保水性　　B、土壤的胶体性质

C、土壤的酸碱性　　D、土壤的耕性

464. 下列各项中属于土壤的化学性质的是（　　）。

A、土壤的空隙性　B、土壤的酸碱性　　C、土壤的结构　　D、土壤的可塑性

465.（　　）的中心意思是作物的产量受土壤中相对含量最小的养分控制。

A、养分归还学说　　B、报酬递减率

C、因子综合作用率　　D、最小养分率

466. 氮肥在水稻土中主要的存在形式是（　　）。

A、铵态氮　　B、硝态氮　　C、酰胺态氮　　D、硝酸盐

467.（　　）是盐碱土改良和利用的生物措施。

A、耕作改良　　B、开沟排水　　C、种植绿肥　　D、施用石膏

468.（　　）是配方施肥方法中田间试验配方法的一种。

A、养分平衡法　　B、地力差减法

C、地力分区法　　D、养分丰缺指标法

469.（　　）是常见的磷肥的一种。

A、磷酸铵　　B、重过磷酸钙　　C、磷酸二氢钾　　D、磷酸镁

470.（　　）是指把植物品种在遗传性适应范围内的迁移的引种方法。

A、复杂引种　　B、简单引种　　C、直接引种　　D、间接引种

471.（　　）是指从原有品种的自然变异群体中经过选择来培育新品种的育种方法。

A、驯化育种　　B、系统育种　　C、复杂育种　　D、简单育种

472. 全面地了解品种的特性可以避免因（　　）所造成的品种退化。

A、机械混杂　　B、选择不当　　C、自然突变　　D、生物学混杂

473. 种子质量标准化包含（　　）方面的内容。

A、3 个　　B、4 个　　C、5 个　　D、6 个

474. 种子室内检验的内容之一是（　　）。

A、种子质量检验　　B、种子的品质检验

C、种子的大小检验　　D、种子的形状检验

475. 植物因受到水、肥、气、热因素影响导致的病害称为（　　）。

A、生理性病害　B、非生理性病害　C、侵染性病害　D、单侵染性病害

476.（　　）主要是依靠昆虫向外传播的病原物。

A、线虫　B、细菌　C、病毒　D、真菌

477.（　　）是病原物浸入寄主的一个条件。

A、病原物的数量　B、光照　C、氧气　D、病原物的类型

478.（　　）是影响病害流行的主要因素之一。

A、较高的温度　B、适宜的环境条件

C、充足的氧气　D、强烈的光照

479. 病害流行的 3 个条件之一有（　　）。

A、适宜的温度　B、感病寄主植物　C、足够的水分　D、充足的光照

480.（　　）是植物病害的病状之一。

A、粉状物　B、点粒状物　C、畸形　D、霉状物

481. 农药合理使用过程中要注意（　　）。

A、用新农药　B、用价格高的农药

C、适期用药　D、用进口农药

482.（　　）是害虫化学防治的主要方法之一。

A、杀虫法　B、杀螨法　C、杀菌法　D、拌种法

483. 昆虫由当年越冬虫态开始活动起到第二年结束为止的发育过程称为（　　）。

A、世代　B、生活史　C、生活年史　D、季生活史

484.（　　）是昆虫的习性之一。

A、生长性　B、发育性　C、生殖能力　D、食性

485. 金龟子是（　　）昆虫。

A、直翅目　B、鞘翅目　C、鳞翅目　D、膜翅目

486. 离防治适期 10 天内的植物病害预测预报称为（　　）。

A、短期预报　B、中期预报　C、长期预报　D、超长期预报

487. 吐丝卷叶在里面咬食叶片是（　　）口器害虫的为害方式。

A、吸收式　B、咀嚼式　C、锉吸式　D、刺吸式

488.（　　）是按使用时期施用除草剂的一种主要方法。

A、熏烟　B、撒毒土　C、茎叶处理　D、熏蒸

489. 病原物是（　　）的病害多在植物发病后病部出现粉状物、霉状物。

A、真菌　B、细菌　C、线虫　D、病毒

490.（　　）引起的病害会在植物发病后病部出现粉状物、霉状物。

A、生物性病原　B、非浸染病害　C、浸染病害　D、非生物病原

491.（　　）是常用的农药浓度的一种表示方法。

A、波美度　　B、密度　　C、倍数法　　D、混合度

492. 小麦种子萌发的过程不包括下列选项中的（　　）阶段。

A、吸水膨胀　　B、营养物质吸收　　C、营养物质转化　　D、种胚萌芽

493. 小麦的营养品质主要指籽粒中（　　）和氨基酸含量。

A、湿面筋含量　　B、淀粉含量　　C、维生素含量　　D、蛋白质含量

494. 影响小麦分蘖的因素主要有品种特性、土壤养分、土壤水分、（　　）、播种深度和温度等方面。

A、空气中氧气含量　　B、空气中二氧化碳含量

C、播种密度　　D、土壤微生物含量

495. 根据小麦对光照长短的反应，将其分为三种类型，分别是（　　）。

A、反应迟钝型反应中等型反应敏感型　　B、反应精确型反应中等型反应模糊型

C、反应迟钝型反应中等型反应过度型　　D、反应模糊型反应中等型反应敏感型

496. 小麦群体结构包括群体的大小、群体的分布、群体的长相和（　　）4个方面。

A、群体的品质　　B、群体的品种　　C、群体的叶面积　　D、群体的组成

497. 小麦灌浆过程历经乳熟期和（　　）两个时期。

A、蜡熟期　　B、完熟期　　C、过熟期　　D、面团期

498. 下列选项中，属于冬小麦播期确定的依据的是（　　）。

A、播种密度，播种方式　　B、播种方式，冬前积温

C、冬前积温，品种发育特性　　D、土壤含水量，冬前积温

499. 小麦分蘖节中布满了大量的维管束，联络着（　　），成为整个植株的输导枢纽。

A、根系、主茎和分蘖　　B、根系、地中茎和分蘖

C、根系、主茎和叶片　　D、初生根、次生根和叶片

500.（　　）和播前整地是小麦的耕作整地的两个环节。

A、免耕　　B、浅耕　　C、中耕　　D、深耕

501. 下列选项中，属于冬小麦高产关键技术的是（　　）。

A、大量使用化肥　　B、推迟播种期

C、施足底肥　　D、施肥“一炮轰”

502. 小麦对氮磷钾的吸收在（　　）达到一生中的高峰期。

A、苗期至分蘖期　　B、分蘖期至拔节期

C、拔节期至孕穗期　　D、孕穗期至抽穗期

503. 下列选项中，关于小麦对水分的需求描述错误的是（　　）。

A、小麦的耗水量与产量水平没有关系

B、小麦的耗水量包括植株叶面积蒸腾、棵间蒸发和渗漏损失，其中叶面积蒸腾占的比例最大

C、小麦的需水临界期为孕穗期

D、小麦整个生育期的耗水量 = 播种时土壤含水量＋生长期总灌水量＋有效降水量 - 收获期土壤贮水量

504. 棉铃发育过程可划分为体积增大期、(　　) 和脱水成熟期 3 个阶段。

A、棉铃变色期　　B、铃壳变硬期　　C、棉铃充实期　　D、铃壳裂缝期

505. 下列选项中，不属于棉花果枝的 3 种类型的是 (　　)。

A、无限果枝　　B、有限果枝　　C、紧凑果枝　　D、零式果枝

506. 根据棉花各个生育阶段根系生长速度和活动机能变化特点，可将根系的建成划分为根系发展期、根系生长旺期、根系吸收高峰期和 (　　) 四个阶段。

A、根系下扎期　　B、根系活动机能高峰期

C、根系活动机能衰退期　　D、根系生长平稳期

507. 下列选项中，属于棉铃脱落的主要原因的是 (　　)。

A、温度过低　　B、土壤肥力过高

C、空气二氧化碳含量不足　　D、光照不足

508. 下列选项中，不属于棉花经济产量构成的是 (　　)。

A、单位面积总铃数　　B、单株铃数

C、平均单铃重　　D、衣分

509. 棉花花铃期的两个阶段为 (　　)。

A、初花期，凋零期　　B、凋零期，盛花期

C、盛花期，无花期　　D、初花期，结铃期

510. 下列选项中，属于棉花地膜覆盖的作用的是 (　　)。

A、防止种子霉变腐烂　　B、保墒提墒

C、隔绝空气，闷死杂草种子　　D、防止气象灾害

511. 对棉花施用缩节胺调控的原则有 (　　)、分段化控，定向诱导、化学调控与肥水调控结合和因地因苗，分类调控等。

A、晚控重控　　B、晚控轻控　　C、早控重控　　D、早控轻控

512. 下列选项中，不属于棉花播种前对种子进行硫酸脱绒处理的作用的是 (　　)。

A、消灭种子外的病菌　　B、延长棉花生育期

C、控制枯萎病和黄萎病的传播　　D、提高发芽率

513. 下列选项中，属于棉花合理密植的作用的是 (　　)。

A、减少病虫草害　　B、增加棉花群体铃数

C、改良土壤　　D、提高衣分

514. 下列选项中，属于棉花蕾期管理任务的是 (　　)。

A、实现早熟　　B、提高铃重

C、协调营养生长与生殖生长的矛盾　　D、改善品质

515. 下列不属于棉花施肥原则的是（　　）。

A、轻施苗肥　　B、稳施蕾肥　　C、轻施花铃肥　　D、补施盖顶肥

516. 棉纤维内在品质指标主要有：长度、（　　）、细度、成熟度。

A、色泽　　B、粗糙度　　C、透气性　　D、强度

517. 在棉田整地需达到的标准中，（　　）是关键。

A、地面平整无沟坎　　B、土壤上松下实，无中层板结

C、土壤有足够的表墒和底墒　　D、整地到头到

518. 下列选项中，关于地膜棉田间管理技术描述不正确的是（　　）。

A、地膜棉蕾期土壤田间持水量低于 55% 时，一般每公顷灌水 300~450 立方米

B、地膜棉花铃期土壤田间持水量低于 60% 时，每公顷灌水 450~600 立方米

C、在中等肥力地膜棉田，每公顷施纯氮 225 千克左右

D、其基肥与花铃期追肥的比例为 1∶1

519. 油菜按植物学特征、遗传亲缘关系和农艺性状分为（　　）、芥菜型和甘蓝型 3 种类型。

A、马铃薯型　　B、白菜型　　C、茄子型　　D、冬瓜型

520. 北方冬油菜移栽时要求苗龄（　　）天左右。

A、20　　B、30　　C、40　　D、50

521. 根据油菜通过春化阶段对温度要求的高低和时间的长短不同，把油菜分为（　　）、半冬性型和冬性型 3 种类型。

A、反应迟钝型　　B、反应敏感型　　C、春性型　　D、秋性型

522. 油菜的一生分为苗期、蕾薹期、开花期、（　　）四个生育时期。

A、结果期　　B、角果开裂期

C、角果脱落期期　　D、角果发育成熟期

523. 薹花期是油菜的整个生育期中对水分最敏感时期，要求适宜土壤水分为田间持水量的（　　）。

A、50%~65%　　B、60%~75%　　C、70%~85%　　D、80%~95%

524. 根据甘薯不定根的发育情况可将其分为 3 种类型，分别为（　　）。

A、主根、侧根和块根　　B、主根、柴根和侧根

C、纤维根、柴根和棒根　　D、纤维根、柴根和块根

525. 甘薯对氮、磷、钾三要素的需求量，以（　　）最多、（　　）次之、（　　）最少。

A、磷钾氮　　B、钾氮磷　　C、钾磷氮　　D、氮磷钾

526. 根据甘薯的品质特点和用途，将甘薯品种分为（　　）；高糖、高纤维素型；高淀粉、高饲料转化率 3 个类型。

A、高蛋白质型　　B、高脂肪型　　C、高维生素型　　D、高淀粉型

527. 中国北方甘薯育苗时苗床类型有：回龙火炕、（　　）、电热温床和塑料薄膜冷床四种类型。

A、气热温床　B、酿热温床　C、地热温床　D、红外温床

528. 下列选项中，不属于甘薯产量构成的 3 个因素之一的是（　　）。

A、单位面积株数　B、单薯水分重量　C、每株薯数　D、单薯重量

529. 下列选项中，不属于甘薯贮藏烂窖的原因的是（　　）。

A、冷害　B、病害　C、虫害　D、湿害或干害

530. 我国水稻种植面积仅次于（　　）。

A、印度　B、日本　C、泰国　D、巴西

531. 传统粳稻品种的分蘖力不如（　　）。

A、水稻　B、旱稻　C、陆稻　D、籼稻

532. 水稻的“三性”是指水稻的（　　）、感温性和基本营养生长性。

A、向水性　B、向肥性　C、向地性　D、感光性

533. 决定水稻单位面积有效穗数的关键时期是在（　　）。

A、插秧期　B、分蘖期　C、返青期　D、开花期

534. 水稻生长的重叠型是（　　）。

A、穗分化和拔节基本同步　B、拔节先于穗分化

C、穗分化先于拔节　D、分蘖期已经终止

535. 北方粳稻伸长节间多为（　　）个。

A、4~6　B、2~3　C、6~53　D、7~8

536. 水稻缺（　　）时，其发病叶片上有褐色斑点。

A、氮　B、磷　C、钾　D、硫

537. 水稻种子催芽的大小一般以（　　）为宜。

A、种子破胸露白　B、芽长达 1 厘米　C、芽长达 0.8 厘米　D、芽长达 0.7 厘米

538. 水稻钵盘育苗的好处是（　　）。

A、每盘营养土的用量比软盘育苗减少一半

B、每盘营养土的用量与软盘育苗相同

C、每盘营养土的用量是软盘育苗的 1/4

D、每盘营养土的用量比软盘育苗多一倍

539. 水稻育苗标准化的营养土中的（　　）的质量比为 7∶3。

A、土与草　B、土与育苗辅助成分

C、肥与土　D、土与肥

540. 水稻插秧后两周内正常土壤应保持（　　）厘米水层。

A、1~2　B、2~3　C、3~5　D、5~7

541. 水稻强化栽培技术的种植密度是（　　），发挥水稻植株生长潜能。

A、密植　B、单本稀植　C、每穴双株　D、每穴三株

542. 在保证玉米正常成熟的条件下，日照时数多，光照强，则产量（　　）。

A、低　B、稳定　C、较低　D、高

543. 玉米茎的（　　）节上的腋芽长成的侧枝称分蘖。

A、中部　B、顶部　C、基部　D、中上部

544.（　　）不足，玉米早期表现为幼苗呈浅黄色，生长缓慢。

A、磷　B、氮　C、钾　D、锌

545. 玉米的（　　）分布在 0~40 厘米土层中。

A、直根系　B、主体根系　C、胚根　D、次生胚根

546. 玉米整地的适宜耕地深度一般为（　　）厘米。

A、10~15　B、16~20　C、20~25　D、25~30

547.（　　）不是玉米苗期管理的主要技术措施。

A、查苗　B、补苗　C、蹲苗　D、施肥

548. 春玉米的播种深度以（　　）厘米为宜。

A、1~2　B、3~5　C、5~7　D、7~8

549. 玉米营养生长基本停止，进入生殖生长阶段的时期是（　　）。

A、苗期　B、穗期　C、花粒期　D、拔节期

550. 玉米从播种到拔节所经历的时期称为（　　）

A、苗期　B、穗期　C、拔节期　D、出苗期

551. 大豆（　　）部叶片寿命最长。

A、上　B、基　C、中　D、下

552. 大豆北种南引，有利于（　　）的提高。

A、油分　B、赖氨酸　C、色氨酸　D、蛋白质

553. 大豆不宜（　　）。

A、轮作　B、倒茬　C、换茬　D、重茬

554. 大豆一生需氮量的 60% 左右是（　　）提供的。

A、基肥　B、追肥　C、根瘤菌　D、种肥

555.（　　）是适于密植的大豆品种的株型。

A、分枝角度大　B、单株生长旺盛

C、分枝少，分枝角度小　D、叶片圆而大

556.（　　）是花生荚果发育的必要条件。

A、黑暗　B、水分　C、光照　D、养分

557. 花生的结荚期是指（　　）。

A、出苗到 50% 植株第一朵花开放

B、从种子播种到 50% 植株第一朵花开放

C、从幼果出现到50%植株出现饱果

D、从50%的植株出现饱果到大多数荚果饱满成熟

558. 花生产量由（　　）3个基本因素构成。

A、单位面积株数、单株荚果数、饱果重　B、单位面积株数、单株荚果数、百粒重

C、单位面积株数、单株荚果数、果重　　D、单位面积株数、单株荚果数、千粒重

559. 根据花生开花习性和荚果形状，我国花生栽培分为（　　）四大类型。

A、交替开花型、龙生型、连续开花型和珍珠豆型

B、普通型、连续开花型、多粒型和珍珠豆型

C、普通型、龙生型、交替开花型和珍珠豆型

D、普通型、龙生型、多粒型和珍珠豆型

560. 旋耕机刀片安装时必须使刀刃（　　）旋转方向。

A、逆着　　B、顺着　　C、左向　　D、右向

561. 用于犁耕后的碎土及播种前的松土除草，也用于收获后的浅耕灭茬作业的整地机械是（　　）。

A、弹齿耙　　B、圆盘耙　　C、联合整地机　　D、钉齿耙

562. 耕地作业质量要求耕深平均值不得小于规定耕深1厘米，各铧耕深一致性误差不超过（　　）。

A、1厘米　　B、2厘米　　C、3厘米　　D、4厘米

563. 切割器的主要部件有动刀片、定刀片、刀杆和（　　）。

A、输送带　　B、分禾器　　C、护刃器　　D、拨禾轮

564. 拖拉机运输作业时，挂车与拖拉机之间必须连接上（　　）。

A、安全弹簧　　B、安全管路　　C、安全链　　D、安全销

565. 下列种衣剂化学成分中，不属于非活性部分的是（　　）。

A、乳化剂　　B、防腐剂　　C、警戒色剂　　D、生长调节剂

566. 按灌溉水的管理方式不同，水稻育苗可分为三种方式，即水育苗、湿润育苗和（　　）。

A、抛秧苗　　B、旱育苗　　C、机插秧苗　　D、半旱育苗

567. 在农作物种子净度分析时，增失差不能超过（　　），超过必须重做。

A、3%　　B、4%　　C、5%　　D、6%

568. 下列哪些是次级耕作措施（　　）。

A、翻耕　　B、深松土　　C、旋耕　　D、镇压

569. 影响根使用瘤菌肥效果的因素有（　　）。

A、土壤墒情　　B、土壤pH值

C、施用时间和方法　　D、以上全部

570. 土壤耕翻的深度根据作物和土壤性质不同而不同，一般旱田为（　　）厘米。

A、10~15　　B、20~25　　C、30~35　　D、5~10

571．碳铵是一种常用的铵态氮肥一般不适宜作为（　　）使用。

A、基肥　　B、种肥　　C、土壤追肥　　D、叶面肥

572．下列对于硅对水稻营养生理作用描述正确的是（　　）。

A、提高稻田钾肥的利用率　　B、提高稻田氮肥的利用率

C、提高稻田磷肥的利用率　　D、提高稻田铁肥的利用率

573．玉米一生中的需水临界期是（　　）。

A、抽雄期　　B、吐丝期　　C、大喇叭口期　　D、籽粒形成期

574．小麦苗期管理主攻目标中的争"五苗"主要指的是（　　）。

A、绿苗、肥苗、齐苗、匀苗、壮苗　　B、绿苗、全苗、齐苗、匀苗、壮苗

C、早苗、全苗、齐苗、匀苗、壮苗　　D、肥苗、齐苗、匀苗、早苗、全苗

575．水稻穗肥中的保花肥一般在叶龄余数为（　　）时施用。

A、0.5~1.1　　B、1.0~0.3　　C、1.5~1.0　　D、2.0~1.5

576．生产上，大豆在一般（　　）施用氮肥增产效果好。

A、分枝期　　B、花芽分化期　　C、开花初期　　D、结荚期

577．小麦后期灌溉主要起的作用是（　　）。

A、有利于养根护叶　　B、增强抵御干热风的能

C、促进开花结实，保证顺利灌浆力　　D、以上答案都正确

578．下列不是棉花花铃期摘心整枝工作内容的是（　　）。

A、打顶　　B、打边心　　C、去叶枝　　D、抹赘芽

579．下列对大豆生育期钾肥的作用描述正确的是（　　）。

A、促进大豆脂肪、蛋白质的合成　　B、促进大豆早结根瘤，提高固氮能力

C、增强大豆抗旱、抗涝、抗倒伏能力　　D、以上答案都正确

580．油菜生产中因缺少（　　）肥，易产生光开花不结实的现象。

A、Fe　　B、B　　C、Mn　　D、Zn

581．（　　）类型的出现，说明水稻白叶枯病正在急性期。

A、叶枯型　　B、黄叶型　　C、凋萎型　　D、青枯型

582．从（　　）而来，是长江流域第一代水稻飞褐虱的唯一虫源。

A、本地越冬代　　B、北方迁飞　　C、南方迁飞　　D、海上迁入

583．下列关于玉米纹枯病说法错误的是（　　）。

A、玉米纹枯病病原物无性态为立枯丝核菌，属于半知菌亚门

B、温度在20~30℃，连续阴雨有利于病害的发生

C、玉米纹枯病病原物是以菌丝体在病残体中越冬

D、高温、干旱有利于病害的发生和流行

584．油菜病毒病主要症状是（　　）。

A、花叶　　B、叶片枯死　　C、叶片变红　　D、根部畸形

585. 菜粉蝶为害造成的伤口易传播（　　）。

A、病毒病　　B、软腐病　　C、炭疽病　　D、霜霉病

586.（　　）是大豆花叶病主要传播途径。

A、水流　　B、气流　　C、土壤　　D、蚜虫

587.（　　）大豆蚜虫越冬主要虫态。

A、若虫　　B、成虫　　C、卵　　D、以上全部

588. 小麦白粉病可以侵染小麦地上部分各个器官，但以（　　）和叶鞘为主。

A、茎秆　　B、叶片　　C、穗　　D、颖壳

589. 小麦条锈病主为害小麦（　　）。

A、叶片　　B、叶鞘　　C、茎秆　　D、颖壳

590. 水稻稻瘟病药剂防治方法有种子处理和（　　）。

A、药剂浸种　　B、土壤处理　　C、喷药保护　　D、苗期防治

591. 水稻三化螟以（　　）在稻桩内越冬。

A、成虫　　B、幼虫　　C、蛹　　D、卵

592. 治疗性杀菌剂与保护性杀菌剂下列说法正确的是（　　）。

A、保护性杀菌剂的持效期较长

B、保护性杀菌剂效果较好，但容易产生抗性

C、治疗性杀菌剂效果较好，但容易产生抗性

D、治疗性杀菌剂与保护性杀菌剂必须都是内吸性杀菌剂。

593. 有机磷合成杀菌剂的代表品种（　　）。

A、乙膦铝、异稻瘟净、敌稻瘟　　B、乙烯利、异稻瘟净、敌稻瘟

C、稻瘟灵、异稻瘟净、敌稻瘟　　D、乙膦铝、稻瘟灵、敌稻瘟

594. 若采用机械收割大豆，最适宜的收获时期是（　　）。

A、鼓粒期　　B、黄熟期　　C、黄熟末期　　D、完熟期

595. 下列农产品贮藏条件中，呼吸强度最大的是（　　）。

A、低温、低湿　　B、高温、低湿　　C、高温、高湿　　D、低温、高温

596. 甘薯贮藏的适宜温度为13~15℃，相对湿度为（　　）。

A、25%~30%　　B、45%~60%　　C、65%~80%　　D、85%~90%

597. 当地日平均气温降至（　　）以下时，甘薯块根常受冷害，且不耐贮藏。

A、10℃　　B、12℃　　C、15℃　　D、18℃

598. 职业道德不是（　　）的重要条件。

A、增强人员之间凝聚力　　B、提高人员之间竞争力

C、提高人员经济收入　　D、从业人员事业成功

599. 影响种子萌发的外在因素有（　　）。

A、胚未发育成熟　B、种皮厚，透性差　C、水分不足　D、抑制物质存在

600. 玉米从茎节上环生的不定根属于（　　）。

A、块根　B、直根　C、须根　D、气生根

601. 茎的变态分为（　　）两种类型。

A、完全变态茎和不完全变态茎　B、根状茎和块茎

C、球茎和鳞茎　D、地上茎和地下茎

602. 根主要生理功能是（　　）。

A、输导、贮藏和吸收　B、繁殖、贮藏、吸收

C、支持与固定、贮藏和输导　D、以上全是

603. 内生菌根是真菌侵入根的（　　）。

A、中柱鞘　B、周皮　C、根毛　D、皮层细胞

604. 提高复种指数能够（　　）是提高光能利用率的一种方法。

A、延长光合时间　B、增加光合面积　C、提高净同化率　D、延长生育期

605. 下列关于呼吸作用说法错误的是（　　）。

A、逐步氧化分解　B、在酶的参与下

C、贮存能量　D、在生活细胞内进行

606. 下列不属于土壤物理性质的是（　　）。

A、土壤密度　B、土壤容重　C、土壤孔隙度　D、离子交换

607. 土壤的吸收方式不包括（　　）。

A、机械吸收　B、主动吸收　C、物理吸收　D、化学吸收

608. 土壤中的微量元素受土壤（　　）的影响很明显。

A、温度　B、氧化还原反应　C、酸碱反应　D、含水量

609. 水稻土中能被水稻直接利用的铵态氮不到全氮的（　　）。

A、5%　B、1%　C、10%　D、20%

610. 堆肥堆内的水分含量以（　　）为宜。

A、60%~70%　B、70%以上　C、30%~50%　D、40%~60%

611. 各类作物的品质质标主要根据（　　）确定。

A、营养品质、加工品质和商标品质　B、营养品质和加工品质

C、营养品质、加工品质和卫生品质　D、市场以及人民生活需求

612. 病原真菌孢子落在植物表面，最多经过（　　）小时侵入植物。

A、12　B、16　C、18　D、24

613. 按预测内容和预报量的不同进行分类，不包括（　　）。

A、流行程度预测　B、发生期预测　C、发生种类预测　D、损失预测

614. 病原细菌侵染的人为因素哪一项不是（　　）。

A、耕作　B、收获　C、接种　D、嫁接

615. 除草剂选择原理不包括（　　）。

A、生理选择　　B、生化选择　　C、时差位差选择　　D、品牌选择

616. 对糖、醋、酒有趋性的是（　　）。

A、小地老虎　　B、瓢虫　　C、叶蝉　　D、白粉虱

617. 昆虫农业防治不包括（　　）。

A、清洁田园　　B、轮作　　C、深耕晒土　　D、用天敌

618. 下列不能防治农业害虫发生的是（　　）。

A、合理轮作　　B、科学播种　　C、合理灌溉　　D、提高温度

619. 下列不能有效地利用捕食性昆虫来防治昆虫的是（　　）。

A、瓢虫　　B、草蛉　　C、食蚜蝇　　D、蜻蜓

620. 小麦种子萌发包括吸水膨胀的（　　）过程、营养物质转化的（　　）过程和种胚萌芽的（　　）过程 3 个阶段。

A、物理，生物，化学　　B、物理，化学，生物

C、生物，化学，物理　　D、化学，物理，生物

621. 小麦（　　）是产量构成的一部分。

A、分蘖　　B、分蘖节　　C、分蘖穗　　D、分蘖位

622. 在小麦栽培中注意调节（　　）所处的环境条件，使它保持良好状态，对小麦生长发育有着重要的作用。

A、分蘖　　B、分蘖节　　C、分蘖穗　　D、蘖鞘

623.（　　）是影响小麦种子萌发出苗的首要因素。

A、品种特性　　B、土壤水分　　C、温度　　D、播种深度

624. 晚播冬小麦或春小麦分蘖期短的自然条件。基本苗较多，每公顷应通过 195 万 ~300 万。应通过（　　）途径来建立合理群体结构的

A、以分蘖穗为主达到高产　　B、以主茎穗与分蘖穗并重达到高产

C、以主茎穗为主达到高产　　D、以二级分蘖穗为主达到高产

625. 小麦栽培时，（　　）不能与碱性肥料混合施用，避免氨挥发和降低肥效。

A、磷酸二铵　　B、硝酸铵　　C、磷酸铝　　D、磷酸铁

626. 小麦籽粒体积和鲜重达到最大值是（　　）。

A、乳熟　　B、蜡熟　　C、完熟　　D、后熟

627. 小麦分蘖消亡的顺序为：自内而外；自上而下；先死（　　），后死（　　）；最后死整个分蘖。

A、叶，心　　B、叶，穗　　C、心，叶　　D、心，穗

628. 春小麦穗（　　），田间管理的主攻目标是培育壮苗，保证全苗、苗壮、苗匀、苗齐，促进分蘖和根系的生长，为后期秆壮、大穗打下基础。

A、分化伸长期至单棱期　　B、分化单棱期至二棱期

C、分化伸长期至二棱期　　D、分化单棱期至小穗分化期

629. 我国北方冬麦区耗水最多的阶段，是拔节至抽穗和抽穗至成熟阶段。这两个阶段的生育天数约占全生育期的 1/3，但是耗水量却占总耗水量的（　　）% 左右。

A、50　　B、60　　C、70　　D、80

630. 水稻（　　）穗分化和拔节基本同时进行，即在分蘖终止期同时开始穗分化，分蘖期和长穗期相衔接。一般地上部分伸长 5 个节间的中熟品种属于这种类型。

A、重叠型　　B、衔接型　　C、分离型　　D、聚合型

631. 在水稻幼穗分化前对（　　）的吸收量大于对（　　）的吸收量，在抽穗后对磷钾的吸收量又显著高于对氮的吸收量。

A、磷，氮　　B、钾，氮　　C、氮，磷钾　　D、磷钾，氮

632.（　　）水稻田在水耙后，作迎嫁肥，把肥料施于地表水面上。

A、表层施肥法　　B、中层施肥法　　C、深层施肥法　　D、全层施肥法

633. 水稻抛秧本田（　　）即土壤表面呈泥浆状，软硬适中。

A、平　　B、净　　C、糊　　D、稠

634. 玉米雄花序是（　　）花序。

A、肉穗　　B、柔荑　　C、圆锥　　D、总状

635. 玉米大喇叭口的特征是:（　　）开始甩出而未展开，心叶丛生，上平中空，状如喇叭；雌穗进入小花分化期；最上部展开叶与未展开叶之间，在叶鞘部位能摸出发软而有弹性的雄穗。

A、顶叶　　B、胚叶　　C、茎叶　　D、棒三叶

636. 玉米杂交种的特点是杂交种只能种植（　　），必须在技术员指导下每年在（　　）条件下配制杂交种，保证供应生产所需的杂交种子。

A、第二代，自然　　B、第二代，隔离　　C、第一代，隔离　　D、第一代，自然

637. 下面不是玉米地膜覆盖栽培技术的作用的是（　　）。

A、增产　　B、增湿　　C、增收　　D、晚熟

638. 对易感穗腐病的玉米种子，收获时及时剔除有穗腐病感染的（　　），去掉污染源。

A、植株　　B、籽粒　　C、茎秆　　D、果穗

639. 不属于花铃期棉株长相的是（　　）。

A、株型紧凑　　B、果枝健壮　　C、花蕾肥大　　D、脱落多

640. 棉铃的脱落主要发生在开花后的（　　）天。

A、2~5　　B、3~5　　C、3~8　　D、1~2

641. 地膜棉的施肥应与农业措施（　　）相结合才能发挥肥效。

A、中耕　　B、轮作　　C、间作　　D、灌溉

642. 向日葵属于典型的（　　）授粉植物。

A、自花　　B、常异化　　C、单性结实　　D、异化授粉

643. 目前中国油菜面积、产量匀居世界第（　　）位。

A、1　　B、2　　C、3　　D、4

644. 油菜按植物学特征分白菜型、芥菜型和（　　）3 种类型。

A、甘蓝型　　B、萝卜型　　C、紫菜型　　D、结球型

645. 油菜的油分贮藏在（　　）内。

A、厚壁细胞　　B、机械组织　　C、厚角组织　　D、薄壁细胞

646. 苗肥施用要早，春油菜宜在（　　）前施用。

A、苗高 1 厘米　　B、子叶平展　　C、两片子叶　　D、花芽分化

647. 在同一豆荚内，一般先受精的豆粒常（　　）。

A、没有生殖能力　B、瘦秕　　C、饱满　　D、发育不全

648. 大豆为（　　）。

A、自花授粉作物　B、异花授粉作物　　C、常异花授粉作物　　D、常自花授粉作物

649. 最宜于大豆轮作的作物是（　　）。

A、禾谷类作物　　B、豆类作物　　C、十字花科作物　　D、茄科作物

650. 大豆种植密度根据播种方法而定，早播宜（　　），晚播宜（　　）。

A、密，稀　　B、稀，密　　C、稀，稀　　D、密，密

651. 旋耕刀的安装方法中，哪种适于作畦前的整地作业（　　）。

A、向外安装　　B、向内安装　　C、交错安装　　D、横向安装

652. 下列不属于耕作机械的是（　　）。

A、旋耕机　　B、播种机　　C、圆盘耙　　D、作畦机

653. 按播种方法，可将播种机分为（　　）。

A、机械式播种机、气力式播种机　　B、垄播机、畦播机、育苗移栽机

C、撒播机、条播机、点播机　　D、人力播种机、畜力播种机、机力播种机

654. 往复式收割器主要由（　　）等组成。

A、动刀片　　B、刀杆、定刀片

C、护刃器、压刃器和摩擦片　　D、以上都是

655. 目前使用的种衣剂成分主要分为（　　）。

A、复合成分和成膜成分　　B、农药成分和包膜成分

C、有效活性成分和非活性成分　　D、农药成分和生物成分

656.（　　）可以防治玉米苗期地老虎。

A、浸种　　B、晒种　　C、杀虫剂包衣　　D、药剂拌种

657. 集犁、耙、平三次作业于一体的土壤耕作措施是（　　）。

A、分层翻耕　　B、深松耕　　C、翻耕　　D、旋耕

658. 中耕的主要作用不包括（　　）。

A、调节地温　B、消灭杂草　C、提高肥料利用率　D、减少地面蒸发

659. 玉米生育后期，土壤水分呈（　　）状态，有益于防止植株早衰。

A、浅水　B、干燥　C、湿润　D、深水

660. 玉米在（　　）缺磷表现明显。

A、抽穗期　B、苗期　C、成熟期　D、花芽分化期

661. 小麦需水临界期是（　　）。

A、孕穗期　B、起身期　C、拔节期　D、苗期

662. 大豆最忌（　　）。

A、重茬和迎茬　B、轮作　C、重茬　D、迎茬

663. 大豆土壤含水量在（　　）以下必须及时灌溉。

A、凋萎系数　B、田间持水量　C、有效含水量　D、蒸腾系数

664. 根据小麦赤霉病的发生规律，对其进行发病预测时，应该从（　　）月开始。

A、1　B、2　C、3　D、4

665. 玉米螟成虫发生数量目的是（　　）。

A、预测发生趋势　B、指导用药剂量　C、查清越冬基数　D、查明被害程度

666. 甜菜褐斑病说法不正确的是（　　）。

A、采取早治，连续治　B、雨前喷药防，雨后喷药治

C、交替用药　D、不用找病原即可防治有效

667. 防治甜菜象甲用甲基硫环磷拌种，药：种子：水＝（　　）。

A、1：5：4　B、1：2：4　C、2：5：3　D、1：5：3

668. 小菜蛾发生严重的地区不应该做的是（　　）。

A、采用病毒、苏云金杆菌等生物制剂防治

B、避免使用单一药剂防治

C、摘除基部老黄叶，集中销毁

D、采取药剂尽量不是小菜蛾产生抗药性

669. 大豆霜霉病严重度分级标准，2 级病斑与叶面积比为（　　）。

A、0~1%　B、1%~3%　C、3%~5%　D、5%~10%

670. 东北麦区以抗小麦（　　）锈病为主。

A、秆锈　B、叶锈　C、条锈　D、轮锈

671. 防治应该根据病情决定施药次数，一般（　　）次。

A、1~2　B、2~3　C、3~4　D、4~5

672. 处理病稻草不可以将病稻草做（　　）。

A、燃料　B、饲料　C、加工造纸　D、盖草房

673. 一些散播田易造成稻苗稀密不一，易（　　）。

A、成虫不产卵　B、幼虫转株为害　C、成虫大发生　D、幼虫盛发期到来

674. 小麦人工收获以（　　）为适。

A、完熟初期　B、蜡熟中期　C、完熟末期　D、蜡熟末期

675. 玉米越夏贮藏成功的关键是要（　　）。

A、“低温、干燥、开放”　B、“高温、干燥、开放”

C、“高温、干燥、密闭”　D、“低温、干燥、密闭”

676. 稻谷在贮藏过程中，如果回潮，则容易发芽，不利贮藏，水稻发芽的最低的含水量在（　　）以下。

A、10%　B、13.5%　C、11%　D、12.5%

677. 空气湿度大，种子就会从空气中吸收水分，使种子内部水分逐渐增加，其生命活动（　　）。

A、由强变弱　B、基本不变　C、由弱变强　D、停止

678. 职业道德是从业人员在职业活动中应遵循的（　　）准则和规范。

A、礼仪　B、理想　C、作风　D、行为

679. 影响种子萌发的外在因素有（　　）。

A、胚未发育成熟　B、种皮厚，透性差

C、水分不足　D、抑制物质存在

680. 下列不具有气生根的植物是（　　）。

A、玉米　B、红树水松　C、黄瓜　D、常春藤

681. 蓖麻的种皮特点不包括（　　）。

A、有内外两层种皮　B、种皮上有海绵状的种埠

C、外种皮光滑，具有花纹　D、外种皮质地坚硬

682. 甜菜、萝卜的根薄壁组织比较发达，可以贮藏养分，体现了根的（　　）。

A、吸收作用　B、贮藏作用　C、支持作用　D、合成转化作用

683. 有明显主侧根之分的是（　　）。

A、直根　B、直根系　C、须根　D、须根系

684. 根毛是（　　）。

A、毛状的不定根　B、根表皮细胞分裂产生的突起

C、表皮毛　D、表皮细胞外壁突起伸长的结果

685. 叶的主要生理功能是（　　）。

A、光合作用、蒸腾作用、繁殖作用和吸收作用

B、光合作用、蒸腾作用和贮藏作用

C、光合作用、蒸腾作用和支持作用

D、吸收作用和繁殖作用

686.（　　）是指植物光合产物中贮存的能量占光能投入量的百分比。

A、光合产量　B、光合强度　C、净同化率　D、光能利用率

687. 下列关于呼吸作用说法错误的是（　　）。

A、逐步氧化分解　B、在酶的参与下

C、贮存能量　D、在生活细胞内进行

688. 单位容积原状土的干重称为（　　）。

A、土壤密度　B、土壤容重　C、土粒密度　D、土壤重量

689.（　　）的土壤空气充足，水分适度，因而土壤湿度比较高，松紧适宜，有利于作物根系生长。

A、极状结构　B、聚体结构　C、团粒结构　D、黏粒结构

690. 授粉最适宜的时间一般是（　　）。

A、每日开花前的时间　B、每日开花最盛的时间

C、每日花开后期　D、雌蕊成熟期

691. 种子播种品质检测以（　　）为主。

A、纯度和真实性

B、千粒重、净度、发芽率和水分

C、千粒重、纯度、净度、发芽率和水分

D、纯度、净度、发芽率和水分

692. 种子在下列哪种环境条件下贮藏较为适宜（　　）。

A、干燥、高温、密闭　B、干燥、低温、通风好

C、干燥、低温、密闭　D、干燥、高温、通风好

693. 采用防病栽培技术效应是（　　）。

A、减少初始菌量　B、减少繁殖菌量　C、降低流行速度　D、阻止外界入侵

694. 欧文氏菌引起（　　）。

A、细菌性软腐病　B、霜霉病　C、灰霉病　D、角斑病

695. 积年流行病害属于（　　）。

A、多循环病害　B、单循环病害　C、循环病害　D、一年流行病害

696. 除草剂选择原理不包括（　　）。

A、生理选择　B、生化选择　C、时差位差选择　D、品牌选择

697. 农药剂型要注意不包括（　　）。

A、影响农药持久性　B、药效

C、对环境的潜在危险　D、药力

698. 菜蛾在东北地区一般一年（　　）代。

A、3~4　B、1~3　C、1　D、2~4

699. 通常粮食的温度如能保持在（　　）℃范围内，对于贮粮害虫或满类，都有抑

止繁殖和危害的作用。

A、1~2　　B、3~10　　C、4~15　　D、7~20

700. 下列不属于化学防治的是（　　）。

A、种子处理　　B、土壤处理　　C、药液灌根　　D、适时灌水

701. 小麦萌发出苗的最适土壤水分为田间持水量的（　　）。

A、50%~60%　　B、60%~70%　　C、70%~80%　　D、80%~90%

702. 下面不属于小麦分蘖的作用的是（　　）。

A、小麦分蘖是壮苗重要标志　　B、分蘖是环境和群体的“缓冲者”

C、分蘖穗是产量构成的一部分　　D、具有高度抗寒能力

703. 在小麦栽培中注意调节（　　）所处的环境条件，使它保持良好状态，对小麦生长发育有着重要的作用。

A、分蘖　　B、分蘖节　　C、分蘖穗　　D、蘖鞘

704.（　　）小麦植株50%以上旗叶全部露出叶鞘、叶片展开的日期。

A、起身期　　B、拔节期　　C、挑旗期　　D、分蘖期

705.（　　）是影响小麦种子萌发出苗的首要因素。

A、品种特性　　B、土壤水分　　C、温度　　D、播种深度

706. 小麦从调节（　　）出发，建立合理的群体结构创高产。

A、分蘖穗　　B、主茎穗　　C、分蘖率　　D、基本苗

707. 春小麦（　　）含量高于冬小麦，但春小麦的（　　）低于冬小麦。

A、容重和出粉率，蛋白质　　B、容重和出粉率，脂肪

C、蛋白质，容重和出粉率　　D、脂肪，容重和出粉率

708.（　　）加快小麦穗分化速度，缩短穗分化时间，使穗短而粒小。

A、温度　　B、干旱　　C、光照　　D、氮肥

709. 一般小麦茎秆较短而粗壮，叶片（　　）的品种，抗倒伏能力强。

A、耷拉或下展　　B、耷拉或上冲　　C、挺立或下展　　D、挺立或上冲

710. 小麦田土壤肥沃，保水保肥力强，品种遗传生产力高，气候适宜，光合效率高，则水分利用率（　　），蒸腾系数（　　）。反之则（　　）。

A、高，小，大　　B、高，小，小　　C、低，小，大　　D、低，大，小

711. 在水稻秧苗期，育好足够数量的健壮秧苗，（　　）决定于插秧的密度及移栽成活率。

A、株数　　B、分蘖数　　C、分蘖成穗数　　D、粒重

712. 水稻抛秧本田水耙地后，沉浆时间（　　），否则泥浆（　　），抛后秧苗土坨入土太浅或呈卧状态，立苗时间延长。

A、不能过短，变软　　B、不能过短，变硬

C、不能过长，变软　　D、不能过长，变硬

713.（　　）是C4植物，光和效率高，增产潜力大。

A、糜子　　B、玉米　　C、小麦　　D、大豆

714. 玉米头五片叶在胚中形成叫（　　），后期枯死。

A、顶叶　　B、胚叶　　C、茎叶　　D、棒三叶

715. 玉米苗当雄穗分化到伸长期，靠近地面用手能摸到茎节，茎节总长度2~3厘米左右时，称为（　　）。

A、出苗　　B、拔节　　C、吐丝　　D、成熟

716. 下面不是玉米杂种优势表现的是（　　）。

A、生长势强　　B、抗逆性强　　C、产量高　　D、生育期长

717. 玉米地膜覆盖栽培技术使植株根叶生长速度（　　），幼穗分化和灌浆时间提前，叶面积系数增大，光合效率（　　）。

A、减慢，提高　　B、减慢，降低　　C、加快，提高　　D、加快，降低

718. 不属于花铃期棉株长相的是（　　）。

A、株型紧凑　　B、果枝健壮　　C、花蕾肥大　　D、脱落多

719. 从蕾铃脱落部位看，（　　）部位果枝脱落少。

A、中上部果枝　　B、中部果枝　　C、下部果枝　　D、上部果枝

720. 油菜抗逆性（　　），适应性广。

A、弱　　B、比白菜强　　C、强　　D、不一定

721. 油菜种子着生在假隔膜两侧的（　　）上。

A、背缝线　　B、胎座　　C、侧缝线　　D、心皮

722. 油菜的胚中有（　　）片子叶。

A、1　　B、2　　C、3　　D、4

723. 苗肥施用要早，春油菜宜在（　　）前施用。

A、苗高1厘米　　B、子叶平展　　C、两片子叶　　D、花芽分化

724.（　　）是油菜粒重的决定期。

A、开花到成熟　　B、现蕾到开花　　C、抽薹到开花　　D、开花到成熟

725.（　　）的范围大体上与晚熟冬麦区相吻合，当地以两年三熟制为主。

A、东北春大豆区　　B、华北春大豆区

C、西北黄土高原春大豆区　　D、西北春大豆灌溉区

726. 下列作物中最不宜与大豆轮作的是（　　）。

A、水稻　　B、小麦　　C、玉米　　D、豌豆

727. 大豆种植密度根据气温而定，气温高的地区宜（　　），气温低的地区宜（　　）。

A、密，稀　　B、稀，密　　C、稀，稀　　D、密，密

728.（　　）是水烟、斗烟、雪茄芯叶烟、嚼烟、鼻烟和卷烟的原料。

A、烤烟　B、晒烟　C、晾烟　D、香料烟

729．耕地机械的种类和形式很多，其中以（　）应用最广。

A、旋耕机　B、深松机　C、铧式犁　D、作畦机

730．下列不属于播种机部件的是（　）。

A、种子箱　B、排种器　C、开沟器　D、水箱

731．GB 1209—75 规定，标 I 型往复式切割器（　）。

A、动力片为齿刃，护刃器为双齿，设有摩擦片，用于收割机和谷物收获机

B、动力片为光刃，护刃器为单齿，设有摩擦片，用于割草机

C、动力片为齿刃，护刃器为双齿，无摩擦片，用于收割机和谷物收获机

D、动力片为齿刃，护刃器为单齿，无摩擦片，用于割草机

732．脱粒机达到正常转速时，才能开始喂入，喂入作物相应（　）。

A、断断续续　B、猛喂　C、均匀　D、缓慢

733．目前使用的种衣剂成分主要分为（　）。

A、复合成分和成膜成分　B、农药成分和包膜成分

C、有效活性成分和非活性成分　D、农药成分和生物成分

734．（　）可以防治玉米苗期地老虎。

A、浸种　B、晒种　C、杀虫剂包衣　D、药剂拌种

735．土壤耕作包括（　）。

A、翻耕、深松耕和旋耕　B、畜力耕作和机械耕作

C、基本耕作措施和机械耕作措施　D、表土耕作措施和基本耕作措施

736．下列说法正确的是（　）。

A、旋耕应与翻耕轮换应用　B、翻耕易导致耕层变浅

C、单纯旋耕只适用于旱田　D、单纯旋耕只适用于水田

737．中耕深度应掌握（　）原则。

A、浅、深、浅　B、浅、浅、深　C、深、深、浅　D、深、浅、深

738．北方稻区所采用的节水高产灌溉法是（　）。

A、种植旱稻　B、浅、湿灌溉法

C、前期旱长，中后期保水的灌溉法　D、间歇灌溉法

739．玉米生育后期，土壤水分呈（　）状态，有益于防止植株早衰。

A、浅水　B、干燥　C、湿润　D、深水

740．玉米在（　）缺磷表现明显。

A、抽穗期　B、苗期　C、成熟期　D、花芽分化期

741．大豆最忌（　）。

A、重茬和迎茬　B、轮作　C、重茬　D、迎茬

742．大豆土壤含水量在（　）以下必须及时灌溉。

A、凋萎系数　　B、田间持水量　　C、有效含水量　　D、蒸腾系数

743. 烟草是喜（　　）作物。

A、磷　　B、氮　　C、钾　　D、锌

744. 麦类白粉病反应型分级标准（　　）。

A、3　　B、5　　C、6　　D、9

745. 吸浆虫雌虫长（　　）。

A、2~2.5　　B、1.5~2　　C、1~2　　D、2~3

746. 田间稻瘟病叶瘟严重程度分为（　　）。

A、10 级　　B、5 级　　C、3 级　　D、不分级

747. 甜菜象甲蛹形态错误的是（　　）。

A、长 11~20 毫米　　B、米黄色

C、裸蛹　　D、腹部数节较活动

748. 向日葵螟生长期防治分为（　　）。

A、成虫盛发期　　B、花期　　C、幼虫孵化盛期　　D、蛹期

749. 调查油菜霜霉病可以春季出苔（　　）月开始调查。

A、3　　B、4　　C、5　　D、6

750. 小菜蛾发生严重的地区不应该做的是（　　）。

A、采用病毒、苏云金杆菌等生物制剂防治

B、避免使用单一药剂防治

C、摘除基部老黄叶，集中销毁

D、采取药剂尽量不是小菜蛾产生抗药性

751. 麦类锈病化学防治可以用 0.3~0.5 波美度石硫合剂 50~60 千克，（　　）天喷一次。

A、3~4　　B、4~5　　C、5~7　　D、7~10

752. 预测水稻立枯病时，宽大，叶色浓绿说明（　　）。

A、大发生　　B、大流行　　C、轻度流行　　D、不流行

753. 处理病稻草不可以将病稻草做（　　）。

A、燃料　　B、饲料　　C、加工造纸　　D、盖草房

754. 水稻潜叶蝇幼虫说法不正确的是（　　）。

A、乳白色或黄色　B、稍扁平　　C、轮生黑色短刺　　D、有细纵纹

755. 稻谷在贮藏过程中，如果回潮，则容易发芽，不利贮藏，水稻发芽的最低的含水量在（　　）以下。

A、10%　　B、13.5%　　C、11%　　D、12.5%

756. 种子在贮藏过程中吸湿增温使其生命活动变强，丧失生活力。主要因为空气中含有（　　）。

A、水汽和二氧化碳　　B、水汽和热量

C、氧气和二氧化碳　　D、氧气和氮气

757. 甜菜在田间保藏时，每坑堆（　　）米高。

A、1　　B、1.5　　C、2　　D、2.5

758. 下列幼苗中是子叶留土幼苗的是（　　）。

A、小麦　　B、花生　　C、大豆　　D、棉花

759. 目前氮肥当季的利用率为（　　）。

A、10% ~25%　　B、40% ~50%　　C、30% ~40%　　D、70% ~80%

760. 依据尿素的性质采用下列那种施肥方法，能提高其利用率（　　）。

A、土壤　　B、根外　　C、叶面　　D、其他

761. 利用优良品种能够显著提高作物（　　）。

A、产量　　B、品质　　C、生长量　　D、A+B

762. 下列防治方法中哪些是生物防治（　　）。

A、选用抗病品种　　B、糖醋液诱杀　　C、以虫治虫　　D、植物检疫

763. 小麦植株上叶片最大功能最强的叶片是（　　）。

A、真叶　　B、期叶　　C、第一片叶　　D、倒数第二片叶

764. 下列作物中（　　）是 C3 植物。

A、玉米　　B、小麦　　C、甘蔗　　D、高粱

765. 呼吸作用的最适温度约在（　　）。

A、25~30℃　　B、30~40℃　　C、40~50℃　　D、45~55℃

766. 下列作物中不属于短日照作物的是（　　）。

A、棉花　　B、水稻　　C、菊花　　D、油菜

767. 河南省栽培棉花的主栽品种是（　　）

A、陆地棉　　B、非洲棉　　C、亚洲棉　　D、草棉

768. 在一定生产条件下不能表现出来的肥力，称为（　　）。

A、有效肥力　　B、潜在肥力　　C、自然肥力　　D、人工肥力

769. 施用有机肥培肥土壤，能明显提高（　　）。

A、田间持水量　　B、土壤全磷含量

C、土壤黏粒含量　　D、土壤的阳离子交换量

770. 像硝酸钠这样的硝态氮肥应优先用在（　　）。

A、旱田　　B、水田　　C、水稻育秧田　　D、没有限制

771. 小麦的根系是（　　）。

A、须根系　　B、不定根　　C、直根系　　D、复杂根系

772. 完全变态昆虫一生经历（　　）个阶段。

A、4　　B、3　　C、2　　D、5

773. 同种昆虫的大量个体在一定季节内有规律成群从一地迁移到另一地的行为叫做（　　）。

A、扩散　　B、迁飞　　C、转移　　D、迁徙

774. 下列各项中，不属于侵染性病原的是（　　）。

A、细菌　　B、真菌　　C、药害　　D、病毒

775. 种子生产的任务是（　　）。

A、去杂去劣　　B、品种更新　　C、品种更换　　D、B+C

776. 生物的大多数遗传性状要通过各种（　　）。

A、基因　　B、蛋白质　　C、淀粉　　D、脂肪来表现

777. 害虫产生了抗药性是（　　）。

A、突变　　B、选择

C、突变或选择　　D、突变和选择的结果

778. 根系生长的最适宜温度为（　　）。

A、10~15℃　　B、16~20℃　　C、20~25℃　　D、25~30℃

779. 育种工作中最早采用的方法是（　　）。

A、系统育种　　B、杂交育种　　C、诱变育种　　D、倍性育种

780. 原种生产选择的单株应是（　　）。

A、变异单株　　B、健壮单株　　C、典型单株　　D、抗病单株

781. 作物布局做到用地与养地结合，达到作物内部综合平衡，使农业得以持续发展。这一原则属于（　　）。

A、统筹兼顾，合理安排　　B、根据品种特性，因地因土种植

C、适应生产条件，提高劳动生产率　　D、用地与养地相结合，保持农业生态平衡

782. 间混套种的作用有（　　）。

A、减少成本　　B、省工

C、可抑制病虫草的为害　　D、提高产量

783. 一块田地上复种程度的高低，通常用（　　）来表示。

A、复种　　B、复种指数　　C、复种方式　　D、复种条件

784. 小麦促进早分蘖，早发根，形成壮苗，安全越冬的阶段是（　　）。

A、播种出苗阶段　　B、分蘖越冬阶段

C、返青拔节孕穗阶段　　D、抽穗成熟阶段

785. 能够剔除小麦种子破粒、小粒、草子、瘪子等的种子处理方法是（　　）。

A、选种　　B、晒种　　C、消毒　　D、浸种

786. 春性小麦在越冬时，要求单株带蘖（　　）。

A、1 个　　B、2~3 个　　C、3~4 个　　D、4~5 个

787. 小麦施用拔节肥的作用有（　　）。

A、巩固小花分化数　　B、减少小花分化数

C、增加小花分化数　　D、对小花分化无作用

788. 防止小麦倒伏的措施有（　　）。

A、免耕机条播　　B、建立水层保护

C、适时施用多效唑　　D、不施氮肥

789. 一般来说，麦类锈病以（　　）病斑最大，且多发生于茎秆和叶鞘上。

A、条锈病　　B、杆锈病　　C、叶锈病　　D、无区别

790. 在田间，麦蚜的种群数量在小麦（　　）达到最高峰。

A、冬前生长期　　B、返青期　　C、灌浆期　　D、乳熟期

791. 秧苗从第四叶出生开始萌发分蘖，直至稻穗分化为止的时期称为（　　）。

A、幼苗期　　B、分蘖期　　C、长穗期　　D、结实期

792. 水稻晒田的作用有（　　）。

A、有利于分蘖发生　　B、有利于茎秆粗壮老健

C、有利于拔草　　D、有利于叶片的光合作用

793. 感光性强或较强的水稻品种为（　　）。

A、早稻　　B、中稻　　C、晚稻　　D、晚熟早稻

794. 水稻白叶枯病是（　　）性病害。

A、真菌　　B、细菌　　C、病毒　　D、线虫

795. 对于白背飞虱褐飞虱，迁入代和迁出代以（　　）为主。

A、短翅型　　B、长翅型　　C、短翅型　　D、长翅型

796. 玉米进行间苗时一般可见叶数为（　　）。

A、1~2 片　　B、3~4 片　　C、5~6 片　　D、7~8 片

797. 玉米营养生长和生殖生长同时并进的旺盛生长时期是（　　）。

A、苗穗　　B、穗期　　C、花粒期　　D、成熟期

798. 玉米大喇叭口期，雌穗的穗分化进程处于（　　）。

A、生长锥伸长期　　B、小穗分化期　　C、小花分化期　　D、性器官形成期

799. 玉米不同部分叶片对产量的影响不同，一般是（　　）。

A、上部叶 > 中部叶 > 下部叶　　B、中部叶 > 上部叶 > 下部叶

C、中部叶 > 下部叶 > 上部叶　　D、下部叶 > 中部叶 > 上部叶

800. 玉米在整个生育期间，植株叶面蒸腾和棵间蒸发所消耗的水分总量，称为（　　）。

A、需水量　　B、蒸腾系数　　C、蒸发系数　　D、叶面蒸腾量

801. 玉米籽粒含水量在（　　）以下即可安全贮藏。

A、12%　　B、13%　　C、14%　　D、15%

802. 玉米的叶龄指法数是指（　　）与主茎总叶片数的比值。

A、主茎展开叶数　　B、分枝展开叶数
C、主茎余叶龄　　D、分枝余叶龄

803. 防治玉米纹枯病的特效药剂是（　　）。
A、多菌灵　　B、甲基托布伟　　C、井岗霉素　　D、粉锈宁

804. 玉米螟以（　　）虫态越冬。
A、卵　　B、幼虫　　C、蛹　　D、成虫

805. 玉米果穗中部的籽粒行数称（　　）。
A、小穗数　　B、双穗数　　C、穗行数　　D、有效穗数

806. 棉花从开花到开始吐絮的一段时期称为（　　）。
A、苗期　　B、蕾期　　C、花铃期　　D、吐絮期

807. 棉花一生中转化、贮存能量效率最高的时期是（　　）。
A、苗期　　B、蕾期　　C、花铃期　　D、吐絮期

808. 棉花产量构成因素是由（　　）、单株有效铃数、平均单铃皮棉重和衣分所构成。
A、单位面积株数　　B、单位面积总铃数
C、单位面积总铃重　　D、单位面积种植密度

809. 露地直播棉播种出苗后，要求当地的（　　）已过。
A、小麦成熟期　　B、终霜期　　C、油菜成熟期　　D、芒种

810. 育苗移栽棉在播种前，采取（　　）措施，有利于棉子出苗。
A、喷施除草剂　　B、将营养钵排成梅花形
C、将营养钵浇透水　　D、将营养钵暴晒

811. 稳杀得用于棉田主要防除（　　）类杂草。
A、窄叶　　B、禾本科　　C、阔叶类　　D、以上均可

812. 地膜棉花增产原因有（　　）。
A、因有地膜，有抗倒作用　　B、能增加有效开花结铃期
C、增加铃重　　D、增加衣分

813. 棉花的花铃期与当地高能辐照期同步的作用是（　　）。
A、有利于铃壳水分的蒸发　　B、有利于叶片透光
C、有利茎杆伸长　　D、有利于棉花营养生长与生殖生长

814. 棉花的棉铃开裂吐絮后（　　）天，采收最好。
A、3~5　　B、5~7　　C、7~9　　D、9~11

815. 对于棉花枯萎、黄病的防治应采取（　　）的策略。
A、杜绝种子带病　　B、控制老病区蔓延
C、A+B　　D、A 或 B

816. 红铃虫的卵（　　），以（　　）形式越冬。

A、散产，蛹　B、散产，幼虫　C、聚产，蛹　D、聚产，幼虫

817. 油菜在抽薹前或抽薹初期施用的肥料称为（　　）。

A、苗肥　B、蜡肥　C、薹肥　D、花肥

818. 油菜一生中对水分反应最敏感的时期是（　　）。

A、苗期　B、薹花期　C、开花结角期　D、角果发育成熟期

819. 大豆从盛花至鼓粒期的固 N 量占根瘤一生固 N 量的（　　）。

A、20%~30%　B、30%~50%　C、50%~70%　D、70%~90%

820. 大豆土壤含水量在（　　）以下必须及时灌溉。

A、凋萎系数　B、田间持水量　C、有效含水量　D、蒸腾系数

821. 大豆吸肥最多的时期为（　　）。

A、苗期　B、分枝期　C、开花结荚期　D、鼓粒成熟期

822. 大豆从出苗至花芽开始分化的时期为（　　）。

A、播种出苗期　B、幼苗期　C、开花结荚期　D、鼓粒成熟期

823. 大豆从种子萌发到幼苗出土称为（　　）。

A、萌发出苗期　B、幼苗分枝期　C、开花结荚期　D、鼓粒成熟期

824. 大豆当种子体积达到最大值时称为（　　）。

A、终花　B、结荚　C、鼓粒　D、成熟

825. 春花生每亩播种密度为（　　）。

A、1.0 万株左右　B、1.8 万株左右　C、2.8 万株左右　D、3.8 万株左右

826. 甘薯从封垄结薯基本稳定到茎叶生长高峰为（　　）。

A、发根还苗分枝结薯期　B、茎叶盛长块根膨大期

C、薯块盛长茎叶渐衰期　D、贮藏期

827. 夏甘薯常用的育苗方法是（　　）。

A、酿热温床覆盖　B、露地育苗

C、采苗圃　D、种子繁殖

828. 甘薯栽插深度以（　　）为宜。

A、1~2 厘米　B、3~7 厘米　C、7~10 厘米　D、10~15 厘米

829. 甘薯贮藏期间，窖内的相对湿度以（　　）为宜。

A、50%~60%　B、60%~70%　C、70%~80%　D、80%~90%

830. 采用皮碗式气泵的喷雾机是（　　）。

A、工农 -16 型　B、手动压缩式　C、工农 -36 型　D、弥雾机

831. 花生的栽培种有哪些（　　）。

A、普通型　B、龙生型　C、珍珠豆型　D、A+B+C

832. 起动后若电动机反转，则立即停机，将三相电源线中的（　　）对调一下即可。

A、三根互调　B、两根对调

C、三相电机两根对调　　D、单相电机两根对调

833. 选择电动机时，通常电动机的额定功率应比所带动机械的功率（　　）10%左右。

A、小于　B、等于　C、大于　D、不小于

834. 钉齿式滚筒是利用（　　）原理进行脱粒。

A、冲击　B、揉搓　C、梳刷　D、压榨

835.《中华人民共和国农业技术推广法》的颁布日期为（　　）。

A、1987年6月　B、1993年7月　C、1980年5月　D、1990年7月

836. 根据《农业法》规定，国家坚持以（　　）为基础发展国民经济的方针。

A、工业　B、农业　C、矿业　D、商业

837. 下列是不属于集体所有制的土地资源是（　　）。

A、农民承包耕地　　B、农民承包水面

C、金矿　　D、集体有权开发的荒山

838. 果实的外层细胞叫（　　）。

A、木栓层　B、栓内层　C、周皮　D、表皮

839. 下列植物中属于双子叶植物的是（　　）。

A、水稻　B、油菜　C、洋葱　D、小麦

840. 刺槐和仙人掌的叶变态成叶刺、其作用是（　　）。

A、光合作用　B、蒸腾作用　C、攀援作用　D、保护作用

841. 光合作用的原料是（　　）。

A、H_2O　B、CO_2　C、O_2　D、H_2O和CO_2

842. 芝麻、油菜等植物种子形成过程中以（　　）最为明显。

A、淀粉合成　B、蛋白质合成　C、脂肪合成　D、核酸合成

843. 用闪光打断夜间的黑暗可以抑制（　　）开花。

A、甘蔗　B、小麦　C、大麦　D、菠菜

844. 当土壤含水量达到凋萎系数时，此时土壤水分受到的吸力大小为（　　）。

A、10atm　B、13atm　C、15atm　D、20atm

845. 土壤中（　　）形态的养分必经过土壤微生物的转化才能被作物吸收利用。

A、元机态　B、有机态　C、尿素　D、交换态

846. 高产土壤的质地层次一般要求为（　　）。

A、上轻下黏型　B、土黏下砂型　C、质地较粗　D、质地较黏

847. 为了达到改土的效果，生产上经常进行农作物与豆科绿肥的轮作，其改土的原因主要是（　　）。

A、豆科植物的共生固氮　　B、豆科作物吸收土壤中的有毒物质

C、农作物与豆作物的互作效应　　D、豆科作物利用土壤中固定养分

848. 我国农田中缺钾的严重程度为（　　）。

A、北方大于南方　B、南方大于北方　C、水田大于旱田　D、旱田大于水田

849. 有效成分为 N-P 的复合肥料为（　　）。

A、二元复合肥料　B、三元复合肥料　C、多元复合肥料　D、多功能肥

850. 不完全变态昆虫与完全变态昆虫的区别在于前者没有（　　）这个分阶段。

A、成虫　B、卵　C、蛹　D、幼（若）虫

851. 同种昆虫的大量个体在一定季节内有规律成群，从一地迁移到另一地的行为叫做（　　）。

A、扩散　B、迁飞　C、转移　D、迁徙

852. 下列病原物类别中，不可以直接穿透寄主表皮侵入的是（　　）。

A、真菌　B、细菌　C、植物线虫　D、寄生性种子植物

853.（　　）是治疗小麦锈病的特效药。

A、粉锈宁　B、多菌灵　C、甲霜灵　D、三环唑

854. 综合防治要求因地因时制宜，（　　）运用必要的防治措施。

A、分别　B、协调　C、统一　D、以上都不准确

855. 人类性别的遗传是受（　　）。

A、一对基因　B、多对基因　C、性染色体　D、常染色体

856. 两对基因的杂合体可以产生（　　）。

A、1 种　B、2 种　C、3 种　D、4 种配子

857. 原种生产选择的单株应是（　　）。

A、变异单株　B、健壮单株　C、典型单株　D、抗病单株

858. 油菜品种退化常表现（　　）。

A、花期缩短　B、着果较多　C、结实率低　D、抗逆性强

859. 制订作物布局，首先要考虑国家有关政策和指令性计划，其次适应市场变化。这一原则属于（　　）。

A、统筹兼顾，合理安排

B、根据品种特性，因地因土种植

C、适应生产条件，提高劳动生产率

D、用地与养地相结合，保持农业生态平衡

860. 在同一块田地上同一季节内只种一种作物称为（　　）。

A、单作　B、间作　C、轮作　D、套作

861. 间混套种的作用有（　　）。

A、充分利用空间和季节，增加光能利用率

B、提高产量

C、减少成本

D、降低肥料用量

862. 轮作的意义有（　　）。

A、提高光能利用率　　B、降低成本

C、减少用工　　D、有利于减少田间杂草

863. 小麦进行养根、保叶，争粒重的阶段是（　　）。

A、播种出苗阶段　　B、分蘖越冬阶段

C、返青拔节孕穗阶段　　D、抽穗成熟阶段

864. 能够剔除小麦种子破粒、小粒、草子、瘪子等的种子处理方法是（　　）。

A、选种　　B、晒种　　C、消毒　　D、浸种

865. 小麦播种迟，品种分蘖力弱，施肥水平不高的田块，其播种密度应（　　）。

A、适当增加　　B、适当减少　　C、同一般田块　　D、任意

866. 高产小麦要求越冬时，叶面积指数达（　　）。

A、1.0~1.5　　B、1.5~2.0　　C、2.0~2.5　　D、2.5~3.0

867. 半冬性小麦在春化阶段所需温度指标为（　　）。

A、0~5℃　　B、0~12℃　　C、5~12℃　　D、12~14℃

868. 防止小麦倒伏的措施有（　　）。

A、播种浅一些　　B、选用矮秆抗倒品种

C、不施氮肥　　D、建立水层来保护

869. 一般情况下，纹枯病病情加重最迅速的时期是（　　）。

A、冬前　　B、返青期　　C、拔节期　　D、抽穗期

870. 在田间，麦蚜的种群数量在小麦（　　）达到最高峰。

A、冬前生长期　　B、返青期　　C、灌浆期　　D、乳熟期

871. 决定粒重的重要时期是（　　）。

A、秧田期　　B、长穗期　　C、分蘖期　　D、结实期

872. 常规稻至有效分蘖终止叶龄期的茎蘖数为预期穗数的（　　）。

A、1.0 倍　　B、1.0~1.5 倍　　C、1.5 倍　　D、1.5 倍以上

873. 水稻移栽后至活棵前，保持（　　）厘米水层较好。

A、0　　B、2~4　　C、5~6　　D、7~10

874. 当水稻全田总茎蘖数达到预期穗的（　　）时，并可排水晒田。

A、60%~70%　　B、70%~80%　　C、80%~85%　　D、85%~90%

875. 晚稻和早稻的根本区别在于（　　）。

A、石炭酸反应不同　　B、淀粉性质不同

C、地理分布不同　　D、日长反应特性不同

876. 纹枯病属（　　）性病害。

A、高温高湿　　B、高温低温　　C、低温高湿　　D、低温低湿

877. 玉米果穗为圆锥形，籽粒方圆形，坚硬，有光泽的类型是（　　）。

A、硬粒型　　B、马齿型　　C、半马齿型　　D、甜质型

878. 玉米籽粒形成和灌浆成熟期间，适宜的日均温是（　　）。

A、15~18℃　　B、20~24℃　　C、25~30℃　　D、35~40℃

879. 玉米对三要素吸收顺序为（　　）。

A、N>P>K　　B、P>N>K　　C、K>N>P　　D、N>K>P

880. 地膜覆盖玉米比露地栽培可提早（　　）。

A、3~5 天　　B、7~15 天　　C、20~25 天　　D、30~35 天

881. 玉米籽粒含水量在（　　）以下即可安全贮藏。

A、12%　　B、13%　　C、14%　　D、15%

882. 防治玉米螟以在（　　）施药最佳。

A、苗期　　B、喇叭口期　　C、抽雄期　　D、穗期

883. 棉花从开始吐絮到全田收花结束的一段时期称为（　　）。

A、苗期　　B、蕾期　　C、花铃期　　D、吐絮期

884. 棉花果枝长相为（　　）。

A、斜直向上　　B、斜直向下

C、近水平方向直线向外　　D、近水平方向曲折向外

885. 棉花一生中对水分吸收的高峰期是（　　）。

A、苗期　　B、蕾期　　C、花铃期　　D、吐絮期

886. 棉花产量构成因素是由单位面积株数、单株有效铃数、平均单铃皮棉重和（　　）所构成。

A、衣指　　B、衣分　　C、子指　　D、铃重

887. 露地直播棉播种出苗后，要求当地的（　　）已过。

A、小麦成熟期　　B、终霜期　　C、油菜成熟期　　D、芒种

888. 棉花重施花铃肥的作用是（　　）。

A、促进吐絮　　B、满足花铃期对肥料要求

C、有利于茎秆伸长　　D、有利于搭好丰产架子

889. 衣分指百千克籽棉中（　　）占有的比重。

A、棉子　　B、皮棉　　C、棉铃　　D、棉子壳

890. 对于下列棉花病害，种子处理没有明显效果的是（　　）。

A、立枯病　　B、枯萎病　　C、炭疽病　　D、轮纹斑病

891. 甘蓝型油菜属于（　　）。

A、自花授粉作物　　B、异花授花作物

C、常异花授粉作物　　D、常自花授粉作物

892. 油菜 75% 以上花序开始开花的日期称（　　）。

A、初花期　B、开花期　C、盛花期　D、终花期

893. 大豆固 N 能力最强时的根瘤菌，其颜色一般是（　　）。

A、无色　B、绿色　C、粉红色　D、褐色

894. 大豆土壤含水量在（　　）以下必须及时灌溉。

A、凋萎系数　B、田间持水量　C、有效含水量　D、蒸腾系数

895. 大豆吸肥最多的时期为（　　）。

A、苗期　B、分枝期　C、开花结荚期　D、鼓粒成熟期

896. 大豆一般宜在（　　）封垄为宜。

A、分枝期　B、初花期　C、盛花期　D、终花期

897. 在目前的生产条件下，提高大豆的单位面积产量的关键是（　　）。

A、增加单位面积总荚数　B、增加每荚粒数

C、提高粒重　D、增加每荚粒数，同时提高粒重

898. 一般 0.5 千克大豆种子可用（　　）钼酸铵拌种。

A、0.5 克　B、1 克　C、2 克　D、3 克

899. 花生从 50% 枯株开始出现鸡嘴状幼果到大部分有效果发育成定型果为（　　）。

A、播种出苗期　B、苗期　C、开花下针期　D、结荚期

900. 下列土壤中最适宜花生生长的是（　　）。

A、黏壤土　B、黏土　C、砂壤土　D、黄土

901. 花生品种不同吸肥不同，一般（　　）。

A、晚熟种 > 中熟种 > 早熟种　B、早熟种 > 中熟种 > 晚熟种

C、中熟种 > 晚熟种 > 早熟种　D、晚熟种 > 早熟种 > 中熟种

902. 花生在土壤肥力中等以上的田块种植，一般采用（　　）。

A、等行距种植　B、宽穴窄行种植　C、正方形种植　D、宽行窄穴种植

903. 花生摘心时间一般在（　　）。

A、苗期　B、始花期　C、盛花期　D、结荚期

904. 在花期（　　）条件下可使花生青枯病的症状表现的更加明显。

A、长期干旱　B、暴雨骤晴　C、长期阴雨　D、时阴时晴

905. 春甘薯在长江中下游地区常用的育苗方法是（　　）。

A、酿热温床覆盖　B、露地育苗　C、采苗圃　D、种子繁殖

906. 甘薯栽插深度以（　　）为宜。

A、1~2 厘米　B、3~7 厘米　C、7~10 厘米　D、10~15 厘米

907. 甘薯贮藏期间，窖内的相对湿度以（　　）为宜。

A、50%~60%　B、60%~70%　C、70%~80%　D、80%~90%

908. 3MF-3 型多用机上采用的发动机是（　　）。

A、二行程风冷式汽油机　B、四行程水冷式汽油机

C、二行程风冷式柴油机　　D、四行程水冷式柴油机

909. 双缸活塞隔膜泵工作时，偏心轴旋转一周，两个缸（　　）。

A、各进压油一次　　B、一缸进油一次，一缸压油一次

C、各进、压油二次　　D、一缸进油二次，一缸压油一次

910. 电动机铭牌上的温升，是表示电动机定子绕组的温度（　　）周围环境温度的数值。

A、高出　　B、低于　　C、等于　　D、不小于

911. 检查气门间隙大小时应该首先将曲轴摇转使活塞处在（　　）。

A、压缩上正点附近B、进气上点附近　　C、排气上止点附近　　D、随意位置

912. 脱粒机进行脱粒时，其机身应（　　）布置。

A、顺风　　B、逆风　　C、两者均可以　　D、成 45° 夹角

913. 农业科学技术推广的核心是（　　）。

A、土地数量　　B、科学技术　　C、资源条件　　D、气候条件

914. 农业技术推广的经费主要来自于（　　）。

A、财政拨给　　B、有偿服务　　C、自筹资金　　D、技术转让

915. 根据《土地管理法》规定，我国土地所有制的形式主要有两种（　　）。

A、国家和集体所有制　　B、国家和个人所有制

C、集体和个人所有制　　D、个人和经营者所有制

916. 我国法律规定，土地所有权与使用权是（　　）。

A、紧密联系　　B、分离　　C、不分离　　D、不确定

917. 我国土地使用权采取的出让形式是（　　）。

A、有偿、无限制　　B、无偿、有限期　　C、有偿、有限期　　D、无偿、无限期

918.（　　）种子在萌发出苗时，子叶一定要出土。

A、蚕豆　　B、大豆　　C、豌豆　　D、玉米

919. 成熟的胚囊，靠近珠孔端的三个细胞，一个是卵细胞，二个是助细胞，合称为卵器或雌胚体。另一端是（　　）。

A、反足细胞　　B、极核　　C、中央细胞　　D、助细胞

920.（　　）是 C3 植物。

A、高粱　　B、棉花　　C、玉米　　D、甘蔗

921.（　　）都是微量元素。

A、氮、钙、硫　　B、硫、磷、硼　　C、钾、硫、硼　　D、硼、锰、锌

922. 土壤有效水分含量的多少，主要受（　　）的影响。

A、土壤质地、结构、有机质含量　　B、土壤质地、养分、微生物

C、有机质含量、养分、微生物　　D、土壤质地、有机质含量、微生物

923. 最适于根外追肥的肥料是（　　）

A、碳铵　B、硫酸铵　C、磷酸二氢钾　D、氯化铵

924. 目前氮肥当季利用率仅在（　）左右。

A、30%　B、40%　C、50%　D、60%

925. 以家畜粪尿为主，加上各种垫料混合积制而成的肥料，称（　）。

A、厩肥　B、堆肥　C、沤肥　D、家畜粪肥

926.（　）的杂交方式是回交。

A、[B × C] × B　B、B × C

C、[B × C] × D　D、[A × B] × [C × D]

927. 能传播油菜病毒病的昆虫是（　）。

A、蚜虫　B、菜青虫　C、黄曲跳甲　D、潜叶蝇

928.（　）是灭生性除草剂。

A、氟乐灵　B、丁草胺　C、高特克　D、草甘磷

929. 自花授粉作物是（　）

A、100% 为异花授粉的作物　B、异交率小于 5% 的作物

C、异交率大于 80% 的作物　D、由昆虫传粉的作物

930. 在小麦开花时遇到干热风为害，将（　）

A、缩短灌浆期　B、延长灌浆期　C、降低灌浆速度　D、减少穗粒数

931. 用化学药剂防治麦田锈病，一般在抽穗前后进行，其田间发病率达（　），开始喷药。

A、2%~4%　B、5%~10%　C、12%~15%　D、20% 左右

932. 土壤 pH 值为 8.1，土壤呈（　）。

A、中性　B、微酸性　C、微碱性　D、强酸性

933.（　）什么属于粮食作物

A、苏子　B、紫地云英　C、甜菜　D、甘著

934. 水稻抽穗开花时的适应温度为 28~32℃，如果日平均气温低于 0℃，不利于开花传粉（　）。

A、25　B、20　C、18　D、15

935. 小麦播种量是在（　）确定之后，根据该品种种子净度，粒重，发芽率及田间出草率计算出的。

A、发芽率　B、行距　C、基本苗　D、株距

936. 植物生长发育必需的大量元素有（　）种。

A、10　B、6　C、15　D、16

937. 硝态氮肥贮藏时，应特别注意（　）。

A、防潮　B、防爆　C、防液化　D、防气化

938. 烟草缺（　）可引起叶病。

A、锌 B、钼 C、锰 D、硼

939. 合理灌溉的指标是指（ ）。

A、生理指标 B、形态指标 C、生理形态指标 D、外观

940. 根吸收矿质元素最活跃的部位是（ ）。

A、伸长区 B、细胞 C、组织 D、细胞质

941. 防治玉米大、小斑病以（ ）为主，结合其他方法，进行综合防治。

A、抗病品种 B、农业防治 C、生物防治 D、化学防治

942. 某农场实有耕地 1 万公顷，一年内收获早稻 0.8 万公顷，双晚 0.8 万公顷，油菜 0.7 万公顷，小麦 0.5 万公顷，大豆 0.2 公顷，该农场的复种指数为（ ）。

A、150% B、200% C、250% D、300%

943. 玉米生产采用（ ），是一项最经济、最有效，简便易用的增产措施。

A、杂交种 B、增效剂 C、重施磷肥 D、大水漫灌

944. 棉花包括许多棉种，栽培最广泛的是（ ）。

A、亚洲棉 B、草棉 C、陆地棉 D、陆地棉和草棉

945. 玉米空秆的原因是（ ）。

A、品种遗传 B、外界因素 C、缺肥的因素 D、A 和 B

946. 冬小麦日平均气温达到（ ）℃时，最适宜播种。

A、16~18 B、19~21 C、22~23 D、24~25

947. 下列种子应当加工、包装后销售的是（ ）。

A、马铃薯微型脱毒种薯 B、水稻苗

C、西红柿苗 D、雪枣苗

948. 染色体的主要功能是（ ）。

A、进行光合作用 B、为细胞生命活动提供能量

C、合成蛋白质 D、决定生物体的发育和性状表现

949. 玉米间苗的适宜时期是（ ）。

A、2~3 片叶 B、3~4 片叶 C、5~6 片叶 D、7~8 片叶

950.（ ）是 C4 植物。

A、水稻 B、棉花 C、玉米 D、大豆

951.（ ）都是微量元素。

A、磷、钙、硫 B、锰、铁、硼 C、氮、硫、硼 D、氮、锰、锌

952. 土壤有效水分含量的多少，主要受（ ）的影响。

A、土壤质地、结构、有机质含量 B、土壤质地、养分、微生物

C、有机质含量、养分、微生物 D、土壤质地、有机质含量、微生物

953. 土壤中全氮含量有 0.05%~0.2%，而且绝大部分是以迟效的有机态存在，速效无机氮只占全氮含量的（ ）。

A、0.5%　　B、1%~3%　　C、5%~7%　　D、10%

954. 目前尿素当季利用率仅在（　　）左右。

A、30%　　B、40%　　C、50%　　D、60%

955. 以家畜粪尿为主，加上各种垫料混合积制而成的肥料，称（　　）。

A、厩肥　　B、堆肥　　C、沤肥　　D、家畜粪肥

956.（　　）是不完全变态昆虫。

A、菜青虫　　B、蝗虫　　C、棉铃虫　　D、玉米螟

957. 冬小麦冬灌时要掌握在初冬土壤（　　）。

A、冻结前　　B、冻结后　　C、日化夜冻之时　　D、零度时

958.（　　）是灭生性除草剂。

A、氟乐灵　　B、丁草胺　　C、高特克　　D、草甘磷

959. 土壤肥力主要是指土壤供给和协调（　　）的能力。

A、水分　　B、养分　　C、水、肥、气、热　　D、热量

960. 玉米籽粒含水量降至（　　）以下时，即可安全贮藏。

A、13%　　B、14%　　C、15%　　D、16%

961. 用化学药剂防治麦田锈病，一般在抽穗前后进行，其田间发病率达（　　），开始喷药。

A、2%~4%　　B、5%~10%　　C、12%　　D、20% 左右

962. 铵态氮肥施用时，忌与（　　）混合。

A、酸性物质　　B、碱性物质　　C、中性物质　　D、硝态氮

963.（　　）既属于粮食作物，又属于经济作物中的油料作物。

A、大豆　　B、花生　　C、芝麻　　D、油菜

964. 防治病虫害最经济、有效、简便的措施是（　　）。

A、合理轮作　　B、选用抗病虫品种　　C、合理施肥　　D、科学管水

965. 玉米矮花叶病的防治除采取以选用抗病品种为中心的综合防治措施，也应不忽视药剂防治特别是要在苗期及时防治传毒蚜虫，其方法是（　　）。

A、10% 吡虫啉可湿粉　　B、人工及时捕捉

C、洗衣粉稀释 1/10　　D、拔除病株深埋

966. 为促进玉米大量生根、植株更加健壮，在拔节时期应进行（　　）。

A、深中耕　　B、浅中耕　　C、不中耕　　D、拔草除害

967. 棉花蕾期生长稳健的标志之一是主茎颜色下红上绿，其红茎占株高的（　　）。

A、1/6~1/5　　B、1/4~1/3　　C、1/2~2/3　　D、3/4~4/5

968. 棉花缺（　　）可引起“蕾而不花”病。

A、锌　　B、钼　　C、锰　　D、硼

969. 玉米在 PH 值（　　）的土壤上栽培，更易稳产高产。

A、6.5~7　　B、7~8　　C、5~5.6　　D、6~8

970. 植物缺钾时，老叶尖端和边缘开始发黄并逐渐（　　）。

A、黄绿色　　B、焦枯状　　C、暗绿色　　D、银灰色

971. 决定小麦粒重的关键时期为（　　）。

A、苗期　　B、分蘖期　　C、拔节孕穗期　　D、灌浆期

972. 某农场实有耕地 1 万公顷，一年内收获早稻 0.8 公顷，双晚 0.8 公顷，油菜 0.7 公顷，小麦 0.5 公顷，大豆 0.2 公顷，该农场的复种指数为（　　）

A、150%　　B、200%　　C、250%　　D、300%

973. 品种提纯必须遵循（　　）的原则。

A、绝对纯　　B、相对纯　　C、纯中有异　　D、单株选择

974. 对贪青晚熟的棉田，可用 40% 乙烯利 100~125 克，加水 50 千克，配成浓度为（　　）毫克 / 千克的水溶液进行喷施催熟。

A、200~400　　B、500~700　　C、800~1 000　　D、1 200~1 500

975. 适合与玉米间作的作物是（　　）

A、高粱　　B、甘蔗　　C、大豆　　D、棉花

976. “大、小麦 / 棉花→小麦 + 蚕豆 / 棉花”中，“/”的含义是（　　）。

A、间作　　B、套作　　C、复种　　D、混作

977. 下列种子应当加工、包装后销售的是（　　）。

A、马铃薯微型脱毒种薯　　B、水稻苗

C、西红柿苗　　D、雪枣苗

978. 一般植物的细胞是由（　　）和（　　）组成的。

A、细胞壁和原生质体　　B、细胞壁和细胞质

C、细胞壁和细胞核　　D、细胞质和细胞核

979. 产生精子的花粉要经过（　　）。

A、有丝分裂　　B、无丝分裂　　C、减数分裂　　D、直接分裂

980.（　　）根容易形成根瘤。

A、棉花　　B、芝麻　　C、花生　　D、玉米

981.（　　）是种子中最主要的部分。

A、种皮　　B、胚乳　　C、胚　　D、盾片

982. 油菜花而不实是因为缺（　　）。

A、硼　　B、钼　　C、锰　　D、铁

983. 小麦抽穗期最适适的温度为（　　）℃。

A、35 以上　　B、30~35　　C、22~30　　D、16~21

984. 碳酸氢铵作追肥一般施入（　　）厘米深。

A、2~3　　B、3~5　　C、5~7　　D、7~10

985. 中性土壤的 pH 值范围是（　　）。

A、4.5~5.5　　B、5.5~6.5　　C、6.5~7.5　　D、7.5~8.5

986. 小麦的生育时期不包括（　　）。

A、起身期　　B、抽穗期　　C、鼓粒期　　D、成熟期

987. 河南省冬小麦品种一般在日平均气温（　　）℃左右时进行播种是最佳播种时期。

A、13~15　　B、16~18　　C、19~21　　D、22~25

988. 小麦在抽穗前后倒伏减产达（　　）。

A、30%~40%　　B、40%~50%　　C、50%~60%　　D、60%~70%

989. 夏玉米早播可以在麦收前（　　）天套种在小麦行间。

A、3~6　　B、7~15　　C、16~18　　D、19~21

990. 玉米一般在（　　）叶期定苗。

A、2~3　　B、4~5　　C、6~7　　D、8~9

991. 玉米籽粒含水量降至（　　）% 以下时，即可安全贮藏。

A、11　　B、13　　C、15　　D、17

992. “肥料三要素”是指下列哪一组营养元素（　　）。

A、碳、氢、氧　　B、钙、镁、硫

C、氮、磷、钾　　D、碳、氮、磷

993. 全变态昆虫是（　　）。

A、蝗虫　　B、飞虱　　C、黏虫　　D、叶蝉

994. 下列几种作物，哪一组作物是属于自花授粉作物（　　）。

A、大豆、水稻、小麦　　B、棉花、高粱、小麦

C、棉花、水稻、玉米　　D、玉米、花生、棉花

995. 一般作物营养的临界期多发生在（　　）。

A、苗期　　B、开花期　　C、灌浆期　　D、成熟期

996. 下列哪一组因素是种子萌发的必需的外界条件（　　）。

A、水分、二氧化碳、温度　　B、水分、氧气、温度

C、温度、湿度、矿质元素　　D、矿质元素、湿度、光照

997. 能促进果实成熟的植物激素是（　　）。

A、生长素　　B、青霉素　　C、乙烯　　D、细胞分裂素

998. 下列几种作物，哪一个作物是属于长日照作物（　　）。

A、水稻　　B、大豆　　C、小麦　　D、高粱

999. 下列几种土壤结构类型，哪一种类型是农业上最理想的土壤结构（　　）。

A、板状结构　　B、块状结构　　C、团粒结构　　D、核状结构

1000. 烟草的钾 / 氯多大最适宜（　　）。

A、1　　B、4　　C、7　　D、10

1001. 防治小麦锈病的为害，要选择哪种杀菌剂（　　）。

A、托布津　　B、苯来特　　C、多菌灵　　D、叶锈特

1002. 下列作物中耐旱、耐寒性较强的是（　　）。

A、水稻　　B、玉米　　C、小麦　　D、大豆

1003. 下列几种家畜粪肥，分解腐熟快，发热量最大的粪肥是（　　）。

A、猪粪　　B、羊粪　　C、牛粪　　D、马粪

1004. 提高化肥利用率最有效的措施是（　　）。

A、少量施用化肥　　B、深施化肥

C、集中施用化肥　　D、有机肥与化肥配合施用

1005. 下列哪一种氮肥含氮量最高（　　）。

A、尿素　　B、硝酸铵　　C、硫酸铵　　D、碳酸氢铵

1006. 中性土壤的 pH 值范围是（　　）。

A、4.5~5.5　　B、5.5~6.5　　C、6.5~7.5　　D、7.5~8.5

1007. 下列几种氮肥，哪一种氮肥最适宜作种肥（　　）。

A、碳酸氢铵　　B、硫酸铵　　C、氯化铵　　D、硝酸铵

二、判断题

1.（　）内容的稳定性和连续性是职业道德的基本特征之一。

2.（　）掌握技能是指深入研究本职业专业技术知识和实际操作技能。

3.（　）苗床管理方式不同，但其基本原则和措施相近，主要表现在苗床温度和水分的调节。

4.（　）玉米螟生物防治可采用白僵菌颗粒剂防治幼虫，因作用较慢，只能用于玉米苗期投放。

5.（　）生产上常用日平均气温 5℃以上持续的时间表示作物的生长期。

6.（　）施药人员每天喷药时间一般不得超过 3 小时。

7.（　）区域试验中参试品种采取拉丁方设计排列。

8.（　）春繁、春制的主要是一些感光的早籼类型亲本和组合。

9.（　）玉米杂交制种，调整播期需要注意母本吐丝期与父本花期相差的天数不等于两个亲本播种期相差的天数。

10.（　）水稻主穗穗顶露出剑叶叶鞘 5% 为见穗期。

11.（　）棉花壮株初蕾期红绿茎比以 6 ∶ 4 为宜。

12.（　）指导使用农药必须掌握常用农药的用量及使用方法。

13.（　）大豆最佳收获时期的特征是叶枯黄，大部分脱落，摇动植株，豆荚沙沙

作响。

14.（　）苗期不是油菜去杂去劣的时期。

15.（　）观察记载日照情况是指记载日温度变化。

16.（　）特殊气候情况主要是指暴雨、冰雹、风灾、病虫发生情况等。

17.（　）水稻杂交制种田花期预测方法可用叶片比较法。

18.（　）玉米测产以黄熟末期进行比较合理。

19.（　）技术负责人情况无需记载到种子生产档案中。

20.（　）多孔纸袋或针织袋一般要求用于通气性好的种子种类或数量大，贮存于干燥低温场所，保存期限短的批发种子的包装。

21.（　）道德是以善恶、荣辱等观念为准则，依靠人们的内心信念、社会舆论和传统习惯来维系，是调整个人与个人之间以及个人与社会之间关系的原则和规范的总称。

22.（　）道德的特点有鲜明的阶级性。

23.（　）掌握技能是指深入研究本职业专业技术知识和实际操作技能。

24.（　）由雌雄配子结合，经过受精过程，最后形成种子繁衍后代的，统称为正常繁殖。

25.（　）玉米丝黑穗病化学药剂防治可采用萎锈灵可湿性粉剂。

26.（　）小麦田土壤不能施用硝态氮肥。

27.（　）磷矿粉属于难溶性磷肥。

28.（　）作物在某一发育时期或整个生育期内，高于生物学最低温度的日平均温度，称为有效积温。

29.（　）施药人员每天喷药时间一般不得超过 3 小时。

30.（　）玉米杂交制种，同期播种情况下，两亲的花期相差 5 天以上，需要调节播种期。

31.（　）冬小麦适宜的播种温度为 15~18℃。

32.（　）冬小麦生长中期两极分化出现慢，植株过高，长势猛，叶色黑绿发亮的属于氮多旺株。

33.（　）棉花生长前期壮苗现蕾时株高以 12~20 厘米为宜。

34.（　）利用天敌灭鼠属于有效的防鼠方法之一。

35.（　）在生产上，小麦最佳收获时期的特征为 80% 以上的籽粒背复面全呈黄色，胚乳稠蜡状，用指甲可压扁，但已无浆液。

36.（　）玉米成熟期是去杂去劣的主要时期。

37.（　）记录技术负责人情况包括姓名、年龄、性别、技术水平等级等。

38.（　）目前应用比较普遍的包装材料主要有聚乙烯铝箔复合袋、聚乙烯袋、纸板盒等。

39.（　）用磷化铝熏蒸种子时，按种子分级标准规定的水分以内熏蒸不得超过 2 次。

40.（　）种子繁育员对自己的业务水平要一丝不苟。

41.（　）不同植物受精不亲和反应情况是不一样的，十字花科植物生理上的不亲和性发生在柱头表面。

42.（　）纯系学说在育种和种子生产的最大影响是在理论和实践上提出异花授粉作物单株选择的重大意义。

43.（　）耙地不属于土壤基本耕作的内容。

44.（　）棉花以 2~4 叶时移栽产量较高。

45.（　）品种权的保护期限，自授权之日起，藤本植物、林木、果树和观赏树木为 20 年。

46.（　）种子活力就是种子的生活力。

47.（　）气候资源是指有利于人类经济活动的气候条件。

48.（　）气候类型就是根据气候带所划分的具有一定特色的气候类别。

49.（　）区域试验中参试品种采取拉丁方设计排列。

50.（　）小麦杂交制种一般要求母本比父本早 2~4 天。

51.（　）玉米杂交制种，调整播期需要注意母本吐丝期与父本花期相差的天数不等于两个亲本播种期相差的天数。

52.（　）水稻的适宜栽培季节依据水稻开始发芽的最低温度要求，当地日平均气温稳定通过 8~10℃时，就可进行播种栽培。

53.（　）利用天敌灭鼠是有效的灭鼠方法。

54.（　）为防止生物学混杂，种子繁殖田必须单收、单运、单脱、单晒、单藏。

55.（　）小麦去杂去劣主要以成熟期为主。

56.（　）不育度一般分 5 个等级，自交不结实称为高不育。

57.（　）记录技术负责人情况包括姓名、年龄、性别、技术水平等级等。

58.（　）种子堆垛、围囤之间和沿仓壁四周应留有 0.2~0.4 米的操作道。

59.（　）为达到防鼠效果，防鼠板高度应为 70 厘米。

60.（　）一般较高的气温对叶片长度和面积增长有利；而光照弱对叶片伸长有利。

61.（　）春玉米用化肥作种肥时，应将化肥施于种子两侧，以免烧种。

62.（　）甘蔗成熟期一般不施肥，以利于成熟和蔗糖分积累。

63.（　）全变态的昆虫经过卵、幼虫、若虫、成虫四个虫态。

64.（　）胃毒剂常用来防治刺吸式口器的害虫。

65.（　）杀虫剂、除草剂、植物生长调节剂都是农药。

66.（　）采用杂交育种法育成的品种称杂交种。

67.（　）遗传的三大基本规律是分离规律、独立分配规律和自由组合规律。

68.（　）杂交水稻早造制种田父母本播种错期推算宜采用生育期推算法。

69.（　）采用空间隔离或时间隔离等隔离措施，便可完全防止品种的生物学混杂。

70.(　)扦样时，若种子包装物或种子批没有标记或能明显地看出该批种子在形态或文件记录上有同质性的证据时，应拒绝扦样。

71.(　)种子真实性是指供检种子与文件记录（如标签等）是否相符。

72.(　)花生种子生产要办理生产许可证。

73.(　)在种子生产基地从事病虫害接种试验属违法行为。

74.(　)《种子法》第十条规定：国家对种质资源享有主权，因此各科研单位不能拥有种质资源的所有权。

75.(　)病状是指感病植物本身所表现出的不正常状态。

76.(　)单年流行病害通常都是单循环病害。

77.(　)水稻叶瘟症状因品种抗病性和气候条件不同而异，抗病品种遇干燥气候发生白点型症状。

78.(　)防治水稻纹枯病的理想农药是富士一号、三环唑。

79.(　)棉花立枯病多在棉花播种后1~2月内发生。

80.(　)小麦吸浆虫从卵到成虫的各个虫期都离不开土壤，所以防治上进行土壤药剂处理是重要措施。

81.(　)分蘖期防治水稻螟虫的最佳方法是撒毒土。

82.(　)每种病虫都是一定数量的天敌，麦蚜和七星瓢虫是食物链关系。

83.(　)稻田灌水深、氮肥多，有利于稻瘟病发生。

84.(　)小麦蚜虫发生的适宜气候条件是适温高湿。

85.(　)水稻烂秧有烂种、烂芽和死苗三种类型。

86.(　)水稻白叶枯病和细菌性条斑病都能在苗期发病。

87.(　)螟害和穗劲瘟都可引起白穗，但螟害的白穗易抽起且有虫孔。

88.(　)小麦赤霉病发生流行的关键是抽穗开花期和温暖多雨的天气相吻合。

89.(　)触杀型除草剂不能以土壤处理法使用。

90.(　)稻飞虱和稻纵卷叶螟都具有南北迁飞习性。

91.(　)赤霉病和白粉病都能在麦穗上发病，防治上都要抓住孕穗期及时施药。

92.(　)玉米螟幼虫常见的田间分布型是随机分布。

93.(　)病毒的侵入一般通过自然孔口和伤口侵入。

94.(　)真菌的营养体是菌丝，菌丝的变态类型有菌核、菌索和子座。

95.(　)取食植物的昆虫都是害虫。

96.(　)昆虫在不良环境条件下暂时停止发育，但当不良环境条件一旦消除而能满足其生长发育的要求时，便可继续生长发育的现象称为休眠。

97.(　)湿度主要影响昆虫的发育速度。

98.(　)真菌无性孢子繁殖快、数量大、扩散广，其作用是除繁衍后代外，还可以渡过不良环境。

99.（　）线虫可直接穿透寄主表皮、从自然孔口和从伤口侵入。

100.（　）毒力是指药剂本身对不同生物发生直接毒杀作用的性质和程度。毒力是在田间生产条件下实测得的。

101.（　）评定农药毒性的高低，可从药剂的颜色、形态或气味等方面来确定。

102.（　）乳油、可湿性粉剂、水剂，以撒施法或深层施药为主。

103.（　）除虫菊酯类杀虫剂具有负温度系数作用。

104.（　）田间试验要求试验目的要明确，试验条件要有代表性，试验结果要可靠，试验结果要有重演性。

105.（　）试验地一般设在离村庄、公路、道路较近的地方，以方便观察。

106.（　）合理施肥就是要求所实施的施肥量和方法能以最少的投入获得最好的经济效益；能使作物获得高产和优质；能改善作物生长环境，培肥土壤的施肥技术。

107.（　）作物一生从出苗（或播种）到成熟（或收获）的总天数称生育时期。

108.（　）生物产量是指作物在其生育期间生产并积累成有机物质的总量，也就是全部植株干物质（一般不包括根系）的收获量。

109.（　）水稻扬花后，稻蝽类以成虫、若虫群集稻穗刺吸汁液，重则造成秕谷、白穗。

110.（　）稍高温度、高湿或时晴时雨，偏施、迟施氮肥、长期深灌，利于稻瘟病的发生。

111.（　）在暴风雨或洪水淹漫之后，有利于稻白叶枯病的发生和流行。

112.（　）玉米螟在苗期为害严重。

113.（　）中温高湿（温度在20~25℃，雨量大，雨日多）利于大斑病发生和流行。

114.（　）甘蔗凤梨病是一种伤口寄生菌，主要为害堆放期间的蔗种，种植后不再发病。

115.（　）夏季暴雨或雷雨对菜蛾发生不利，故春末夏初和秋季发生重。

116.（　）瓜类真菌性枯萎病病菌在高温高湿，特别是久雨后又遇干旱或时雨时晴发病更重。

117.（　）柑橘大实蝇、蜜柑大实蝇、柑橘小实蝇均属于国内植物检疫对象。

118.（　）配制波尔多液时用金属容器，会提高药效。

119.（　）农药产品包装必须贴有标签或者附具说明书。

120.（　）疫区即是有检疫对象的区域。

121.（　）凡是局部发生的，危害性大的，能随植物及其产品传播的病、虫、草应定为检疫对象。

122.（　）蜘蛛、螨类、蝇类都属昆虫。

123.（　）植物病原病毒是一种非专性寄生物。

124.（　）病害流行是指在短时间内，病害发生面积广，发病程度严重，损失大的现象。

125.（　）黑线仓鼠主要栖息野外，所以不传播任何疾病。

126.（　）利用猫、鹰、狗捕捉害鼠，称为生物灭鼠。

127.（　）调查小麦白粉病多采取五点取样法。

128.（　）综合分析法又称为专家预测法。

129.（　）病虫损失率，通常用生产水平相同的受害田，和未受害田的产量或经济效益造成的损失程度计算。

130.（　）病虫发生程度分为小发生、中发生、大发生 3 级。

131.（　）叶锈与杆锈病菌均在冬麦苗上越冬。

132.（　）暴风雨造成的伤口，有利于棉花枯、黄萎病菌的侵染。

133.（　）棉田适当轮作，可减少棉铃虫的危害。

134.（　）温水浸种，要针对不同种子调节不同的水温和浸种时间。

135.（　）生物防治受环境影响小，效果稳定。

136.（　）稀释倍数法能够反应出农药有效成分在药液中的含量。

137.（　）制作颗粒剂，是使药和载体混拌均匀。

138.（　）利用手动喷雾器喷洒除草时，可以进行重复喷雾。

139.（　）使用背负式喷雾器，进行常量喷雾时，风速可以为 4 米 / 秒。

140.（　）蜘蛛、螨类、蝇类都属昆虫。

141.（　）病原物与寄主建立寄生关系到表现症状为止的时期称为侵染过程（潜育期）。

142.（　）杂草种子寿命特别短，一般 3~5 天。

143.（　）稻茬麦免耕田防除杂草，利用草甘磷和克芜踪，只能防除已出土的杂草，不能封闭土壤。

144.（　）黑线仓鼠主要栖息野外，所以不传播任何疾病。

145.（　）调查麦蚜时一般每点固定 50 株。

146.（　）病虫损失率，通常用生产水平相同的受害田，和未受害田的产量或经济效益造成的损失程度计算。

147.（　）预测是一个信息加工的过程。

148.（　）5 月 8~10 日是一代黏虫防治适期，以上为定性预报。

149.（　）昆虫的发育速度在一定温度范围内随温度增高而加快。

150.（　）叶锈与杆锈病菌均在冬麦苗上越冬。

151.（　）温室白粉虱的若虫对黄色有趋性。

152.（　）暴风雨造成的伤口，有利于棉花枯、黄萎病菌的侵染。

153.（　）利用割下后放置 1~2 天的杨树枝诱蛾效果最好。

154.（　）Bt 菌对鳞翅目幼虫防效最好。

155.（　）制作颗粒剂，是使药和载体混拌均匀。

156.（　）配制石硫合剂时，硫磺粉越细越好。

157.（　）利用手动喷雾器喷洒除草时，可以进行重复喷雾。

158.（　）背负机只能进行超低容量喷雾。

159.（　）田间药效试验调查取样多采取随机取样。

160.（　）病虫害防治法都具有强制性。

161.（　）昆虫一生经过的卵→幼虫→蛹→成虫的变化过程称为变态。

162.（　）棉铃虫的卵多产于叶背近主脉处，呈鱼鳞状排列。

163.（　）植物病原病毒是一种非专性寄生物。

164.（　）病原物与寄主建立寄生关系到表现症状为止的时期称为侵染过程（潜育期）。

165.（　）在棉花生长的中后期，可常规喷洒草甘膦、克芜踪防除各种杂草。

166.（　）害鼠在粮仓内不便取食粮食，咬坏包装物，并且粪便污染而使粮食失去食用价值。

167.（　）黑线仓鼠主要在夜间活动，喜食大豆、花生，善于贮存冬粮。

168.（　）当害鼠吃了不够致死量的毒饵后，再碰到同样的毒饵会继续取食。

169.（　）综合分析法又称为专家预测法。

170.（　）病害发生的严重程度，可用病情指数表示。

171.（　）对于样本容量大，而且观察值在资料中出现的次数和所占的比重都不同，可利用加权法计算平均数。

172.（　）麦圆蜘蛛多在中午前后活动危害最盛。

173.（　）水稻纹枯病的水平扩展期是分蘖盛期和抽穗期。

174.（　）使用农药时，变喷雾喷粉为颗粒剂和土壤施药能有效地保护天敌昆虫。

175.（　）桑园附近禁止喷洒波尔多液，以免家蚕感染中毒。

176.（　）大白鼠口服 LD_{50} 的量 50~500 毫克 / 千克为低毒农药。

177.（　）农药中毒后要迅速喝酒催吐。

178.（　）背负机既可喷洒农药，也可喷洒颗粒肥料。

179.（　）药效试验只能做不同农药品种比较试验。

180.（　）内吸剂是一种特殊的胃毒剂。

181.（　）流行性病害必然具有再侵染。

182.（　）噬菌体即微生物病毒。

183.（　）水装片可用于植病切片观察。

184.（　）普通显微镜与体视显微镜成像都为倒像。

185.（　）敌百虫可以同碱性农药混用。

186.（　）半寄生植物可进行光合作用，但不能从寄主吸收矿物质。

187.（　）轮作倒茬利用害虫的单食性和寡食性进行防治。

188.（　）可湿性粉剂常用来喷粉。

189.（　）玻片是否干净的标准是看有无油污。

190.（　）树立良好的职业道德，事业就一定成功。

191.（　）闭花传粉属自花传粉，开花传粉属异花传粉。

192.（　）短日照作物只有在短照日条件下才能正常开花。

193.（　）土壤化学性质是指组成土壤物质在土壤溶液和土壤胶体表面的化学反应及与一些相关的养分吸收和保蓄过程所反应出来的物理特性。

194.（　）土壤供肥性是指土壤吸收并保持土壤养分的能力。

195.（　）土壤供肥性是指土壤吸收养分并释放给作物养分的能力。

196.（　）高产是所有作物育种的基本目标。

197.（　）系统育种或称选择育种，是通过个体选择，株行试验和品系比较试验到新品种育成的一系列过程。

198.（　）不同株系间杂交获得杂种，继而在杂种后代进行选择以育成符合生产要求的新品种，称杂交育种。

199.（　）症状是指植物受病原物或不良环境因素的侵扰后，内部的生理活动和外观的生长发育所显示的某种异常状态。

200.（　）寄生植物从寄主体内夺取生活物质的成分完全相同。

201.（　）小麦对氮、磷的吸收量在抽穗期达最大值。

202.（　）大豆播种，一般要“肥地宜稀，薄地宜密”，采用机械化栽培管理，密度比不使用机械时要大些。

203.（　）水稻机动插秧机主要由插秧工作与动力行走两大部分组成。

204.（　）深松耕是集犁、耙、平三次作业于一体的土壤耕作措施。

205.（　）若冬小麦只允许浇一次水，应在拔节期进行。

206.（　）向日葵列当寄生在向日葵根部。

207.（　）人工释放赤眼蜂可以防治大豆食心虫。

208.（　）一般认为小麦蜡熟中期到完熟初期为适宜收获期。

209.（　）大豆人工收割和机械分段收割可在黄熟期进行。

210.（　）不同职业的人员有相同的职业道德。

211.（　）薄壁组织经常由薄壁的初生壁、原生质体而液泡化的细胞组成，其细胞常近乎等径，它是一类较不分化的成熟组织。

212.（　）豆科植物的根瘤是由一种称为根瘤菌的真菌入侵后形成的。

213.（　）不经过受精作用就能产生新个体来延续后代的方式叫无融合生殖。

214.（　）土壤形成过程主要是岩石风化过程。

215.（　）连锁遗传规律的发现，证实了染色体是控制性状遗传基因的载体。

216.(　)不同品种间杂交获得杂种，继而在杂种后代进行选择以育成符合生产要求的新品种，称杂交育种。

217.(　)在杂交育种中，准备用作父本的材料，必须防止自花授粉和天然异花授粉。

218.(　)种子检验通常情况采取田间检验和室内检验相结合的办法。

219.(　)农药选择性一般指选择品种和药力。

220.(　)蟾蜍被农民誉为“庄稼卫士”。

221.(　)中耕机组的工作路线，必须严格遵照播种机组的行走路线。

222.(　)水稻育苗方式有多种，其中大棚育苗属于加温育苗的一种方式。

223.(　)中耕的深度应遵循深、浅、深的原则。

224.(　)小麦生长需要硅量较大，被称为“硅酸植物”。

225.(　)冬小麦返青时必须浇一次返青水。

226.(　)预防向日葵黑斑病，可以选用50%福美双按种子量的0.3%拌种。

227.(　)豆秆黑潜蝇的蛹是长椭圆形，淡褐色，不透明。

228.(　)速杀灭丁和来福灵对天敌昆虫有很高的毒杀作用，在田间天敌数量较大时应慎用。

229.(　)作物的收获方法有刈割法、爵取法、摘取法、机械法4种。

230.(　)勤俭持家是文明健康家庭的重要标志。

231.(　)规定邮电通信的从业人员不准偷听用户通话内容、不准私拆用户信件等是职业的特殊要求。

232.(　)职业道德行为评价主要指社会评价和集体评价。

233.(　)植物茎变态有地上茎变态和地下茎变态之分。

234.(　)植物根吸收功能最强的部位是根毛区。

235.(　)长日照植物大多数都要通过春化作用才能成花。

236.(　)土壤供肥性的强弱对作物的生长发育没有影响。

237.(　)果树适合用环施法进行追肥。

238.(　)沼气池肥可以作为速效肥施用。

239.(　)设法打破连锁遗传的基因才可能容易在育种过程中得到理想的后代。

240.(　)遗传适应范围是引种的一个重要理论依据。

241.(　)有性杂交育种又称为组合育种。

242.(　)有性杂交技术是系统育种的重要环节。

243.(　)自花传粉植物品种混杂退化的主要原因是生物学混杂。

244.(　)植物一生各个阶段的抗病性都是一样的。

245.(　)严格植物检疫制度是防止国外杂草传人的有效措施。

246.(　)化学防治要合理地混用和轮换使用农药以提高病虫害的防治效果。

247.(　)大量使用化肥是春小麦丰产关键技术措施之一。

248.（　）壮株稳长是棉花吐絮期田间管理主攻方向之一。

249.（　）营养元素还田率高属于油菜需肥特征之一。

250.（　）玉米是世界上分布最广的作物之一。

251.（　）各国对植物蛋白的需求增长是世界大豆生产发展迅速的原因之一。

252.（　）世界花生基本上分布于亚洲、非洲和美洲。

253.（　）为提高种子的出芽率，经机械精选后的种子，还需用弱碱水浸种，在用清水漂洗消毒及清水浸泡。

254.（　）联合收割机脱粒滚筒更换纹杆或多个弓齿时，要进行静平衡检查。

255.（　）水稻所有类型的种子其种子水分都应不高于 13.0%。

256.（　）土壤保肥性与土壤质地有关。

257.（　）堆肥腐熟的标志主要有颜色为堆肥黑褐色，汁液棕色或无色和无臭味。

258.（　）尿素不可作为根外施肥使用。

259.（　）硫酸钾是一种常用钾肥，是一种生理酸性肥料。

260.（　）水稻在蜡熟期应采用跑马水的灌溉方式进行灌溉。

261.（　）麦后期叶面追肥最好选择在晴天下午进行施用，其效果更好。

262.（　）大豆不耐淹涝，生产上切忌用大水漫灌。

263.（　）农药的“三证”是指农药登记证、农药生产许可证和农药标准证。

264.（　）当水稻植株大部分叶片由绿变黄，稻穗失去绿色，穗中部变成黄色，稻粒饱满，籽粒坚硬变成黄色，就应该收获。

265.（　）甘薯收获过早影响鲜薯产量，收获越晚越好，产量高、易贮藏。

266.（　）水稻、小麦等禾谷类作物生产中多用刈割法收获。

267.（　）小麦收获后及时干燥，使种子含水量降至 13% 以下方可入仓贮藏。

268.（　）玉米籽粒含水量降至 13%~14% 时，可入仓贮藏保存。

269.（　）水稻收获后及时干燥，使种子含水量降至 11% 以下方可入仓贮藏。

270.（　）长日照植物多起源于热带或亚热带地区。

271.（　）农业生产中进行轮作倒茬，是一种用地与养地结合的良好措施。

272.（　）最小养分律是限制因子律的引用和发展。

273.（　）所有病害均有初侵染和再浸染。

274.（　）轮作对一块田来讲是逐年轮换种植不同的作物。

275.（　）小麦从种子萌动到茎生长锥伸长之前，都可以感受低温。

276.（　）小麦籽粒灌浆物质有 1/3 来自抽穗前茎、鞘等器官贮藏物。

277.（　）确定基本苗数主要依据该品种预期穗数、秧苗规格、有效分蘖临界叶龄等。

278.（　）农得时对水稻田禾本科杂草有较好防效。

279.（　）玉米从拔节至开花这一段时间称花粒期。

280.（　）棉花苗期主攻目标是促进壮苗早发。

281.(　)棉花蕾期进行化学调控，一方面抑制顶端优势，另一方面塑造下部果枝的长度。

282.(　)油菜开花的适宜温度为12~20℃。

283.(　)大豆采用植株高大，生长繁茂，分枝性强的品种，种植密度需要稍稀。

284.(　)花生真叶已平展的幼苗数占播种粒数的50%为出苗期。

285.(　)花生所吸的氮，一半来自根瘤菌固氮，一半来自土壤和施肥。

286.(　)甘蔗与花生轮作，可减轻花生青枯病的发生和为害。

287.(　)S-195型柴油机冷却方式采用的是水冷蒸发式故水箱水温达100℃后仍不必换水。

288.(　)国家技术推广机构的经费应由国家财政负担。

289.(　)国有和集体的土地使用权可以依法转让，同时也改变了所有权的性质。

290.(　)作物的营养器官包括根、茎、果实和种子。

291.(　)植物病原细菌可以通过风力传播、雨水传播。

292.(　)变异是指子代与亲代之间不相似的现象。

293.(　)一个优良的杂交组合可同时选出许多优良品种。

294.(　)复种有利于提高光能利用率。

295.(　)小麦籽粒灌浆物质有1/3来自抽穗前茎、鞘等器官贮藏物。

296.(　)水稻一生可分为营养生长和生殖生长两个阶段，通常以稻穗分化为界限。

297.(　)防治水稻螟虫造成的白穗，在卵孵高盛期抽穗的水稻穗，要掌握早破口早用药，迟破口迟用药的原则。

298.(　)玉米每生产一个单位的干物质所消耗的水量称蒸腾系数。

299.(　)玉米的叶龄指数是指主茎余叶龄与主茎总叶片数的比值。

300.(　)用缩节安喷果枝顶端可以起到人工打边心整枝的效果。

301.(　)一般情况下，在7、8月棉蚜的发生量达到高峰。

302.(　)油菜叶面积指数最大的时期在抽薹期。

303.(　)油菜从现蕾到始花所经历的时间叫开花结角期。

304.(　)油菜薹花期吸收的肥料占总量的30%~50%。

305.(　)油菜霜霉病和白锈病为害油菜嫩头时，都可造成肿大扭曲状，故都称龙头病。

306.(　)大豆豆荚的籽粒明显突起的植株占5%以上时为开花结荚期。

307.(　)大豆宜在叶片大部分干燥脱落，种子达半干硬，手摇枯株微微作响时，在一周内及时收割。

308.(　)甘薯薯块盛长，茎叶渐衰期的生长中心为块根的膨大。

309.(　)甘薯培土要注意垄面多培土以露出薯块为宜。

310.(　)有机肥料含有作物所需的各种营养元素。

311.（　）尿素、硝酸铵、硫酸铵都能进行叶面喷施。

312.（　）玉米苗虫害主要是玉米螟。

313.（　）禾谷类作物主要有水稻、小麦、大麦、玉米等。

314.（　）生物产量转化为经济产量的效率，称为经济系数。

315.（　）作物生长不可缺少的条件是光照、水分、肥料。

316.（　）播种量是由基本苗确定的。

317.（　）翻蔓不能提高甘薯的产量。

318.（　）棉花苗期的主攻目标是：全苗、壮苗、早发。

319.（　）植物直接栽培在具有适宜营养成分的营养液中，给以充足的氧气和适宜的温度就能正常生长成熟。

320.（　）小麦的籽粒在植物学上称为果实。

321.（　）尿素、过磷酸钙都能进行叶面喷施。

322.（　）疏松土壤与紧实土壤相比，容易升温，也容易降温。

323.（　）棉花立枯病一般为害叶片。

324.（　）玉米壮苗的标志是根多茎扁，叶色深绿，粗壮墩实，群体整齐均匀。

325.（　）二甲四氯能杀死双子叶杂草而对于禾本科作物无害。

326.（　）花生果针和幼果对钙的吸收能力大于根系，即花生常在结荚区施钙肥。

327.（　）翻蔓能提高甘薯的产量。

328.（　）学习职业道德是提高自身素质的重要措施之一。

329.（　）小麦是异花授粉作物。

330.（　）氮、磷、钾、氧都是矿质元素。

331.（　）一般情况下植物的呼吸作用指的是无氧呼吸。

332.（　）作物品种都具有一定的经济价值，适应性和稳定性。

333.（　）凡是杂交种都具有产量优势。

334.（　）尿素可用于底肥、种肥和根外追肥。

335.（　）红薯和马铃薯都是薯类作物。

336.（　）生物产量转化经济产量效率就是经济系数。

337.（　）单作就是在同一块地上，同一季节只种植一种作物。

338.（　）地力差播种晚的麦田播种量要小些。

339.（　）农民个人自繁、自用的常规种子有剩余的，可以在集贸市场上出售、串换，不需办理经营许可证，由省、自治区、直辖市人民政府制定管理办法。

三、填空

1. 植物成熟组织是由________组织产生、分化成熟的细胞群。包括薄壁组织、保护组织、机械组织、输导组织及________组织。

2. 在植物学上，种子是指___________受精后发育而形成的部分。

3. 花粉母细胞经过_____________形成四个单倍性的子细胞，称单核花粉粒。每个单核花粉粒经两次有丝分裂产生___________和一个管核，称三核花粉粒。三核花粉粒已经成熟，这时花药破裂，开始传粉。

4. 提高光能利用率的途径主要有___________________________、合理密植、间作套种等。

5. 土壤有机态氮主要存在于蛋白质和腐殖质等有机化合物中，它们在微生物的作用下，经水解和氨化作用形成_______，可直接被作物吸收利用。

6. 复混肥是指_____________三种养分中至少有两种养分标明量的肥料。

7. 化学肥料与有机肥相比，具有_____________________、肥效迅速、养分单一、运输与使用方便的特点。

8. 我区红壤土一般呈酸性，酸性土壤的改良措施主要有：_____________以中和酸性；施用碱性肥料；_________________以降低土壤酸度；增施有机肥料，增施磷肥。

9. 作物生产上的种子泛指用于繁殖下一代的播种材料，它包括植物学上的三类器官，即由胚珠发育成的种子、由子房发育而成的果实以及____________________。

10. 作物根系有趋肥性，在肥料集中土层中，一般根系也比较_____。通常施_____肥有促进根系生长的作用。

11. 玉米覆膜一般选用厚度为 0.005~0.006 毫米、宽度为 750 毫米的超薄地膜为好，每亩用膜量_____千克。

12. 甘蔗大培土的培土高度要求在_____厘米以上，以防倒伏。

13. 杂交早稻当气温稳定通过 15℃时可进行移栽，以叶龄_______为好。

14. 侵染性病害的病原物主要有细菌、真菌、类菌原体、类立克次氏体、__________、类病毒、____________和寄生性种子植物等。

15. 按作用方式不同，杀虫剂可分为胃毒剂、触杀剂、熏蒸剂、_______。

16. 引起农作物发病的病原物来源一般有_____________________、田间病株及病株残体、_____________________、昆虫等传播介体。

17. 欲配制 15 毫克 / 千克溴氰菊酯药液 25 千克，需用_____克 2.5% 溴氰菊酯乳油。

18. 生物遗传的基本单位称为_______。

19. 水稻“两系”是指___________________系及其恢复系。

20. 两对独立遗传的相对性状杂交，在完全显性的条件下，F_2 共计有_______种表现型，各种表现型比例为_____________________。

21. 一般来说，早稻品种属感温型作物，北种南引会出现生育期__________，植株变小等特点。若从湖南引入早稻品种到广西种植，应注意选择__________熟品种较易成功。

22. 系统育种主要是选择品种群体中的_____________单株。

23. 造成品种混杂退化的原因主要有机械混杂、生物学混杂、自然突变、以及不正确的人工选择等。

24. 良种生产是把原种繁殖__________代供生产田用种或作为杂交品种亲本配制杂交种。

25. 花期相遇是杂交水稻制种成败的关键，制种田中不育系与恢复系________________________抽穗，是花期相遇良好的标志。

26. 两系杂交水稻品种的制种应特别注意选择好扬花授粉安全期及________________________期。

27. 杂交水稻制种采用幼穗剥查法预测花期相遇是否良好的标准是“前三期________________、中三期__________、后两期________，花期相遇产量高”

28. 甘蔗组培苗移栽通常分两步进行，即先________，再定植。

29. 种子的播种品质指种子播种后与田间定苗有关的品质，即种子的_____品质。

30. 千粒法测定种子重量就是从试验样品中随机数取两个重复，每份种子各数粒，然后称各重复重量。

31. 一级杂交水稻种子的质量标准是纯度不低于__________%，净度不低于%，发芽率不低于_________%，水分不高于13.0%。

32.《农作物种子质量标准》规定发芽率采用___________，净度采用_____法测定。

33. 种子贮藏的仓内相对湿度一般要求控制在______%以下，若作为品种资源长期保存，则相对湿度要求控制在30%左右。

34.《主要农作物品种审定办法》是由________________制定的。

35. 申请领取种子生产许可证应当具备经省级以上农业行政主管部门考核合格的种子检验人员_______名以上，专业种子生产技术人员_______名以上。

36. 种子经营档案应注明种子来源、加工、贮藏、运输和________________各环节的简要说明及______________、______________等内容。

37. 我国植保工作的指导方针是______________。

38. 稻螟虫和稻苞虫都是____________口器，叶蝉和飞虱都是___________口器。

39. 构成植物病害定义的三个部分是致病因素、____________和危害性。

40. 褐稻虱有长翅和短翅二种类型，____________翅型出现多时是大发生的预兆。

41. 蝗虫在胚后发育过程中，变态类型为____________。

42. 鳞翅目成虫羽化后，为了促进性成熟，需要进行____________。

43. 棉铃虫从食性范围来看，属于____________食性。

44. 昆虫的滞育和休眠不同，滞育的生理机制是由____________控制的。

45. 除草剂防治农田杂草的使用方法分_____________、_____________和杀草薄膜除草法。

46.. 麦田常用的除草剂主要有____________和____________两类。

47. 拟除虫菊脂类农药对害虫的作用方式表现为强____________性。

48. 20% 速灭威乳油稀释 800 倍，其浓度相当于____________毫克 / 千克。

49. 配制 0.5% 石灰等量式波尔多液，硫酸铜、石灰和水的用量比是____________。

50. 高毒农药最后一次施药离作物收获的必要期间称____________。

51. 稻纹枯病发生的适宜气候条件是____________。

52. 利用小麦黏虫的强趋化性，防治上可采用____________。

53. 棉红蜘蛛大发生的适宜气候条件是____________。

54. 小麦一生中，吸收氮肥有两个高峰，即____________和____________，分别占吸收总氮量的 40% 和 30%~40%。

55. 防止玉米空秆的主要措施有____________和____________。

56. 土地使用权转让有出售、交换和____________三种方式，但均需办理__________后，转让合同开始生效。

57. 水稻“三性”指____________、____________基本营养生长性。

58. 在壮秧、合理密植的基础上，单位面积上穗的多少取决于单株的____________分蘖的____________。

59. 玉米的品种类型有____________、____________和半紧凑型。

60. 良种繁育的任务包____________。

61. 杂种优势的表现是多方面，归纳起来有：生长势强、__________、__________。

62. 种子工程的内容包括良种引育____________、____________、推广销售和宏观管理等五大系统。

63. 原生质体由____________和____________构成。

64. 棉花施肥的一般原则是：施足基肥____________，稳施蕾肥，____________，补施盖顶肥。

65. 玉米早播的方法有____________、____________和育苗移栽。

66. 生物亲代与子代相似的现象叫________________，而亲代与子代不相似的现象叫________________。

67. 传粉的方式有____________和____________两种。

68. 职业道德包括职业理想、职业良心、职业责任、职业态度____________、____________6 个方面。

69. 遗传变异的三大规律是____________、____________和____________。

70. 植物缺氮时，植株生长____________新叶出得慢。

71. 杂种优势的利用途径有____________、____________和利用雄性不育系。

72. 植物细胞的繁殖有____________、____________和____________3 种方式。

73. 根据土壤质地，可将土壤分为________、________和________3 大类。

74. 植物病害病状类型分为_______、_______、_______、_______和_______5 种类型。

75. 除草剂防除杂草的使用方法分为____________和____________。

76. 当5厘米处地温稳定在____________以上时，即可以播种春玉米。

77. 作物施肥基本方法包括____________、____________和____________3种。

78. 主要农作物种子标签上应当加注____________和____________；药剂处理种子应标注红色____________字样。

四、简答题

1. 水稻无芒基因A为显性，有芒基因a为隐性，写出下列各杂交组合的F_1代的基因型和表现型种类及比例。

（1）AA × aa　（2）Aa × Aa　（3）Aa × aa

2. 简述质核互作型不育系的遗传特点并写出“三系”的基因型。

3. 杂交水稻制种喷施“九二〇”的技术要点是什么？

4. 简述种子净度测定程序。

5. 简述种子生产行为规范的内容。

6. 简述水稻品种的“三性”及其在生产上的应用。

7. 水稻白叶枯病发生的适宜条件是什么？

8. 防治水稻螟虫有哪“两查两定”？

9. 怎样区别白叶枯病的叶枯型症状和水稻生理性枯黄？

10. 如何运用“压前控后”的策略控制稻飞虱的发生？

11. 防治棉花枯黄萎病为何要进行土壤处理和种子消毒？

12. 油菜菌核病发生流行的关键是什么？

13. 简述昆虫各主要习性在测报防治上的应用。

14. 试述黄曲条跳甲的防治方法。

15. 简述番茄、辣椒青枯病的防治要点。

16. 试述稻瘿蚊的综合防治方法。

17. 田间试验总结一般包括哪些内容？

18. 综合防治对克服使用化学农药带来的不良后果有何重要意义？

19. 贯穿于农作物栽培管理的全过程，如何实施病虫害的农业防治？

20. 造成棉铃虫大暴发的原因有哪些？

21. 农技推广人员应遵守的职业道德是什么？

22. 简述小麦杂交技术。

23. 简述合理施肥的原则。

24. 防治小麦倒伏的途径有哪些？

25.《种子法》第四十六条规定，禁止生产、经营假劣种子“劣种子”的含义是什么？

26. 在农业生产实践中，如何合理用药？

27. 有机肥料的作用是什么？

28. 简述合理施肥的原则。

29. 棉花薄膜覆盖育苗有什么优点？

30. 农业技术推广应遵循哪些原则？

31. 为什么在农业生产中要提倡有机肥料和化学肥料配合施用?

32. 小麦收获适期及其特征是什么?

33. 杂种优势利用的途径有哪几种?

34. 如何区分棉花三桃?

35. 玉米拔节期栽培管理要点有哪些?

五、计算

1. 调查玉米大斑病 5 点取样，每点查 10 株，共 50 株，查得病株 35 株，其中 0 级 15 株，1 级 15 株，2 级 10 株，3 级 5 株，4 级 5 株，5 级 0 株，请计算病情指数。

2. 某县早春（3 月 15 日），进行水稻三化螟冬后密度调查，共查得总活虫数 150 头，其中蛹壳 10 头，蛹 25 头，请计算化蛹率。

3. 用两组黏虫作试验，每组 100 头黏虫，甲组喷药，乙组不喷药作为对照，然后在相同的环境条件下，经过一段时间后观察，结果甲组死了 95 头，乙组也死了 10 头，计算校正死亡率。

六、案例分析

若在早造种植的“汕优桂 99”高产田中，发现有少量不育株及珍汕 97 和桂 99 单株、不抽穗的大青棵以及常规稻品种八桂香等杂株混于田间，试分析发生这种现象可能有哪些原因？简述克服这种现象的方法。

职业标准

第一节　农业技术指导员国家职业标准

一、职业概况

（一）职业名称

农业技术指导员。

（二）职业定义

从事农业技术指导、技术咨询、技术培训、技术开发和信息服务的人员。

（三）职业等级

本职业共设 3 个等级，分别为：三级农业技术指导员（国家职业资格三级）、二级农业技术指导员（国家职业资格二级）、一级农业技术指导员（国家职业资格一级）。

（四）职业环境条件

室内、室外。

（五）职业能力特征

具有一定的学习、理解、分析、推理、判断、协调、沟通、计算和表达能力，以及颜色辨别能力。

（六）基本文化程度

高中毕业（或同等学历）。

（七）培训要求

1. 培训期限

全日制职业学校教育，根据其培养目标和教学计划确定。晋级培训期限：三级农业技术指导员不少于90标准学时；二级农业技术指导员不少于60标准学时；一级农业技术指导员不少于40标准学时。

2. 培训教师

培训三级农业技术指导员、二级农业技术指导员的教师应具有本职业一级农业技术指导员职业资格证书，或相关专业副高级专业技术职务任职资格；培训一级农业技术指导员的教师应具有本职业一级农业技术指导员职业资格证书，或相关专业正高级专业技术职务任职资格。

3. 培训场地与设备

具备满足教学需要的标准教室、实验室和教学试验基地，以及相应的仪器设备和相关教学用具。

（八）鉴定要求

1. 适用对象

从事或准备从事本职业的人员。

2. 申报条件

——三级农业技术指导员（具备以下条件之一者）

① 连续从事本职业工作8年以上。

② 取得相关专业中专毕业证书后，连续从事相关工作3年以上，经本职业三级农业技术指导员正规培训达到规定标准学时数，并取得结业证书。

③ 取得相关专业大学专科以上、职业技术学院或相应学校相关专业毕业证书后，连续从事本职业工作2年以上。

④ 取得相关职业两个或两个以上高级职业资格证书后，连续从事本职业工作1年以上。

⑤ 获得中级以上农民技术员职称5年的种养大户、技术能手。

——二级农业技术指导员（具备以下条件之一者）

① 连续从事本职业工作15年以上。

② 取得本职业三级农业技术指导员职业资格证书后，连续从事本职业工作5年以上。

③ 取得本职业三级农业技术指导员职业资格证书后，连续从事本职业工作4年以上，经本职业二级农业技术指导员正规培训达到规定标准学时数，并取得结业证书。

④ 取得相关专业大学专科以上毕业证书后，连续从事本职业或相关工作5年以上，经本职业二级农业技术指导员正规培训达到规定标准学时数，并取得结业证书。

——一级农业技术指导员（具备以下条件之一者）

① 连续从事本职业工作25年以上。

② 取得本职业二级农业技术指导员职业资格证书后，连续从事本职业工作 4 年以上。

③ 取得本职业二级农业技术指导员职业资格证书后，连续从事本职业工作 3 年以上，经本职业一级农业技术指导员正规培训达到规定标准学时数，并取得结业证书。

3. 鉴定方式

分为理论知识考试和技能操作考核。理论知识考试采用闭卷笔试方式，技能操作考核采用现场实际操作方式。理论知识考试和技能操作考核均实行百分制，成绩皆达 60 分及以上者为合格。二级农业技术指导员、一级农业技术指导员还须进行综合评审。

4. 考评人员与考生配比

理论知识考试考评人员与考生配比为 1:20，每个标准教室不少于 2 名考评人员；技能操作考核考评人员与考生配比为 1:5，且不少于 3 名考评人员；综合评审委员不少于 5 名。

5. 鉴定时间

理论知识考试时间不少于 90 分钟，技能操作考核 时间不少于 60 分钟，综合评审时间不少于 30 分钟。

6. 鉴定场所及设备

理论知识考试在标准教室里进行；技能操作考核在具备满足技能鉴定需要的场所进行，并配备符合相应等级考核所需的材料、工具、设施和设备。

二、基本要求

（一）职业道德

1. 职业道德基本知识

2. 职业守则

① 爱岗敬业，服务“三农”。

② 尊重科学，求真务实。

③ 吃苦耐劳，无私奉献。

④ 团结协作，勇于创新。

（二）基础知识

1. 种植业基础知识

（1）专业基础知识

① 植物学及植物生理学基础知识。

② 农作物栽培基础知识。

③ 农作物病虫草害发生与防治基础知识。

④ 土壤与肥料基础知识。

⑤ 农业生态环境保护基础知识。

⑥ 农产品储藏、保鲜、加工基础知识。

（2）相关法律、法规知识

①《中华人民共和国农业法》的相关知识。

②《中华人民共和国农业技术推广法》的相关知识。

③《中华人民共和国种子法》及其配套法规知识。

④《农药管理条例》及其实施细则的相关知识。

⑤《植物检疫管理条例》及其实施细则的相关知识。

⑥其他相关法律、规定及政策知识。

三、其他知识

①农业技术推广知识。

②农业经济知识。

③信息处理知识。

④计算机操作使用知识。

四、工作要求

本标准对三级农业技术指导员、二级农业技术指导员和一级农业技术指导员的技术要求依次递进，高级别涵盖低级别的要求。

由于本职业农业技术包含种植、畜牧、水产和农机等几个方面的内容，因此本标准“工作要求”部分暂按照上述几个模块进行编写。在职业技能培训和考核鉴定时，可根据申报人员的专业和工作内容，从中选择一个模块进行。

（一）种植业技术指导员

1. 三级（表16−1）

表16−1　三级种植业技术指导员工作要求

职业功能	工作内容	技能要求	相关知识
一、信息采集处理	（一）信息采集	1. 能够运用观察、访问等方式直接获取信息 2. 能够通过查阅资料获取信息 3. 能够通过会议、媒体采集信息 4. 能够通过田间调查获取信息	1. 获取原始信息的观察、访问方法 2. 统计报表调查数据采集方法 3. 农作物田间调查方法
	（二）信息处理	1. 能够通过语言、文字、图表等手段记录和传递信息 2. 能够进行信息的归档和查询	1. 信息记录和整理方法 2. 计算机文字图表处理知识 3. 信息资料的立卷、归档和管理知识

（续表）

职业功能	工作内容	技能要求	相关知识
二、技术示范推广指导	（一）技术示范	1. 能够根据技术试验示范的方案或规程进行试验示范 2. 能够采集试验示范数据	1. 农业技术试验示范的方法 2. 农作物常用栽培技术操作规程 3. 田间试验数据的采集方法
	（二）项目推广	1. 能够推介推广项目承担单位、实施地点 2. 能够根据项目实施方案和技术路线完成项目的实施 3. 能够推介推广项目的技术要领	1. 与项目相关的社会状况和资源环境条件基本常识 2. 确定推广项目承担单位和实施地点的原则 3. 项目推广的原理与方法
	（三）技术指导	1. 能够指导主要农作物的生产技术 2. 能够指导主要农产品的储藏、保鲜和初加工技术 3. 能够指导生产者选用常用的农业生产资料	1. 良种繁育技术 2. 无公害农产品、绿色食品和有机农产品的概念及其配套栽培技术 3. 农业标准化生产的技术 4. 测土配方施肥技术 5. 主要农作物病虫草害防治技术 6. 设施栽培技术 7. 名优农产品加工技术 8. 节水灌溉技术 9. 主要农作物的高效种植模式
三、技术咨询培训	（一）技术咨询	1. 能够解答当地主要农产品生产、收获、储藏、保鲜和初加工技术问题，并提供解决方案 2. 能够解答与农业生产相关的法律、法规和政策问题	1. 技术咨询的概念与方法 2. 规范农业生产的主要法律、法规和部门规章 3. 国家涉农重大政策和措施
	（二）技术培训	1. 能够宣讲农业生产技术 2. 能够开展生产技术培训	1. 技术培训的常用方法 2. 技术培训的组织与准备

2. 二级（表16-2）

表16-2　二级种植业技术指导员工作要求

职业功能	工作内容	技能要求	相关知识
一、信息采集处理	（一）信息采集	1. 能够运用社会调查、问卷、查阅统计资料等方式获取信息 2. 能够通过计算机网络等渠道获取信息 3. 能够通过试验获取信息 4. 能够进行苗情、墒情和病虫情等“三情”的田间监测	1. 社会调研、问卷调查和统计资料查阅的方式方法 2. 计算机网络信息收集方法 3. 田间试验方法 4. 苗情、墒情和病虫情监测方法 5. 常用监测仪器设备的使用知识

（续表）

职业功能	工作内容	技能要求	相关知识
一、信息采集处理	（二）信息处理	1. 能够进行信息的甄别、筛选和分类 2. 能够进行统计资料的汇总整理和分析 3. 能够运用计算机技术对信息进行分析和加工	1. 信息的分类与筛选方法 2. 数理统计方法
二、技术示范推广指导	（一）技术示范	1. 能够组织实施农业生产技术的试验示范 2. 能够对技术示范数据进行汇总和分析	1. 新技术成果的基本原理及引进方法 2. 田间试验的数理统计知识
	（二）项目推广	1. 能够组织实施上级下达的技术推广项目 2. 能够按照上级下达项目的要求，分解和制定当地的实施方案	1. 项目可行性分析论证方法 2. 项目实施方案和技术路线的编制
	（三）技术指导	1. 能够指导农作物主导品种和主推技术的推广工作 2. 能够开展农产品无公害食品、绿色食品和有机食品的生产技术指导 3. 能够指导农作物的标准化生产 4. 能够指导高效经济作物的初加工技术 5. 能够指导良种繁育 6. 能够指导农业抗灾生产技术 7. 能够指导三级农业技术指导员工作	1. 主要农作物栽培技术 2. 农业技术推广的原理与主要方法 3. 农业抗灾生产技术
三、技术咨询培训	（一）技术咨询	1. 能够解答农业生产相关质量标准和技术规范问题 2. 能够解答农业生产方面的高新技术问题	1. 不同农业生产资料的质量标准 2. 不同农产品的质量标准 3. 与农业生产相关的法律、法规、条例及相关政策中技术性条文的含义 4. 农业生产技术标准和操作规范
	（二）技术培训	1. 能够制定技术培训方案 2. 能够使用电教设备工具进行技术培训	1. 教案编写的基础知识 2. 电教辅助教学方法

3. 一级（表 16-3）

表 16-3　一级种植业技术指导及工作要求

职业功能	工作内容	技能要求	相关知识
一、信息采集处理	（一）信息采集	1. 能够根据生产需要确定所需要收集的信息，并规划设计信息收集方案 2. 能够制定信息采集的实施方案并组织实施 3. 能够完成对农业生产及其技术项目进行专项调查 4. 能够制定和组织实施农作物“三情”监测方案	1. 信息采集规划设计相关知识 2. 信息采集方案的策划和组织实施相关知识
	（二）信息处理	1. 能够通过整理分析信息采集样本，发现生产和技术应用中的重大信息 2. 能够运用计算机技术对大宗信息进行分析加工和传递 3. 能够根据“三情”监测结果预测农作物生长趋势和结果	1. 农作物“三情”对产量和品质的影响 2. 计算机信息处理技术
二、技术示范推广指导	（一）技术示范	1. 能够对区域内农业生产新技术成果的引进、试验、示范活动进行科学规划，并编制实施方案 2. 能够总结最新技术和经验，并进行完善、改进和提高	规划方案编写方法
	（二）项目推广	1. 能够确定适合本地区的推广项目 2. 能够制定项目推广方案 3. 能够解决项目实施过程中的问题 4. 能够对项目进行总结	1. 区域性推广项目规划及项目指南的编制方法 2. 项目评价体系和方法
	（三）技术指导	1. 能够制定技术指导方案，筛选适合本地主导品种和主推技术 2. 能够制定并组织实施农业生产应急技术预案 3. 能够现场诊断造成农业生产损失的原因，并确定应对措施 4. 能够指导二三级农业技术指导员工作	1. 农业气象与农业生产的关系 2. 农业生产投入品对生产的影响 3. 农业经营管理知识
三、技术咨询培训	（一）技术咨询	1. 能够为政府部门和农业生产经营组织提供生产规划和决策咨询服务 2. 能够提出利用农业生产资源的建议	循环经济在农业生产中的应用知识
	（二）技术培训	1. 能够编写技术推广培训资料 2. 能够对二三级农业技术指导员进行培训	技术资料的编写知识

五、比重表

（一）理论知识（表 16-4）

表 16-4　理论知识所占比重

项　目		三级（%）	二级（%）	一级（%）
基本要求	职业道德	5	5	5
	基础知识	45	30	25
相关知识	信息采集处理	8	10	12
	示范推广指导	30	40	38
	技术咨询培训	12	15	20
合　计		100	100	100

（二）技能操作（表 16-5）

表 16-5　技能操作所占比重

项　目		三级（%）	二级（%）	一级（%）
技能要求	信息采集处理	20	15	10
	示范推广指导	60	60	60
	技术咨询培训	20	25	30
合　计		100	100	100

第二节　农艺工国家职业标准

一、职业概况

（一）职业名称

农艺工。

（二）职业定义

从事大田作物的耕作（包括机械作业）栽培、改良土壤、良种繁育、病虫防治、水肥管理、中耕除草、收获贮藏等技术活动。

（三）职业等级

本职业共设 5 个等级、分别为：初级（国家职业资格五级）、中级（国家职业资格四级）、高级（国家职业资格三级）、技师（国家职业资格二级）、高级技师（国家职业资格一级）。

（四）职业环境

室内、外，常温。

（五）职业能力特征

具有一定的学习能力、表达能力、计算能力、颜色辨别能力、空间感和实际操作能力，动作协调。

（六）基本文化程度

初中毕业

（七）培训要求

1. 培训期限

全日制职业学校教育，根据其培养目标和教学计划确定。晋级培训期限：初级不少于160标准学时：中级不少于140标准学时；高级不少于120标准学时；技师不少于100标准学时：高级技师不少于80标准学时。

2. 培训教师

培训初、中级的教师应具有本职业技师及以上职业资格证书或本专业中级及以上专业技术职务任职资格；培训高级技师的教师具有本职业高级技师职业资格证书或本专业高级及以上专业技术职务任职资格；培训高级技师的教师应具有本职业高级技师职业资格证书2年以上或本专业高级及以上专业技术职务任职资格。

3. 培训场地与设备

满足教学需要的标准教室、实验室和教学基地，具有相关的仪器设备及教学用具。

（八）鉴定要求

1. 适用对象

从事或准备从事本职业的人员。

2. 申报条件

——初级（具备以下条件之一者）

① 经本职业初级正规培训达规定标准学时数，并取得结业证书。

② 在本职业连续工作1年以上。

——中级（具备以下条件之一者）

① 取得本职业初级职业资格证书后，连续从事本职业工作2年以上，经本职业中级正规培训达规定标准学时数，并取得结业证书。

② 取得本职业初级职业资格证书后，连续从事本职业工作4年以上。

③ 连续从事本职业工作5年以上。

④ 取得经劳动保障行政部门审核认定的、以中级技能为培养目标的中等以上职业学校本职业（专业）毕业证书。

——高级（具备以下条件之一者）

① 取得本职业中级职业资格证书后，连续从事本职业工作 2 年以上，经本职业高级正规培训达规定标准学时数，并取得结业证书。

② 取得本职业中级职业资格证书后，连续从事本职业工作 4 年以上。

③ 大专以上本专业或相关专业毕业生取得本职业中级职业资格证书后，连续从事本职业工作 2 年以上。

——技师（具备以下条件之一者）

① 取得本职业高级职业资格证书后，连续从事本职业工作 5 年以上，经本职业技师正规培训达规定标准学时数，并取得结业证书。

② 取得本职业高级职业资格证书后，连续从事本职业工作 8 年以上。

③ 大专以上本专业或相关专业毕业生，取得本职业高级职业资格证书后，连续从事本职业工作 2 年以上。

——高级技师（具备以下条件之一者）

① 取得本职业技师职业资格证书后，连续从事本职业工作 3 年以上，经本职业高级技师正规培训达规定标准学时数，并取得结业证书。

② 取得本职业技师职业资格证书后，连续从事本职业工作 5 年以上。

3. 鉴定方式

分为理论知识考试和技能操作考核，理论知识考试采用闭卷笔试方式，技能操作考核采用现场实际操作方式。理论知识考试和技能操作考核均采用百分制，成绩皆达 60 分及以上者为合格。技师、高级技师还须进行综合评审。

4. 考评人员与考生配比

理论知识考试考评人员与考生配比为 1:15，每个标准教室不少于 2 名考评人员；技能操作考核考评员与考生配比为 1:5，且不少于 3 名考评员；综合评审委员不少于 5 人。

5. 鉴定时间

理论知识考试时间不少于 90 分钟，技能操作考核时间不少于 30 分钟。综合评审时间不少于 30 分钟。

6. 鉴定场所及设备

理论知识考试在标准教室进行，技能操作考核在具有必要设备的实验室及田间现场进行。

二、基本要求

（一）职业道德

1. 职业道德基本知识

2. 职业守则

① 敬业爱岗，忠于职守。

②认真负责，实事求是。
③勤奋好学，精益求精。
④遵纪守法，诚信为本。
⑤规范操作，注意安全。

（二）基础知识

1. 专业知识

①土壤和肥料基础知识。
②农业气象常识。
③作物栽培知识。
④作物病虫草害防治基础知识。
⑤作物收获后贮藏基础知识。
⑥农业机械常识。

2. 安全知识

①安全使用农药知识。
②安全用电知识。
③安全使用农机具知识。
④安全使用肥料知识。

3. 相关法律、法规知识

①农业法的相关知识。
②农业技术推广法的相关知识。
③种子法的相关知识。
④国家绿色农产品产地环境、产品质量标准，以及生产技术规程。
⑤劳动法的相关知识。
⑥农药管理条例的相关知识。

三、工作要求

本标准对初级、中级、高级、技师和高级技师的技能要求依次递进，高级别涵盖低级别的要求。

（一）初级（表 16-6）

表 16-6　初级农艺工工作要求

职业功能	工作内容	技能要求	相关知识
一、播前准备	（一）土地准备	1. 能实施播前灌溉 2. 能确定耕翻时期和深度 3. 能按要求施用基肥	1. 土壤耕作常识 2. 基肥施用知识 3. 轮作倒茬知识
	（二）农资准备	1. 能按要求准备肥料，妥善保管 2. 能按要求准备种子 3. 能按要求准备农药	1. 农药基本知识 2. 肥料基本知识 3. 种子基本知识
	（三）育苗	1. 能够按要求准备育苗设施 2. 能够按指定的药剂进行育苗设施、基质消毒 3. 能够按指定的地点和面积准备苗床 4. 能够按配方配制基质和营养液 5. 能按要求直播或催芽播种 6. 能按要求进行幼苗管理	1. 消毒剂使用方法 2. 苗床制作知识 3. 基质知识 4. 种子发芽常识 5. 幼苗管理常识
二、播种	（一）整地	1. 能够按指定的时间、深度和墒情进行平整土地 2. 能够按要求开株、灌沟、起垄作畦、铺设节水设备 3. 能够按规定浓度使用除草剂	1. 除草剂使用方法和注意事项 2. 土壤结构一般知识 3. 农田排、灌水常识
	（二）直播	1. 能按要求进行播种 2. 能按要求对种子覆土	播种方式和方法
	（三）移栽	1. 能够开沟或穴 2. 能按指定的时间、深度、密度移栽 3. 能够按要求浇移栽水	移栽常识
三、田间管理	（一）耕作管理	1. 能按要求保墒、中耕、松土、除草 2. 能够根据不同作物的要求起垄培土	1. 常用耕作技术知识 2. 起垄培土方法
	（二）肥水管理	1. 能够按配方适时追肥、补施微肥 2. 能够按作物要求和灌溉方式进行灌溉	1. 追肥、浇水方法 2. 叶面施肥方法
	（三）植株管理	1. 能按要求进行间、定苗 2. 能按要求整枝 3. 能按要求喷洒生长调节剂	1. 间、定苗知识 2. 整枝知识与方法 3. 化学调控知识
	（四）病虫草害防治	1. 能够按要求保管农药，使用、清洗药械 2. 能够按防治方案使用农药防治病虫草鼠	1. 常用药械保管知识 2. 农药贮存、保管及安全使用常识 3. 常用病虫草鼠害防治方法

（续表）

职业功能	工作内容	技能要求	相关知识
四、收获管理	（一）收获	1. 能够按要求收获 2. 能够清理植株残体和杂物	1. 作物成熟标准 2. 收获方法 3. 田间清理知识
	（二）整理	1. 能够按质量标准整理产品 2. 能按要求包装产品	作物产品的整理与包装方法
	（三）贮藏	1. 能够按标准贮藏产品 2. 能按要求防治仓库病虫鼠害	1. 产品贮藏知识 2. 仓库病虫鼠害知识

（二）中级（表 16-7）

表 16-7　中级农艺工工作要求

职业功能	工作内容	技能要求	相关知识
一、播前准备	（一）土地准备	1. 能根据作物种类确定基肥的种类和数量 2. 能根据土壤墒情进行播前灌溉 3. 能够选配和使用除草剂	1. 施肥基础知识 2. 灌溉基础知识 3. 除草剂知识
	（二）农资准备	1. 能根据不同作物种类和面积准备肥料 2. 能辨别常用肥料的外观质量 3. 能按要求选择作物品种、检查种子质量、处理种子 4. 能选择农药种类、辨别常用农药外观质量	1. 肥料知识 2. 常用肥料质量标准 3. 种子知识 4. 农药知识
	（三）育苗	1. 能够按要求进行苗床整修，并维护设施 2. 能根据作物幼苗生长要求配制基质 3. 能确定基质消毒药剂 4. 能计算苗床面积 5. 能根据作物种子特性进行种子处理 6. 能够进行育苗期间的相应技术调查 7. 能够培育出适龄壮苗	1. 作物营养知识 2. 基质配制方法 3. 种子处理知识 4. 消毒剂配制方法 5. 苗期技术调查方法 6. 幼苗管理基本知识
二、播种	（一）整地	1. 能够按作物和耕地状况平整土地 2. 能够按要求进行排、灌沟的布局	1. 土壤耕作知识 2. 农田水利知识 3. 农机具基本知识
	（二）直播	1. 能计算播种 2. 能够适时、适量、按适宜深度播种	播种知识
	（三）移栽	1. 能够确定移栽方案 2. 能够检查移栽质量	1. 育苗和移栽知识 2. 作业质量检查方法

（续表）

职业功能	工作内容	技能要求	相关知识
三、田间管理	（一）耕作管理	能够检查中耕、松土、保墒、除草及起垄培土的质量	土壤耕作知识
	（二）肥水管理	1. 能够按照作物不同生育时期及生长情况，进行土壤施肥、随水施肥及叶面施肥 2. 能够按作物生长状况、土壤墒情确定灌溉时期 3. 能够按照要求采集土壤样品	1. 作物生育期与需肥特性知识 2. 作物灌溉、施肥基本知识 3. 根外施肥知识 4. 土壤样品采集知识
	（三）植株管理	1. 能制定间、定苗的具体方案 2. 能制定作物整枝的具体方案 3. 能确定生长调节剂使用时期、种类、剂量	1. 合理密植知识 2. 作物营养生长与生殖生长知识 3. 植物生长调节剂相关知识
	（四）病虫草鼠害防治	1. 能够识别当地主要病虫草鼠害及其天敌 2. 能够使用农药、药械，防治病虫害 3. 能配制药液、毒土（饵），防治病虫草鼠害，检查防治效果	1. 常见病虫草鼠害的调查方法 2. 常用药械维护知识 3. 常用药品配制计算方法
四、收获管理	（一）收获	1. 能够按要求确定作物采收时间 2. 能够检查收获质量 3. 能够根据作物情况制定秸秆还田方案	1. 产品采收知识 2. 产品外观质量鉴定知识 3. 作物秸秆还田知识
	（二）整理	1. 能够进行产品检测采样 2. 能够检查产品整理质量	1. 产品质量标准及采样方法 2. 产品整理知识
	（三）贮藏	1. 能根据收获产品的特性制定贮存方案 2. 能调查仓库病虫鼠害	1. 产品贮藏知识 2. 仓库病虫鼠害调查方法

（三）高级（表 16-8）

表 16-8　高级农艺工工作要求

职业功能	工作内容	技能要求	相关知识
一、育苗	（一）苗情诊断	1. 能识别苗期常见病虫害，并能及时进行防治 2. 能判断幼苗长势长相	1. 苗期病虫害症状知识 2. 苗情诊断知识
	（二）幼苗管理	能够根据植株长势长相，调节生长环境	幼苗生长环境调控知识

（续表）

职业功能	工作内容	技能要求	相关知识
二、田间管理	（一）肥水管理	1. 能识别主要作物常见的营养缺乏及营养过剩症状 2. 能够鉴别常用肥料的质量 3. 能够实施节水灌溉	1. 作物常见的营养缺乏及营养过剩症状知识 2. 常用肥料的鉴别知识 3. 作物需肥、需水规律
	（二）植株管理	1. 能够根据留苗密度实施管理措施 2. 能够根据植株长势长相进行综合调控	1. 田间管理知识 2. 植物生长调节方法
	（三）病虫害草鼠害防治	1. 能够按要求进行病虫鼠害调查 2. 能够进行常用剂型的农药配制 3. 能够识别农药中毒症状并能进行现场救护	1. 农药配制知识 2. 农药安全使用常识和农药中毒急救方法
三、收获管理	（一）收获	1. 能够在收获前对产量进行测定 2. 能够依据收获农产品品质要求及时收获 3. 能够根据作物特点制定残茬处理、土壤翻耕方案	1. 测定产量知识 2. 农产品质量分级常识 3. 茬口安排知识
	（二）贮藏	1. 能够根据产品的特点选择设施，确定仓储方案 2. 能制定和实施仓库病虫鼠害综合防治方案	1. 仓储知识 2. 仓库病虫鼠害发生与综合防治知识
四、技术指导	（一）拟定生产计划	能起草年度种植计划	耕作制度知识
	（二）技术示范	能够对初、中级人员进行生产技术操作示范	作物栽培管理知识

（四）技师（表 16-9）

表 16-9 技师工作要求

职业功能	工作内容	技能要求	相关知识
一、育苗	（一）苗情诊断	能识别苗期生理与侵染性病虫害，并制定综合防治措施	苗期病虫害综合防治知识
	（二）幼苗管理	1. 能够制定幼苗管理方案 2. 能够根据植株长势长相进行管理	1. 幼苗管理知识 2. 苗情诊断知识

（续表）

职业功能	工作内容	技能要求	相关知识
二、田间管理	（一）肥水管理	1. 能根据主要作物的各种缺素及营养过剩症状，制定相应的调节措施 2. 能够根据作物的长势长相，制定相应的水肥管理措施 3. 能够制定节水灌溉方案 4. 能够依据土壤测试结果，制定施肥方案	1. 作物栽培知识 2. 作物营养诊断知识 3. 配方施肥知识 4. 节水灌溉知识
	（二）植株管理	能够根据作物生育特性及阶段生长特点制定调控方案	植株长势与调控措施相关知识
	（三）病虫草鼠害防治	能对主要病虫草鼠害发生期和发生量进行调查，汇总分析	主要病虫草鼠害发生特点
三、技术管理	（一）编制生产计划	1. 能根据作物生产特点及环境条件制定轮作方案 2. 能依据主要作物特性进行合理布局，制定生产计划 3. 能制定农资采购计划	1. 作物生长与环境关系知识 2. 农作物布局知识 3. 农业经营管理有关知识
	（二）技术评估	1. 能评估技术措施应用效果 2. 能对技术措施存在问题提出改进方案	技术评估方法
	（三）信息管理	能够采集、整理和应用相关农业信息	1. 计算机应用及网络基础知识 2. 农业信息管理有关知识
	（四）技术开发与总结	1. 能有计划地引进、试验、示范、推广新品种，应用新材料、新技术 2. 能够编写生产技术总结	1. 田间实验与统计知识 2. 种子繁育基础知识 3. 农业技术推广的有关知识 4. 常用应用文的写作知识
四、培训指导	（一）技术培训	1. 能制定中、初、高级人员培训计划并进行培训 2. 能准备中、初、高级人员培训资料、实验用材	1. 培训计划编制方法 2. 讲稿编写方法
	（二）技术指导	能对初、中、高级人员在各生产环节进行实验示范和指导	技术指导方法

（五）高级技师（表 16–10）

表 16–10 高级技师工作要求

职业功能	工作内容	技能要求	相关知识
一、田间管理	（一）肥水管理	1. 能够依据作物的种类和品种特性及水肥需求规律，制定相应的水肥管理方案 2. 能够根据作物需求和生态环境优化节水灌溉措施	1. 作物生理生化基础知识 2. 测土配方施肥实施规范 3. 微机决策施肥原理、实施步骤
	（二）病虫鼠害防治	1. 能识别检疫性病虫草害 2. 能应用预测预报数据，制定综合防治方案	1. 检疫性病虫草害知识 2. 病虫草鼠害统计分析方法及预测预报基础知识 3. 综合防治知识
	（三）中低产田改良	1. 能够应用土壤化验数据，分析低产原因 2. 能够制定有效地土壤改良措施	1. 作物高产的土壤限制因素及其相关知识 2. 土壤改良与培肥方法
	（四）自然灾害补救	1. 能够制定自然灾害预防措施 2. 能够调查受灾情况 3. 能够鉴定农业生产灾害，制定补救方案	1. 自然灾害预防知识 2. 灾情调查方法 3. 灾害性天气有关知识
二、技术管理	（一）编制生产计划	1. 能够及时了解主要农产品的市场信息，制订作物种植结构方案 2. 能够根据国家标准，组织无公害、绿色、有机农产品的生产 3. 能够根据国家计划、粮食安全要求，调整种植计划	1. 农产品市场预测知识 2. 优势农产品布局及农产品质量安全有关知识 3. 无公害、绿色、有机农产品标准
	（二）技术开发与总结	1. 能根据生产中存在的问题，开展试验研究与技术创新 2. 能够指导农作物的良种繁育 3. 能够针对相关专题撰写论文 4. 能编制高级工和技师培训计划	1. 试验研究基本知识 2. 作物品种的提纯复壮及杂交制种知识 3. 论文撰写方法
三、培训指导	（一）技术培训	1. 能编制高级工和技师培训计划 2. 能准备高级工和技师培训资料、实验用材 3. 能对高级工和技师进行培训	1. 培训计划编制方法 2. 生产实习教学法的有关知识
	（二）技术指导	能对技师进行实验示范和实训示范	

第三节　肥料配方师国家职业标准

一、职业概况

（一）职业名称

肥料配方师。

（二）职业定义

从事肥料配方、肥料应用及效果评价等工作的人员。

（三）职业等级

本职业共设三个等级，分别为：三级肥料配方师（国家职业资格三级）、二级肥料配方师（国家职业资格二级）、一级肥料配方师（国家职业资格一级）。

（四）职业环境条件

室内、室外，常温。

（五）职业能力特征

具有一定的学习、计算、观察、分析、推理和判断能力，手指、手臂灵活，动作协调，身体健康。

（六）基本文化程度

高中毕业（或同等学历）。

（七）培训要求

1.培训期限

全日制职业学校教育，根据其培养目标和教学计划确定。晋级培训期限：三级不少于120标准学时；二级不少于100标准学时；一级不少于80标准学时。

2.培训教师

培训三、二级肥料配方师的教师应具有本职业二级以上肥料配方师职业资格证书，或相关专业高级以上专业技术职务任职资格；培训一级肥料配方师的教师应具有本职业一级肥料配方师职业资格证书，或相关专业正高级（研究员或教授）专业技术职务任职资格。

3.培训场地与设备

具备满足教学需要的标准教室、肥料试验基地、土壤肥料测试化验室以及配方肥相关设备。

（八）鉴定要求

1.适用对象

从事或准备从事本职业的人员。

2. 申报条件

——三级肥料配方师（具备下列条件之一者）

① 经本职业初级正规培训，达到规定标准学时数，并取得结业证书。

② 连续从事本职业工作 6 年以上。

③ 大学专科（含）以上本专业或相关专业在校学生。

——二级肥料配方师（具备下列条件之一者）

① 取得本职业初级职业证书后，连续从事本职业工作 3 年以上者，经本职业中级正规培训，达到规定标准学时数，并取得结业证书。

② 连续从事本职业工作 10 年以上。

③ 大学本科（含）以上本专业或相关专业毕业生取得本职业初级证书后，连续从事本职业工作 3 年以上。

——一级肥料配方师（具备下列条件之一者）

① 取得本职业中级职业证书后，连续从事本职业工作 5 年以上者，经本职业高级正规培训，达到规定标准学时数，并取得结业证书。

② 连续从事本职业工作 15 年以上。

③ 硕士研究生以上本专业或相关专业毕业生取得本职业中级证书后，连续从事本职业工作 3 年以上。

3. 鉴定方式

分为理论知识考试和技能操作考核。理论知识考试采用闭卷笔试方式，技能操作考核采用现场实际操作方式。理论知识考试和技能操作考核均实行百分制，成绩皆达 60 分及以上者为合格。一二级肥料配方师还须进行综合评审。

4. 考评人员与考生配比

理论知识考试考评人员与考生配比为 1:15，每个标准教室不少于 2 名考评人员；技能操作考核考评人员与考生配比为 1:5，且不少于 3 名考评人员；综合评审委员不少于 5 人。

5. 鉴定时间

理论知识考试时间不少于 90 分钟；技能操作考核时间不少于 30 分钟；综合评审时间不少于 30 分钟 。

6. 鉴定场所与设备

理论知识考试在标准教室进行，技能操作考核场所须配备与考核相关的操作用具和实验设备。

二、基本要求

（一）职业道德

1. 职业道德基本知识

2. 职业守则

① 敬业爱岗，忠于职守。

② 认真负责，实事求是。

③ 勤奋好学，精益求精。

④ 热情服务，遵纪守法。

⑤ 规范操作，注意安全。

（二）基础知识

1. 专业知识

① 植物营养与施肥基础知识。

② 土壤农化分析基础知识。

③ 土壤学基础知识。

④ 土壤调查基础知识。

⑤ 田间试验基础知识。

⑥ 肥料学基础知识。

⑦ 肥料配方基础知识。

⑧ 肥料贮藏、运输知识。

⑨ 常用仪器分析知识。

⑩ 作物栽培知识。

⑪ 肥料试验与统计分析基础知识。

⑫ 计算机应用基础知识。

⑬ 肥料市场营销知识。

⑭ 肥料施用技术知识。

⑮ 农业技术推广基础知识。

2. 安全知识

安全用电、用水、用气，防火、防盗等知识。

3. 相关法律、法规知识

（1）《中华人民共和国农业法》的相关知识。

（2）《中华人民共和国农业技术推广法》的相关知识。

（3）《中华人民共和国产品质量法》的相关知识。

（4）中华人民共和国肥料产品国家标准和行业标准。

三、工作要求

（一）三级肥料配方师（表 16-11）

表 16-11　三级肥料配方师工作要求

职业功能	工作内容	技能要求	相关知识
一、土壤分析	（一）土壤养分测定	1. 能够采集土壤样品 2. 能够制备土壤样品 3. 能够测定土壤有机质及速效氮、磷、钾养分	1. 作物生育期需肥规律与施肥 2. 测定土壤有机质及速效氮、磷、钾养分分析方法 3. 识别土壤物理性状知识 4. 土壤调查基础知识
	（二）土壤调查	1. 能够进行土壤野外调查并收集调查结果 2. 能够识别土壤物理性状	
二、肥效试验	（一）肥料田间试验	1. 能够根据肥料田间试验方案布置试验 2. 能够采集植物样品并开展生物性状调查 3. 能够开展农户施肥状况调查	1. 田间试验方法 2. 农作物栽培技术基础知识 3. 计算机应用基础知识
	（二）数据整理	1. 能够收集田间试验、农户调查等资料 2. 能够整理田间试验、农户调查等数据	
三、配方制定	（一）肥料选择	1. 能够识别氮、磷、钾等肥料 2. 能够根据配方要求选择氮、磷、钾等肥料	1. 氮、磷、钾等肥料的性质 2. 氮、磷、钾等肥料混配的原则和方法
	（二）肥料配方	1. 能够按土壤和作物要求制定氮、磷、钾等肥料的配方 2. 能够根据肥料配方进行氮、磷、钾等肥料的混配	
四、应用推广	（一）肥料贮藏、运输	1. 能够安全贮藏氮、磷、钾等肥料 2. 能够安全运输氮、磷、钾等肥料	1. 氮、磷、钾等肥料贮藏、运输知识 2. 氮、磷、钾等肥料使用技术 3. 农业技术推广基础知识 4. 肥料市场营销知识
	（二）肥料销售	1. 能够判别肥料包装标识是否规范 2. 能够介绍氮、磷、钾等肥料的适宜作物和区域	
	（三）肥料使用	1. 能够按土壤和作物要求推荐所需的肥料 2. 能够介绍氮、磷、钾等肥料及混配肥料的使用方法	

（续表）

职业功能	工作内容	技能要求	相关知识
五、肥料评价	（一）质量检验	1. 能够使用肥料检测仪器分析氮、磷、钾等肥料及混配肥料养分指标 2. 能够根据标准判定氮、磷、钾等肥料及混配肥料的质量	1. 氮、磷、钾等肥料及混配肥料质量标准 2. 氮、磷、钾等肥料检测仪器使用知识 3. 肥料效应田间试验标准
	（二）效益评价	1. 能够根据肥料检测结果评价氮、磷、钾等肥料及混配肥料理化性状的优劣 2. 能够评价氮、磷、钾等肥料及混配肥料的使用效果	

（二）二级肥料配方师（表 16-12）

表 16-12　二级肥料配方师工作要求

职业功能	工作内容	能力要求	相关知识
一、土壤分析	（一）土壤养分测定	1. 能够制定土壤样品采集方案 2. 能够选择土壤养分测试方法 3. 能够进行土壤养分的分析测定	1. 土壤调查规划知识 2. 土壤肥力分析测试知识
	（二）土壤调查	1. 能够测定土壤物理性状 2. 能够布置土壤类型、分布、物理化学性状等野外调查 3. 能够撰写土壤调查报告	
二、肥效试验	（一）肥料田间试验	1. 能够设计肥料田间试验方案 2. 能够设计农户施肥状况调查方案	1. 田间试验统计分析知识 2. 计算机应用程序的使用知识 3. 肥料田间试验设计知识
	（二）数据整理	1. 能够汇总分析肥料田间试验资料数据 2. 能够撰写试验报告	
三、配方制定	（一）肥料选择	1. 能够根据肥料的性质将肥料分类 2. 能够根据配方要求选择肥料	1. 肥料配方知识 2. 肥料理化性状知识
	（二）肥料配方	1. 能够按土壤和作物要求制定肥料的普通配方 2. 能够进行肥料的混配	

（续表）

职业功能	工作内容	能力要求	相关知识
四、应用推广	（一）肥料贮藏、运输	1. 能够安全贮藏肥料 2. 能够安全运输肥料	1. 肥料贮藏、运输、应用知识 2. 农业技术推广方式创新知识
	（二）肥料使用	1. 能够介绍肥料及混配肥料的使用方法 2. 能够判断肥料使用不当的原因	
	（三）技术培训	1. 能够制作肥料使用技术的宣传材料 2. 能够对农民和基层农技人员进行技术培训	
五、肥料评价	（一）质量检验	能够使用肥料检测仪器开展肥料质量检验	1. 检测仪器校验知识 2. 肥料效果评价基础知识
	（二）质量评价	能够评估肥料的理化性状与质量	

（三）一级肥料配方师（表 16-13）

表 16-13　一级肥料配方师工作要求

职业功能	工作内容	能力要求	相关知识
一、土壤分析	（一）土壤养分测定	1. 能够审定土壤样品采集方案 2. 能够评价土壤养分的分析结果	1. 植物营养学特性和养分管理 2. 土壤学与地貌学知识
	（二）土壤调查	1. 能够审定选择土壤物理性状测定方法 2. 能够设计土壤野外调查方案 3. 能够审定调查汇总结果、评价土壤肥力 4. 能够撰写评价报告	
二、肥效试验	（一）肥料田间试验	1. 能够审定肥料田间试验方案 2. 能够审定肥料施用状况调查方案	1. 统计学知识 2. 计算机程序设计应用知识
	（二）数据整理	1. 能够审定肥料田间试验和肥料施用状况调查数据分析结果 2. 能够审查试验报告	

（续表）

职业功能	工作内容	能力要求	相关知识
三、配方制定	（一）肥料选择	1. 能够根据特殊肥料配方要求，选择适宜肥料品种 2. 能够进行特殊肥料的混配	特殊肥料配方知识
	（二）肥料配方	1. 能够按土壤和作物要求设计特殊要求的肥料配方 2. 能够评价肥料配方，对肥料配方提出修改意见	
四、应用推广	（一）肥料使用	1. 能够介绍特殊要求肥料的混配方法和施用方法 2. 能够根据作物长势判断肥料应用期不当的原因	1. 植物营养与肥料知识 2. 技术培训技巧知识
	（二）技术培训	1. 能够编写技术培训、宣传材料 2. 能够开展对中、初级技术人员的技术培训	
五、肥料评价	（一）质量检验	能够根据肥料性质确定检测仪器和检测方法	肥料效果评价知识
	（二）效益评价	能够评价肥料质量和肥料配方的使用效果	

四、比重表

（一）理论知识（表 16-14）

表 16-14　理论知识所占比重

项　目		三级（%）	二级（%）	一级（%）
基本要求	职业道德	5	5	5
	基础知识	20	15	15
相关知识	土壤分析	15	10	15
	肥效试验	15	15	20
	配方制定	20	25	20
	应用推广	15	20	10
	肥料评价	10	10	15
合　计	100	100	100	

（二）技能操作（表16-15）

表16-15　技能操作所占比重

项　目		三级（%）	二级（%）	一级（%）
技能要求	土壤分析	30	25	15
	肥效试验	15	10	5
	配方制定	30	30	30
	应用推广	15	15	20
	质量评价	10	20	30
合　计	100	100	100	

第四节　农作物植保员国家职业标准

一、职业概况

（一）职业名称

农作物植保员。

（二）职业定义

从事预防和控制有害生物对农作物及其产品的危害，保护安全生产的人员。

（三）职业等级

本职业共设五个等级，分别为：初级（国家职业资格五级）、中级（国家职业资格四级）、高级（国家职业资格三级）、技师（国家职业资格二级）、高级技师（国家职业资格一级）。

（四）职业环境

室内、外，常温。

（五）职业能力特征

具有一定的学习能力、计算能力、颜色与气味辨别能力、语言表达和分析判断能力，动作协调。

（六）基本文化程度

初中毕业。

（七）培训要求

1. 培训期限

全日制职业学校教育，根据其培养目标和教学计划确定。晋级培训期限：初级不少于150标准学时；中级不少于120标准学时；高级不少于100标准学时；技师不少于100标准学时；高级技师不少于80标准学时。

2. 培训教师

培训初级、中级人员的教师，应具有本职业技师以上职业资格证书或本专业中级以上专业技术职务任职资格；培训高级、技师的教师，应具有本职业高级技师职业资格证书或本专业高级专业技术职务任职资格；培训高级技师的教师，应具有本职业高级技师职业资格证书2年以上或本专业高级专业技术职务任职资格。

3. 培训场地与设备

满足教学需要的标准教室，具有观测有害生物的仪器设备及相关的教学用具的实验室和教学基地。

（八）鉴定要求

1. 适用对象

从事或准备从事本职业的人员。

2. 申报条件

——初级（具备以下条件之一者）

① 经本职业初级正规培训达规定标准学时数，并取得结业证书。

② 在本职业连续工作1年以上。

——中级（具备以下条件之一者）

① 取得本职业初级职业资格证书后，连续从事本职业工作2年以上，经本职业中级正规培训达规定标准学时数，并取得结业证书。

② 取得本职业初级职业资格证书后，连续从事本职业工作4年以上。

③ 连续从事本职业工作5年以上。

④ 取得经劳动保障行政部门审核认定的，以中级技能为培养目标的中等以上职业学校本职业（专业）毕业证书。

——高级（具备以下条件之一者）

① 取得本职业中级职业资格证书后，连续从事本职业工作2年以上，经本职业高级正规培训达规定标准学时数，并取得结业证书。

② 取得本职业中级职业资格证书后，连续从事本职业工作4年以上。

③ 大专以上本专业或相关专业毕业生取得本职业中级职业资格证书后，连续从事本职业工作2年以上。

——技师（具备以下条件之一者）

① 取得本职业高级职业资格证书后，连续从事本职业工作5年以上，经本职业技师正规培训达规定标准学时数，并取得结业证书。

② 取得本职业高级职业资格证书后，连续从事本职业工作8年以上。

③ 大专以上本专业或相关专业毕业生，取得本职业高级职业资格证书后，连续从事本职业工作2年以上。

——高级技师（具备以下条件之一者）

① 取得本职业技师职业资格证书后，连续从事本职业工作 3 年以上，经本职业高级技师正规培训达规定标准学时数，并取得结业证书。

② 取得本职业技师职业资格证书后，连续从事本职业工作 5 年以上。

3. 鉴定方式

分为理论知识考试和技能操作考核。理论知识采用笔试方式，技能操作考核采用现场实际操作方式。理论知识考试和技能操作考核均采用百分制，成绩皆达到 60 分及以上为合格。技师、高级技师还须综合评审。

4. 考评人员与考生配比

理论知识考试考评员与考生配比为 1∶15，每个标准教室不少于 2 名考评人员；技能操作考核考评员与考生配比 1∶5，且不少于 3 名考评员。综合评审委员会不少于 5 人。

5. 鉴定时间

理论知识考试时间与技能操作考核时间各为 90 分钟。

6. 鉴定场所及设备

理论知识考试在标准教室里进行，技能操作考核在具有必要设备的植保实验室及田间现场进行。

二、基本要求

（一）职业道德

1. 职业道德基本知识

2. 职业守则

① 敬业爱岗，忠于职守。

② 认真负责，实事求是。

③ 勤奋好学，精益求精。

④ 热情服务，遵纪守法。

⑤ 规范操作，注意安全。

（二）基础知识

1. 专业知识

① 植物保护基础知识。

② 作物病虫草鼠害调查与测报基础知识。

③ 有害生物综合防治知识。

④ 农药及药械应用基础知识。

⑤ 植物检疫基础知识。

⑥ 作物栽培基础知识。

⑦ 农业技术推广知识。

⑧ 计算机应用知识。

2. 法律知识

① 农业法。

② 农业技术推广法。

③ 种子法。

④ 植物新品种保护条例。

⑤ 产品质量法。

⑥ 经济合同法等相关的法律法规。

3. 安全知识

① 安全使用农药知识。

② 安全用电知识。

③ 安全使用农机具知识。

三、工作要求

本标准对初级、中级、高级、技师、高级技师的技能要求依次递进，高级别包括低级别的要求。

（一）初级（表 16-16）

表 16-16　初级农作物植保员工作要求

职业功能	工作内容	技能要求	相关知识
一、预测预报	（一）田间调查	1. 能识别当地主要病、虫、草、鼠、害和天敌 15 种以上 2. 能进行常发性病虫发生情况调查	1. 病、虫、草种类识别知识 2. 田间调查方法
	（二）整理数据	能进行简单的计算	百分率、平均数和虫口密度的计算方法
	（三）传递信息	能及时、准确传递病、虫信息	传递信息的注意事项
二、综合防治	（一）阅读方案	读懂方案并掌握关键点	1. 综防原则 2. 综防技术要点
	（二）实施综防措施	1. 能利用抗性品种和健身栽培措施防治病虫 2. 能利用灯光、黄板和性诱剂等诱杀害虫	物理、化学方法诱杀害虫知识

（续表）

职业功能	工作内容	技能要求	相关知识
三、农药（械）使用	（一）准备农药（械）	1. 能根据农药施用技术方案，正确备好农药（械） 2. 能辨别常用农药外观质量	农药（械）知识
	（二）配制药液、毒土	能按药、水（土）配比要求配制药液及毒土	常用农药使用常识和注意事项
	（三）施用农药	1. 能正确施用农药 2. 能正确使用手动喷雾器	1. 常见病虫草害发生特点 2. 手动喷雾器构造及使用方法 3. 安全施药方法和注意事项
	（四）清洗药械	能正确处理清洗药械的污水和用过的农药包装物	药械保管与维护常识
	（五）保管农药（械）	能按规定正确保管农药（械）	农药贮存及保管常识

（二）中级（表 16–17）

表 16–17　中级农作物植保员工作要求

职业功能	工作内容	技能要求	相关知识
一、预测预报	（一）田间调查	1. 能识别当地主要病、虫、草、鼠害和天敌 25 种以上 2. 能独立进行主要病虫发生情况调查	病虫草鼠害的基本知识
	（二）整理数据	能进行常规计算	普遍率和虫口密度的计算方法
	（三）传递信息	能对病虫发生动态作出初步判断	病虫发生规律一般知识
二、综合防治	（一）起草综防计划	能结合实际对一种主要病虫提出综防计划	主要病虫发生规律基本知识
	（二）实施综防措施	1. 能利用天敌进行生物防治 2. 能合理使用农药控害保益	生物防治基本知识
三、农药（械）使用	（一）配制药液、毒土	能批量配制农药	农药配制常识
	（二）施用农药	1. 能使用背负式机动喷雾器 2. 能排除背负式机动喷雾器一般故障	1. 农药使用方法 2. 背负式机动喷雾器使用及维修方法 3. 农药中毒急救方法
	（三）维修保养药械	1. 能维修手动喷雾器 2. 能保养背负式机动喷雾器	

（三）高级（表 16-18）

表 16-18　高级农作物植保员工作要求

职业功能	工作内容	技能要求	相关知识
一、预测预报	（一）田间调查	1. 能识别当地主要病、虫、草、鼠害和天敌 50 种以上 2. 能对主要病虫进行发生期和发生量的调查	1. 昆虫形态、病害诊断及杂草识别的一般知识 2. 显微镜、解剖镜的操作使用方法 3. 主要病虫系统调查方法
	（二）数据分析	1. 能使用计算工具做简单的统计分析 2. 能编制统计图表	统计分析的一般方法
	（三）预测分析	1. 能使用计算机查看病虫发生信息 2. 能确定防治适期和防治田块	1. 主要病虫的防治指标 2. 昆虫的世代和发育进度
二、综合防治	（一）起草综防计划	能结合实际对三种主要病虫害提出综防计划	主要病虫发生规律
	（二）实施综防措施	能组织落实综防技术措施	主要病虫综防技术规程
三、农药（械）使用	（一）配制药液、毒土	能进行多种剂型农药的配制	主要农药的性能
	（二）施用农药	能正确使用主要类型的机动药械	1. 农药安全使用常识和农药中毒急救方法 2. 主要药械的结构、性能及使用、养护方法
	（三）维修保养药械	能保养主要类型的机动药械	
	（四）代销农药	能代销农药	

（四）技师（表 16-19）

表 16-19　技师工作要求

职业功能	工作内容	技能要求	相关知识
一、预测预报	（一）田间调查	1. 能对当地主要病虫进行系统调查 2. 能安装、使用、维护常用观测器具	1. 病虫测报调查规范 2. 观测器具的使用方法和注意事项
	（二）预测分析	1. 能整理归纳病虫调查数据及相关气象资料 2. 能使用综合分析方法对主要病虫作出短期预测	1. 病虫害发生、消长规律 2. 生物统计基础知识 3. 农业气象基础知识
	（三）编写预报	1. 能编写短期预报 2. 能在计算机网上发布预报	科技应用文写作基本知识

（续表）

职业功能	工作内容	技能要求	相关知识
二、综合防治	（一）制定综防计划	能以一种作物为对象制定有害生物综防计划	1. 病、虫、草、鼠害发生规律 2. 作物品种与栽培技术
	（二）协助建立综防示范田	1. 能正确选点 2. 能协调组织农户落实综防措施	农业技术推广知识
三、农药（械）使用	（一）制定药剂防治计划	能提出农药（械）需求品种和数量	农药（械）信息
	（二）指导科学用药	1. 能诊断和识别主要病、虫、草、鼠的种类 2. 能合理使用农药	1. 植物病害诊断和昆虫分类及杂草鉴别知识 2. 主要病、虫、草、鼠害防治技术 3. 农药管理法规
	（三）承办植物医院	能根据诊断结果和农药使用技术要求开方卖药	
四、植物检疫	（一）疫情调查	1. 能熟练调查检疫对象 2. 能进行室内镜检	植物检疫基础知识
	（二）疫情封锁控制	在植物检疫专业技术人员的指导下，能对危险性病虫进行消毒处理	1. 危险性病虫消毒处理方法 2. 检疫对象封锁控制技术
五、培训	（一）制定培训计划	能够制定初、中级植保员职业培训计划	农业技术培训方法
	（二）实施培训	能联系实际进行室内和现场培训	

（五）高级技师（表 16–20）

表 16–20 高级技师工作要求

职业功能	工作内容	技能要求	相关知识
一、预测预报	（一）预测分析	能对主要病虫害进行数理统计分析	1. 病害流行基础知识 2. 昆虫生态基础知识 3. 生物统计基础知识 4. 计算机应用技术
	（二）编写预报	能简明、准确地编写中期预报	

（续表）

职业功能	工作内容	技能要求	相关知识
二、综合防治	（一）审核综防计划	能对综防计划的科学性、可行性和可操作性作出判断	经济效益评估基本知识
	（二）检查指导综防实施情况	1. 能解决综防实施中较复杂的技术问题 2. 能根据病虫预测信息，对综防措施提出调整意见 3. 能撰写综防总结	病虫害预测预报知识
三、农药（械）使用	（一）制定药剂防治计划	能确定农药（械）需求品种和数量	1. 有害生物综合防治原则 2. 环境保护知识
	（二）检查指导药剂防治工作	1. 能解决药剂防治中难度较大的技术问题 2. 能根据病虫预测信息，对药剂防治计划提出调整意见	
	（三）承办植物医院	能解决病虫草鼠种类识别和防治技术中的疑难问题	植物病害诊断知识
四、植物检疫	（一）疫情调查	能较熟练地识别新的检疫对象	
	（二）疫情封锁控制	能封锁控制检疫对象	检疫对象封锁控制技术
五、培训	（一）制定培训计划	能制定中、高级植保员培训计划	教育学基本知识
	（二）编制教材	能编写培训讲义及教材	
	（三）实施培训	能联系实际进行室内和现场培训	

第五节　农作物种子繁育员国家职业标准

一、职业概况

（一）职业名称

农作物种子繁育员。

（二）职业定义

从事一年生作物种子及种苗繁殖、生产和试验的人员。

（三）职业等级

本职业共设五个等级，分别为：初级（国家职业资格五级）、中级（国家职业资格四级）、高级（国家职业资格三级）、技师（国家职业资格二级）、高级技师（国家职业资格一级）。

（四）职业环境条件

室内、外，常温。

（五）职业能力特征

具有一定的学习和表达能力，手指、手臂灵活，动作协调，嗅觉、色觉正常。

（六）基本文化程度

初中毕业。

（七）培训要求

1. 培训期限

全日制职业学校教育，根据其培养目标和教学计划确定。晋级培训期限：初级不少于120标准学时；中级不少于120标准学时；高级不少于120标准学时；技师不少于100标准学时；高级技师不少于100标准学时。

2. 培训教师

培训初级、中级的教师，应具有本职业技师及以上的职业资格证书或相关专业中级及以上专业技术职务任职资格；培训高级、技师的教师，应具有本职业高级技师职业资格证书或相关专业高级专业技术职务任职资格；培训高级技师的教师应具有本职业高级技师职业资格证书2年以上或相关专业高级专业技术职务任职资格。

3. 培训场地设备

满足教学需要的标准教室、实验室和教学基地，具有相关的仪器设备及教学用具。

（八）鉴定要求

1. 适用对象

从事或准备从事本职业的人员。

2. 申报条件

——初级（具备以下条件之一者）

① 经本职业初级正规培训达到规定标准学时数，并取得结业证书。

② 在本职业连续工作1年以上。

③ 从事本职业学徒期满。

——中级（具备以下条件之一者）

① 取得本职业初级职业资格证书后，连续从事本职业工作2年以上，经本职业中级正规培训达规定标准学时数，并取得结业证书。

② 取得本职业初级职业资格证书后，连续从事本职业工作4年以上。

③ 连续从事本职业工作5年以上。

④ 取得经劳动保障行政部门审核认定的、以中级技能为培养目标的中等以上职业学校本职业（专业）毕业证书。

——高级（具备以下条件之一者）

① 取得本职业中级职业资格证书后，连续从事本职业工作 2 年以上，经本职业高级正规培训达规定标准学时数，并取得结业证书。

② 取得本职业中级职业资格证书后，连续从事本职业工作 4 年以上。

③ 大专以上本专业或相关专业毕业生取得本职业中级职业资格证书后，连续从事本职业工作 2 年以上。

——技师（具备以下条件之一者）

① 取得本职业高级职业资格证书后，连续从事本职业工作 5 年以上，经本职业技师正规培训达规定标准学时数，并取得结业证书。

② 取得本职业高级职业资格证书后，连续从事本职业工作 8 年以上。

③ 大专以上本专业或相关专业毕业生，取得本职业高级职业资格证书后，连续从事本职业工作 2 年以上。

——高级技师（具备以下条件之一者）

① 取得本职业技师职业资格证书后，连续从事本职业工作 3 年以上，经本职业高级技师正规培训达规定标准学时数，并取得结业证书。

② 取得本职业技师职业资格证书后，连续从事本职业工作 5 年以上。

3. 鉴定方式

分为理论知识考试和技能操作考核。理论知识考试采用闭卷笔试方式，技能操作考核采用现场实际操作方式。理论知识考试和技能操作考核均采用百分制，成绩皆达 60 分以上者为合格。技师、高技技师还须进行综合评审。

4. 考评人员与考生配比

理论知识考试考评人员与考生配比为 1∶15，每个标准考场不少于 2 名考评人员；技能操作考核考评员与考生配比为 1∶5，且不少于 3 名考评员。综合评审不少于 3 人。

5. 鉴定时间

初级、中级、高级理论知识考试时间为 90 分钟，技能操作考核时间为 120 分钟。技师、高级技师理论知识考试为 120 分钟，技能操作考核时间为 150 分钟。

6. 鉴定场所设备

理论知识考试在标准教室里进行。技能考核须有相应的实验室、考种室、实验田（地）及仪器、设施、设备、农机具等。

二、基本要求

（一）职业道德

1. 职业道德基本知识

2. 职业守则

① 爱岗敬业，依法繁种。

② 掌握技能，精益求精。

③ 保证质量，诚实守信。

④ 立足本职，服务农民。

（二）基础知识

1. 专业知识

① 农作物种子知识。

② 农作物栽培知识。

③ 植物学。

④ 植物保护知识。

⑤ 土壤知识。

⑥ 肥料知识。

⑦ 农业机械知识。

⑧ 气象知识。

2. 法律知识

① 农业法。

② 农业技术推广法。

③ 种子法。

④ 植物新品种保护条例。

⑤ 产品质量法。

⑥ 经济合同法等相关的法律法规。

3. 安全知识

① 安全使用农机具知识。

② 安全用电知识。

③ 安全使用农药知识。

三、工作要求

本标准对初级、中级、高级、技师和高级技师的技能要求依次递进，高级别涵盖低级别的要求。

（一）初级（表 16-21）

表 16-21　初级农作物种子繁育员工作要求

职业功能	工作内容	技能要求	相关知识
一、播前准备	（一）种子（苗）准备	1. 能按要求备好、备足种子（苗） 2. 能按要求进行晒种、浸种、催芽等一般种子处理	种子处理用药知识
	（二）生产资料准备	1. 能按要求准备农药、化肥、农膜等生产资料 2. 能正确使用常用农具	农机具常识
	（三）整地施肥	1. 能进行一般的耕地、平整土地 2. 能施用基肥	耕作常识
二、田间管理	（一）规格种植	能做到播种均匀、深浅一致	了解株、行距、行比等种植规格
	（二）水肥管理	会追肥和排灌水	
	（三）病虫害防治	1. 能按要求配制药液 2. 能正确使用药械	
	（四）适时收获（出圃）	1. 能进行收获、脱粒、清选、晾晒等工作 2. 能安全保管种子（苗）	种子保管知识
三、质量控制	（一）防杂保纯	1. 能按要求防止生物混杂 2. 能按要求防止机械混杂	种子防杂知识
	（二）去杂去劣	能按要求识别并去除杂劣株	

（二）中级（表 16-22）

表 16-22　中级农作物种子繁育员工作要求

职业功能	工作内容	技能要求	相关知识
一、播前准备	（一）种子（苗）准备	1. 能独立备好、备足种子 2. 能独立完成较复杂的种子（苗）处理	1. 种子处理知识 2. 品种特性
	（二）种植安排	能按要求落实地块及种植方式	
	（三）生产资料准备	1. 能根据繁种方案准备所需化肥、农药、农膜等生产资料 2. 能准备、维修常用农具	
	（四）整地施肥	能完成较复杂的整地施肥工作	耕作知识

（续表）

职业功能	工作内容	技能要求	相关知识
二、田间管理	（一）规格种植	能进行规格种植	农作物生理知识
	（二）水肥管理	能根据作物生长发育状况进行水肥管理	
	（三）病虫害防治	1. 能及时发现病、虫、草、鼠害 2. 能正确使用农药	
	（四）适时收获（出圃）	能进行较为复杂的收获、脱粒、晾晒、清选等工作	
三、质量控制	（一）防杂保纯	1. 能防止生物学混杂 2. 能防止机械混杂	作物生殖生长知识
	（二）去杂去劣	能准确去除杂劣株	品种标准
四、田间观察	（一）营养观察	能准确判断作物群体生长、营养、发育状况	作物营养生产知识
	（二）生育观察	1. 能观察记载作物生育时期 2. 能观察记载作物花期相遇情况	

（三）高级（表 16-23）

表 16-23 高级农作物种子繁育员工作要求

职业功能	工作内容	技能要求	相关知识
一、播前准备	（一）种子（苗）准备	能正确进行种子（苗）的分发和登记	1. 不同作物的隔离要求 2. 气象知识
	（二）种植安排	1. 能落实田间种植安排 2. 能按方案进行品种试验	
	（三）整地施肥	1. 能指导备足农用物质 2. 能指导整地施肥	
二、田间管理	（一）规格种植	能选择适当的种植时期	农时常识
	（二）水肥管理	能进行作物营养、生长诊断	
	（三）病虫害防治	1. 能采用合理的病虫草鼠害防治措施 2. 能指导使用农药、药械	田间常见病虫害识别知识
	（四）适时收获（出圃）	能准确确定收获期	

（续表）

职业功能	工作内容	技能要求	相关知识
三、质量控制	（一）防杂保纯	1. 能指导防止生物学混杂 2. 能指导防止机械混杂	作物生长发育规律
	（二）去杂去劣	能指导田间去除杂劣株	
	（三）质量检验	1. 能进行田间检验 2. 能通过外观对种子（苗）质量进行初步评价 3. 能测定种子水分、净度、发芽率等	
四、观察记载	（一）田间记载	1. 能进行气候条件的记载 2. 能进行特殊情况的记载	
	（二）生育预测	1. 能较准确地预测花期、育性、成熟期 2. 能进行田间测产	生物统计知识
	（三）建立档案	能记载生产地点、生产地块环境、前茬作物、亲本种子来源和质量、技术负责人等	种子档案知识
五、包装贮藏	（一）种子包装	能包装种子（苗）	种子包装知识
	（二）种子贮藏	能防止种子（苗）混杂、霉变、鼠害等	种子贮藏知识

（四）技师（表 16-24）

表 16-24　技师工作要求

职业功能	工作内容	技能要求	相关知识
一、起草方案	（一）明确任务	能起草具体的实施方案	
	（二）选择基地	能落实地块	
	（三）制定技术措施	能合理运用技术措施	
	（四）人员分工	能合理确定人员	管理知识
二、播前准备	（一）种子（苗）准备	1. 能根据种子（苗）特性、特征辨别品种 2. 能及时发现和解决种子（苗）处理中的问题	
	（二）检查指导	1. 能检查评价整地施肥质量 2. 能检查农用物资和农机具准备情况	1. 土壤分类知识 2. 肥料知识
三、田间管理	（一）水肥管理	能制定必要的水肥等促控措施	作物栽培知识
	（二）病虫害防治	能制定科学合理的防治措施	病虫测报及防治知识
	（三）适时收获（出圃）	能精选种子（苗）	

（续表）

职业功能	工作内容	技能要求	相关知识
四、质量控制	（一）保持种性	能进行提纯操作	种子提纯操作规程
	（二）去杂去劣	能确定去杂去劣的关键时期	
	（三）质量检验	1. 能进行田间质量检查、评定 2. 能进行室内检验法	种子检验知识
五、观察记载	（一）田间记载	能调查田间病虫害并记载	病虫害调查方法
	（二）生育预测	1. 能调节花期相遇 2. 能组织田间测产	
	（三）建立档案	能制定相应的调查记载标准和要求	档案管理知识
六、包装贮藏	（一）种子（苗）包装	能检查指导种子（苗）包装	
	（二）种子（苗）贮藏	能检查指导种子（苗）贮藏	
七、组培脱毒	（一）组织培养	1. 能正确选用培养基 2. 能进行无菌操作	组培知识
	（二）无毒苗生产	1. 会脱毒 2. 能进行无毒繁殖	脱毒原理
八、技术培训	（一）起草培训计划	能起草繁种人员的培训计划	
	（二）实施培训	1. 能对繁种人员进行现场指导 2. 能对初、中级繁育人员进行技术培训	

（五）高级技师（表 16-25）

表 16-25　高级技师工作要求

职业功能	工作内容	技能要求	相关知识
一、制定方案	（一）明确任务	能确定繁种任务	1. 土壤学 2. 肥料学 3. 作物栽培学
	（一）确定基地	能选定合适的地块	
	（三）制定技术措施	能制定合理的技术措施	

（续表）

职业功能	工作内容	技能要求	相关知识
二、质量控制	（一）保持种性	能组织、指导提纯工作	种子学
	（二）质量检验	能组织田间质量检查、评定	
三、组培脱毒	（一）组织培养	能配制培养基	1. 培养基特性 2. 植物病毒学
	（二）无毒苗生产	1. 能指导无毒繁殖 2. 能鉴定脱毒	
四、技术培训	（一）制定培训计划	能制定完善的培训计划	1. 心理学 2. 行为学
	（二）编写讲义	能编写培训讲义或教材	
	（三）技术培训	1. 能阶段性地对繁种人员进行技术培训 2. 能对繁种人员进行系统的技术培训	

第六节　农作物种子加工员国家职业标准

一、职业概况

（一）职业名称

农作物种子加工员。

（二）职业定义

对农作物种子从收获后到播种前进行预处理、干燥、清选分级、包衣计量等加工处理的人员。

（三）职业等级

本职业共设5个等级，分别为初级（国家职业资格五级）、中级（国家职业资格四级）、高级（国家职业资格三级）、技师（国家职业资格二级）、高级技师（国家职业资格一级）。

（四）职业环境

室内、室外，常温。

（五）职业能力特征

具有一定的计算能力，声音、颜色辨别能力和实际操作能力，动作协调。

（六）基本文化程度

初中毕业。

（七）培训要求

1. 培训期限

全日制职业学校教育，根据其培养目标和教学计划确定。晋级培训期限：初级不少于150标准学时；中级不少于120标准学时；高级不少于100标准学时；技师和高级技师不少于80标准学时。

2. 培训教师

培训初、中、高级的教师应具备本职业技师及以上职业资格，或相关专业中级及以上专业技术职务任职资格；培训技师的教师应具备高级技师职业资格，或相关专业高级以上专业技术职务任职资格；培训高级技师的教师应具备高级技师职业资格2年以上，或相关专业高级以上专业技术职务2年以上任职资格。

3. 培训场地与设备

满足教学要求的标准教室，实践场地及必要的教具和设备。

（八）鉴定要求

1. 适用对象

从事或准备从事本职业的人员。

2. 申报条件

——初级（具备以下条件之一者）

① 经本职业初级正规培训达规定标准学时数，并取得结业证书。

② 在本职业连续工作1年以上。

—— 中级（具备以下条件之一者）

① 取得本职业初级职业资格证书后，连续从事本职业工作2年以上，经本职业中级正规培训达规定标准学时数，并取得结业证书。

② 连续从事本职业工作5年以上。

③ 取得经劳动保障行政部门审核认定的，以中级技能为培养目标的中等以上职业学校相关职业（专业）毕业证书。

——高级（具备以下条件之一者）

① 取得本职业中级职业资格证书后，连续从事本职业工作2年以上，经职业高级正规定培训达规定标准学时数，并取得结业证书。

② 取得本职业中级职业资格证书后，连续从事本职业工作3年以上。

③ 大专以上本专业或相关专业毕业生，取得本职业中级职业资格证书后，连续从事本职业工作2年以上。

——技师（具备以下条件之一者）

① 取得本职业高级职业资格证书后，连续从事本职业工作5年以上，经本职业技师正规培训达规定标准学时数，并取得结业证书。

② 大专以上本专业或相关专业毕业生，取得本职业高级职业资格证书后，连续从事

本职业工作 3 年以上。

——高级技师（具备以下条件之一者）

① 取得本职业技师职业资格证书后，连续从事本职业工作 3 年以上，经本职业高级技师正规培训达规定标准学时数，并取得结业证书。

② 大专以上本专业或相关专业毕业生，取得本职业高级职业资格证书后，连续从事本职业工作 5 年以上。

3. 鉴定方式

分为理论知识考试和技能操作考核。理论知识采用闭卷笔试方式，技能操作考核采用现场实际操作方式。理论知识考试和技能操作考核均实行百分制，成绩皆达 60 分及以上为合格。技师、高级技师还须综合评审。

4. 考评人员与考生配比

理论知识考试考评人员与考生配比为 1∶20，每个标准教室不少于 2 名考评人员；技能操作考核考评人员与考生配比为 1∶5，且不少于 3 名考评人员。综合评审委员会不少于 3 人。

5. 鉴定时间

各等级理论知识考试时间不少于 90 分钟；技能操作考核时间不少于 60 分钟。

6. 鉴定场所及设备

理论知识考试在标准教室里进行，技能操作考核在具备必要考核设备的场所进行。

二、基本要求

（一）职业道德

1. 职业道德基本知识

2. 职业守则

① 遵纪守法 诚实守信。

② 敬业爱岗 钻研业务。

③ 质量为本 精益求精。

④ 规范操作 安全生产。

（二）基础知识

1. 专业知识

① 农作物种子相关知识。

② 农作物种子加工原理及设备基本知识。

③ 农作物种子加工工艺流程基本知识。

2. 安全生产知识

① 安全用电知识。

② 安全操作机械常识。

③ 安全防火知识。

④ 急救常识。

3. 相关法律、法规知识

①《中华人民共和国农业法》相关知识。

②《中华人民共和国种子法》及相关条例、规章的知识。

③ 产品质量、计量、合同等相关法律法规知识。

三、工作要求

本标准对初级、中级、高级、技师、高级技师的技能要求依次递进，高级别涵盖低级别的要求。

（一）初级（表 16-26）

表 16-26　初级农作物种子加工员工作要求

职业功能	工作内容	技能要求	相关知识
一、预处理	（一）脱粒	能操作玉米种子脱粒机进行脱粒作业	玉米种子脱粒机的结构、原理及使用方法
	（二）预清选	能操作风筛式预清机进行清选作业	风筛式预清机的使用、保养和保管知识
二、干燥	（一）测定种子含水率	能用仪器测定种子含水率	主要农作物种子含水率测定方法
	（二）干燥作业	1. 能用固定床（堆放）式干燥设备，干燥小麦、水稻和玉米种子 2. 能清除机具中残留的种子	1. 固定床式种子干燥设备主要原理、结构及使用方法 2. 种子干燥基本知识
三、清选分级	（一）清选	1. 能操作风筛式清选机和比重式清选机 2. 能更换风筛式清选机筛片和比重式清选机工作台面 3. 能更换传动件、密封件等简单易损件	种子物理特性知识
	（二）分级	能操作种子分级机进行分级作业	种子分级机操作技术要求
四、包衣	（一）包衣	能操作药勺供药装置的包衣机进行包衣作业	种子包衣一般知识
	（二）包衣后干燥	能操作种子干燥设备并进行包衣种子干燥作业	种子包衣后的干燥处理技术知识

（续表）

职业功能	工作内容	技能要求	相关知识
五、计量包装	（一）计量	能操作电脑定量秤进行种子计量作业	定量包装一般知识
	（二）包装	能使用计量附属设备（提升机、输送机、封口机）进行包装作业	计量附属设备（提升机、输送机、封口机）包装作业操作技术要求

（二）中级（表 16-27）

表 16-27　中级农作物种子加工员工作要求

职业功能	工作内容	技能要求	相关知识
一、预处理	（一）脱粒	能调整使用玉米种子脱粒机	脱粒机工作原理和使用方法
	（二）除芒、刷种	1. 能使用除芒机除去水稻、大麦等种子上的芒刺 2. 能使用刷种机除去蔬菜、牧草、绿肥等种子表面刺毛附属物	除芒机、刷种机工作原理、结构特点和使用方法
	（三）预清选	根据物料条件和加工要求，确定风筛式预清机工作参数	风筛式预清机原理、结构和使用方法
二、干燥	（一）干燥作业	能根据操作规程，使用循环式和塔式种子干燥机	干燥机结构特点、工作原理
	（二）干燥工艺	能根据实际情况估算干燥时间 能根据要求计算出燃料消耗量	单位耗热量计算知识
三、清选分级	（一）清选	1. 能选用风筛式清选机筛片和比重式清选机工作台面 2. 能调节风筛式清选机前后吸风道风量 3. 能调节比重式清选机工作参数	1. 风筛式清选机结构与原理 2. 比重式清选机结构与原理
	（二）分级	能使用圆筒筛分级机进行种子分级	圆筒筛分级机结构和原理
四、选后处理	（一）包衣	1. 能调整药勺供药装置的包衣机药种比 2. 能判断包衣种子是否合格	1. 种子包衣机结构、原理及使用方法 2. 包衣种子技术条件
	（二）保管	能按规定保管种衣剂和包衣种子	种衣剂安全使用、保管常识

（续表）

职业功能	工作内容	技能要求	相关知识
五、计量包装	（一）计量	能使用二种以上计量方式的全自动计量包装机进行计量作业	计量包装设备原理、结构与使用方法
	（二）包装	能按要求选择相应包装材料	种子包装工作要求及包装材料

（三）高级（表 16-28）

表 16-28 高级农作物种子加工员工作要求

职业功能	工作内容	技能要求	相关知识
一、预处理	（一）故障检查	1. 能对预清机进行故障检查 2. 能对风筛式预清机进行故障检查	种子预处理机械结构与原理
	（二）排除故障	能对种子预处理机械进行维护并排除故障	机械维修基本知识
二、干燥	（一）编制操作规程	能对含水率较高的玉米果穗制定穗粒分段干燥操作规程	种子干燥处理操作技术要求
	（二）排除故障	能排除干燥机常见故障	种子干燥机械的结构与工作原理
三、清选分级	（一）清选分级	1. 能使用窝眼筒清选机 2. 能选用不同窝眼尺寸的窝眼筒	窝眼筒清选机的结构与工作原理
	（二）排除故障	能排除清选机和分级机机械故障	清选机和分级机的结构与工作原理
四、选后处理	（一）包衣	1. 能使用主要类型包衣机进行种子包衣作业 2. 能选用种衣剂	种衣剂主要成份和性能
	（二）排除故障	能排除主要类型包衣机故障	包衣机械的结构与工作原理
五、计量包装	（一）包装	1. 能根据计量要求，选用不同计量包装设备 2. 能使用调整喷码机对种子包装袋进行喷码作业	计量包装设备的结构与工作原理
	（二）排除故障	能排除包装机的电气、机械、物料阻塞等常见故障	包装机械的结构与工作原理

（四）技师（表 16-29）

表 16-29　技师工作要求

职业功能	工作内容	技能要求	相关知识
一、预处理	（一）确定机具	能根据物料条件及西红柿、西瓜等特殊种子加工要求，确定脱粒、预清选、除芒、刷种方法和机具类型	西红柿、西瓜等特殊种子湿加工工艺技术要求
	（二）棉种脱绒	1. 能使用泡沫酸和过量式稀硫酸棉籽脱绒成套设备进行脱绒作业 2. 能使用机械脱绒设备进行脱绒作业	1. 棉种酸脱绒基本原理 2. 棉种机械脱绒原理
二、干燥	（一）编制操作规程	能编制蔬菜等特殊种子操作规程	蔬菜等特殊种子物理特性
	（二）设备维护	能提出热能、干燥设备检查和维修技术方案	热能、干燥设备维修知识
三、清选分级	（一）清选	能根据物料情况和加工要求，确定风筛式清选机筛选流程	风筛式清选机筛选流程工艺知识
	（二）分级	能根据物料情况和分级要求，选用分级机筛孔形状和尺寸，制定种子分级方案	播种分级技术知识
四、选后处理	（一）包衣	1. 能根据不同农作物种子包衣要求确定种衣剂类型，合理使用种衣剂 2. 能维修各类包衣机	1. 主要农作物病虫害常识、农药管理知识 2. 种衣剂、包衣机技术标准
	（二）包衣丸粒化	1. 能使用丸化机进行丸化处理作业 2. 能维修保养丸化机	丸化机原理、结构与使用保养
五、培训与指导	（一）培训	能对初、中、高级种子加工人员进行培训	培训教学的基本方法和要求
	（二）指导	1. 能指导初、中、高级种子加工员进行种子加工 2. 能解决种子加工过程中的技术问题	技术指导常用方法

（五）高级技师（表 16-30）

表 16-30　高级技师工作要求

职业功能	工作内容	技能要求	相关知识
一、干燥	（一）推广干燥新技术	能指导推广应用种子干燥新技术和机具	物料热特性知识
	（二）创新干燥工艺	能分析总结不同烘干机干燥种子实际效果，完善工艺，提出改进意见	传热传湿知识

（续表）

职业功能	工作内容	技能要求	相关知识
二、清选分级	（一）清选	根据不同种子清选要求，提出相应清选工艺和设备方案	种子加工工艺技术知识
	（二）分级	根据精密播种发展和农艺要求，对种子分级级别和播种精度提出方案	播种等农艺及机械设备技术知识
三、选后处理	（一）丸粒化	根据农艺要求使用药剂，提出丸化工艺方案	农药化工基本知识
	（二）筛选应用	能筛选各类选后处理新技术及设备，指导推广应用	种子选后处理技术知识
四、培训与管理	（一）培训	1. 能制定各级种子加工员培训计划 2. 能编写各级种子加工员培训讲义 3. 能对各级种子加工员进行业务培训	农业科技科普写作知识
	（二）管理	1. 能提出质量控制管理方案；制定各类加工设备管理规章制度。 2. 能指导加工档案建立，提出改进加工质量建议	产品质量和工艺流程管理知识

四、比重表

理论知识（表 16-31）。

表 16-31 理论知识所占比重

项目		初级（%）	中级（%）	高级（%）	技师（%）	高级技师（%）
基本要求	职业道德	5	5	5	5	5
	基础知识	45	20	20	15	15
相关知识	种子预处理	15	15	10	10	-
	种子干燥	15	10	15	15	15
	清选分级	10	20	20	15	20
	选后处理	5	20	20	20	15
	计量包装	5	10	10	10	-
	培训与指导	-	-	-	10	10
	技术管理	-	-	-	-	20
合计		100	100	100	100	100

第七节　蔬菜园艺工国家职业标准

一、职业概况

（一）职业名称

蔬菜园艺工。

（二）职业定义

从事菜田耕整、土壤改良、棚室修造、繁种育苗、栽培管理、产品收获、采后处理等生产活动的人员。

（三）职业等级

本职业共设五个等级，分别为：初级（国家职业资格五级）、中级（国家职业资格四级）、高级（国家职业资格三级）、技师（国家职业资格二级）、高级技师（国家职业资格一级）。

（四）职业环境

室内、外，常温。

（五）职业能力特征

具有一定的学习能力、表达能力、计算能力、颜色辨别能力、空间感和实际操作能力，动作协调。

（六）基本文化程度

初中毕业。

（七）培训要求

1. 培训期限

全日制职业学校教育，根据其培养目标和教学计划确定。晋级培训期限：初级不少于150标准学时；中级不少于120标准学时；高级不少于100标准学时；技师不少于80标准学时；高级技师不少于80标准学时。

2. 培训教师

培训初、中级的教师应具有本职业技师及以上职业资格证书或本专业中级及以上专业技术职务任职资格；培训高级、技师的教师应具有本职业高级技师职业资格证书或本专业高级及以上专业技术职务任职资格；培训高级技师的教师应具有本职业高级技师职业资格证书2年以上或本专业高级及以上专业技术职务任职资格。

3. 培训场地与设备

满足教学需要的标准教室、实验室和教学基地，具有相关的仪器设备及教学用具。

（八）鉴定要求

1. 适用对象

从事或准备从事本职业的人员。

2. 申报条件

——初级（具备以下条件之一者）

① 经本职业初级正规培训达规定标准学时数，并取得结业证书。

② 在本职业连续工作 1 年以上。

——中级（具备以下条件之一者）

① 取得本职业初级职业资格证书后，连续从事本职业工作 2 年以上，经本职业中级正规培训达规定标准学时数，并取得结业证书。

② 取得本职业初级职业资格证书后，连续从事本职业工作 4 年以上。

③ 连续从事本职业工作 5 年以上。

④ 取得经劳动保障行政部门审核认定的、以中级技能为培养目标的中等以上职业学校本职业（专业）毕业证书。

——高级（具备以下条件之一者）

① 取得本职业中级职业资格证书后，连续从事本职业工作 2 年以上，经本职业高级正规培训达规定标准学时数，并取得结业证书。

② 取得本职业中级职业资格证书后，连续从事本职业工作 4 年以上。

③ 大专以上本专业或相关专业毕业生，取得本职业中级职业资格证书后，连续从事本职业工作 2 年以上。

——技师（具备以下条件之一者）

① 取得本职业高级职业资格证书后，连续从事本职业工作 5 年以上，经本职业技师正规培训达规定标准学时数，并取得结业证书。

② 取得本职业高级职业资格证书后，连续从事本职业工作 8 年以上。

③ 大专以上本专业或相关专业毕业生，取得本职业高级职业资格证书后，连续从事本职业工作 2 年以上。

——高级技师（具备以下条件之一者）

① 取得本职业技师职业资格证书后，连续从事本职业工作 3 年以上，经本职业高级技师正规培训达规定标准学时数，并取得结业证书。

② 取得本职业技师职业资格证书后，连续从事本职业工作 5 年以上。

3. 鉴定方式

分为理论知识考试和技能操作考核，理论知识考试采用闭卷笔试方式，技能操作考核采用现场实际操作方式。理论知识考试和技能操作考核均采用百分制，成绩皆达 60 分及以上者为合格。技师、高级技师还须进行综合评审。

4. 考评人员与考生配比

理论知识考试考评人员与考生配比为 1 ∶ 15，每个标准教室不少于 2 名考评人员；技能操作考核考评员与考生配比为 1 ∶ 5，且不少于 3 名考评员。综合评审委员不少于 5 人。

5. 鉴定时间

理论知识考试时间不少于90分钟，技能操作考核时间不少于30分钟，综合评审时间不少于30分钟。

6. 鉴定场所及设备

理论知识考试在标准教室里进行，技能操作考核在具有必要设备的实验室及田间现场进行。

二、基本要求

（一）职业道德

1. 职业道德基本知识

2. 职业守则

① 敬业爱岗，忠于职守。

② 认真负责，实事求是。

③ 勤奋好学，精益求精。

④ 遵纪守法，诚信为本。

⑤ 规范操作，注意安全。

（二）基础知识

1. 专业知识

① 土壤和肥料基础知识。

② 农业气象常识。

③ 蔬菜栽培知识。

④ 蔬菜病虫草害防治基础知识。

⑤ 蔬菜采后处理基础知识。

⑥ 农业机械常识。

2. 安全知识

① 安全使用农药知识。

② 安全用电知识。

③ 安全使用农机具知识。

④ 安全使用肥料知识。

3. 相关法律、法规知识

① 农业法的相关知识。

② 农业技术推广法的相关知识。

③ 种子法的相关知识。

④ 国家和行业蔬菜产地环境、产品质量标准，以及生产技术规程。

⑤ 劳动法的相关知识。

⑥ 农药管理条例的相关知识。

三、工作要求

本标准对初级、中级、高级、技师和高级技师的技能要求依次递进，高级别涵盖低级别的要求。

（一）初级（表 16-32）

表 16-32 初级蔬菜园员工工作要求

职业功能	工作内容	技能要求	相关知识
一、育苗	（一）设施准备	1. 能按指定的类型和结构参数准备育苗设施 2. 能按指定的药剂进行育苗设施消毒	1. 育苗设施类型、结构知识 2. 消毒剂使用方法
	（二）营养土配制	1. 能按配方配制营养土 2. 能按指定的药剂进行营养土消毒	1. 基质特性知识 2. 营养土消毒方法
	（三）苗床准备	能按指定的地点和面积准备苗床	苗床制作知识
	（四）种子处理	1. 能够识别常见蔬菜种子 2. 能按技术规程进行常温浸种和温汤浸种 3. 能按技术规程进行种子催芽	1. 种子识别知识 2. 浸种知识 3. 催芽知识
	（五）播种	能整平床土，浇足底水，适时、适量并以适宜深度撒播、条播、点播或穴播，覆盖土及保温或降温材料	播种方式和方法
	（六）苗期管理	1. 能根据技术指标使用相关的设施设备调节温度、湿度和光照 2. 能按指定的时期分苗、倒苗和炼苗 3. 能按指定的药剂防治病虫草害	1. 温度、湿度和光照调控方法 2. 分苗知识 3. 炼苗知识 4. 苗期施药方法
二、定植（直播）	（一）设施准备	1. 能按指定的类型和结构参数准备栽培设施 2. 能按指定的药剂进行栽培设施消毒	栽培设施类型、结构知识
	（二）整地	1. 能按指定的时期和深度耕翻土壤 2. 能按技术标准整平地块 3. 能按规划开排灌沟	土壤结构知识
	（三）施基肥	能按配方普施基肥，并结合深翻使土肥混匀，沟施基肥	1. 有机肥使用方法 2. 化肥使用方法
	（四）作畦	能按指定的类型规格作平畦、高畦或垄	栽培畦的类型、规格知识
	（五）移栽（播种）	能开沟或开穴，浇好移栽（播种）水，适时并以适宜的深度、密度移栽（播种）	1. 移栽（播种）密度知识 2. 移栽（播种）方法

（续表）

职业功能	工作内容	技能要求	相关知识
三、田间管理	（一）环境调控	1. 能根据技术指标使用相关的设施设备，能调节温度、湿度和光照 2. 能按技术要求防治土壤盐渍化 3. 能通风换气，防止氨气、二氧化硫、一氧化碳有害气体中毒	环境调控方法
	（二）肥水管理	1. 能按配方追肥、补充二氧化碳 2. 能按指定的时期和数量浇水 3. 能按指定的肥料和配比进行叶面追肥	适时追肥、浇水知识
	（三）植株调整	1. 能按指定的时期插架绑蔓（吊蔓） 2. 能按指定的时期摘心、打杈、摘除老叶和病叶 3. 能按指定的时期保花保果、疏花疏果	植株调整方法
	（四）病虫草害防治	按指定的药剂防治病虫草害	施药方法
	（五）采收	能按蔬菜外观质量标准采收	采收方法
	（六）清洁田园	能清理植株残体和杂物	田园清洁方法
四、采后处理	（一）整理	能按蔬菜外观质量标准整理产品	蔬菜整理方法
	（二）清洗	1. 能清洗产品 2. 能空水	蔬菜清洗空水方法
	（三）包装	能包装产品	蔬菜包装方法

（二）中级（表 16-33）

表 16-33　中级蔬菜园员工工作要求

职业功能	工作内容	技能要求	相关知识
一、育苗	（一）设施准备	1. 能确定育苗设施的类型和结构参数 2. 能确定育苗设施消毒所使用的药剂和使用方法	1. 育苗设施的性能、应用知识 2. 育苗设施病虫源知识
	（二）营养土配制	1. 能根据蔬菜的生理特性确定配制营养土的材料及配方 2. 能确定营养土消毒药剂	1. 营养土特性知识 2. 基质和有机肥病虫源知识 3. 农药知识 4. 肥料特性知识

（续表）

职业功能	工作内容	技能要求	相关知识
一、育苗	（三）苗床准备	能计算苗床面积	苗床面积计算知识
	（四）种子处理	1. 能根据蔬菜种子特性确定温汤浸种的温度、时间和方法 2. 能根据蔬菜种子特性确定催芽的温度、时间和方法 3.能进行开水烫种和药剂处理 4.能采用干热法处理种子	1. 开水烫种知识 2. 种子药剂处理知识 3. 种子干热处理知识
	（五）播种	1. 能确定播种期 2. 能计算播种量	1. 播种量知识 2. 播种期知识
	（六）苗期管理	1. 能针对苗期生育特性确定温度、湿度和光照管理措施 2. 能确定分苗、倒苗、炼苗适期和管理措施 3. 能确定病虫防治药剂和使用方法	1. 壮苗标准知识 2. 苗期温度管理知识 3. 苗期水分管理知识 4. 苗期光照管理知识
二、定植（直播）	（一）设施准备	1. 能确定栽培设施类型和结构参数 2. 能确定栽培设施消毒所使用的药剂和使用方法	1. 栽培设施性能、应用知识 2. 栽培设施病虫源知识
	（二）整地	1. 能确定土壤耕翻适期和深度 2. 能确定排灌沟布局和规格	农田水利知识
	（三）施基肥	能确定基肥施用种类和数量	1. 蔬菜对营养元素的需要量知识 2. 土壤肥力知识 3. 肥料利用率知识
	（四）作畦	能确定栽培畦的类型、规格及方向	栽培畦特点知识
	（五）移栽（播种）	1. 能确定移栽（播种）适期 2. 能确定移栽（播种）密度 3. 能确定移栽（播种）方法	1. 适时移栽（直播）知识 2. 合理密植知识
三、田间管理	（一）环境调控	1. 能确定温、湿度和光照管理措施 2. 能确定土壤盐渍化综合防治措施 3. 能确定有害气体的种类、出现的时间和防治方法	1. 田间蔬菜温度要求知识 2. 田间蔬菜水分要求知识 3. 田间蔬菜光照要求知识 4. 防止土壤盐渍化知识
	（二）肥水管理	1. 能确定追肥的种类和比例、适期和方法 2. 能确定浇水时期和数量 3. 能确定叶面追肥的种类、浓度、时期和方法	1. 蔬菜平衡施肥知识 2. 蔬菜灌溉知识

（续表）

职业功能	工作内容	技能要求	相关知识
三、田间管理	（三）植株调整	1. 能确定插架绑蔓（吊蔓）的时期和方法 2. 能确定摘心、打杈、摘除老叶和病叶的时期和方法 3. 能确定保花保果、疏花疏果的时期和方法	营养生长与生殖生长的关系知识
	（四）病虫草害防治	能确定病虫草害防治使用的药剂和方法	田间用药方法
	（五）采收	1. 能按蔬菜外观质量标准确定采收适期 2. 能确定采收方法	1. 采收时期知识 2. 产品外观特性知识
	（六）清洁田园	能对植株残体、杂物进行无害化处理	无害化处理知识
四、采后处理	（一）质量检测	能按蔬菜质量标准判定产品外观质量	外观质量标准知识
	（二）整理	能准备整理设备	整理设备知识
	（三）清洗	能准备清洗设备	清洗设备知识
	（四）分级	能按蔬菜分级标准对产品分级	蔬菜分级方法
	（五）包装	能选定包装材料和设备	包装材料和设备知识

（三）高级（表 16-34）

表 16-34　高级蔬菜园员工工作要求

职业功能	工作内容	技能要求	相关知识
一、育苗	（一）苗情诊断	能识别主栽品种苗期常见生理性病害，并制定防治措施	苗情诊断知识
	（二）病虫害防治	能识别主栽品种苗期常见病虫害，并确定综合防治措施	苗期病虫害症状知识
二、田间管理	（一）环境调控	能根据植株长势，调整环境调控措施	蔬菜与生长环境知识
	（二）肥水管理	1. 能识别主栽品种常见的缺素和营养过剩症状 2. 能根据植株长势，调整肥水管理措施	常见缺素和营养过剩症知识
	（三）植株调整	能根据植株长势，修改植株调整措施	蔬菜生物学特征
	（四）病虫草害防治	1. 能组织实施病虫草害综合防治 2. 能识别主栽品种常见蔬菜病虫害	常见蔬菜病虫害知识

（续表）

职业功能	工作内容	技能要求	相关知识
三、采后处理	（一）质量检测	1. 能确定产品外观质量标准 2. 能进行质量检测采样	抽样知识
	（二）分级	能准备分级设备	分级设备知识
四、技术管理	（一）实施生产计划	能组织实施年度生产计划	茬口安排知识
	（二）制定技术操作规程	能制定主要蔬菜生产技术操作规程	蔬菜栽培管理知识

（四）技师（表 16–35）

表 16–35　技师工作要求

职业功能	工作内容	技能要求	相关知识
一、育苗	（一）苗情诊断	能识别主栽品种各种苗期生理性病害，并制定防治措施	苗情生理障碍知识
	（二）病虫害防治	能识别主栽品种各种苗期侵染性病害、虫害，并制定综合防治措施	苗期病虫害诊断知识
二、田间管理	（一）环境调控	能鉴别主栽品种因环境调控不当引起的各种生理性病害，并根据植株长势制定防治措施	主栽蔬菜生理知识
	（二）肥水管理	能识别主栽品种各种缺素和营养过剩症状，并制定防治措施	主栽品种缺素和营养过剩症状知识
	（三）病虫草害防治	1. 能识别主栽品种各种蔬菜病虫害 2. 能制定病虫草害综合防治方案	1. 主栽蔬菜病虫害防治知识 2. 菜田除草知识
三、采后处理	（一）质量检测	能定性检测蔬菜中的农药残留和亚硝酸盐	农药残留和亚硝酸盐定性检测方法
	（二）分级	能选定分级标准	蔬菜分级标准知识

（续表）

职业功能	工作内容	技能要求	相关知识
四、技术管理	（一）编制生产计划	1. 能够调研蔬菜生产量、供应期和价格 2. 能安排蔬菜生产茬口 3. 能制定农资采购计划	蔬菜周年生产知识
	（二）技术评估	能评估技术措施应用效果，对存在问题提出改进方案	技术评估方法
	（三）种子鉴定	1. 能测定种子的纯度和发芽率 2. 能鉴定种子的生活力	种子鉴定知识
	（四）技术开发	1. 能针对生产中存在的问题，提出攻关课题，并开展试验研究 2. 能有计划地引进试验示范推广新品种、新材料、新技术 3. 能繁制常规品种	1. 田间试验设计与统计知识 2. 常规品种繁制知识
五、培训指导	（一）技术培训	1. 能制定初、中级人员培训计划 2. 能准备初、中级人员培训资料、实验用材和实习现场 3. 能给初、中级人员授课、实验示范和实训示范	1. 培训计划编制方法 2. 讲稿编写方法 3. 授课、实验、实训方法
	（二）技术指导	能指导初、中级人员进行蔬菜生产	技术指导方法

（五）高级技师（表 16-36）

表 16-36　高级技师工作要求

职业功能	工作内容	技能要求	相关知识
一、生育诊断	（一）生理病害诊断	能识别各种生理病害，并制定防治措施	蔬菜生理知识
	（二）侵染性病害、虫害诊断	能识别各种侵染性病害、虫害，并制定综合防治措施	蔬菜病虫害防治知识
二、采后处理	（一）质量检测	能制定企业产品质量标准	蔬菜产品质量标准知识
	（二）分级	能制定产品企业分级标准	蔬菜产品分级知识
	（三）包装	能根据产品特性提出包装设计要求	蔬菜产品特性

（续表）

职业功能	工作内容	技能要求	相关知识
三、技术管理	（一）编制生产计划	1. 能对市场调研结果进行分析，调整种植计划 2. 能预测市场的变化，研究提出新的茬口	1. 市场预测知识 2. 耕作制度知识
	（二）技术开发	1. 能预测蔬菜产销发展动态，并提出攻关课题，开展试验研究 2. 能对常规品种提纯复壮	1. 蔬菜产销动态知识 2. 常规品种提纯复壮知识
四、培训指导	（一）技术培训	1. 能制定高级人员和技师培训计划 2. 能准备高级人员和技师培训资料、实验用材和实习现场 3. 能给高级人员和技师授课、实验示范和实训示范	教育心理学的相关知识
	（二）技术指导	能指导高级人员和技师进行蔬菜生产	语言表达技巧

参考文献

[1] 李振陆 . 植物生产环境 [M]. 北京：中国农业出版社，2006.
[2] 梅四卫，弓利英 . 种子法规与实务 [M]. 北京：化学工业出版社，2011.
[3] 荆宇，钱庆华 . 种子检验 [M]. 北京：化学工业出版社，2011.
[4] 冯云选 . 种子贮藏加工 [M]. 北京：化学工业出版社，2011.
[5] 胡晋 . 种子贮藏加工 [M]. 北京：中国农业大学出版社，2001.
[6] 王建华，张春庆 . 种子生产学 [M]. 北京：高等教育出版社，2006.
[7] 周显忠，梅四卫 . 种子生产实用教程 [M]. 北京：化学工业出版社，2011.
[8] 郝建平，时侠清，等 . 种子生产与经营管理 [M]. 北京：中国农业出版社，2003.
[9] 周志魁 . 农作物种子经营指南 [M]. 北京：中国农业出版社，2007.
[10] 张春庆，王建华 . 种子检验学 [M]. 北京：高等教育出版社，2006.
[11] 赵玉巧，赵英华，王友善 . 新编种子知识大全 [M]. 北京：中国农业科技出版社，1998.
[12] 王多成，肖占文 . 玉米种子生产与加工技术 [M]. 兰州：甘肃科学技术出版社，2008.
[13] 曹致中 . 牧草种子生产技术 [M]. 北京：金盾出版社，2003.
[14] 陈杏禹，钱庆华 . 蔬菜种子生产技术 [M]. 北京：化学工业出版社，2011.
[15] 杨霏云 . 实用农业气象指标 [M]. 北京：中国气象出版社，2015.
[16] 胡虹文 . 作物遗传育种 [M]. 北京：化学工业出版社，2010.
[17] 刘卫东，朱士卫，崔群香 . 园艺植物遗传育种 [M]. 北京：中国农业科学技术出版社，2005.
[18] 刘庆昌 . 遗传学 [M]. 北京：高等教育出版社，2010.
[19] 刘克锋，杜建军 . 土壤肥料学 [M]. 北京：中国农业出版社，2013.
[20] 姜伯文 . 土壤肥料学实验 [M]. 北京：北京大学出版社，2013.
[21] 韩召军 . 植物保护学通论 [M]. 北京：高等教育出版社 ,2001.